"十二五"国家科技支撑计划资助（2008BAJ/0B02）
国家自然科学基础项目资助（51078279）

普通高等教育土建学科专业"十二五"规划教材
高校风景园林（景观学）专业规划推荐教材

城市绿地系统规划
City Green Land Systems' Planning

刘　颂　刘滨谊　温全平　编著

中国建筑工业出版社

图书在版编目（CIP）数据

城市绿地系统规划／刘颂等编著. —— 北京：中国建筑工业出版社，
2010.6（2022.7重印）
普通高等教育土建学科专业"十二五"规划教材 . 高校风景园林（景
观学）专业规划推荐教材
ISBN 978-7-112-12206-6

Ⅰ．①城…　Ⅱ．①刘…　Ⅲ．①城市规划：绿化规划　Ⅳ．① TU985

中国版本图书馆CIP数据核字（2010）第123166号

　　《城市绿地系统规划》一书是结合当前城市绿地规划的研究与实践成果及城
乡绿化建设发展的需要编著而成的。全书包括10章，系统地论述了城市绿地与城
市绿地系统规划、城市绿地系统规划的产生与发展、城市绿地的分类、城市绿地
系统规划编制的内容与程序、市域绿地系统规划方法、各类城市绿地规划的规划
要点、城市绿地系统规划的实施与管理以及GPS、GIS、RS等3S技术在城市绿地
系统规划应用中的技术路线与方法等。《城市绿地系统规划》采纳了当前最新的
理论研究成果，内容丰富，资料翔实。其中的实例部分加强了对规划实践的指导
意义。

　　本书适用于高等学校城市规划、风景园林及相关专业的教学用书，也可供从
事相关专业的规划设计人员及从事园林管理的工作人员参考。

＊　　　＊　　　＊

责任编辑：王　跃　杨　虹　陈　桦
责任设计：赵明霞
责任校对：刘　钰　赵　颖

普通高等教育土建学科专业"十二五"规划教材
高校风景园林（景观学）专业规划推荐教材
城 市 绿 地 系 统 规 划
City Green Land Systems' Planning
刘　颂　刘滨谊　温全平　编著

＊

中国建筑工业出版社出版、发行（北京西郊百万庄）
各地新华书店、建筑书店经销
北京嘉泰利德公司制版
北京建筑工业印刷厂印刷

＊

开本：787×1092 毫米　1/16　印张：21¼　字数：550 千字
2011 年 5 月第一版　2022 年 7 月第十三次印刷
定价：49.00 元
ISBN 978-7-112-12206-6
（19474）

前　言

　　城市绿地系统是城市景观的自然要素和社会经济可持续发展的生态基础，是城市建设中重要的基础设施之一。随着人们对城市绿地系统在城市复合系统中作用的认识不断加深，城市绿地建设在全国也得到了空前发展，国务院、住房和城乡建设部（原建设部）先后颁布了《城市绿化条例》、《城市公园设计规范》、《城市绿地分类标准》、《城市绿线管理办法》、《城市绿地系统规划编制纲要（试行）》等一系列法规、规范，使得城市绿地系统规划和建设逐步走上了有法可依、有章可循的轨道。

　　2005 年 12 月建设部颁布的《城市规划编制办法》明确规定城市规划编制在组织方式上由单一政府部门组织转变为"坚持政府组织、专家领衔、部门合作、公众参与、科学决策的原则"；在重点内容上从突出增长速度向控制合理环境容量、确定科学建设标准转变，从侧重确定开发建设项目向对各类资源实施有效保护和空间管制转变，规定了必须严格执行的强制性内容，其中包括城市各类绿地的具体布局；在规划范围上，从城市规划区向更加突出强调区域统筹和全市域城乡统筹转变；在方法上，也开始注重从城市规划技术属性向公共政策属性转变，强调"城市规划是政府调控城市空间资源、指导城乡发展与建设、维护社会公平、保障公共安全和公众利益的重要公共政策之一"。2008 年 1 月开始实施的《中华人民共和国城乡规划法》，将城乡规划分成城镇体系规划、城市规划、镇规划、乡规划和村庄规划五种类型，以"加强城乡规划管理，协调城乡空间布局，改善人居环境，促进城乡经济社会全面协调可持续发展"，将通过规划促进城乡一体化发展的作用提升到了法律的高度。上述城市规划的举措对城市绿地系统规划在指导思想、规划范围、规划内容、规划方法等方面都具有直接的指导作用。

　　编著者在十多年的教学科研和规划实践中，先后主持编制了上海市浦东新区、山西省运城地区、江苏省常州市、江苏省无锡市、新疆阿克苏市、安徽省六安市、山东省滕州市、河南省新郑市、河南省西峡县和柘城县等不同规模城市或县城的绿地系统规划，并于 2008 年完成了上海市绿化和市容管理局（上海市林业局）重大科技项目"上海市城乡一体化绿化系统规划"的研究，同年获得了国家"十一五"科技支撑计划项目"城镇绿地生态优化与管控关键技术研究"重点资助。

本教材是在上述背景下编著完成的。到目前为止，已经出版的关于城市绿地系统规划、园林绿地规划设计的教材比较多，但各有侧重。本教材在保证教材内容系统性、全面性的基础上，力求反映国内外最新的相关研究成果，依据《城市绿地系统规划编制纲要（试行）》的要求，强化对绿地系统规划编制内容和程序步骤的指导，突出生态思想和城乡一体化绿化规划理念的引入，加强空间信息技术（3S 技术）在城市绿地系统规划实践过程中的可操作性。

在本书的编撰过程中，始终得到中国建筑工业出版社杨虹编辑的关注与指导，章志琴、郭菲菲、李金婷、李倩、陈长虹、刘峰、汤芬芳、詹明珠、韩晶晶、绍琴、章亭亭等参与了本教材的编写、编辑和插图的整饰工作，华东师范大学梅安新教授在空间信息的应用方面给予了技术支持，同济大学李瑞冬、胡玎博士提供了许多绿地设计方案的资料，在此一并表示感谢，并向本教材引用的大量相关研究成果和资料的作者们表示真诚的感谢。

由于编者水平有限，书中难免有不完善之处，敬请读者不吝雅正。

编者

2009 年 11 月

目 录

1

城市绿地与城市绿地系统规划

本章要点：
1. 城市绿地与城市绿地系统的概念；
2. 城市绿地系统规划的性质与任务；
3. 城市绿地系统规划与其他相关规划的关系。

1.1 城市绿地与城市绿地系统

所谓"绿地"，《辞海》释义为"配合环境创造自然条件，适合种植乔木、灌木和草本植物而形成一定范围的绿化地面或区域"；或指"凡是生长植物的土地，不论是自然植被或人工栽培的，包括农林牧生产用地及园林用地，均可称为绿地"。由此可见，"绿地"包括三层含义：①由树木花草等植物生长所形成的绿色地块，如森林、花园、草地等；②植物生长占大部分的地块，如城市公园、自然风景保护区等；③农业生产用地。而城市绿地则可理解为位于城市范围（包括城区和郊区）的绿地。《城市规划基本术语标准》GB/T50280—98 对城市用地中绿地的定义是"城市中专门用以改善生态、保护环境、为居民提供游憩场地和美化景观的绿化用地"。因此，城市绿地（urban green space）是客观存在的物质形态，注重的是植物生长所依托的"土地"。城市绿地有广义和狭义之分，广义的城市绿地是城市地域范围内所有可生长植物的"用地"，包括林地、草地、农田等，狭义的城市绿地是城市中种植木本植物的绿化用地，不包括农田在内。

所谓城市绿地系统，是由一定质与量的各类绿地相互联系、相互作用而形成的绿色有机整体，也就是城市中不同类型、不同性质和规模的各种绿地（包括城市规划用地平衡表中直接反映和不直接反映的），共同组合构建而成的一个稳定持久的城市绿色环境体系。

城市绿地系统的组成因国家不同，其内容各有差异。如：前苏联城市绿地系统一般包括城市居住区与市内公园、花园、小游园、林荫道、公共建筑物地段绿化、企事业单位和公用场所绿地；郊区森林、森林公园、陵墓、苗圃、果园、菜园；市郊区防护林、居住区与工业区隔离带、水源涵养林、保土林等。日本的城市绿地系统由公有绿地和私有绿地两大部分组成。内容包括公园绿地、运动场、广场、公墓、水体、山林农地、寺庙园地、公用设施园地、庭园、苗圃试验用地等。我国城市绿地系统多指园林绿地系统，一般由城市公园、花园、道路交通附属绿地、各类企事业单位附属绿地、居住区环境绿地、园林圃地、经济林、防护林等各种林地以及城市郊区风景名胜区游览绿地等各种城市园林绿地所组成。

1.2 城市绿地系统规划的性质与任务

城市绿地系统规划是城市政府为了协调城市绿地系统的生态环境效益、社会经济效益和景观文化功能，实现综合效益最大化的目标，而对城市绿地系统建设的内容和行动步骤进行预先安排并不断付诸实践的过程。

城市绿地系统规划体现的是城市政府在行政过程中，对城市绿地系统发展方向的意志，是政府宏观管理和调控土地利用的一种途径。在规划方法上采用的是一种规则营造的规划方法，其特点是为城市绿地系统未来的发展提供指引，侧重于确定城市绿地系统不同发展阶段的临界值，侧重于引导和控制，而不是具体的形态塑造，规划依托于理性的分析而不是感性的直觉。

城市绿地系统规划的主要任务，是在深入调查研究的基础上，根据城市总体规划中的城市性质、发展目标、用地布局等规定，科学制定各类城市绿地的发展指标，合理安排城市各类园林绿地建设和市域大环境绿化的空间布局，达到保护和改善城市生态环境、优化城市人居环境、促进城市可持续发展的目的。

1.3 城市绿地系统规划的目的

为充分利用土地资源和环境条件，合理布局各类型城市绿地，构建完善的城市绿地生态系统，把城市建设成为生态健全、环境优美、社会和谐的工作、生活和游憩空间，城市绿化与城市规划行政主管部门，都要遵照国家法律和相关规范，以城市规划为依据，以先进的规划理论和方法为依托，协调相关规划，开展城市绿地系统规划工作。在城市规划用地范围内进行城市绿地系统规划，其主要目的体现在以下几个方面。

（1）明确城市绿地建设的任务和要求，为城市绿地管理提供依据

城市绿地系统规划，重点需要解决的是在规划中给出的全市绿地系统规划的原则、目标以及规划城市绿地类型、定额指标，空间布局结构和各类绿地规划、树种规划及实施规划的措施等重大内容。随着以上主要内容在规划方案中的确定，实际上也就明确了一个城市在近期以及未来一段时间内在绿地建设各方面所面临的主要任务、所需解决的关键问题以及实施措施等。

城市绿地系统规划方案一旦获得批准，即具有法律效力，方案中提出的各项绿化建设措施同时也就有了相应的法律保证。这在制度上保证了城市绿化建设活动的顺利开展。

（2）保护和改善城市生态环境

在保护和改善城市环境的诸多措施中，除了降低城市中心区人口密度、控制和治理各种污染物等措施外，加强城市绿地系统规划的编制和建设是改善城市生态环境的一项重要的、必不可少的举措。

（3）塑造富有特色的城市形象

城市的风貌和形象，是城市物质文明和精神文明的重要体现。每个城市都应根据自身的地域、自然、民族、历史、文化特点，塑造有特色的城市形象。城市绿地系统规划作为总体规划中一项重要的专项规划，在城市特色形象的塑造方面，具有独特的地位和作用。纵观国内外一些富有生态特色的城市，其形象的塑造在很大程度上归因于城市绿地系统规划编制的前瞻性和合理性以及城市绿化的大力建设。如风景优美的大连和青岛，魅力十足的深圳和珠海等城市，无一不印证了这一点。

（4）协调城市绿地多种功能，控制或引导城市绿地规划设计

城市绿地具有多种功能，如生态功能、景观功能、使用功能、经济功能等（详见第4章），各类功能之间尽管可以兼容，但仍然存在主次关系，一方面，对于处于特定社会经济发展阶段的各个城市，城市绿地系统的整体功能存在此消彼长的主次关系；另一方面，对于处在不同地段范围内的城市绿地，也存在功能上的差异问题。这就需要通过编制城市绿地系统规划来进行协调。

城市绿地系统规划立足于城市整体发展的、宏观的、长期的时空范围，采用规则营造的规划方法，针对城市各类绿地确定的功能、结构、形态、树种选择等规划内容，对于各类绿地的规划设计具有直接的控制或引导作用。

1.4 城市绿地系统规划与相关规划的关系

1.4.1 城市绿地系统规划与城市总体规划的关系

《城市绿地系统规划编制纲要（试行）》（2002年）从法规层面上明确了城市绿地系统规划是城市总体规划的专业规划，是对城市总体规划的深化和细化，规划成果纳入城市总体规划加以实施。这就决定了城市绿地系统规划与城市总体规划是相互协调与尊重的关系。为进一步了解两者的关系，下面从规划层次、内容和范围等方面来分析。

（1）规划层次

根据规划内容的详细程度，可将规划分为总体规划、分区规划和详细规划三个不同层次。根据规划对象和涉及的地域范围不同，可将规划分为：国土规划、区域规划、城镇体系规划、城市规划和各类专项规划（如生态环境保护专项规划、城市道路网专项规划、城市绿地系统专项规划、城市公共交通专项规划、城市雨水工程规划、城市燃气专项规划……）五大类发展规划。

城市绿地系统规划一般有两种编制形式。

第一种是作为城市总体规划的一个组成部分，即城市总体规划中的一个专业规划进行编制。其任务是调查与评价城市发展的自然条件；协调城市绿地与其他各项建设用地的关系；确定城市公园绿地和生产防护绿地的空间布局、规划总量和人均定额。这实际上是一种对城市部分绿地进行的规划或不完全的系统规划。

第二种是单独进行的专项规划，即根据《城市规划编制办法实施细则》所提出的（城市绿化规划）"必要时可分别编制"的规定而进行的城市绿地系统规划。其主要任务是以区域规划、城市总体规划为依据，预测城市绿化各项发展指标在规划期内的发展水平，综合部署各类各级城市绿地，确定绿地系统的结构、功能和在一定的规划期内应解决的主要问题；确定城市主要绿化树种和园林设施以及近期建设项目等，从而满足城市和居民对城市绿地的生态保护和游憩休闲等方面的要求。这是一种针对城市所有绿地和各个层次的完全的系统规划。

（2）规划目的、任务与内容的不同侧重

虽然城市总体规划与城市绿地系统规划的最高目标都是为人类创造健康优美、生态和谐、可持续发展的人居环境。但由于规划层次的差异，两者在规划目的、任务与内容方面都有所不同。

城市总体规划是城市发展的纲领性规划，是对一定时期内城市发展目标的确定和计划，是对城市的经济和社会发展、土地利用、空间布局以及各项建设的综合部署、具体安排和管理，也是城市建设的管理依据。按《城市规划编制办法》的规定，城市总体规划的主要任务是：综合和确定城市规模和空间发展形态，统筹安排城市各项建设用地，合理配置城市各项基础设施，处理好远期发展与近期建设的关系，指导城市合理发展。城市总体规划的对象是以城市土地使用为主要内容和基础的城市空间系统，其中也包括城市绿地系统规划的对象——城市绿地。

城市绿地系统规划的任务和目的是科学制定各类城市绿地的发展指标，合理安排城市各类园林绿地建设和市域大环境绿化的空间布局，达到保护和改善城市生态环境、优化城市人居环境、促进城市可持续发展的目的。其规划的对象是城市各项建设用地中的一类——城市绿地。

2005 年 12 月建设部颁布的《城市规划编制办法》明确规定城市规划编制在组织方式上由单一政府部门组织转变为"坚持政府组织、专家领衔、部门合作、公众参与、科学决策的原则"；在重点内容上从突出增长速度向控制合理环境容量、确定科学建设标准转变，从侧重确定开发建设项目向对各类资源实施有效保护和空间管制转变，规定了必须严格执行的强制性内容，其中包括城市各类绿地的具体布局；在规划范围上，从城市规划区向更加突出强调区域统筹和全市域城乡统筹转变；在方法上，也注重了从城市规划技术属性向公共政策属性转变，强调"城市规划是政府调控城市空间资源、指导城乡发展与建设、维护社会公平、保障公共安全和公众利益的重要公共政策之一"。2007 年 10 月《中华人民共和国城乡规划法》出台，将城乡规划分成城镇体系规划、城市规划、镇规划、乡规划和村庄规划五种类型，以"加强城乡规划管理，协调城乡空间布局，改善人居环境，促进城乡经济社会全面协调可持续发展"，将通过规划促进城乡一体化发展的作用提升到了法律的高度。上述城市规划的举措对城市绿地系统规划在指导思想、规划范围、规划内容、规划方法等方面都具有直接的指导作用。

1.4.2　城市绿地系统规划与土地利用规划的关系

土地利用总体规划是对一定区域内的土地资源进行空间与时间上的安排和布局，是"城乡建设、土地管理的纲领性文件，是落实土地用途管制制度的重要依据，是实行最严格的土地管理制度的一项基本手段"。土地利用总体规划按照行政区划分为国家、省、地、县、乡五级，其规划对象是所有的土地资源，也包括城市绿地在内。

土地利用总体规划和城市绿地系统规划在内容上相互交叉。对照《城市绿地分类标准》CJJ/T 85—2002 和《土地分类》（国土资源部，2001 年），不难发现，尽管名称不同，但在内容上，土地分类涵盖了城市绿地的所有类型，不仅包括"建设用地"中的"瞻仰景观休闲用地"，而且也包括分布在其他类型用地中的绿地。土地利用总体规划中的"未利用地"往往所占比例较高，以上海为例，2004 年未利用地占土地总量的 24.88%，新疆阿克苏市多年来正是改造利用"未利用地"中的荒草地、沙地、裸地，营造了举世瞩目的柯柯牙防护林工程和库克瓦什防护林工程，形成了沙漠中的绿色屏障。城市绿地系统规划应该加强对土地利用总体规划中的"未利用地"的引导与控制，使其成为城市绿地系统的重要组成部分。

土地利用总体规划对城市绿地系统规划具有决定性的作用，体现在通过对农用地、建设用地和未利用地的数量控制、功能安排、空间布局，直接决定了城市绿地系统的发展规模、功能与空间结构。依托土地利用总体规划，在分区分类制定的调控指标及管制措施中，体现城市绿地系统的发展目标，将更加有利于城市绿地系统规划的实施。

城市绿地系统规划对土地利用总体规划也可以发挥积极的反作用，通过系统的调查、理性的分析，掌握城市自然资源条件，建立城市绿色基础设施，将更加有利于协调土地利用与生态环境建设，为土地利用分区、生态退耕和农业结构调整提供依据。

1.4.3　城市绿地系统规划与景观规划设计的关系

何为景观？不同学科有不同的解释。美国林业局（1973 年）对景观的定义是：地表某一地区区别于其他地区的总体特征，这些特征不仅是自然力的造化，而且也是人类占用土地的产物；Jones（1977 年）对景观的定义是：地形和地表形成的富有深度的视觉模式，其中地表包含水、植被、人工开发和城市；韦氏词典（Webster，1960 年）对景观的定义是：从一观察点所看到的自然景色。

景观规划设计（Landscape Architecture）建立在广泛的自然科学和人文艺术学科基础之上，核心是通过对大地景观进行维护和管理来协调人与自然的关系，它面向土地及一切人类户外空间，通过系统的调查分析，认识对象，发现问题，运用理性与感性交融的规划设计方法找到解决问题的方案和途径，监理规划设计的实施，从而实现大地景观的多种功能。

现代景观规划设计发端于 19 世纪后半叶。1858 年，奥姆斯特德（F.L.Ol-msted）和沃克斯（Calvert Vaux）为美国纽约市规划设计了中央公园，期望通过设计这样的大型公园（面积 340hm^2），来改善城市的机能，为市民提供积极而又方便的室外游憩空间，开创了近现代城市中促进人与自然相融合的新纪元。奥姆斯特德对于城市绿色开敞空间规划具有划时代的贡献，他提出了一个不同于园艺师（Gardener/Horticulturist）的新的词汇——风景园林师（Landscape Architect），推动了城市公园运动和自然保护运动的广泛开展。此后，在 100 多年的发展历程中，风景园林师的足迹遍及城市、乡村以及人迹罕至的旷野地带，为维护与管理大地景观，创造宜人的生存空间，实现人与自然的和谐共存，实现人类社会的可持续发展，发挥着不可或缺的重要作用。

城市绿地作为一种景观类型，伴随着城市的发展而发展，从城市的附属物到重要组成部分，再到决定性因素，城市绿地在城市发展过程中发挥着越来越重要的作用，并日益受到人们的关注。从传统到现代，尽管城市绿地的形态发生了许多变化，但始终是景观规划设计的重要对象，从整体上把握城市绿地发展方向和途径的城市绿地系统规划也毫无疑问是景观规划设计的一种重要类型。

在现代景观规划设计发展历程中，针对城市绿地系统规划，饱含思想与内涵的专有名词层出不穷，如公园体系、绿带、绿楔、绿指、生态规划、城市森林、绿道、绿心、生态网络、绿色基础设施、精明增长与精明保护等，折射出在寻求可持续发展的道路上，人类理性与感性交织的智慧光芒，为中国当前及未来的城市绿地系统规划提供了可资借鉴的宝贵经验。

思考题：

1. 城市绿地系统规划的目的、任务是什么？
2. 简述城市绿地系统规划与其他相关规划的关系。

2 城市绿地系统规划的产生与发展

本章要点：
1．不同历史时期城市绿地的类型与特征；
2．城市绿地规划思想的演变；
3．国内外城市绿地系统规划的发展现状。

2.1 古代城市绿地规划

2.1.1 古代城市绿地

（1）中国古代城市绿地

中华民族崇尚自然，追求天人合一，出于经济生产、军事防御、娱乐活动，或者炫耀展示等目的，在历朝历代的城市建设中，或多或少地都有专门的绿地建设，在世界城市建设史上书写了灿烂的一页。

1）古代城市规划与绿地建设

中国早在公元前 11 世纪左右，业已建立了一套较为完备的城市规划体系，随着社会的演进，这套体系不断得到革新和发展，指导建立了一个个独具特色的城市，如商都"殷"、秦咸阳、六朝建康、隋唐长安、洛阳、南宋临安、明清北京等。其中，王畿区域规划，城、廓、苑规划结构，基于自然环境条件的城市选址对古代城市绿地建设都产生了重要的影响。

约公元前 13 世纪所建置的晚商国都"殷"是一座庞大的开敞形制的城市，未建筑城垣，仅宫城有道防护沟。城的范围几近 30km²，采用综合性分区，即以某一功能为主，聚合与之相关的其他设施组合而成，整个城便是由一些不同性质的综合区所组成的。综合性宫廷区是城的中心区；综合性居住区以呈点状的居住聚落形式，密集环布在这个中心区的周围；综合性手工业作坊分区，又以点状形式散布于居住区的外环；而后配合农业生产基地，同样以点状方式，较为稀疏地散布一些居邑，作为城的屏藩（图2-1）。通过这种功能性的形态渐变，使城很自然地与王畿融为一体，实现了王畿区域的宏观规划与城之微观规划的有机结合，王畿区域的广阔田野构成了环绕都城的绿色屏障。

约公元前 220 年秦咸阳城市规划是将京城规划与京畿规划相结合的更加典型的实例。运用天体观念规划的咸阳城以渭水

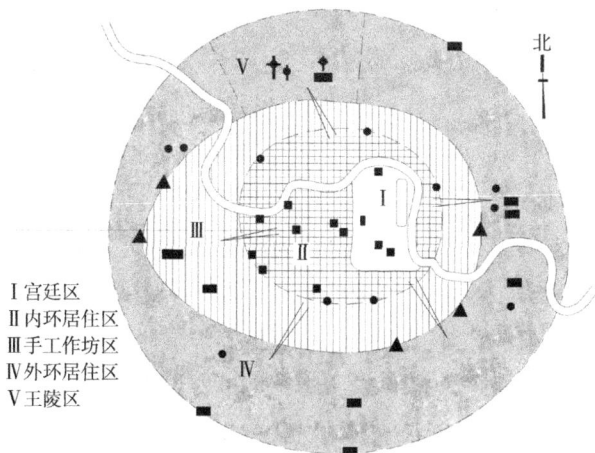

I 宫廷区
II 内环居住区
III 手工作坊区
IV 外环居住区
V 王陵区

图 2-1 殷都总体规划图

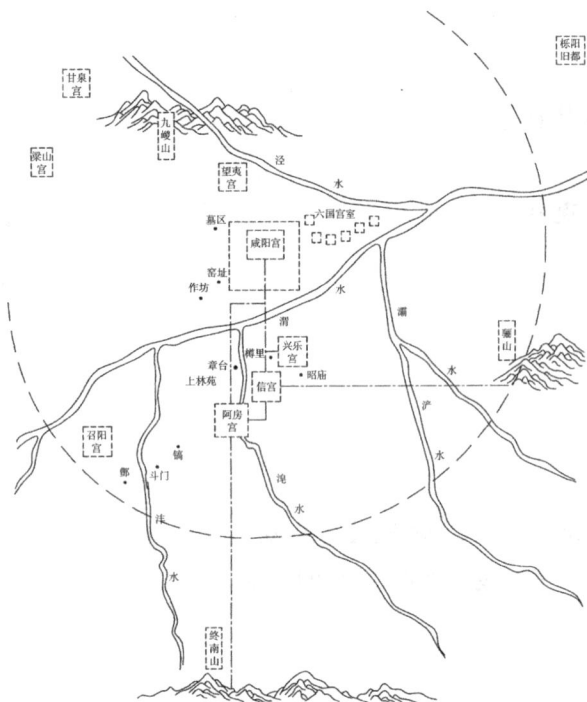

图 2-2　秦咸阳城市规划示意图

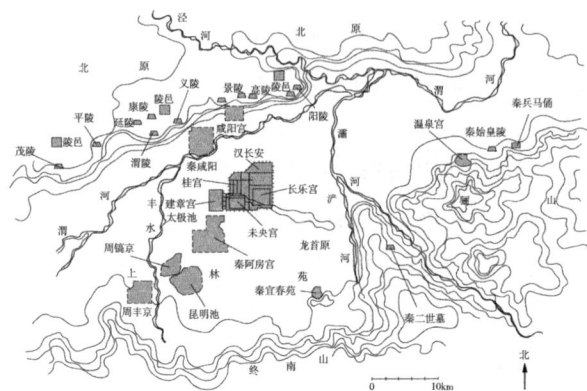

图 2-3　西汉关中平原长安城近郊规划建设示意图

为纽带分为渭北和渭南两大部分，渭北包括咸阳城、咸阳宫和六国宫，渭南包括上林苑和其他宫殿园林。整个规划以地势高亢的渭北区为主体，以咸阳宫为"天极"，宫之南北中轴线作为全城规划结构的主轴线，参照天体星座，在主轴线两侧布列其他宫苑，利用驰道、复道、甬道为联系手段，组成一个以咸阳宫为中心的庞大的宫苑集群，以众星拱极之雄姿，突出了咸阳宫的主导地位，体现了皇帝的至高至尊（图 2-2）。咸阳规划更加注重与地形紧密结合，除以渭河作为规划结构中联系两大综合区的纽带外，并于高原地带建置宫廷区，地势较低的地带，分别划作手工业、商业及居住区。借地势之高低，表现分区的主次关系，"表南山之巅以为阙"，以终南山作为城池门阙，益增城市之宏伟壮观。咸阳规划突破了传统人为城池的约束，随地因形布局城市，将城市散布于广阔的自然环境之中，自然环境直接转换为城市绿地。规划将皇帝所居的宫殿比拟为天帝的居所，又把天体的星象复现于宫苑，显示了天人合一的哲理，如此理性与感性交织的规划确是中外城市规划历史上罕见的大手笔。

西汉长安城位于渭水南岸，公元前 138 年，汉武帝就秦之上林苑加以扩大、扩建，苑墙长度约 130~160km，是中国历史上最大的一座皇家园林，城市与园苑互相为用、互相补充，成为有机的统一整体（图 2-3）。

公元 25 年东汉定都洛阳，扩建秦代城垣，城内有南宫和北宫两区，合占城区面积的 1/5 以上，城区内的居住闾里、衙署区和市集，占地不到城区的一半，其余均为宫苑用地，近郊也分布有大量宫苑，园林在城市建设中已占有相当重要的地位（图 2-4）。

隋唐伊始，园林已成为城市的重要组成部分，在京师、陪都已经形成了城、廓、苑的城市布局结构，典型实例是长安城和洛阳城。隋唐长安城形制规整，规模宏大，据考古实测，外廓城东西阔 9721m，南北长 8651.7m，周长约 36.7km，总面积达 84km²，由城、廓、苑三部分组成，"城"居中，"廓"沿东、西、南三面半环套"城","苑"居"城"北，总体布局仍是城郭双重环套形制（图2-5）。禁苑占地广阔，除供游憩和娱乐活动之外，还兼作驯兽场、驯马场、宫廷生产基地、皇帝猎场，因在宫城北，且濒临渭水，更是宫廷防卫要害所在，成为禁卫军的驻地。

隋唐洛阳，仿长安之制，将城、廓、苑视为一个有机整体，"城"即宫廷区，是政治活动区，居中轴线，地势高亢，统领全城；廓位于中轴线之左，建筑密集，人口众多，为经济活动区；"苑"位于中轴线之右，广置离宫别馆，供帝王游憩兼作政治活动场所（图2-6）。

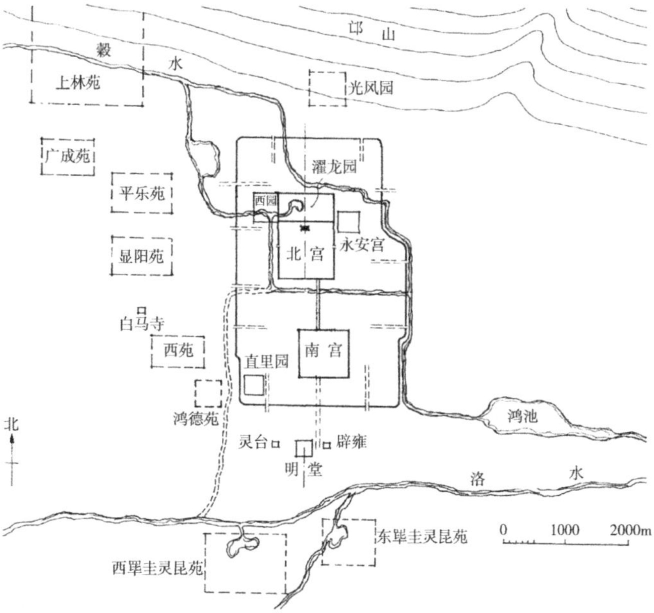

图2-4 东汉洛阳主要宫苑分布图

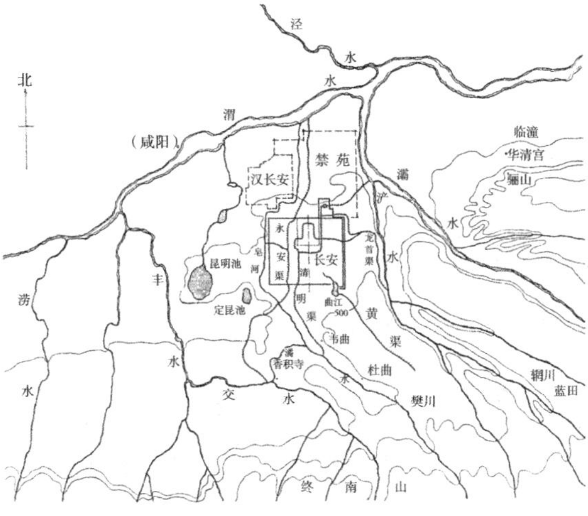

图2-5 唐长安近郊平面图

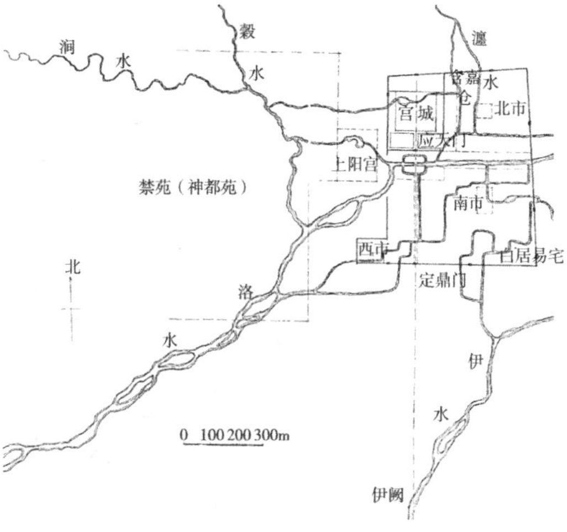

图2-6 隋唐洛阳平面图

明清北京城市规划，园林占有重要的地位，并且形成了城内与城外联动发展的格局。城内沿用元大都河湖水系，皇家园林区集中在太液池周围，以西苑为主体，结合其他大内御园、寺观、坛庙庭院，形成一个宛若山林的大自然生态环境，供皇家游憩赏玩。另一处集中的水体什刹海则成了内城最大的一处公共园林，依托于三个水面"前三海"——积水潭、后海、前海，吸引着各阶层居民前来游憩、娱乐、聚会、饮宴、购物，它与太液池的"后三海"——北海、中海、南海相连接，形成"六海"，占去内城相当大的一部分面积（图2-7~图2-9）。清初，皇家园林建设的重点逐渐转向西北郊的行宫御园和离宫御园，乾

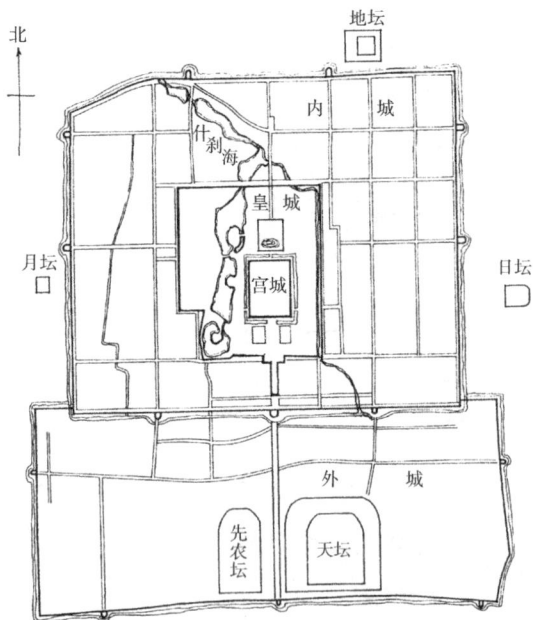

图 2-7 明清北京城平面图

图 2-8 北京后三海鸟瞰图

图 2-9 北京故宫鸟瞰图

　　隆时期已经形成一个庞大的皇家园林集群,包括著名的"三山五园"——圆明园、畅春园、香山静宜园、玉泉山静明园、万寿山清漪园(图 2-10),以水系为纽带,与内城的"六海"连成一体,这一景观格局与 1876 年美国波士顿的"翡翠项链"公园系统规划有异曲同工之妙,但在时间上至少已经提早了 150 年。

　　中国古代城市规划十分重视选址问题,成书于春秋战国之际的《管子》有明确记述:

　　"凡立国都,非于大山之下,必于广川之上。高毋近旱而水用足,下毋近

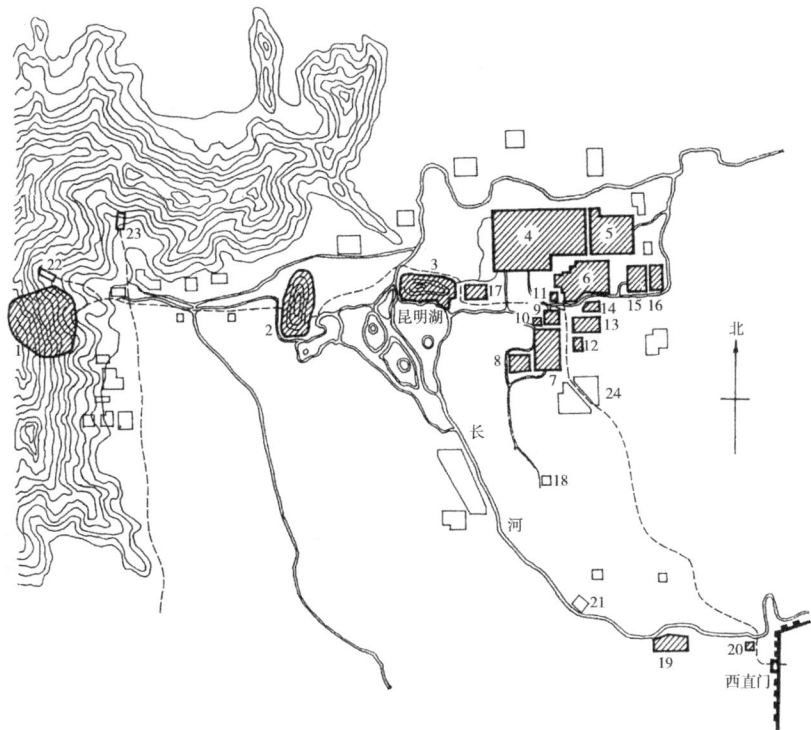

图2-10 乾隆时北京西北郊主要园林分布图

1—静宜园；2—静明园；3—清漪园；4—圆明园；5—长春园；6—绮春园；7—畅春园；
8—西花园；9—蔚秀园；10—承泽园；11—翰林花园；12—集贤院；13—淑春园；
14—朗润园；15—迎春园；16—熙春园；17—自得园；18—泉宗庙；19—乐善园；
20—倚虹园；21—万寿寺；22—碧云寺；23—卧佛寺；24—海滨

水而沟防省"——《管子·乘马篇》；

"故圣人之处国者，必于不倾之地，而择地形之肥沃者，乡山左右，经水若泽，……"——《管子·度地篇》。

城市选址对城市绿地建设具有重要的影响，典型实例是六朝建康和南宋的临安城。六朝建康，即今南京，是在孙吴建邺的基础上，经过东晋的经营而发展起来的，地形山环水抱，有虎踞龙盘之称，秦淮河、覆舟山、鸡笼山、玄武湖、青溪河、石头城、长江等自然山体、水系构成了环绕城市的天然屏障，构成了城市近郊较为完整的绿化体系（图2-11）。南宋临安，即今杭州，五代时为吴越国的都城，宋室南迁，以为行都，改称临安。城市东、南临钱塘江，西北接大运河，西接西湖风景区，环抱凤凰山，自然山水得天独

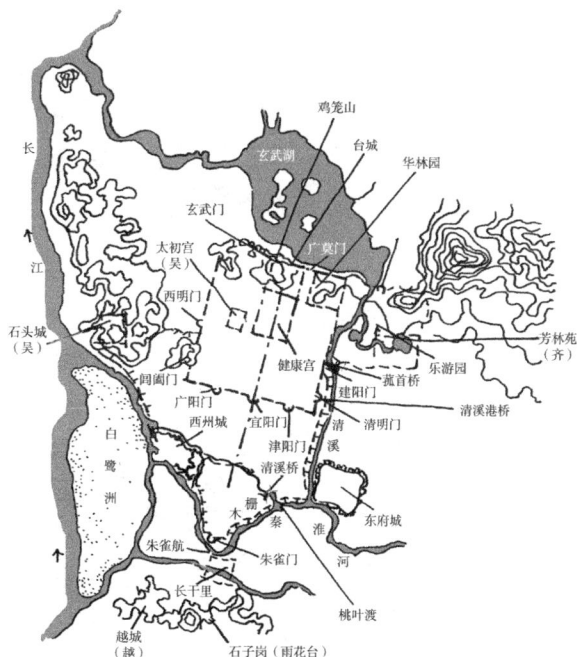

图2-11 南朝建康城总体布局示意图

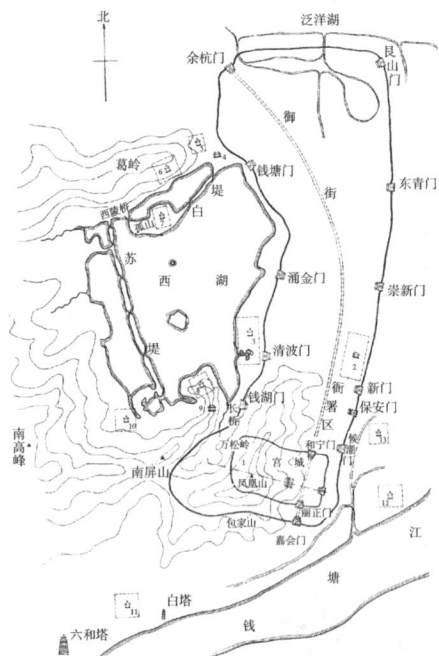

图2-12　南宋临安平面图
1—大内御苑；2—德寿宫；3—聚景园；4—昭庆寺；5—玉壶园；6—集芳园；7—延祥园；8—屏山园；9—净慈寺；10—庆乐园；11—玉津园；12—富景园；13—五柳园

厚，皇家园林多分布于西湖风景优美的地段，构成了城市与自然相互渗透的景观格局（图2-12、图2-13）。

其他城市如福州、贵阳、四川阆中等均选址于山水形胜之地建城，自然山水成为了城市绿地的重要组成部分（图2-14、图2-15）。

2）古代城市公共绿化

古代城市公共绿化类型较为单一，多集中于道路绿化和城市内外的风景游憩地。道路绿化，周代已有记载："周制有之曰：列树以表道"——《国语·周语》，道旁植树的目的，不仅可起遮阴、标识作用，而且也起遮蔽、障碍作用。商代后期，战车已成为军中主要兵种，至周代，车战已成为主要作战方式，所以植树设障，就列为国家的重要防御设施之一，它和壕沟、土墙相互配合，成为战车难以逾越的障碍。《周礼·掌故》："凡国都之境有沟树之固，郊亦如之。"可见国境范围内均应设沟树，以为境界和设防，成为国都防御体系的组成部分。唐长安城的街道绿化由于政府重视而十分出色，贯穿于城内的三条南北向大街和三条东西向大街称为"六街"，宽度均

图2-13　杭州西湖风景

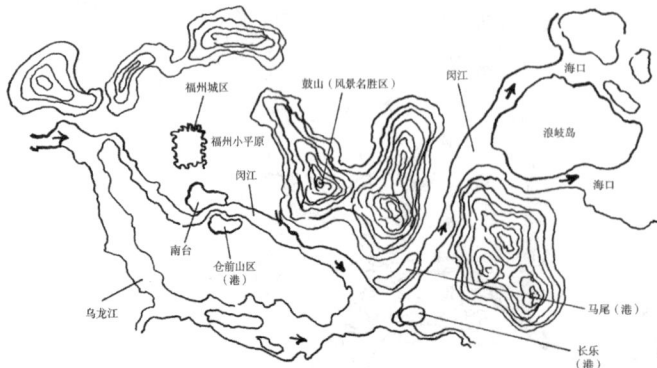

图2-14　福州近代发展示意图

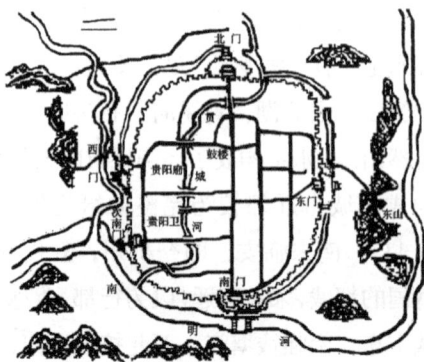

图2-15　明代贵阳城图

在百米以上，其他的街道也都有几十米宽。街的两侧有水沟，栽种整齐的行道树，称为"紫陌"。树种有槐、榆、柳、桃、杨、果树等。政府明令禁止任意侵占、破坏街道绿地。坊里街道的绿化由京兆尹（相当于市长）直接主持。居民分片包干种树，中央政府则设置"虞部"管理街道和宫廷的树木花草。北宋东京也很重视城市街道绿化，市中心的天街宽二百余步，当中的御道与两旁的行道之间以"御沟"分隔，两条御沟"尽植莲荷，近岸植桃、李、梨、杏，杂花相间。春夏之间，望之如绣"。其他街道两旁一律种植行道树，多为柳、榆、槐、椿等乡土树种。护城河和城内四条河道的两岸均进行绿化，由政府明令规定种植榆、柳（图2-16）。

图2-16 宋画《清明上河图》中所绘的河道绿化

中国古代城市风景游憩地建设与中国人崇尚自然的审美取向——由此产生的游憩活动，以及城市的自然资源具有密切的关系。春秋战国之际，已有群众利用上巳修禊节进行春游活动的记载。魏、晋、南北朝，自然山水之美进一步被发现，寄情山水与崇尚隐逸思想盛行，早先带有神秘色彩的"修禊"节日，到这时已完全演变成为三月早春在水滨举行的群众性郊游活动。"暮春之初，会于会稽山阴之兰亭，修禊事也"——王羲之《兰亭诗序》。诸如会稽兰亭这样的近郊风景游览地开始出现。唐长安城风景游憩地类型增多，城内有利用坊里内的岗阜"原"开辟的游览地，如乐游原，有利用水渠转折部位的两岸而创立的以水景为主的游览地，如曲江；城外有利用河滨水畔风景优美的地段，稍加整理，而赋予游憩地性质的，如灞河上的灞桥，也有利用上代遗留下来的古迹开辟为公共游览地的，如昆明池。长安城的郊外林木繁茂，山清水秀，散布着许多"原"，南郊和东郊都是私家园林荟萃之地。关中平原的南面、东面、西面群山环抱，层峦叠嶂，隋唐的许多行宫、离宫、寺观都建置在这一带。北面则是渭河天堑，沿河布列汉唐帝王陵墓，陵园内广植松柏，郁郁葱葱。从宏观尺度上进行考察，长安的绿化不仅仅局限于城区，还包括近郊、远郊，乃至关中平原的绿色大环境。北宋的东京，城内外散布着许多池沼，大多由政府出资进行绿化，并在池畔建置亭桥台榭，成为东京居民的游览地。

南宋临安的西湖，经过历代开发整治，发展成为城郊的一处大型风景游览地，南宋时已经形成了著名的"西湖十景"。明代以来，市民文化勃兴，表现在文学艺术等各个方面，也包括休闲、娱乐领域。城镇公共游憩地除了提供文人墨客和居民交往、游憩场所的传统功能之外，也与休闲、娱乐相结合，作为民俗文化的载体而兴盛起来。风景游憩地或者依托于城市的水系，利用河流、湖沼、水池以及水利设施而因水成景；或者利用寺观、祠堂、纪念性建筑的旧址，与历史人物有关的名迹，稍加整理而成。前者的实例如北京城内的什刹海、济南的大明湖、南京的玄武湖、昆明的翠湖、扬州的瘦西湖（图2-17、图2-18）等，后者的实例如成都的杜甫草堂。

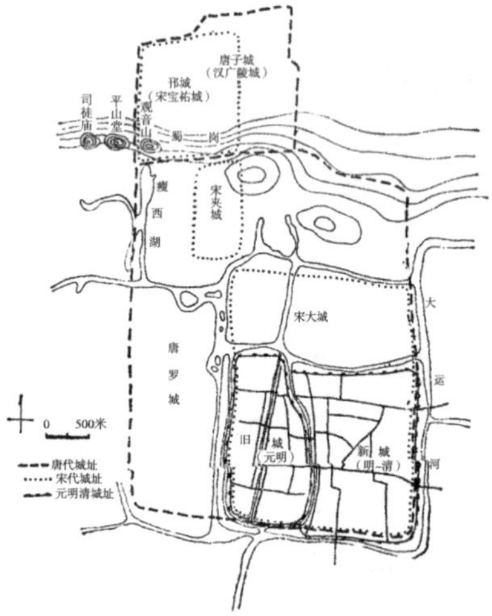

图2-17　扬州历代城市变迁图

图2-18　扬州瘦西湖风景

3）古典园林建设

国际景观规划设计师联盟（IFLA）的第一任会长和终生名誉会长英国杰里科爵士（Sir G.A. Jellicoe）曾经在1985~1986年的IFLA年报发表的论文《伊甸园的探索》中说："关于园林甚至景观的文化，全世界都是建立在以下三大文化主流的基础之上的。第一是中国，第二是西亚，第三是希腊。特别是中国，她的这种特有文化，是从她自己这块土地上生长出来的，后来传到日本。到了18世纪中叶，对整个欧洲产生了巨大的影响。"中国古典园林历史悠久，类型多样，风格独特，在世界园林发展史上独树一帜。从公元前11世纪殷末周初，囿与台结合，中国古典园林的雏形产生开始，到19世纪末期20世纪初期封建社会结束，在3000多年的发展历程中，形成了皇家园林、私家园林、寺观园林三大主要园林类型，北方园林、江南园林、岭南园林三大地域特色，以及追求意境的文人写意山水园的独特风格。在造园思想上，秦汉气势恢弘的皇家园林暗示着国家的强盛，体现了皇帝的好大喜功和期望永享人间富贵的心态；唐宋追求诗情画意的文人园林表达了文人墨客对内心体验的关注；模拟

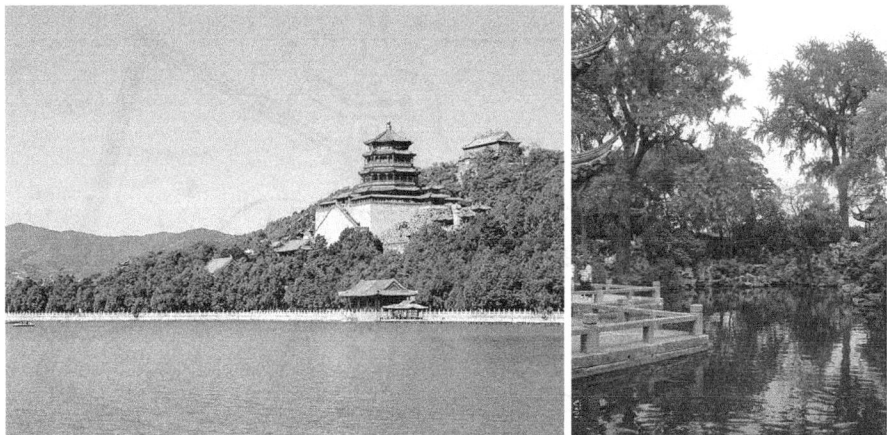

图 2-19　北京颐和园景观（左）

图 2-20　苏州留园景观（右）

天下胜景的清代皇家园林,体现了"普天之下,莫非王土"的统治阶级思想（图2-19）；范山模水,建置在城镇里面的私家宅园,则是园主人亲近自然、"隐于市"的真实写照（图2-20）。中国古典园林的外在形态处处流露出了中国人的自然观、生活观与世界观,堪称人类文明的结晶。毋庸置疑,散布在城市内外的各类古典园林,是中国古代城市绿地的重要组成部分。

（2）外国古代城市绿地

与中国相比,外国古代城市建设对绿地尚不够重视,能够对城市绿地产生影响的主要是城市选址和古典园林建设,其次是个别城市结合建筑及市政工程进行的公共绿化。

公元前1370年,古埃及皇帝阿克亨纳顿（Akhenaten）在阿玛纳（Tel-El-Amarna）建立首都,城市面临尼罗河,三面山陵环抱,采取沿尼罗河稍呈弯曲的带形布局,长约3.7km,宽约1.4km,由于不设城墙,城市与自然环境融为一体（图2-21）。

公元前650年新巴比伦王国重建的新巴比伦城是古代西亚规模较大的城市,人口一度达到10万人,城市跨越幼发拉底河两岸,并有运河穿城而过,对改善城市景观环境具有重要作用,城中还有国王为王后建造的著名的空中花园（图2-22）。

古希腊城市多结合自然地形布置,在民主思想活跃的希腊,公共造园也蓬勃发展。在共和制城邦里,受崇拜的守护神以及民间的自然神的圣地发展了起来,各地圣地建筑群善于利用各种复杂地形和自然景观,构成活泼多姿的建筑群空间构图；神庙四周广植树木,形成神苑,进一步加强神庙的神圣与神秘之感,同时也表现了古希腊人对树木的敬畏观念；神苑中的树木被称为圣林,与神庙中举行的祭祀活动相比,圣林更受重视,后来甚至被当做宗教礼拜的主要对象。希腊地处亚热带气候区,很适宜于人的户外生活,群众性体育竞赛热潮高涨,为满足这种需要而建造的就是体育场。体育场周边绿树成荫,人们来此

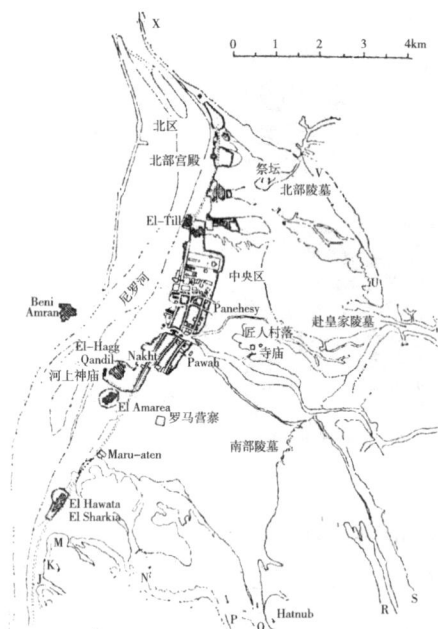

图 2-21 阿玛纳城总平面图

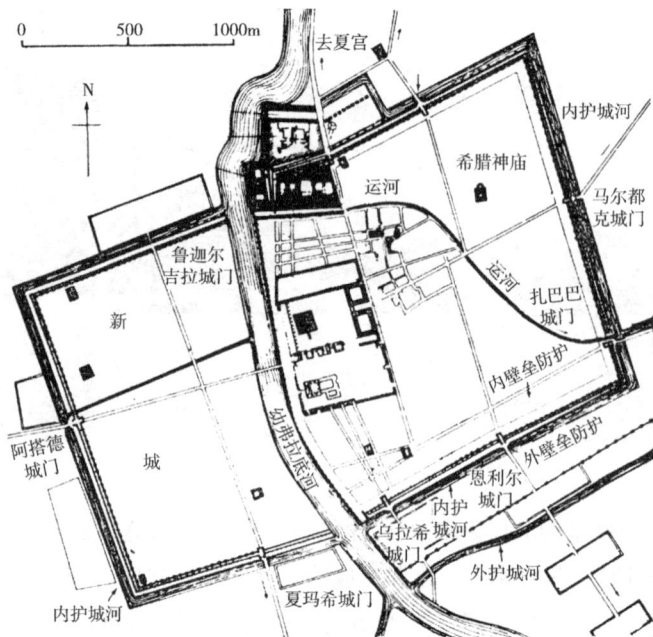

图 2-22 新巴比伦城平面图

散步、集会,直至发展成公园或公共庭园。在雅典、斯巴达、科林思诸城市内外都大建体育场,许多位于城郊的体育场不仅规模宏大,而且还占据了水源丰富的风景胜地,典型实例如德尔菲的体育场和佩尔加蒙的体育场(图 2-23)。

雅典背山面海,在公元前 5 世纪进入城市发展的全盛时期,但由于水源和食物供应的困难,人口未超过 10 万人。著名的雅典卫城建于城内的一个陡峭的高于平地 70~80m 的山顶上,用乱石在四周砌挡土墙,形成东西长约 280m、南北最宽约 130m 的大平台,卫城的各个建筑物按照祭祀雅典娜大典的行进路线来设计,形成景观序列,既考虑到置身其中欣赏周围山峦的秀丽景色,又考虑到从城下四周仰望时的美(图 2-24、图 2-25)。

公元前 4 世纪后半叶,马其顿统一了希腊,随后建立了版图包括希腊、小

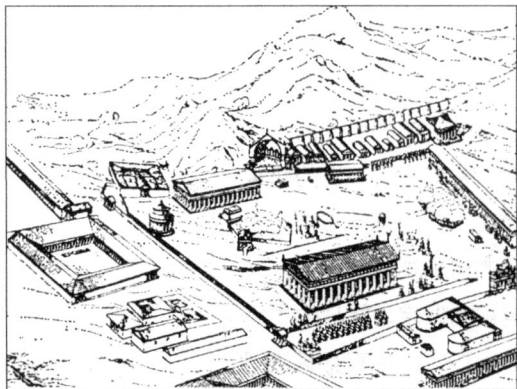

图 2-23 德尔斐的奥林匹亚圣地

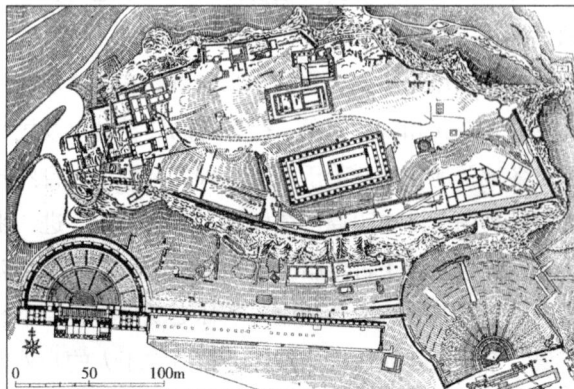

图 2-24 雅典卫城平面图

亚细亚、埃及、叙利亚、两河流域和波斯在内的国家，这个时期称为希腊化时期，城市规划与建设有了很大的发展，大多按照公元前 5 世纪希波丹姆规划系统进行规划建设，采用一种几何形状的、以棋盘式路网为城市骨架的规划结构形式，卫城和庙宇已不再是城市的中心，代之以规整划一的广场，城市有绿化种植和花园，城市环境卫生条件有所改善。马其顿国王亚历山大于公元前332 年在埃及北部、濒临地中海南岸创建的亚历山大城甚至在王宫中专门建立了动植物园。

图 2-25　雅典卫城远眺

古罗马时代是西方奴隶制发展的最高阶段，在城市建设上，罗马人不像希腊人那样善于利用地形，而是强力地改造地形。罗马国家的所有城市都建有极其众多的公共设施，满足各种公共活动需求，这些公共生活铸造了罗马精神，形成了自由民生活的精神支柱。公元 2 世纪，罗马城的发展已突破 13.86km^2 的奥留良城墙范围，城墙外可自由发展，哈德良皇帝的离宫即位于罗马城郊。公元 3 世纪时，罗马城人口已超过 100 万。罗马城各项公共设施规模宏大，如剧场可容纳 1 万 ~2.5 万人,斗兽场可容纳 5 万人,浴场可容纳 2000~3000 人,其中卡拉卡拉浴场占地 575m×365m，用地内除浴场外，还有俱乐部、演讲厅、体育场、储水库、花园和商店等。罗马城市建设的成就集中在中心地区的广场群和建筑群，如共和广场、帝国广场，城市总体布局比较凌乱，城市空间未成系统。

西欧中世纪初期（公元 5~10 世纪）城市处于衰落状态，农业与家庭手工业结合的自然经济使生活中心转入乡村，许多大城市荒废，如古罗马城人口从100 万降至 4 万，当时西欧各个小的国家又分成许多更小的贵族领地，由于各封建主、各城市共和国之间常有战争，一般都会将城市用城墙包围起来，城市受城墙束缚，往往规模很小。仅有的一些建筑大多是城堡或教堂建筑，园林依附于建筑布置，以装饰性庭园、药草园、菜园等形式出现，常常具备一定的生产功能。

公元 10~13 世纪，俄罗斯城市属于当时欧洲先进城市之列。它们选择了最优美的地区，如靠近河流、位于丘陵地带。封建主义的发展促使许多小城市的建立，公侯或贵族的庄园逐渐发展成不太大的城市，成为世袭城市。

文艺复兴时期，城市建设的主要力量集中在城市改建，尤其是市中心与广场的建设，建造了许多反映文艺复兴面向生活的新精神和有重要历史价值的广场，如佛罗伦萨的安农齐阿广场，罗马的市政广场、圣彼得大教堂前广场、纳伏那广场，威尼斯的圣马可广场等。这一时期，与别墅建筑相结合的园林建设进入高潮。15 世纪，在文艺复兴运动的发祥地佛罗伦萨，郊外风景宜人，土地肥沃,充满了田园生活情趣,富裕的城市居民接踵而至,一幢幢别墅拔地而起，与此同时，掀起了别墅庭院建设的高潮，对植物的态度，也由中世纪的实用转向从园艺的角度来观赏。16 世纪的文艺复兴文化以罗马为中心，发展起一种平台建筑式造园样式，人们在作为古罗马别墅区的七座山冈上及城郊大兴土木，建造别墅和庭园，此风盛极一时，典型实例如法尔纳斯别墅、埃斯特别墅和兰特别墅（图 2-26）。

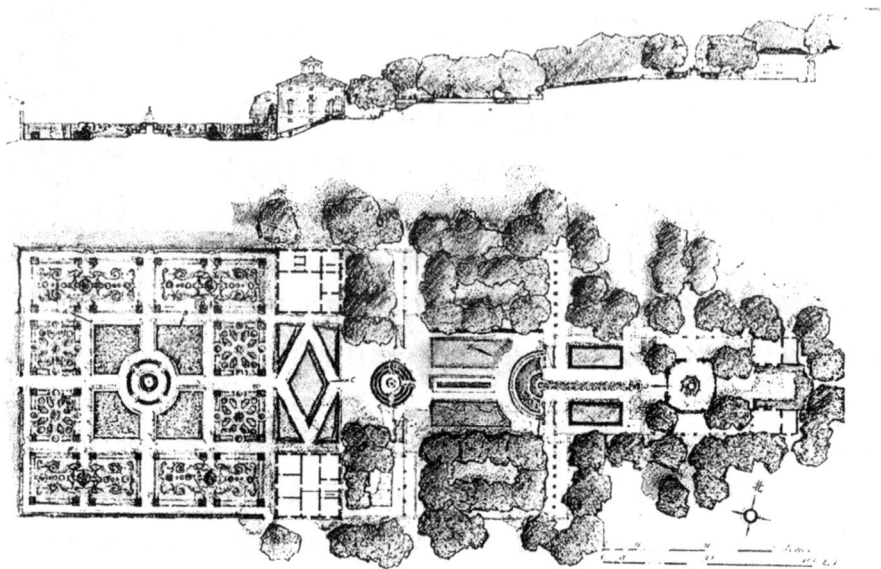

图 2-26 意大利兰特别墅平立面图

17 世纪，随着资本主义的成长，国王与资产阶级贵族结合，反对封建割据与教会势力，先后建立了一些中央集权的绝对君权国家，国王与新的资产阶级的雄厚经济力量使城市的改建与扩建达到了新的规模，一些首都如巴黎、柏林、圣彼得堡等均发展成为全国的政治、经济、文化中心的大城市。17 世纪后半叶，路易十四执政时，法国的绝对君权处于极盛时期，作为君主专制制度产物和资产阶级唯理主义在美学上的反映的古典主义在各领域均占绝对统治地位。古典主义体现了有秩序的、有组织的、永恒的王权至上的要求，在艺术作品中追求抽象的对称和协调，寻求纯粹几何结构和数学关系，强调轴线和主从关系，认为不依赖感性经验的理性是万能的，体现在城市建设上，在平面上是壮观的林荫大道、中央广场，在立面上是中央穹顶统率着其余部分。路易十四在巴黎市内建造了旺多姆广场和胜利广场，对着卢佛尔宫建立了一个大而深远的中轴线，后来成为巴黎城市的中枢主轴，两侧都是茂密的树林，后于 18 世纪中叶和下半叶完成了巴黎最为壮观的林荫道——香榭丽舍大道建设。路易十五时期在丢勒里花园之西，建造了协和广场，广场西侧是路面宽约 70m、两侧种植核桃树的林荫大道。凡尔赛宫是路易十四时期最为壮观的宫苑，由宫廷造园师勒诺特设计，位于巴黎西南 23km，规划面积 1600hm²，如果包括外围大林园，占地面积将达到 6000 多公顷，东西向主轴长约 3km，建造历史长达

26 年。宫苑轴线强烈、构图对称规整，宫前有三条放射大道，其中两侧的大道通向两处离宫，中间的大道通向巴黎市区的香榭丽舍大道，将宫苑与城市连成一体。苑内布置有十字形水渠、列树道路、精美的雕塑、喷泉、草地、花坛、密林、小剧场以及各种奇异的园林小品，园周不设围墙，使园内绿化与田野连成一片，更加突出了宫苑宏大的气势（图 2-27、图 2-28）。法国平面规则式园林设计方法开创了法兰西独特的简洁豪放的风格，成为世界园林发展史上独树一帜的一个风格流派。

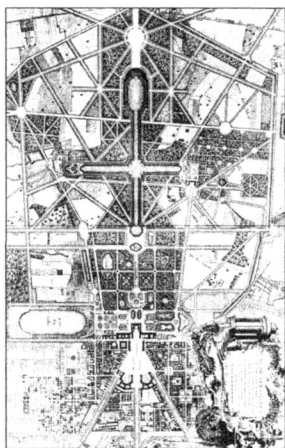

图 2-27 法国凡尔赛宫苑平面图（左）

图 2-28 法国凡尔赛宫苑实景（右）

凡尔赛宫苑的总体布局体现了王权至上和唯理主义思想，对欧洲、美国的城市规划产生了很大的影响，各国统治者竞相模拟，纷纷在本国建设类似的宫苑，如俄国彼得大帝于 1711 年修建夏宫，普鲁士王弗雷德里克大帝于 1747 年建成无忧宫，奥地利皇帝利茨一世及玛利亚皇后于 17 世纪末 18 世纪初建宣布隆宫苑，即维也纳夏宫，德国于 1701 年重建尼姆芬堡宫，英国查理二世时期改造汉普顿宫等。德意志的卡尔斯鲁厄始建于 1715 年，明显受凡尔赛影响，城市以同心圆组成，中心为王宫，向外放射布置 32 条道路，其中 23 条放射路均位于花园绿地之中，仅 9 条为城市街道，放射路全部朝向王宫的尖顶，其规划思想是企图使市民在生活中处处感到王权的支配力量（图 2-29、图 2-30）。1790 年美国国会授权华盛顿总统，在波托马克河畔择地进行规划建设，聘请

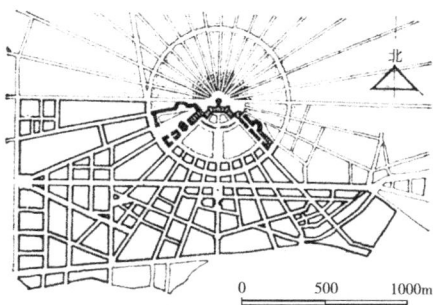

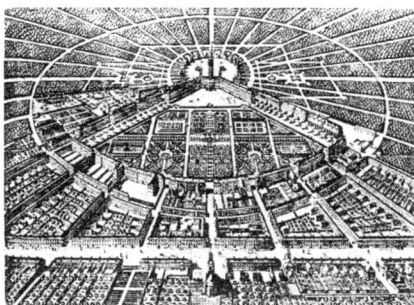

图 2-29 卡尔斯鲁厄平面图（左）

图 2-30 卡尔斯鲁厄全景（右）

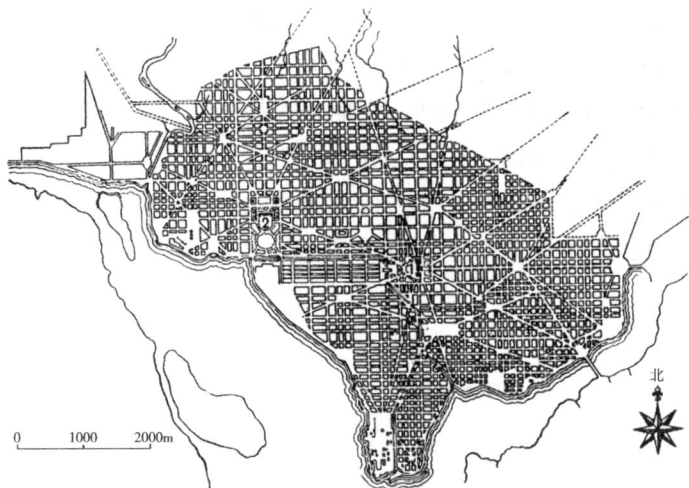

图 2-31 华盛顿总平面图

图 2-32 华盛顿中轴线鸟瞰

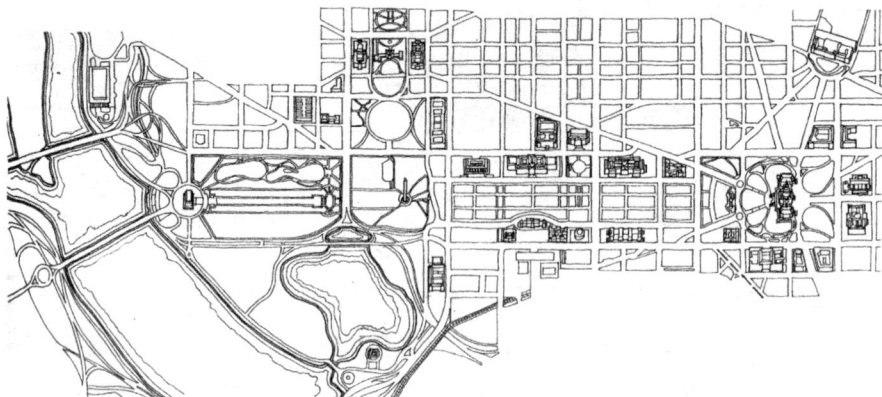

图 2-33 华盛顿中轴线平面图

法国军事工程师朗方担任规划师，规划明显受到凡尔赛宫苑影响，以位于琴金斯山高地的国会大厦为中心，规划了一条通向波托马克河滨的主轴线，并连接白宫与最高法院，成为三角形放射布局，构成全城布局结构中心。从国会和白宫两点向四周放射出许多放射状道路通往许多广场、纪念碑、纪念馆等重要公共建筑，并且结合林荫绿地，构成放射与方格形相结合的道路系统，整个地区气势宏伟，像一个大公园（图 2-31~ 图 2-33）。

2.1.2 古代城市绿地规划思想

古代城市绿地规划可以称之为"园林花园范式"，这一范式形成于农耕社会，城市规模普遍较小，生态环境问题尚不突出，城市绿地规划基本上不会从生态环境的角度考虑问题。

中国古代城市绿地规划在城市规划中占有重要的地位，从殷周秦汉时期的王畿区域规划，隋唐伊始的城、廓、苑城市规划结构，历朝历代基于自然环境条件的城市选址，古代城市道路绿化和城市内外的风景游憩地开发等多个方面进行考察，不难看出，崇尚自然、追求天人合一的中国人对以绿地为载体的自然生态环境、闲暇游憩生活的热爱，这种挚爱，冲破了城墙的束缚，向广阔的原野延伸，穿越了时间的限制，一直延续了 3000 多年。

受周礼制和儒家思想的影响，中国古代的城市总体上形制规整，强调严格有序的城市等级制度，散落其中的自然资源多被分割包围，相互独立，以古典园林为代表的古代城市绿地规划受城市规划制约，常常作为城市与建筑的附属物，在封闭中努力范山模水、移天缩地，实现自我的完美。

西方世界，无论是臣服于人，还是敬畏于神，从古希腊希波丹姆（Hippo-damus）模式开始，城市成了表达权力与奢华的舞台，城市规划总体上体现了对理性与秩序的追求，园林成为城市与建筑的延伸。城市绿地规划与建设远没有如中国那样，延伸到城墙外部广阔的原野，也没有成为城市的重要组成部分，与城市其他规划建设相比，绿地规划建设总是处于从属的地位。从民主思想活跃、公共造园蓬勃发展的古希腊，教会与神学思想统治一切、城市处于衰落状态的中世纪，到绝对君权时期，追求宏大气势的法国古典主义城市建设与园林建设，应对机器工业时代城市问题的英国城市绿化建设，无不体现了城市绿地规划建设与社会经济发展的密切关系，从这个角度上说，绿地规划建设的历史也是一部人类社会的发展史，真实地记录了人类社会发展的浮沉、兴衰。

总体而言，古代城市绿地功能较为单一，主要为少数人享乐所用，提供人们茶余饭后消遣的场所，或者成为夸耀财富、展示权力的舞台，普通大众没有或很少有机会能享用绿地。

从规划对象来看，古代城市绿地规划设计聚焦于为少数人服务的园林或花园，往往精雕细琢，对其他的绿地形式如道路绿化或风景游憩地，在规划设计上则较为粗放。

从规划主体来看，对城市绿地的规划设计完全取决于少数使用者的好恶，绿地的拥有者对绿地的规划设计具有绝对的主导权，采用的是一种规范性（Normative）的规划设计方法。

从规划思想来看，古代城市绿地规划设计主要体现个体的主观意志、审美情趣和唯美意识，强调直观的体验与感受，在相对有限的空间中，形态显示出绝对的意义。规划设计中体现出来的强烈的个人意识，有助于形成具有鲜明特点的设计风格。

2.2　国外近现代城市绿地系统规划

2.2.1　工业化过程中的西方城市绿地建设

1640 年英国爆发资产阶级革命，使其从封建制度转向资本主义制度，带来了生产力的飞速发展，最终导致 18 世纪下半叶的产业革命，开启了机器工

图 2-34 纳什对伦敦边缘的改造规划

业时代。资本主义大工业的产生，引起了城市功能结构的深刻变化，在以人为中心的价值观的指引下，一系列城市问题接踵而至，如盲目发展、破坏自然、交通拥挤、卫生恶化、环境污染、资源短缺、城市无序蔓延、大量农田被侵蚀、住房紧张、犯罪率高、社会分化、社会公正缺失、文化缺失、城市特色丧失等，由此推动了欧洲大规模的旧城改造。旧城改造的一项重要内容就是通过绿化建设来改善环境和公共卫生状况，以及缓减社会矛盾。从 17 世纪开始，位于伦敦近郊的各种皇家狩猎地逐渐向公众开放，成为城市公众游憩或进行社交活动的场所，如 1637 年开放的海德公园、17 世纪 60 年代开放的圣詹姆士公园、1835 年开放的摄政公园等。1759 年占地 121hm² 的英国皇家植物园邱园创建，以推动植物学研究。1811 年建筑师纳什对伦敦边缘的摄政大街、摄政公园和克莱逊特公园进行了规划设计，将摄政公园与它南面的高级住宅联系起来（图 2-34）。受中国传统自然式园林设计方法影响，以及本土自然条件、政治、经济、文化的发展，18 世纪的英国摒弃了法国平面规则式园林设计形式，转而采取了一种新的称之为风景式造园的设计方法，展现自然之美，追求自然或浪漫的田园情趣，对欧洲各国及美国的园林设计产生了深远的影响。

　　1789 年法国爆发了资产阶级革命，1793 年雅各宾党专政，对巴黎进行了改建，重点是第三等级和贫苦的手工业工人的聚居区，在区内铺设街道和路面，增加供水水井，清除垃圾，添置街灯。封闭一些市内墓地，把巴士底狱夷为平地，修建绿化广场，并在市内广泛进行绿化。1853~1870 年，拿破仑第三执政时，由塞纳区行政长官奥斯曼主持，进行了大规模的改建工作，将道路、广场、绿地、水面、林荫带和大型纪念性建筑物组成一个完整的统一体（图 2-35~图 2-37）。改建重视绿化建设，全市各区都修筑了大面积公园。

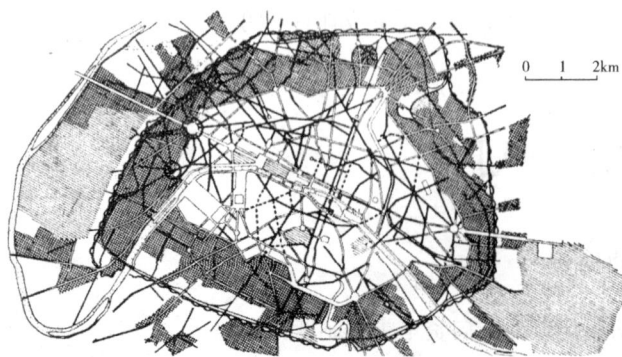

图 2-35 奥斯曼巴黎改建规划图

图 2-36 巴黎香榭丽舍大道景观

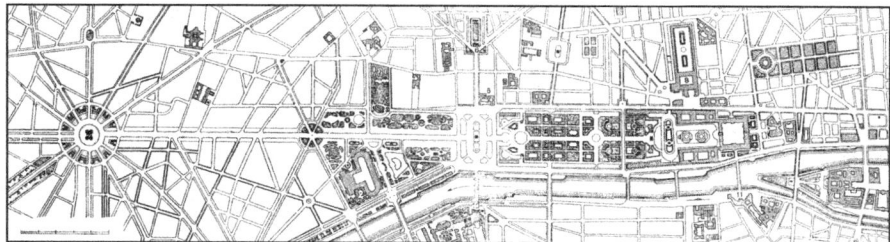

图 2-37 巴黎中轴线平面图

宽阔的香榭丽舍大道向东、西延伸，把西郊的布伦公园（Bois De Boulogne）与东郊的维星斯（Bois De Vincennes）公园的巨大绿化面积引进市中心。此外，建设了两种新的绿地，一种是塞纳河沿岸的滨河绿地，一种是宽阔的花园式林荫大道。作为城市美化运动的巴黎改建尽管极大地改变了巴黎的城市形象，19世纪的巴黎也获得了世界上最美丽的城市的美誉，但仍然未能解决工业化过程中出现的一系列城市问题。

17、18 世纪荷兰的阿姆斯特丹是世界的贸易中心和最大的港口，市内运河纵横交错，层层环绕城市，历次扩建城市，都不断开凿新的环城运河。1875 年，阿姆斯特丹开凿了一条运河直接连接北海，旧的城墙被拆除后建设绿带，宣告了传统的封闭性的城市建设时代的终结。

19 世纪，西方社会基本已建立了资本主义制度并迎来了机器大生产的时代。工业革命导致新型的工业城市迅速生长，城市人口不断集聚，在功利主义和实用主义原则的引导下，城市变成了藏污纳垢的场所，"在 1820~1900 年，大城市里的破坏和混乱情况简直与战场上一样"，仅仅依靠城市局部地段的改造已经无法解决问题，需要探索新的理论和进行新的实践。科学技术的发展使人们加深了对自然的认识，英国浪漫主义的造园思想开始与自然主义相结合，植物分类学和生态学的发展引起了人们对自然界的兴趣，提高了自然保护意识。19 世纪，在美国的许多城市中开展了保护自然、建设绿地与公园系统的运动，城市绿地系统规划揭开了新的一页。

2.2.2 城市公园运动与城市绿地规划

（1）英国城市公园建设

英国是世界上最早完成产业革命的国家，也是城市问题暴露较早的国家。19 世纪英国的城市工业快速发展，引发的一系列城市问题引起了资本家和政府的重视。这一时期英国的社会改革运动风起云涌，推动了包括公园运动在内的各种改革运动。1833~1843 年，英国议会通过了多项法案，准许动用税收来进行下水道、环卫、城市绿地等基础设施的建设。

早在 1835 年开放的摄政公园建设过程中已经开始考虑周边城市环境的改造与土地开发问题，通过在公园周围建造住宅区，实现了提高环境质量与居住品质，取得经济效益的多重目的，为城市公园的规划与建设开拓了新的方式，影响、带动了城市公园的建设热潮。1843年，利物浦市伯肯海德区用税收收购了一块面积为74.9hm²的荒地，计划50.6hm²土地用于公园建设，周边24.3hm²土地用于私人住宅开发。结果，公园所产生的吸引力提升了周边土地的地价，用于住宅开发的土地出让收益，超过了整个公园建设的费用及购买整块土地的费用总和。以改善城市环境，提高市民福利为初衷的伯肯海德公园建设，取得了经济上的成功，从而改变了人们原来一直认为公园绿地建设只有投入没有经济效益的观念，成为英国早期城市公园建设的典范。人车分流是设计师帕克斯顿（Joseph Paxton）最重要的设计思想之一。公园由一条城市道路（当时为马车道）横穿，方格化的城市道路模式被打破，同时大大方便了该城区与中心城区的联系。公园内部蜿蜒的马车道构成了主环路，步行道路贯穿其中，沿路景观开合有致、丰富多彩（图2-38）。人车分流的设计手法对来英国参观的美国景观规划设计师奥姆斯特德（F.L.Olmsted）产生了深刻的影响。

（2）美国城市公园建设与城市绿地规划

美国城市绿地建设的早期类型是19世纪30年代出现的公园墓地，如1831年在波士顿郊外建成的金棕山墓地（Mount Auburn Cemetery）（图2-39），1838年在纽约市郊外建成的绿林墓地（Greenwood Cemetery），1845年建成的辛辛那提的春园墓地（Spring Grove Cemetery）。由于墓地景色优美，成为周围市民休闲散步的好去处，也使人们认识到了公园的魅力，为19世纪后半叶大规模的城市公园建设做了铺垫。

1851年，纽约州议会通过第一个《公园法》，对公园用地的购买、公园建设组织化等进行了规定。1858年，深受英国自然风景园影响的奥姆斯特德与沃克斯（Calvert Vaux）提交的草地规划（Greensward Plan）在纽约中央公园设计竞赛中获胜，随后，奥姆斯特德出任中央公园首席设计师，负责公园建设。公园面积达340hm²，历时18年建造完成。采取人车分离、立体交叉的道路系统，减弱过境道路对公园的干扰。公园采用自然式布置，保留了不少原有的地貌和

图2-38 伯肯海德公园
鸟瞰图（左）

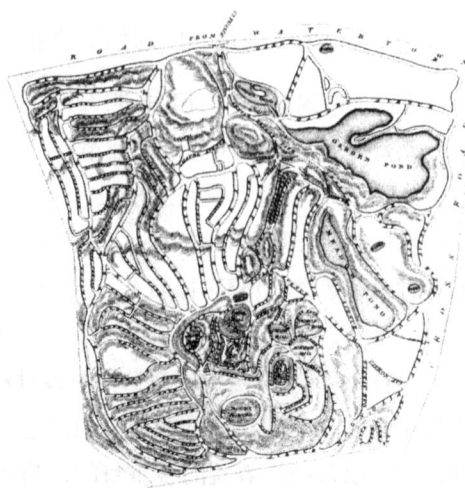

图2-39 金棕山墓地平
面图（右）

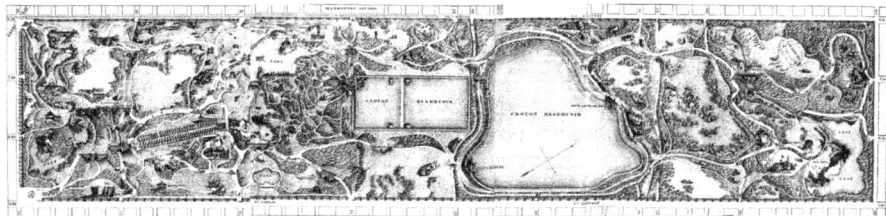

图 2-40 奥姆斯特德的纽约中央公园规划图

植被，有总长 93km 的步行道、9000张长椅和 6000 棵树木，园内有动物园、运动场、美术馆、剧院等各种设施（图 2-40、图 2-41）。在投资上，通过政府发行"公园债券"筹集建设资金，环境改善带动周围地价上涨，土地差价产生的利润即是投资者

图 2-41 纽约中央公园鸟瞰图

的回报，又一次阐释了市场经济条件下城市公园建设的可行途径。不同于欧洲旧城改造中的公园建设，纽约中央公园建设可以说是与曼哈顿岛的城市化同步进行的，建设的初衷是期望通过设计这样的大型公园，来改善城市的机能，为市民提供积极而又方便的室外游憩空间，开创了近现代城市建设中促进人与自然相融合的新纪元。正是对工业化时代背景下专业职责的清晰认识和远见卓识，奥姆斯特德与沃克斯把自己称为风景园林师（Landscape Architect），而没有沿用已有的名称风景花园师（Landscape Gardener），不仅仅是职业称谓上的创新，而是对该职业内涵和外延的一次意义深远的扩充和革新。由于有众多像奥姆斯特德这样身体力行的风景园林师，使得 19 世纪下半叶，欧洲、北美掀起了城市公园建设的第一次高潮，称之为"公园运动"。有学者对 1880 年美国统计资料的研究显示，当时美国的 210 个城市，九成以上已经记载建有城市公园，其中，美国 20 个主要城市的城市公园尺度在 60~1618hm² 之间。在公园运动时期，各国普遍认同城市公园具有五个方面的价值，即：保障公众健康，滋养道德精神，体现浪漫主义社会思潮，提高劳动者工作效率，促使城市地价增值。

美国早期的城市大多数脱胎于欧洲殖民者所建的殖民城市，无视地形变化的格网状街区规划成为当时的主流。19 世纪下半叶，美国进入快速城市化时期，自由贸易的发展使交通量迅速增加，城市沿着道路向外延伸，缺少树木的格网状街道破坏了城市的整体性，城市景观单调冷漠。奥姆斯特德与沃克斯认识到了美国城市发展的弊端，希望通过城市公园运动来解决这些问题，他们在实践中开始推动美国的城市公园向公园系统的方向发展。

1866 年，奥姆斯特德与沃克斯在其提交给布鲁克林市公园委员会的报告中，提出通过建设公园路（Parkway），将希望公园内的道路引入市区。1870 年，第一条公园路——东方公园路（Eastern Parkway）开始建设，历时

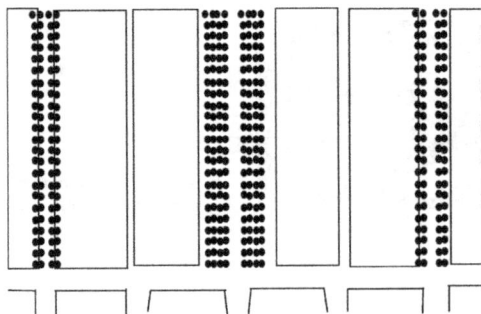

图 2-42 东方公园路平面图

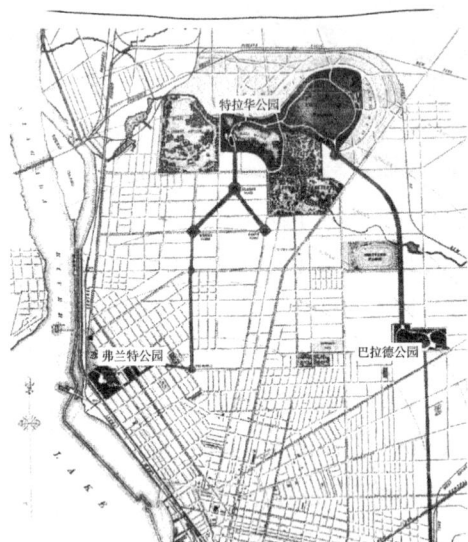

图 2-43 布法罗公园系统

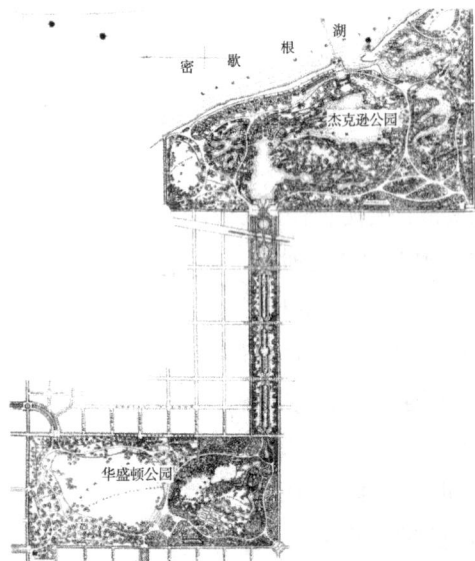

图 2-44 芝加哥南部公园区规划

4 年完成，从希望公园延伸至该市威廉斯伯格区，道路总宽度 78m，中央为 20m 宽的马车道，两边种植行道树，再往外为人行道（图 2-42）。

在公园路的提法出现不久，布法罗市建成了一个具有真正意义的公园系统。1868 年，奥姆斯特德在布法罗市放射形道路的基础上，规划了由宽度为 61m 的公园路连接三个公园组成的公园系统（图 2-43）。1869 年伊利诺伊州议会通过《公园法》，同意在芝加哥建造西、南、北三个公园区。1871 年 10 月 9 日，发生了著名的芝加哥大火，中心市区受灾面积达 730hm²，10 万人无家可归。在灾后重建规划中，有人提议通过建造公园系统，以绿色开敞空间分隔市区，提高城市的抗灾能力。在随后进行的由奥姆斯特德与沃克斯负责的南部公园区规划设计和由威廉·杰尼（William Le Baron Jenny）负责的西部公园区规划设计中，都有意识地通过公园路将分散的公园连成公园系统，分隔建筑密度过高的市区，达到防止火灾蔓延、提高城市抵抗自然灾害的能力，极大地丰富了公园绿地的功能，成为后来防灾型绿地系统规划的先驱（图 2-44）。

1875 年，在市民运动的推动下，波士顿通过了《公园法》，设立了公园委员会，第二年，该委员会制定了波士顿公园系统总体规划，规划利用城市水系，将公园建设与水系保护相联系，形成了一个以自然水体保护为核心，将河边湿地、综合公园、植物园、公共绿地、公园路等各种功能绿地连成一体的公园系统——"翡翠项链"。委员会委托奥姆斯特德具体规划已经购买的公园用地，从 1878 年开始建设，历时 17 年，1895 年基本建成，总占地面积 800hm²（图 2-45）。之后，随着《公园法》的适用范围逐渐覆盖了整个马萨诸塞州，客观上要求超越波士顿的行政界限，在更大的区域范围内对绿地进行统一规划和管理。1892 年，大波士顿区域公园委员会成立，查尔斯·埃略特（Charles Eliot）受命展开了现状调查，包括现状的植被、地形、土质等自然条件，人口迁入对自然环境造成的影响，对灾害预防、水系保护、景观、地价等因素进行了分析。1893 年埃略特提出了大波士顿区域公园系统规划方案，

图 2—45　波士顿公园系统〝翡翠项链〞规划图

确定了 129 处应该保护和建设的开放空间，并且将这些开放空间分为海滨地、岛屿和入江口、河岸绿地、城市建成区外围的森林、人口稠密处的公园和游乐场五大类。1894 年，州议会通过了林荫道法案，着手建设林荫道系统。1907 年，大波士顿区域公园系统的格局基本建成，面积达 4082hm^2，公园路总长度为 43.8km（图 2—46）。

1883 年，昆·布朗为明尼阿波利斯市编制了第一个公园系统规划方案，强调公园系统的建设应该起到保护自然环境、净化空气、防止火灾和控制传染病蔓延等作用，提出了城市滨水区的公园化、保护郊区湖沼沿岸绿地、扩充城市的林荫道系统等富有远见的规划思想。1900 年公园委员会在昆·布朗规划方案的基础上编制了以环状公园系统建设为核心的公园系统规划，1920 年左右，以水系为中心的环状公园系统基本形成（图 2—47）。

1893 年，哥伦比亚世界博览会在芝加哥举办，直接引发了全美声势浩大的城市美化运动。1902 年，由麦克米兰（McMillan）领导的华盛顿规划委员会提出了《改善哥伦比亚特区的公园系统（The Improvement of the Park System

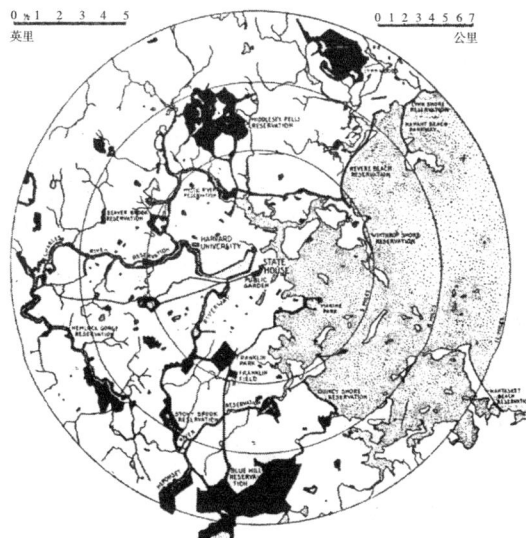

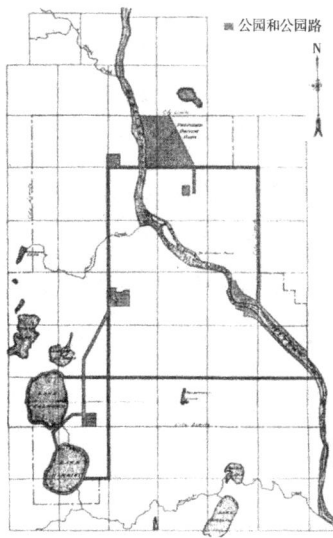

图 2—46　大波士顿区域公园系统（左）

图 2—47　1923 年明尼阿波利斯市公园系统平面图（右）

of the District of Columbia)》的报告书,规划了一条长4km的波托马克河公园路,连接波托马克河河畔和岩石溪流公园（Rock Creek Park），通过林荫道连接主要的大公园和滨水绿地。

1909年,丹尼尔·伯纳姆（Daniel H. Burnham）提出了著名的"芝加哥规划",将密歇根湖湖滨地区规划为永久性的公园绿地,使湖滨绿地与市内公园系统连为一体。为了保护郊外的水系,伯纳姆将位于城市中心15km的带状区域规划为城市绿地,构成城市外部的绿地系统（图2-48）。

（3）日本城市公园规划

受欧美城市公园建设的影响,日本在19世纪70年代也开始建设城市公园,1873年,太政官向各个府县发布了关于设立公园的通告,当年设立了25个城市公园。1888年,在东京负责城市改造的机构"市区改正审查会"的促成下,东京府颁布了《东京市区改正条例》。1889年,在该条例的基础上制定了"东京市区改正设计",这是日本历史上第一个法定的城市规划,也是最早的公园规划,共规划了49处公园,总面积达330hm²。公园分为大小两种,大公园面积在3hm²以上,有11处,小公园36处,规划强调按照各区人口进行公园配置（图2-49）。

随着日本近代工业的发展,除了东京,其他的大城市大阪、名古屋、神户、横滨和京都也出现了规模急剧扩大的现象,急需进行城市改造,在这种状况下,《东京市区改正条例》被推广到其他城市,公园规划得以在全国范围内的大城市首先开展。

1919年,日本《都市计画法》出台,理顺了公园规划和城市规划的关系,即公园规划应该以城市规划为基础,为全国性的公园建设提供了法律依据,并

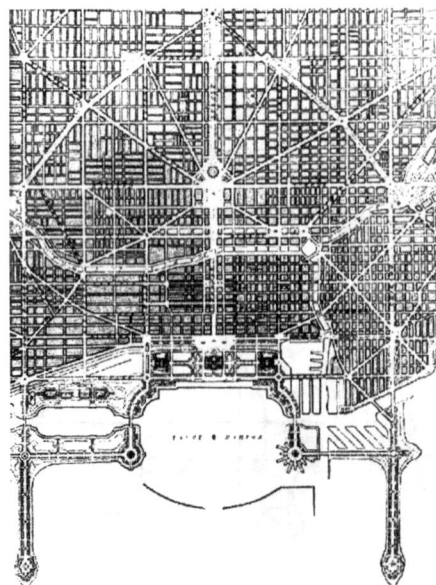

图2-48 1909年芝加哥规划图（左）

图2-49 1889年东京市区改正规划图（右）

且通过采用土地区划整理制度，将实施面积的 3% 保留为公园用地，促进了大量小公园的产生。随后，东京地方委员会制定了东京第一个公园规划标准——《东京公园计画书》，大量引用和分析了当时各国最新的公园规划资料，规定了东京公园配置的范围，占城市规划区域用地的比例，对公园进行了分类，确定了各类公园总面积和人均面积，制定了单个公园面积标准和各类公园服务半径标准，强调建立公园系统，在城市绿地系统规划的量化方面迈出了重要的一步。

1923 年 9 月 1 日，日本发生了关东大地震，东京、横滨两市受损严重，公园和广场、河边空地成为地震时的避难地，公园绿地的防灾效果开始引起人们的重视。在之后编制的灾后重建规划方案中，充分体现公园系统化的意图，将散布于市区内的各种规模的公园和道路系统有机联系起来，使全市的公园形成一个整体，平时满足市民活动需要，非常时刻则作为安全避难地（图 2-50）。按照规划，在受灾区域建设了 52 处小公园，平均面积 3000m²，尽量设置在受灾区与各个小学校相邻的地带，这样，小公园不仅可以作为公众一般的休闲娱乐地，还能够用作小学校的运动场，以解决当时学校用地不足的问题，在受灾时又能够作为避难场所使用。公园的复合功能得到开发，小公园对于城市的多种价值被发掘，在公园规划史上具有重要的意义。

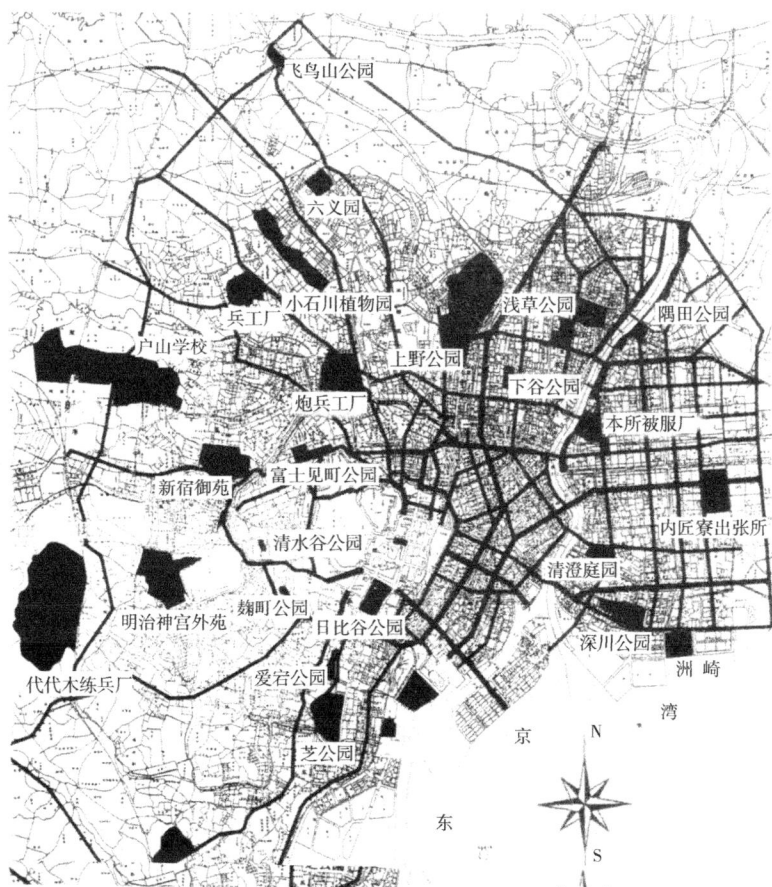

图 2-50 1923 年东京重建规划方案

1933 年，日本颁布了公园规划标准、土地区划整理设计、风致地区决议等城市规划标准，确定了公园的种类、面积、使用目的、服务半径、配置要求、设备标准和公园道路的宽度等，使公园规划走上了规范化的道路（表 2-1）。

日本 1933 年公园规划标准部分内容　　　　　　　　　　表 2-1

种类		面积（hm²）	使用目的	服务半径
大公园	普通公园	10 以上	游戏、运动、观赏和教育	2km
	运动公园		以运动为主	30min 距离圈
	自然公园		欣赏自然风光、游赏	60min 距离圈
小公园	近邻公园	2~5	居民的日常休闲娱乐	0.6~1.5km
	儿童公园	少年公园 0.6~0.8	15 岁以下儿童的娱乐、运动	0.6~0.8km
		幼年公园 0.3~0.5	12 岁以下儿童的娱乐、运动	0.5~0.7km
		幼儿公园 0.03~0.2	学龄前儿童的娱乐、运动	0.25~0.5km

1932 年，东京市和周围的 82 处农村合并，成立东京府，市域面积扩大到 550km²，人口 497 万，同年 10 月，成立了东京绿地规划协议会，负责新市域内的公园绿地规划工作。协议会对绿地进行了定义和分类，绿地被定义为"与居住用地、交通用地、工业用地、商业用地并列的，永久性的空地"，分为普通绿地、生产绿地和准绿地三大类，在分类的基础上，制定了各类绿地的标准，对设施、面积、服务半径、范围等作了详细规定，还总结了关于绿地规划的各种调查项目、图面的表达方式等。协议会制定了东京绿地规划，其中一项重要的内容是，为了防止城市规模无限制地扩大，在东京市域外围规划了环状绿地带。这条绿带面积 13623hm²，宽幅 1~2km 左右，长度 72km，呈楔状深入市区中心，以山林、原野、低湿地、丘陵、滨水区、耕地、村落为主要组成部分，同时包含了公园、运动场、农林试验场、游园地等设施，成为今天东京都 23 区外围主要的公园绿地。

（4）近代城市绿地规划思想

19 世纪后半叶至 20 世纪初，以公园为主体的城市绿地规划可以称之为"城市公园范式"，这一范式产生于工业社会，人们开始关注城市生态环境，期望通过公园系统的引入，恢复城市中失去的视觉美与和谐生活。城市绿地作为城市的必要组成部分，开始承担起社会矛盾与城市问题缓冲器的作用，服务对象也由少数人扩展到大多数人。

在规划的对象上，城市绿地涵盖的内容日趋广泛，类型更加多样，基本上包括了城市各类绿色开敞空间，规划视野由内向、封闭进一步走向外向、开敞。这一点在芬兰学者皮特·克拉克对欧洲四个城市——伦敦、斯德哥尔摩、赫尔辛基、圣彼得堡的城市绿地研究中也得到了印证（图 2-51）。

从规划设计的主体来看，专业设计人员开始发挥越来越重要的作用，个别有远见的风景园林师开始通过专业实践有意识地将自然系统的科学知识引入

自然绿地
自然森林与绿化

森林公园

国家城市公园

公地
城市农场
游艇码头

人民公园

墓地　　　　　　　　　承包花园

医疗花园　　　　学校花园　　　　　　　　胜利公园
　　　　　　　　运动场地　　　　企业花园

　　　　　　　地方公园　　　文化娱乐公园
大型公园

经过规划
的绿地　　经过规划的花园

1850年　1870年　1890年　1910年　1930年　1950年　1970年　1990年

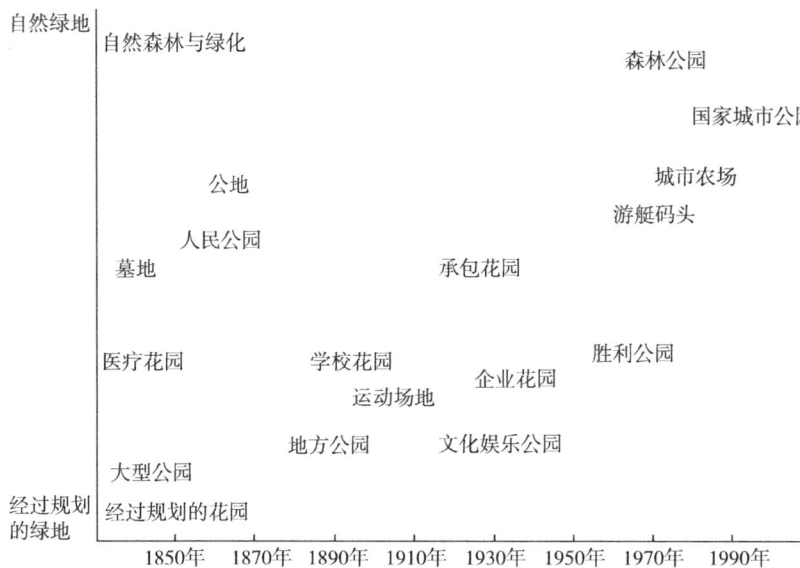

图 2-51　欧洲四城市绿
地类型发展图示

景观规划。这一时期的景观规划虽然仍然偏重于感性的判断，缺乏系统的理性分析，但已经从规范性（Normative）向实证性（Positive）迈出了坚实的一大步。

在规划设计思想方面，这一时期的绿地规划设计不仅考虑视觉形象问题，而且开始关注绿色空间改善城市生态环境的功能，开始考虑城乡自然环境的联系以及有特殊价值的自然环境的保护问题，城市绿地的多功能性开始受到重视，景观规划设计包含了越来越多的科学内涵。

城市公园范式的局限性在于，绿地附属于城市，规划通常滞后于建设，是一种对城市被动的适应方法，是一种环境改良的思想，有时更倾向于对城市进行表面的装饰。规划设计大多来源于个人的主观判断，随意性较大，设计师个人的专业知识、能力对于规划结果有决定性的作用，仍然是一种偏向感性的规划，不能从根本上解决各类城市问题。面对工业社会背景下经济、社会、环境各方面的变化，人们开始从整体上探索各种理想的城市发展模式。

2.2.3　现代城市规划思想对城市绿地规划的影响

（1）带形城市理论

1882 年，西班牙工程师里亚·伊·马塔（Arturo Soria Y Mata）提出带形城市（Linear City）设想，他认为，那种传统的从核心向外一圈圈扩展的城市形态将会使城市拥挤、卫生恶化，在新的运输条件下，城市将沿交通干道发展成带形，一方面可将原有城镇联系起来，组成城市网络；另一方面使城市居民容易接近自然，将文明带到乡间。他主张城市沿道路两边建设，宽度 500m，长度无限，每隔 300m 设一条 20m 宽的横向道路，联系干道两旁的用地，用地两侧为 100m 宽、布局不规则的公园和林地（图 2-52）。马塔于 1882 年在西班牙马德里外围建设了一个 4.8km 长的带形城市，后于 1892 年又在马德里周

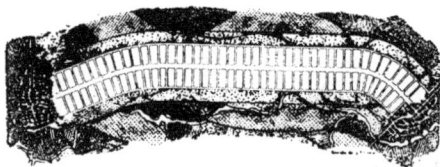

图 2-52 马塔的带形城市方案

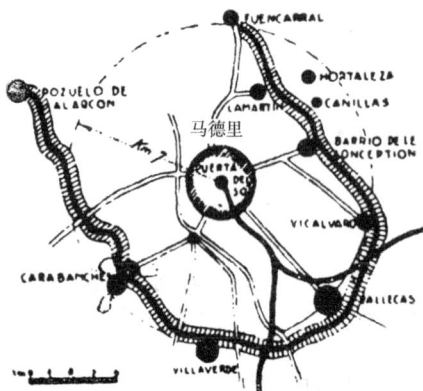

图 2-53 马塔在马德里规划的带形城市方案

围设计一条有轨交通线路，联系两个原有城镇，构成一个长 58km 的带形城市（图 2-53）。带形城市理论对以后城市分散思想有一定影响，在伦敦（1943 年）、哥本哈根（1948 年）、华盛顿（1961 年）、巴黎（1965 年）和斯德哥尔摩（1966 年）的规划中都出现过。

（2）田园城市理论

1898 年，英国人霍华德（Ebenezer Howard）出版了《明天——一条引向真正改革的和平道路（Tomorrow: a Peaceful Path towards Real Reform）》，1902 年又以《明日的田园城市（Garden City of Tomorrow）》为名再版该书，引起欧美各国的普遍注意，影响极为广泛。霍华德希望彻底改良资本主义的城市形式。在序言中，他形象地用"三磁铁"来比较三种生活方式：城市生活，乡村生活，城市—乡村生活（图 2-54），指出"可以把一切最生动活泼的城市生活的优点和美丽、愉快的乡村环境和谐地组合在一起"。霍华德认为，城市无限制发展与城市土地投机是资本主义城市灾难的根源，如果将城市土地统一归城市机构，就会消灭土地投机，而土地升值所获得的利润，应该归城市机构支配。他以一个"田园城市"的规划图解方案更具体地阐述其理论：城市人口 3.2 万人，占地 404.7hm²，外围有 2023.4hm² 农业用地。城市由一系列同心圆组成，6 条林荫大道从中心通向四周，中心是一个占地 2.2hm² 的花园，四周环绕着用地宽敞的大型公共建筑，包括市政厅、音乐演讲大厅、剧院、图书馆、展览馆、画廊和医院，它们的外面是一个用"水晶宫"（Crystal Palace）包围起来的中央公园（Central Park），面积为 58.7hm²，水晶宫可作为商店和冬季花园，再外一圈为住宅，再外面为宽 128m、长 4.8km 的带形绿地——大林荫道（Grand Avenue），绿带内有 6 所学校和各种派别的教堂，学校内设有游戏场和花园，绿带外围又是一圈住宅。在城市的外环，靠近围绕城市的环形铁路布置有工厂、仓库、牛奶房、市场、煤场、木材场等（图 2-55、图 2-56）。

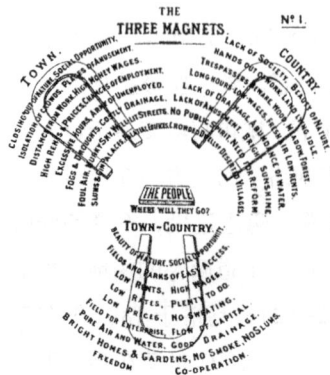

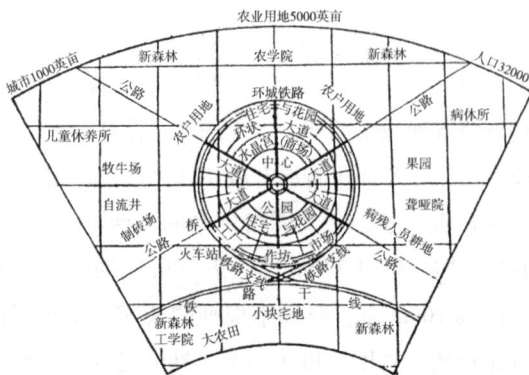

图 2-54 城乡吸引三磁体（左）

图 2-55 田园城市总图（右）

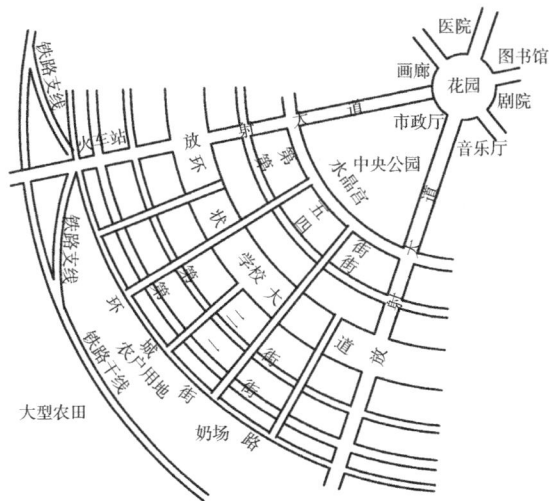

图 2-56 田园城市分区和中心（左）

图 2-57 莱奇沃斯规划总图（右）

霍华德在书中用大量篇幅研究了城市经济问题，提出了一整套城市经济财政改革方案，他认为城市是会发展的，当其发展到规定人口时，便可在其乡村地带以外不远的地方建设另一座城市。霍华德从城市整体结构来考虑绿地布局的思想产生了深远的影响，他特别强调要在城市周围永久保留一定绿地来控制城市的无限扩展。他的这一思想直到今天仍然被世界各大城市仿效。1902 年建设的莱奇沃斯（Letchworth）是"田园城市"思想的第一个试点城市，位于

0 5公里

图 2-58 1945 年莫斯科规划图

伦敦东北,距伦敦 64km,已经具备了较为完整的绿地系统（图 2-57）。1918 年,苏联政府从彼得堡迁都莫斯科后，列宁签署了《俄罗斯联邦森林法》和一系列自然保护法，规定"对莫斯科周围 30km 以内的森林实行最严格的保护"。为了消除城乡差别，莫斯科城市规划采用了一种称之为"人口分布轴线"的放射状的城市形态，轴线之间则是连接市中心与郊区森林的绿化带，共 8 条，森林环带与楔形绿带相结合的城市绿地系统成为莫斯科最具特色的城市形态，并且一直保持至今（图 2-58）。1938 年，英国通过了绿带法案（Green Belt Act），通过立法的手段用绿带控制城市的无序蔓延。

（3）卫星城镇规划理论与实践

受霍华德"田园城市"理论的影响，1922 年，昂温（Unwin）提出了在大城市外围建立卫星城市，以疏散人口控制大城市规模的理论。同一时期，美国规划建筑师惠依顿也提出在大城市周围用绿地围起来，限制其发展，在绿地之外建立卫星城镇的设想。

1929 年，昂温为伦敦提出了绿色环带（Green Girdle）规划方案：绿带宽

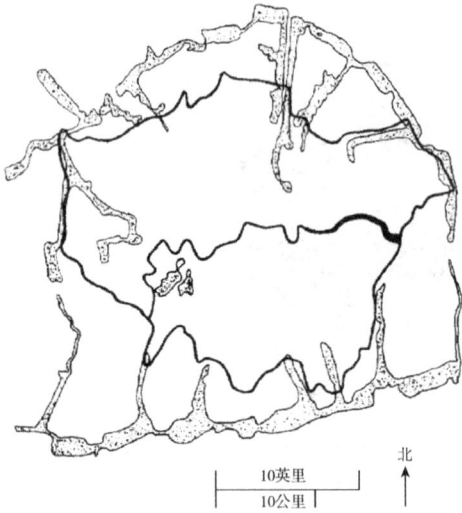

图 2-59　1929 年伦敦环城绿带规划方案

3~4km，呈环状围绕在伦敦城区，用地包括公园、自然保护地、滨水区、运动场、墓地、苗圃、果园等。昂温认为环城绿带不仅是城区的隔离带和休闲用地，还应该是实现城市空间结构合理化的基本要素之一。1929 年伦敦规划还引入了开敞空间标准概念，提出每人应该拥有 28m² 活动场地，还应该有其他的开敞空间用于散步、游乐和野餐等（图 2-59）。

1943~1944 年，由阿伯克隆比（Patrick Abercrombie）主持的大伦敦规划，主要是采取在外围建设卫星城镇的方式，计划将伦敦中心区人口减少 60%。在距伦敦中心半径约 48km 的范围内，由内到外划分了四层地域环，即内城环、近郊环、绿带环和农业环。绿带环宽约 11~16km，作为伦敦的农业和游憩地区，实行严格的开发控制（图 2-60）。大伦敦规划另一项富有远见的规划设想是创建一个巨大的绿道网络，将内城的开敞空间与外围的绿带连成一体。在规划文本中，阿伯克隆比写道："需要将所有形式的开敞空间看做是一个整体，以公园路连接大型公园，相互协调形成一个联系紧密的公园系统……从花园到公园，从公园到公园路，从公园路到绿楔，从绿楔到绿带，通过连接顺畅的开敞空间，城市居民可以从家门口到达乡村地区"（图 2-61）。大伦敦规划中的卫星城镇独立性较强，城内有必要的生活服务设施，而且还有一定的工业，居民的工作及日常生活基本上可以就地解决，绿地系统也比较完整，如 1947 年规划设计的哈罗卫星城。

（4）有机疏散思想

1934 年，芬兰裔美国建筑、规划师伊利尔·沙里宁（Eliel Saarinen）发表了《城市——它的成长、衰败与未来（The City——Its Growth, Its Decay, Its Future）》

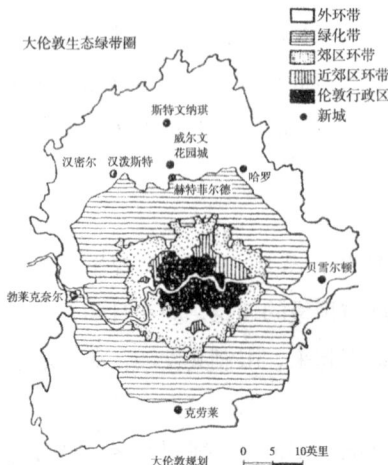

图 2-60　1944 年大伦敦规划图（左）

图 2-61　1944 年大伦敦规划中的开敞空间规划图（右）

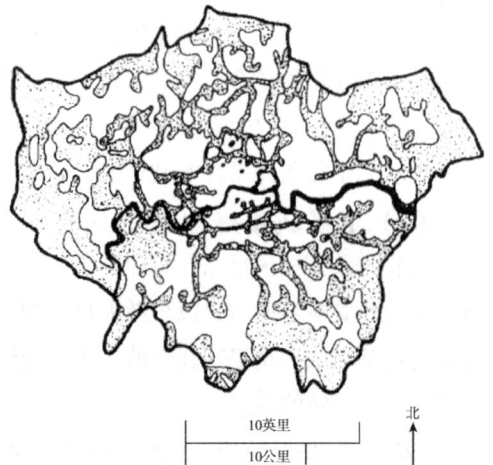

一书，提出了有机疏散的思想，试图缓解因城市集中所产生的各种弊病。

沙里宁认为，城市是一个不断成长和变化的机体，城市建设是一个长期的缓慢的过程，城市规划是动态的。他从生物成长现象中受到启示，认为有机疏散就是把扩大的城市范围划分为不同的集中点所使用的区域，这种区域内又可分成不同活动所需要的地段。他认为应该把联系城市主要部分的快车道设在带状绿地系统中，应该把工业用地疏散出去，利用疏散出去的工业用地来开辟绿地。"有机疏散"思想追求的是城市社区交往的效率与生活的安宁。1918年，按照这一思想，沙里宁与荣格受一私人开发商的委托，在赫尔辛基新区提出了一个17万人口的扩展方案（图2-62）。这一思想，在二战后对欧美各国的城市建设都产生过重要影响。

（5）"邻里单位"规划思想

20世纪20年代后，城市道路上的机动交通日益增多，导致车祸频繁发生、老弱及儿童穿越道路的威胁加重，过小的道路分隔、过多的交叉口，也降低了城市道路的通行能力。针对将住宅区结构从属于道路划分方格的传统方式，20世纪30年代，开始在美国，不久又在欧洲，出现了一种"邻里单位（Neighborhood Unit）"的居住区规划思想。该思想主张在较大的范围内统一规划居住区，使每一个"邻里单位"成为组成居住区的"细胞"。"邻里单位"内要设置小学，配套公共建筑及设施，使儿童上学不穿越交通道路，实现人车分离，内、外部交通分工明确的目的（图2-63）。"邻里单位"思想把居住的安静、朝向、卫生、安全放在重要的地位，对以后居住区规划影响很大。二战后，在欧洲一些城市的重建和卫星城市的规划建设中，"邻里单位"思想更进一步得到应用、推广，并且在它的基础上发展成为"小区规划"的理论，试图把小区作为一个居住区构成的"细胞"，将其规模扩大，不限于以一个小学的规模来控制，也不仅是

图2-62　赫尔辛基新区扩展规划方案

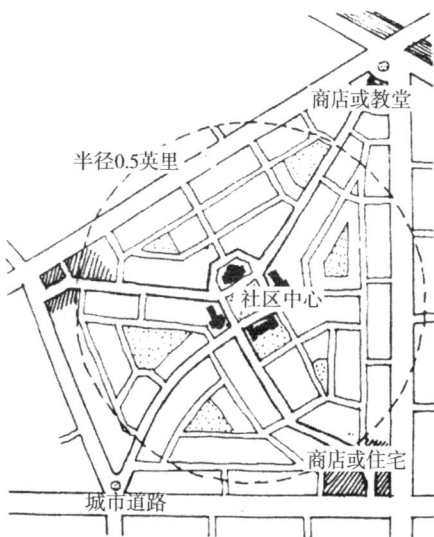

图2-63　邻里单位示意图

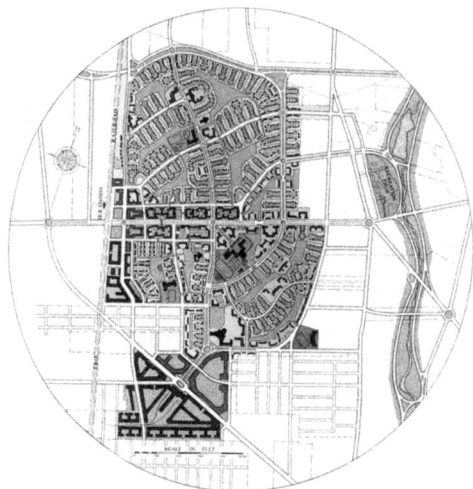

图 2-64 拉德本新城规划总图（左）

图 2-65 拉德本新城住宅组团平面图（右）

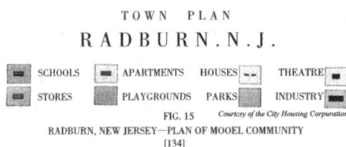

由一般的城市道路来划分，而趋向于由交通干道或其他天然或人工的界限（如铁路、河流等）为界，把居住建筑、公共建筑、绿地等予以综合解决。以这一思想规划的新城有 1929 年在美国新泽西州规划的拉德本（Radburn）新城（图 2-64、图 2-65），以及 20 世纪 30 年代位于美国马里兰、俄亥俄、威斯康星和新泽西的四个绿带城。

（6）现代建筑运动中的空间集中与空间分散规划思想

20 世纪 20 年代，现代建筑运动发展成为建筑界的主流，并逐渐渗透到城市规划领域，体现为注重城市的功能，考虑到工业化时代社会生活方式的改变，主张利用新技术，以工业化时代的城市功能、尺度、风格和景观取代传统城市。尽管主导思想较为一致，但在具体的城市空间形态上却出现了两种截然不同的解决方案。法国建筑师勒·柯布西耶（Le Corbusier）是空间集中规划思想的代表人物，1922 年，他出版了《明日的城市（The City of Tomorrow)》，较全面地阐述了他对未来城市的设想：在一个人口为 300 万的城市里，中央是商业区，有 24 座 60 层的摩天楼提供商业商务空间，并容纳 40 万人居住；60 万人居住在外围的多层连续板式住宅中，最外围是供 200 万人居住的花园住宅（图 2-66、图 2-67）。整个城市尺度巨大，高层建筑之间留有大面积的绿地，城市外围还设有大面积的公园，采用高容积率、低建筑密度来达到疏散城市中心、改善交通，为市民提供绿化活动场地的目的。此后，柯布西耶在 1925 年为巴黎中心区改建所做的规划（Voison 规划，16 栋 60 层的办公大厦，地面完全开敞），以及 1933 年所提出的"光明城"（Radiant City，城市中心为容纳 2700 人的居民联合体）规划方案中重现了这一思想。

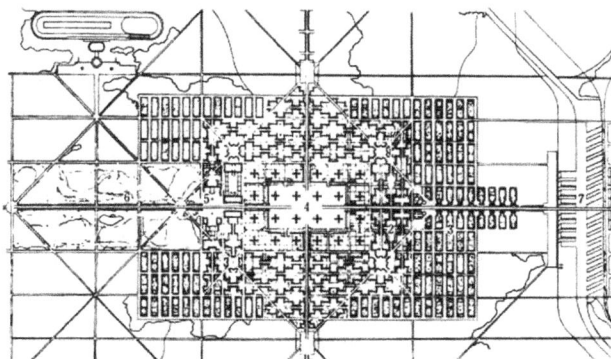

图 2-66 柯布西耶的《明日的城市》规划方案
1—中心地区楼群；2—公寓地区楼群；3—田园地区（独立住宅）；
4—交通中心；5—各种公共设施；6—大公园；7—工厂区

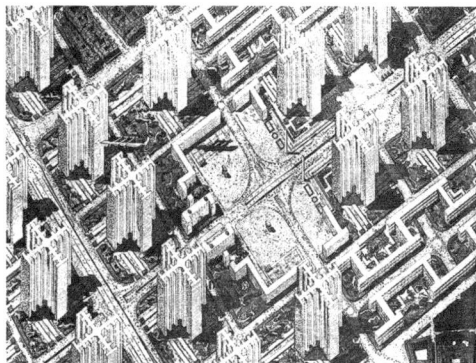

图 2-67 《明日的城市》中心区景观示意图

与柯布西耶的观点不同，美国建筑师赖特（F. L. Wright）主张空间分散的规划思想。在 1932 年发表的著作《正在消失中的城市（The Disappearing City）》和 1935 年发表的《广亩城市：一个新的社区规划（Broadacre City: A New Community Plan)》中，主张将城市分散到广阔的农村中去，每公顷土地的居住密度为 2.5 人左右，每个独户家庭周围有一英亩土地（约 4047m²），生产供自己消费的粮食和蔬菜（图 2-68）。他相信电话和小汽车的力量，认为大都市将死亡，美国人将走向乡村，家庭和家庭之间要有足够的距离，以减少接触来保持家庭内部的稳定。

空间集中与空间分散规划思想的共同点是都已经认识到了绿地对城市生活的重要性，在他们"理想的城市"中，都有大量的绿化空间；都已经开始思考当时所出现的新技术：电话和汽车对城市产生的影响。1933 年，国际现代建筑协会（CIAM）在雅典发表了《雅典宪章》，集中反映了"现代建筑"学派的观点。宪章首先提出，城市要与其周围影响地区作为一个整体来研究，城市规划的目的是解决居住、工作、游憩与交通四大城市功能的正常进行，宪章特别指出要确保各种城市绿地和开敞空间，建议新建居住区要多保留空地，旧区已破坏的建筑物拆除后应辟为绿地，在市郊要保留良好的风景地带。《雅典宪章》

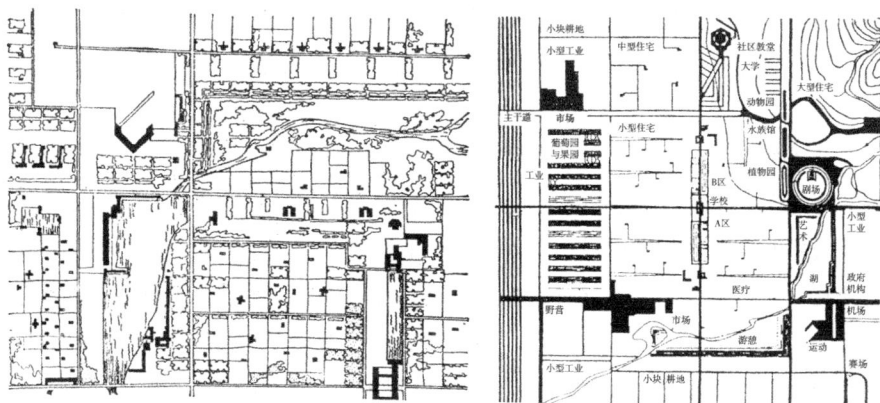

图 2-68 赖特的"广亩城市"规划模式示意图

进一步明确了城市绿地在城市建设中的重要地位，对 20 世纪 30 年代以后的城市绿地系统规划起到了指引性的作用。

纵观现代城市规划思想，在工业社会背景下，毫无疑问，城市绿地作为城市重要的组成部分，无论是在规划理论还是实践中，都受到了充分的重视，绿地的形态变得更加丰富，由各类绿地构成的绿地系统，决定了城市的空间结构。但是，另一方面，随着城市规模的不断扩大，也逐渐暴露出了一些问题。处在一个物质空间规划的时代，包括绿地在内的城市用地很容易被均质化处理，以一种经济学的观点来对待，土地被当做商品，可以进行等价交换，绿地对自然地理条件具有很强依附性的特点常常被抹杀，而代之以机械式的滥用。麦克哈格对此提出了尖锐的批评，他指出："生态学的方法建议，大城市地区内保留作为开放空间的土地应按土地的自然演进过程来选择，即该土地应是内在地适合于"绿"的用途的"。这样一种认识，随着 20 世纪 50、60 年代环境意识的觉醒，得到了越来越多的认同。城市绿地系统规划又一次处在了发展的十字路口。

2.2.4 20 世纪后半叶城市绿地系统规划思想与实践

第二次世界大战以后，百废待兴，在战后重建中，城市绿地系统获得了空前的发展机遇，许多城市都将绿地系统视为构建城市特色的重要因素而倍加重视。在进行规划时，一方面更加重视与自然环境的融合；另一方面也更加注重绿地的游憩功能，比较典型的如华沙、平壤、科恩。

1945 年的"华沙重建规划"确定了建设一个具有开放、先进和绿树成荫的现代化城市空间风貌的规划目标。规划决定限制城市工业发展，扩大广场与绿地面积，其中包括新辟一条自北向南穿城而过的绿化走廊地带以及扩展维斯杜拉河沿岸的绿色走廊，重建华沙古城的重要历史性建筑。规划将城市游憩绿地系统结构分为四级：小区级绿地、小区群级绿地、行政区绿地、区域性绿地，分别对应于不同数量的服务对象（图 2-69）。

1954 年的平壤重建规划，绿地系统以河流等自然条件为骨架，把城市分隔为几个组团，绿地系统与城市组团形成了互相交织的有机整体（图 2-70）。

战后重建的科恩市利用森林和水边地形构成了环网状的绿地系统（图 2-71）。

20 世纪 50、60 年代是西方世界经济腾飞的时代，也是人们对工业革命造成的环境恶果进行反思，环境意识觉醒的时代。1962 年，美国生物学家蕾切尔·卡逊《寂静的春天》一书问世，犹如旷野中的炸雷，敲响了人类将因为破坏环境而受到大自然惩罚的警世之钟。生态学的思想开始受到重视，多种城市环境学科，如环境社会学、环境心理学、社会生态学、生物气候学等开始蓬勃发展，相互交织融合，以实现自然环境与人工环境的密切结合，并开始从社会与人

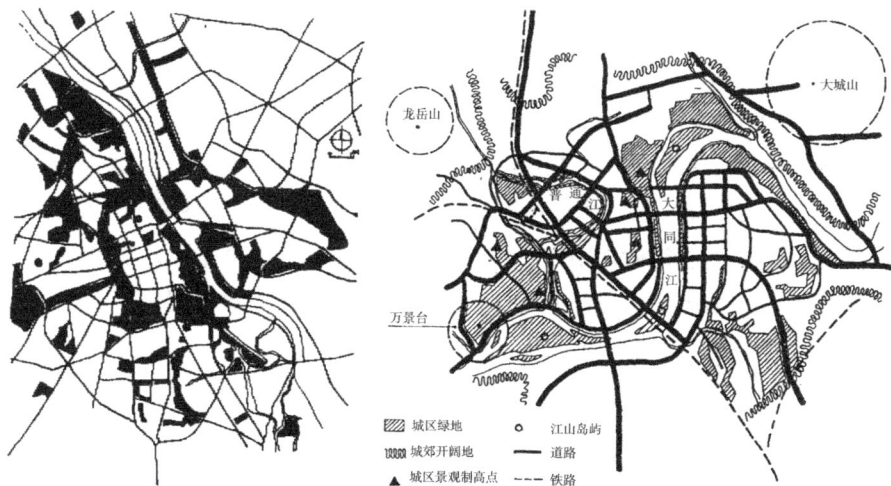

图 2-69 波兰华沙城市绿地系统（1945 年）（左）

图 2-70 朝鲜平壤城市绿地系统布局结构示意图（右）

城区绿地　○ 江山岛屿
城郊开阔地　—— 道路
▲ 城区景观制高点　--- 铁路

群的角度考虑环境问题。1958 年，希腊建筑师道萨迪亚斯创立了"人类聚居学"（EKISTICS），强调对人类居住环境的综合研究。1961 年简·雅各布斯（Jane Jacobs）的《美国大城市的死与生》是对工业革命的负面影响和现代城市问题的无情批判，引发了世界范围内对于城市发展问题的深刻思考。1969 年麦克劳林（Mcloughlin）在《系统方法在城市和区域规划中的应用》（Urban and Regional Planning：A System Approach）一书中，更是发出了"对未来规划的构思，应多从园艺学而非建筑学中去寻求启迪"的呼声。保护环境的意识开始从一般的社会呼吁发展成为规划界普遍的思想共识和行动准则，20 世纪 70、80 年代之后，这一思想又逐步发展成为可持续发展的思想。

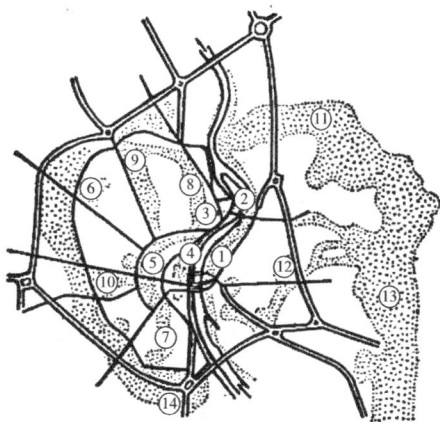

图 2-71 德国科恩城市绿地系统

1—莱茵公园；2—利雷尔河周边林地；3—植物园；4—莱茵河散步道，5—内环状绿地带 6—外环状绿地带；7—南放射状绿地；8—北放射状绿地；9—西北放射状绿地；10—魏尔森林；11—墩瓦尔特森林带；12—梅尔赫梅丛林；13—柯尼森林；14—森林植物园

在风景园林行业，个别有远见的风景园林师如路易斯、麦克哈格、希尔开始扩展行业范围，考虑区域或次区域的景观问题，环境限制规划理论、土地适宜性分析方法逐渐形成。麦克哈格通过国家教育电视台系列节目宣传他的生态规划思想，并且在 1969 年出版的划时代的专著《设计结合自然》中进行了系统的阐述，如书中所言"我们必须改变价值观。我们不仅需要对人类和自然的关系持有较为正确的观点，而且要有一个较好的工作方法"。作者通过自己的亲身经历阐述了工业化造成的环境恶果和自然环境对人的重要意义，分析了西方世界以人为中心的价值观的根源，认为这是造成环境恶化的主要原因，提倡用生态学的观点来认识和适应世界，提倡尊重自然、适应自然过程的规划思想。方法上，麦克哈格提倡多学科合作，在 19 世纪末期查尔斯·埃略特图纸叠加方法的基础上，结合实际案例，提出了被称为是"千

层饼"的系统的分析方法，引导生态规划向系统理性的方向发展。

在生态规划思想的影响下，规划师的视野进一步扩展。1964 年菲利普·刘易斯（Philip H.Lewis）提交了威斯康星州遗产道提案，划分出了沿着河流和排水区域，分布有大量自然与文化资源的，值得保护的"环境廊道"（图 2-72），他用环境廊道的概念第一次在州级范围内提出要保护环境敏感区或河流廊道，对区域层次的绿地系统规划产生了深远的影响。20 世纪 70 年代，墨尔本市依托优越的土地资源条件，规划了以河流、湿地为骨架的"楔向网状"结构的绿地系统（图 2-73）。

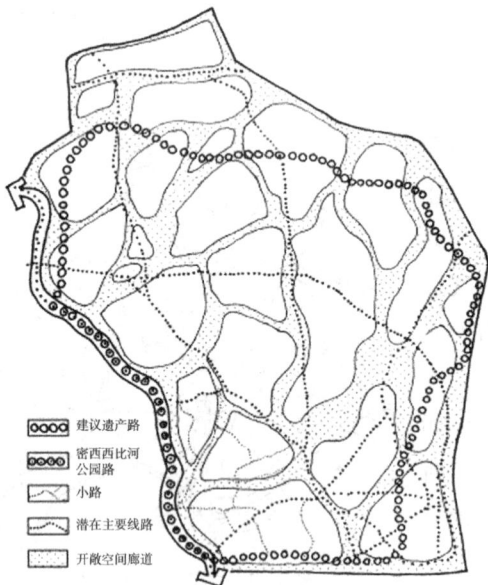

图例：
- 建议遗产路
- 密西西比河公园路
- 小路
- 潜在主要线路
- 开敞空间廊道

图 2-72 威斯康星州遗产道提案

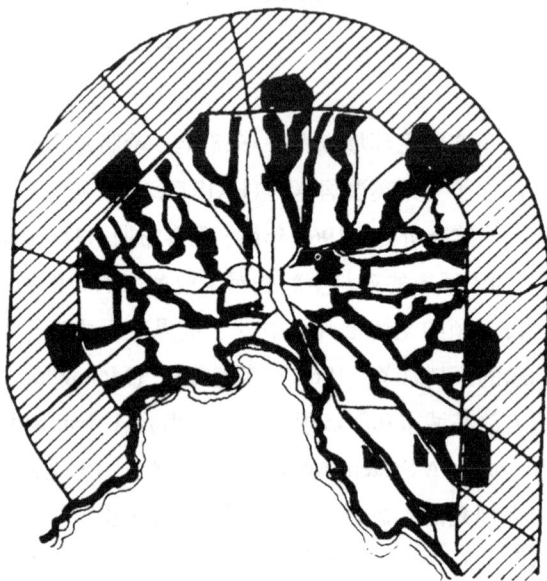

图 2-73 澳大利亚墨尔本城市绿地系统（1978 年）

相对于城市公园范式，生态规划范式在概念与技术上有了极大的提升，它产生于人类对工业革命的负面影响进行深刻反省的时代，此时，风景园林师已不仅仅局限于对发展中的城市进行填空式的见缝插绿，而是以宽广的视野，运用多学科的知识对城市土地利用方式进行深刻的解析、整体的观照，期望从根本上解决城市环境问题和社会问题，是一种主动式的规划方法。规划范围从城市走向了更为广阔的区域环境。在规划过程中，规划师开始尝试超越自身知识能力的限制，寻求多学科合作，以使规划体现出更多的科学性。20 世纪 40 年代产生的系统论思想也对规划方法产生了较大的影响，使生态规划一开始就朝着更加全面的分析与综合的方向发展。此后，随着景观生态学和计算机技术如 GIS 的迅速发展，以及可持续发展思想的出现，生态规划范式无论在理论与方法技术上都有了进一步的推进，城市绿地系统逐渐成为城市发展的基础性和决定性因素。

2.3 国外当代城市绿地系统规划的最新进展

2.3.1 环城绿带规划思想的当代实践

作为控制城市无序蔓延的一种有效形式，环城绿带建设长盛不衰。自 20 世纪 50 年代以来，世界上一些大城市，如巴黎、柏林、莫斯科、东京等均规划建设了环城绿带，对于控制城市格局、改善城市环境、提高居民生活质量发挥了显著的作用。

环城绿带是一个综合性的概念，不仅包括传统意义上的城市绿地，也包括农田、湿地、果园、牧场等景观类型。根据城市自身的自然地理条件、历史文化特征，以及与周边地区和城市发展的关系，不同城市的环城绿带，其空间形态与结构也有差异（表 2-2）。

国外部分大城市环城绿带比较　　表 2-2

城市名称	城市面积 (km²)	人口数量 (万人)	绿带结构	绿带规模 长度 (km)	绿带规模 宽度 (km)	绿带规模 面积 (km²)	绿带组成	起始时间
大伦敦	1577	751.3	环形	180	11~16	5133，规划 5780	林地、牧场、乡村、公园、果园、农田、娱乐场所、教育科研场所、自然公园等	1929 年
莫斯科	1081	1047.3	环形 + 楔形		50	4630	2 个绿化环、6 条楔形绿带连接 8 个市郊森林公园、野营基地、墓园、果园等	1918 年
大柏林	892	341.6	环形	100	10~20	2800	由 8 个区域公园构成，包括森林公园、自然公园、狂欢公园、公园等	1990 年
大巴黎	市区 272，大都会区 14518	1206.7	环城卫星式	35	10~30	1187	国有公共森林、树林、花园、私有林地、大型露天娱乐场、农业用地、赛马场、高尔夫球场、野营基地、公墓等	1987 年
渥太华	4662	113	环形	40	5	203.5	绿河保护区、足球场（11 个室外，1 个室内）、高尔夫球场、湿地、森林、国际机场、农场、砾石坑、马术公园、露营地、石灰窑、温泉、军事训练基地等	1950 年
首尔	605.25	1042	环形	50	10	1556.8	国家公园、公园、森林等	1971 年

环城绿带的功能与发展目标应适应城市的发展。基于城市生态系统演变的复杂特征，以及不同的社会经济发展阶段，单一结构或单一功能的绿带往往不能满足城市发展的需要，因此，要素复合性、结构复杂化、形态灵活性、功能多样性越来越成为环城绿带建设的趋势。

环城绿带是规划师头脑中"理想城市形态"的一种抽象表达，有时并不能从景观的生态或美学功能上取得直接的依据。一些城市的环城绿带奉行严格的保护与管理政策，在城市化进程中，逐渐成为城市空间合理发展的制约因素。为了完全保护环城绿带的结构与格局，城市不得不"跳跃式"发展，其所带来的社会、经济、生态环境问题给环城绿带的规划与建设提出了新的要求，即要求环城绿带既能满足控制城市无序扩张、保护生态环境健康的要求，又要为城市经济的持续发展和人口规模的持续扩大提供适宜的发展空间。正是由于绿带政策忽视自然规律和城市发展规律，针对其负面影响的批评之声此起彼伏。2002 年 5 月，英国皇家城镇规划学会（RTPI）发表报告，要求修改绿带政策，英国一些地区也开始实行"战略间隙、农业缓冲区和绿楔政策"（Strategic Gaps, Rural Buffers, Green Wedges），对绿带政策进行改良。值得注意的是，发达国家对环城绿带的质疑并不是要彻底否定环城绿带，而是要探究环城绿带发展的适宜途径。

2.3.2　开敞空间规划

1991 年，英国学者汤姆·特纳向伦敦规划顾问委员会提交了题为"走向伦敦的绿色战略"的报告，该报告回顾了伦敦以往的开敞空间规划，提出发展一系列相互叠加的网络的绿色战略，如步行道网络、自行车道网络、生态廊道网络等（图 2-74）。

无独有偶，1999 年建筑师理查德·罗杰斯（Richard George Rogers）在向伦敦政府提交的"迈向城市复兴"的报告中再次提到了将开敞空间连成一体的重要性，报告所附的插图清晰地表达了罗杰斯的这一想法（图 2-75）。

相对于 100 多年前波士顿的公园系统——"翡翠项链"，特纳和罗杰斯的开敞空间网络在理论上并没有太多的创新，但在实践上又一次体现了开敞空间体系长盛不衰的生命力。在城乡一体化的背景下，开敞空间体系既可以体现在区域尺度上，也可以体现在城市尺度上，还可以体现在场所尺度上，甚至可以深入到建筑内部，它注重的是各类开敞空间之间的联系与沟通、交流与合作。从技术层面来讲，并非所有的开敞空间都是绿地，但从系统的角度出发，将其纳入绿地系统规划的范畴则更加有利于绿地系统结构与功能的改善与强化。特别是对于人口稠密的大城市，这种化零为整、以线带面的做法具有非常现实的实用价值，它极大地促进了城市聚集活动的发生，增加了人与人、人与自然交往的机会，增强了城市的活力与生命力。开敞空间体系使绿地系统规划在思维上得到了扩展，在功能上得到了完善，在空间上得到了延伸，在形态上得到了变化，它虽然不是绿地系统规划的核心内容，但却是规划的必要补充。

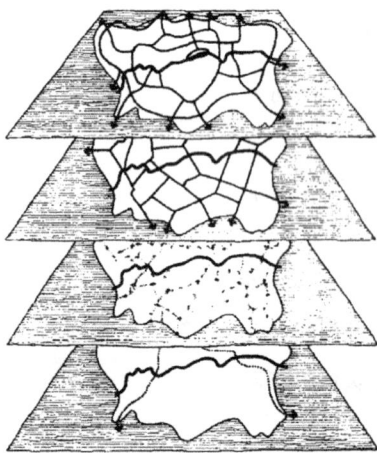

图 2-74　1991 年伦敦绿色战略

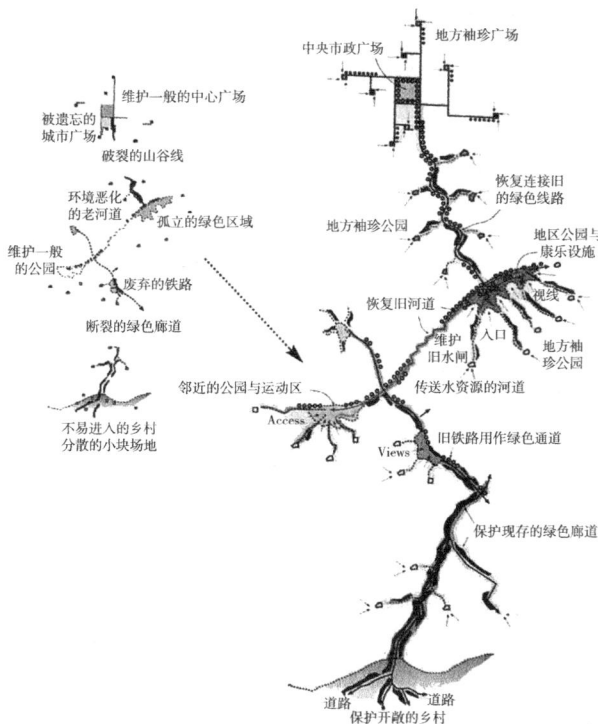

图 2-75 罗杰斯开敞空间
网络示意图

2.3.3 绿道规划

虽然"绿道"一词最早出现在 1987 年美国总统委员会的报告中，但绿道
规划的思想和专业实践却由来已久，法布斯（J.G. Fábos）把绿道的发展从 19
世纪末期到 21 世纪划分为 5 个阶段，其中，典型的案例有 1867 年奥姆斯特
德的波士顿公园系统规划；20 世纪 20 年
代沃伦·曼宁（Warren H.Manning）的全
美景观规划；1928 年小查尔斯·埃略特
（Charles Eliot）的马萨诸塞州开敞空间规
划；1964 年菲利普·刘易斯的威斯康星州
遗产道提案；1993 年纽约市的绿道规划和
1999 年由马萨诸塞州大学景观与区域规划
系的三位教授领衔的新英格兰地区绿道远
景规划（图 2-76）。从区域到城市，世界
各国的绿道建设正方兴未艾，《Landscape
and Urban Planning》杂志曾分别在 1995
年（33 卷）、2004 年（68 卷）、2006 年（76
卷）出专刊介绍世界各国绿道的发展情况。

按照绿道的定义"沿着诸如河滨、溪
谷、山脊线等自然走廊，或是沿着诸如用

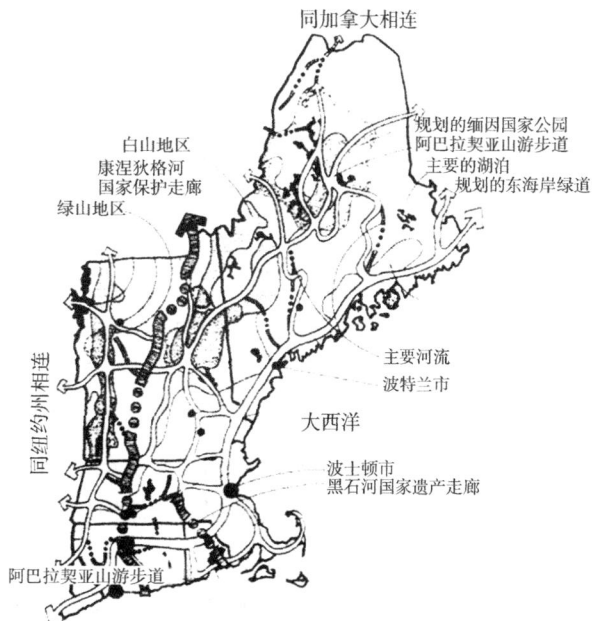

图 2-76 新英格兰地区州级层次绿道规划

作游憩活动的废弃铁路线、沟渠、风景道路等人工走廊所建立的线形开敞空间，包括所有可供行人和骑车者进入的自然景观线路和人工景观线路"。不难看出，绿道强调的是一种自然与人平衡发展的生态观，一方面要有"绿"，即要有自然景观；另一方面要有"道"，即要满足人游憩活动的需要，并不要求为了保护自然而完全限制人的活动。

绿道是城市绿地的一种重要的表现形态，它兼顾保护与利用，将各类城市绿地连成一体，从城市延伸到乡村，一直到旷野，而一旦形成网络，则又具有巨大的生态效益和提供游憩活动的潜力。绿道虽然可以出现在城市内部，表现为各种线形的绿色空间，但其真正的意义在于打破城乡界限，将城市融入乡村，让乡村渗透城市，既是自然要素的连接，更是生活方式的融合，以绿道为载体，城市绿地超越了物质形态，成为社会与文化的代言，城市绿地系统规划也从物质的规划走向物质与精神兼顾的规划。

2.3.4 生态网络规划

经过工业革命的洗礼，世界上许多国家都面临着诸如自然区域破碎、生态系统恶化、自然栖息地和栖息地结构丧失以及物种消亡等严峻的问题，现有的自然保护地像大海中的岛屿一样孤立无援。物种的生存取决于栖息地的质量、可获得的食物，以及对于大多数物种来说，可以在景观中移动的能力。移动对于生物至关重要，生物要靠移动来觅食、休息、迁徙，以摆脱恶劣的环境。有鉴于此，国际上对于保护物种的方法，已经从保护分散的、岛屿化的自然区域转向保护和恢复相互连接的自然区域。

1924 年在荷兰的阿姆斯特丹召开的城市规划国际会议上已经有了自然保护的思想。大会就景观与自然保护应该成为城市规划的组成部分达成一致，城市与自然区域户外休闲关系的重要性得到了重视。美国自然保护政策中整合城乡资源的新思想，极大地影响了欧洲的规划观念。

但是，欧洲的情况不同于美国，自然地区的面积小得多，通常如果没有其他地区的协助，自然保护区很难发挥作用，以生态网络的形式扩大现有保护区的思想应运而生。欧洲生态网络的规划和建设基本上在三个层面展开：欧洲大陆层面，如 1996 年欧盟委员会的泛欧生物与景观多样性战略（Pan-European Biological and Landscape Diversity Strategy）；国家层面，如西班牙的国家自然保护网络，白俄罗斯生态网络计划；区域层面，如比利时佛兰德省生态网络。目前，欧洲各国围绕生态网络的规划建设仍然在如火如荼地进行当中，欧盟各国在兼顾泛欧层面的保护之外，纷纷探索适合本国国情的生态网络形态和保护策略。

自然无国界，自然保护应该跨越行政界限的限制，在流域的范围内，在区域的范围内，在国土的范围内，甚至在大陆的范围内寻求解决之道。绿地系统规划应该打破行政界限，将自然资源、文化资源的保护统一起来。

2.3.5 绿色基础设施规划

传统的城市绿地系统规划常常被视为城市规划的附属物，由此产生了一系列诸如规划过程滞后、填空式规划方法滥用、绿地分布孤立等问题。绿色基础设施规划将城市绿地系统视为与道路、管线等城市其他基础设施同等重要的地位，强调规划过程前置，自然系统连续，人类对自然的保护、再生与管理。

按照美国保护基金组织和农业部林业局的定义："绿色基础设施是一个国家的自然生命支持系统——一个由水系、湿地、林地、野生物栖息地和其他自然区域，绿道、公园和其他保护地，农田、牧场、森林，旷野和其他开放空间组成的相互连接的网络，作用是养育本地物种，维持自然生态过程，保持空气和水资源，促进人们生活的健康和质量"。

绿色基础设施在形态上，由面状的区域如保护区、国家森林、农田、林地、牧场、区域公园、社区公园和自然区等，和线状廊道如连接面状区域的景观、河流廊道、绿道、绿带、防护林带等组成，这些类型又可以按照不同的标准划分成不同保护等级的区域，作为未来保护和建设的依据。美国马里兰州自然资源部通过对区域内各类土地自然生态价值的评价，确定了土地保护的优先次序，就是这种思想的具体体现。

绿色基础设施规划代表了一种战略性的保护途径，它将以前各种保护方法和实践整合成一个系统的框架，包括了尺度更大的景观和更加广泛的规划目标。与其他基础设施一样，绿色基础设施规划在方法上应该遵循全面、综合、战略、公开的原则，应该立足于多学科的原理与实践的基础之上，并且在资金方面享有优先权。McDonald 等认为，绿色基础设施规划包括四个步骤：目标设定、分析、合成和实施。核心目标有三个，即保护生态功能与过程，保护自然生产性的土地，保护开放空间、服务大众；分析的关键是根据一系列标准，评价规划区域内土地的自然价值，识别出网络上的断开区和需要进行生态恢复的面状区域，最终合成网络。

绿色基础设施为未来土地的保护与开发描绘了一幅系统的整合的蓝图，在某种程度上，可以说是有关自然保护与建设行动的汇合，其概念本身也蕴涵了身份地位的根本转变，从城市的附属物转变成为了城市的生命线保障系统，无论在理论上还是在方法上都值得城市绿地系统规划借鉴。

2.3.6 城市森林规划

城市森林首先在美国和加拿大兴起。从 20 世纪 60 年代中期开始，一些林学家，从人类生活和生存的角度出发，提出在市区和郊区发展城市森林，把森林引入城市，让城市坐落在森林中，通过调整人类、社会、森林之间的关系，促使城市社会、经济与自然的协调发展。1972 年，美国国会通过了《城市森林法》。欧洲国家于 20 世纪 90 年代开始接受城市森林概念，开展相关理论研究与实践工作。日本政府于 1990 年提出"森林城"建设构想。当前城市森林规划建设与理论研究工作正在包括中国在内的世界各国如火如荼地开展起来。

对于城市森林概念的理解，各国尚存在差异。广义的定义将城市森林视为分布于被城市人口影响和 / 或利用的所有区域内，城市森林是一个生态系统。狭义的定义只包括人们居住地附近的树木和相关的植被。中国目前普遍接受的城市森林的定义是：城市森林是指在城市地域内以改善城市生态环境为主，促进人与自然协调，满足社会发展需求，由以树木为主体的植被及其所在的环境所构成的森林生态系统，是城市生态系统的重要组成部分。

就城市森林规划而言，早在 20 世纪 70 年代，美国马里兰州南部地区已经开始结合相关规划编制城市森林规划，试图在开发地区保留有价值的森林植被。1989 年，英国乡村委员会（现为乡村署）启动了一个历时 30 年的试点项目，选取了 12 个位于英格兰的有代表性的城市地区来发展和检验多目标森林应用的效果，并分别编制了社区森林规划。2002 年 10 月，加拿大以城市森林规划为主题召开了第五届城市森林会议。

各国在城市森林规划的内容上存在较大差异。美国的城市森林规划主要限于建成区，侧重于树木管理，包括改造更新，因此特别注重对现有树木的调查了解，以及对新增林地的调查，以此为基础，确定规划目标，提出实施目标的行动措施，包括各类树木不同生长阶段所需要的养护管理措施等。

英国社区森林计划的任务是启动一个城市、经济和社会再生的综合性项目，通过恢复废弃的土地，提供新的休闲、娱乐和文化活动机会，提高生物多样性，支持教育、健康生活、社会和经济发展，为人们营造高质量的环境。城市森林规划具有覆盖范围广、涉及要素杂、规划目标多的特点。

城市森林规划是生态规划思想的又一种表现形式，它不仅关注用地，而且关注用地的空间利用，关注绿色开敞空间的形态，关注植被。对于城市绿地已经成型多年的西方发达国家，对植被的养护管理、更新改造具有更加重要的意义，城市森林规划提供了一个解决现实问题的思想和方法，一个整合多学科力量的载体，一个深化细化、延续扩展城市绿地系统规划的实践途径，一项践行生态规划思想的社会行动。

2.4 中国城市绿地系统规划发展概况

2.4.1 中国近现代城市绿地发展历程

中国城市公共绿地建设起步较晚，首先出现在外国租界内，是外国人建造，供外国人游览的。1868 年上海建外滩公园（后改名为黄浦公园）、1887 年天津建维多利亚公园（现人民公园）、1900 年以后上海建虹口公园（1902 年，现为鲁迅公园）、法国花园（1908 年，现复兴公园）、兆丰公园（现中山公园），天津建俄国花园（1901 年），哈尔滨建兆麟公园（1906 年）；1902 年，北京先农坛向公众开放，1924 年颐和园开放，1925 年北海开放；南京把莫愁湖、白鹭洲、玄武湖整理为公园。20 世纪 20 年代以后，杭州建湖滨公园，并把孤山整理成公园。这一时期城市绿地的发展极其缓慢，以上海为例，1949 年以前，全市各种公园绿地约为 89hm²，且大部分集中于租界和上层人士聚居的住宅区，普通市民无法享用。1949 年以前，北京市区公共绿地面积只有 700 多公顷，郑州市则一无所有。

1949 年以后，以服务大众为宗旨，在借鉴前苏联建设经验的基础上，中国开始了大规模的城市公共绿地建设，新建了大批公园绿地，至 1980 年年底，全国已有 679 个公园、37 个动物园和 135 个公园中的动物展区（不包括港、澳、台地区），城市面貌大为改观。如北京市 1977 年年底，公共绿地面积达到 2695.33hm²，郑州市 1975 年各项绿地占市区总面积的 32.4%。但部分城市仍然发展缓慢，如上海市从 1949~1978 年 29 年间绿地年均增长约 23hm²，1978 年人均公共绿地面积仅 0.47m²。这一时期城市基本上采用的是一种"见缝插绿"式的绿化方式，城市绿地无论从数量上还是质量上都还处在一个较低的发展水平上。

20 世纪 80 年代以后，随着经济的飞速发展，城市绿化得到空前重视，出现了许多艺术性与生态性兼顾，考虑大众使用和城市环境形象的绿化建设成果。如上海的人民广场、世纪公园、环城绿化带，北京的环城绿化带，青岛的滨海绿化带等。1992 年建设部开始实行"国家园林城市评选"，进一步推动了各地城市绿地建设，截至 2008 年，全国共命名"国家园林城市（区）"139 个，各项绿地指标得到显著提高。据统计，全国城市建成区绿化覆盖面积已达到 125 万 hm²，建成区绿化覆盖率由 1981 年的 10.1% 提高到目前的 35.29%，人均公共绿地面积由 3.45m² 提高到 8.98m²。

部分园林城市（区）绿化指标见表 5-7，表中显示尽管大部分城市绿地指标已相当可观，但城市之间的差距仍然存在。

2.4.2 中国城市绿地系统规划发展历程

城市绿地系统的规划思想主要在抗战胜利以后，由一些有识之士从西方引进中国，如金经昌主持的上海大都市规划，但民国上海政府无力实施。

新中国成立后的第一个五年计划（1953~1957 年）期间，主要是学习苏联的经验，一批新城市的总体规划明确提出了完整的绿地系统概念。如北京市分别规定出市、区、小区级公共绿地的服务半径、每人定额、各级各类绿地的用地面积，均匀分布绿地。

1958 年，中央政府提出"大地园林化"和"绿化结合生产"的方针，各地用这一思想指导绿地规划。以北京市为例，把园林、菜地、果园、苗圃、部分农田等都算作城市绿地。城市绿地在老市区中要占 40%，在新市区达 60%，城市周围有 10km 宽的地带建森林公园，其中还开辟蔬菜基地等。从这些绿地形态中可以看出，明显受到霍华德"田园城市"规划思想的影响。

"文革"期间，城市绿地规划工作处于停顿状态。

1976 年 6 月，国家城建总局批发了《关于加强城市园林绿化工作的意见》，规定了城市公共绿地建设的有关规划指标。

20 世纪 80 年代城市绿地系统规划开始作为城市总体规划的一项专业内容出现，如上海市 1983 年编制的《上海市园林绿化系统规划说明》，作为专业规划纳入《上海市城市总体规划方案》，并于 1984 年 2 月上报国务院审批。

1992 年，国务院颁发了《城市绿化条例》，根据其中第九条的授权，1993 年 11 月，建设部在参照各地城市绿化指标现状及发展情况的基础上，制定了《城市绿化规划建设指标的规定》。其中规定了城市绿化指标：即到 2000 年人均公共绿地 5~7m^2（视人均建设用地指标而定），城市绿化覆盖率应不少于 30%，2010 年人均公共绿地 6~8m^2，城市绿化覆盖率应不少于 35%。

2001 年国务院发布《国务院关于加强城市绿化建设的通知》，明确了城市绿化工作的指导思想和任务，提出要加强和改进城市绿化规划编制工作，要求城市规划和城市绿化行政主管部门等要密切合作，共同编制好《城市绿地系统规划》，并且要严格执行。通知要求近期内城市人民政府要对已经批准的城市绿化规划进行一次检查，并将检查结果向上一级政府作出报告。尚未编制《城市绿地系统规划》的，要在 2002 年年底前完成补充编制工作，并依法报批。对于已经编制，但不符合城市绿化建设要求以及没有划定绿线范围的，要在 2001 年年底前补充、完善。批准后的《城市绿地系统规划》要向社会公布，接受公众监督，各级人民政府应定期组织检查，督促落实。

2002 年建设部相继出台《城市绿地分类标准》和《城市绿地系统规划编制纲要（试行）》，标志着中国城市绿地系统规划编制工作开始步入规范化和制度化的轨道，城市绿地系统规划开始作为城市总体规划的专项规划进行独立编制。

2.4.3 中国部分城市绿地系统规划简介

（1）北京

北京是我国首都，位于华北平原北端，为典型的暖温带半湿润大陆性季风气候区。东南局部地区与天津市相连，其余为河北省所环绕。北有军都山，西有西山，山地占全市面积的 62%，东南是永定河、潮白河等河流冲击而成的、缓缓向渤海倾斜的平原。北京是历史悠久的世界著名古城，全国政治、经济、文化、科研、教育和国际交往中心。

北京是我国第一批国家园林城市（1992 年）。《北京市绿地系统规划 2004-2020》于 2008 年编制完成，规划覆盖了整个市域范围 16410km²，其中，中心城绿地系统规划范围为 1088km²。规划通过对不同空间层次（包括市域、中心城、新城）、不同类型（包括城市绿地，农田、林地、水系、风景名胜区、自然保护区、湿地、风沙治理区、森林公园、绿色隔离地区、水源保护地、各类防护林带等）的绿地进行定性、定量、定位，达到建立合理的城市绿色空间的目的（图 2-77、图 2-78）。

规划提出北京未来主要的绿化任务是建设完善"三区三林三网三绿四园"，即：

1）全市建三区——风景名胜区、自然保护区（含湿地）、风沙治理区，区中生态健全；

2）山区育三林——水源涵养林、生态风景林、经济果木林，林中生物多样；

3）平原造三网——水系林网、道路林网、农田林网，网中果茂粮丰；

4）城市建三绿——绿块镶嵌、绿廊相连、绿带环绕，绿中人居和谐；

5）城郊建四园——西北郊历史公园、南郊生态公园、东郊游憩公园和北郊森林公园，园中功能完善。

规划将市域绿地概括为 11 个绿地功能系统，在空间上相互交错、互为补充，形成一个完整的绿地系统网络，分别为生态屏障、生态走廊、风景名胜区、自然保护区和森林公园、湿地、风沙治理区、郊野公园、农田、历史名园及文物周边保护绿地、城市绿地、北京周边区域绿化系统。

2006 年，北京市园林局和林业局合并成立了园林绿化局，统一管理城乡绿化建设，本次绿地系统规划已经将园林与林业融为一体，反映在规划指标设置上，已经突破了现行城市绿地系统规划编制规范中关于规划指标的规定，分为林业发展控制指标和城市绿地指标体系两大类型，其中，林业发展控制指标由林木绿化率（%）、森林覆盖率（%）、自然保护区面积、森林公园面积、公益林面积构成；城市绿地指标体系由绿地率、人均公园绿地、人均绿地、绿化覆盖率构成。规划到 2020 年，北京林木覆盖率达到 55%，森林覆盖率达到38%。城市绿地率达到 44%~48%，绿化覆盖率达到 46%~50%；人均绿地面积 40~45m²，人均公共绿地 15~18m²。

《北京市绿地系统规划 2004-2020》具有覆盖范围广（不仅包括市域，还延伸到区域）、规划层次多（市域、中心城、新城、建制镇、新村）、包含绿地类型丰富（不仅包含惯常的城市绿地，而且包括了与绿地相关的山、水、田、林、湿地、风沙治理区等更为广泛的类型）等特点，具有一定的代表性。

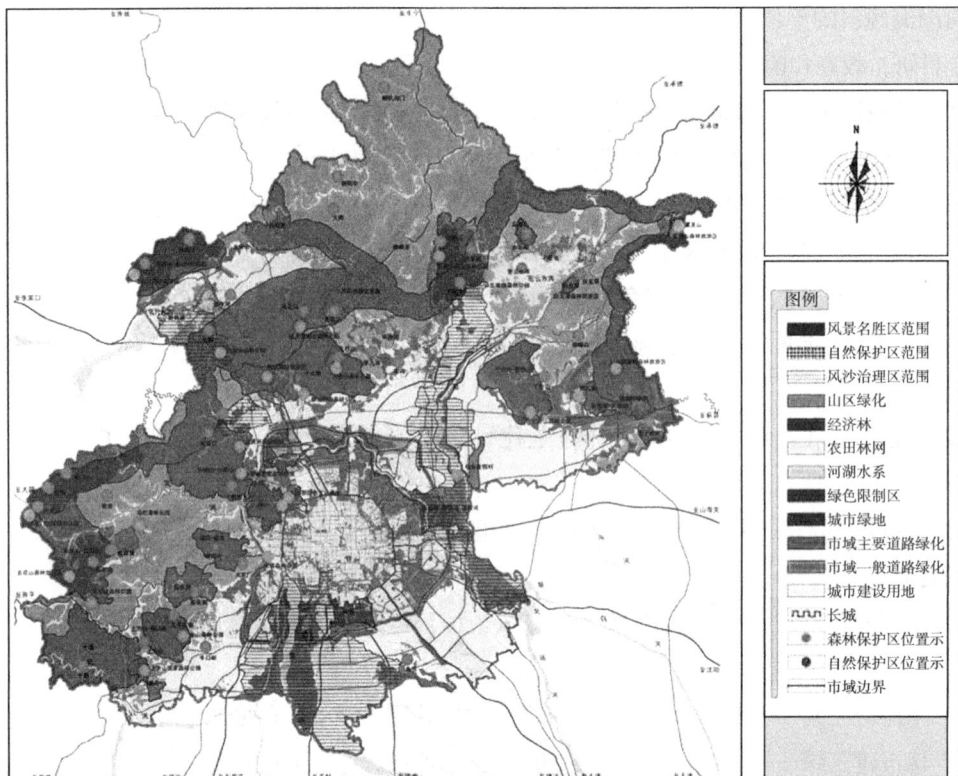

图 2-77　北京市域绿化系统规划图

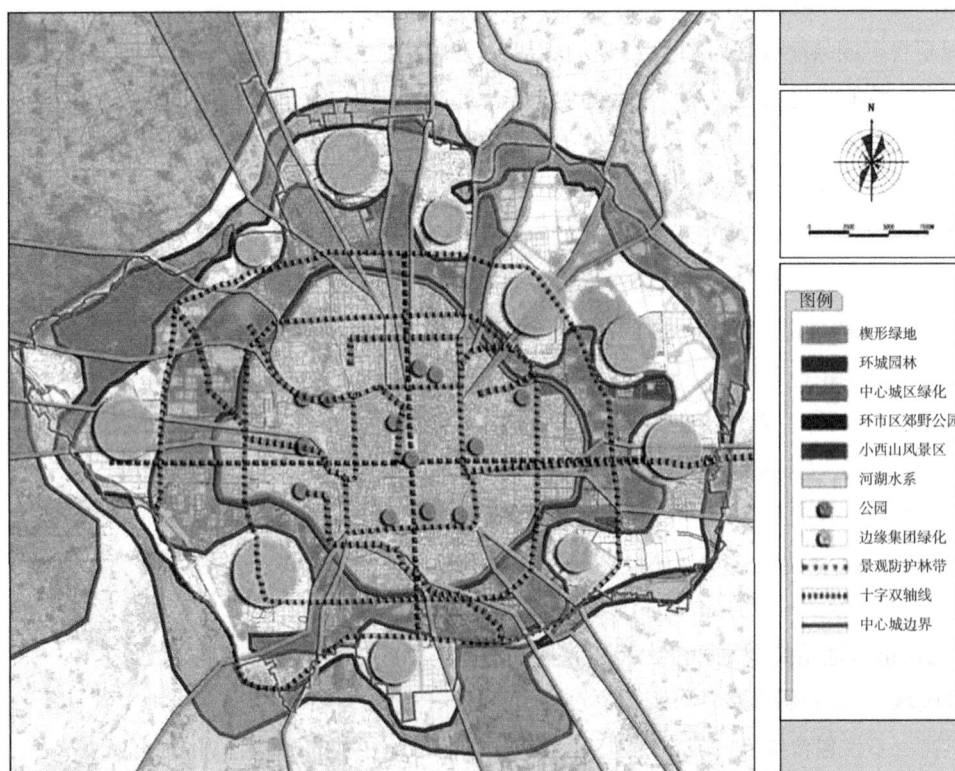

图 2-78　北京中心城绿地系统规划结构图

（2）上海

上海地处长江三角洲前缘，属北亚热带季风气候。东濒东海，南临杭州湾，西接江苏、浙江两省，北界长江入海口，长江与东海在此连接。境内除西南部有少数丘陵山脉外，为坦荡低平的平原，是长江三角洲冲积平原的一部分，平均海拔 4m 左右。陆地地势总体呈现由东向西低微倾斜。上海河湖众多，水网密布，境内水域面积 697km^2，相当于全市总面积的 11%。正在向现代化国际大都市目标迈进的上海，肩负着面向世界、服务全国、联动"长三角"的重任，在全国经济建设和社会发展中具有十分重要的地位和作用。

《上海市绿化系统规划 2002–2020》于 2001 年编制完成，规划覆盖了整个市域范围 6340km^2，根据绿化生态效应最优以及与城市主导风向频率的关系，结合农业产业结构调整，规划集中城市化地区以各级公共绿地为核心，郊区以大型生态林地为主体，以沿"江、河、湖、海、路、岛、城"地区的绿化为网络和连接，形成"主体"通过"网络"与"核心"相互作用的市域绿化大循环，提出了由"环、楔、廊、园、林"构成的市域绿化系统总体布局方式。"环"指环形绿化，包括中心城外环、郊区环和郊区城镇环绿化；"楔"指中心城外围向市中心楔形布置的绿地；"廊"指沿城市主干道、骨干河道、高压线、铁路、轨道线及重要市政管线布置的防护绿廊；"园"指公园绿化，包括中心城公园、近郊公园和郊区城镇公园；"林"指非城市化地区对生态环境、城市景观、生物多样性保持有直接影响的大片森林绿地（图 2–79）。规划对集中城市化地区（包括中心城和郊区城镇），设置了人均公共绿地、人均绿地、绿地率、绿化覆盖率四个指标；对整个市域范围，设置了森林覆盖率和新增林地两个指标。规划到 2020 年，全市森林覆盖率达到 30% 以上，全市绿化覆盖率达到 35% 以上，人均公共绿地 10m^2 以上，绿地率为 30% 以上。

为了进一步落实绿化系统规划，2002 年、2003 年又编制了《上海市中心城公共绿地规划 2002–2020》和《上海城市森林规划 2003–2020》，分别针对外环线内和外环线外的市域部分。在三个规划的直接引导和控制下，近年来上海城市绿化建设取得了举世瞩目的成就。2008 年，城市绿化覆盖率达到 38%，人均公共绿地面积达到 12.51m^2，森林覆盖率达到 11.6%，2003 年被评为"国家园林城市"。

（3）深圳

深圳位于中国南海之滨、珠江口东岸，与国际大都会香港一水之隔，属亚热带气候。作为中国改革开放的"窗口"和"试验田"，在短短 30 年间，深圳从一个不到 2 万人口的边陲小镇，崛起为一座经济繁荣、功能完备、环境

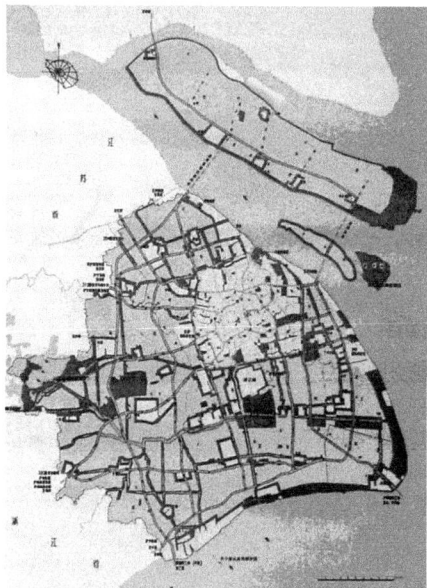

图 2–79　上海市绿化系统规划图

优美的现代大都市。深圳市陆地总面积为 1952.84km^2，其中，深圳经济特区为 395.81km^2。全市共有大小河流 160 余条，分属东江、海湾和珠江口水系。海岸线全长 230km，海洋资源丰富，有优良的海湾港口，通海条件优越。境内山脉绵延，风景秀丽，最高峰 943.7m。天然旅游资源丰富，东部有大小梅沙、大鹏半岛郊野森林等黄金海岸线风光，西部有红树林、内伶仃岛自然保护区及海上田园风光等景区。

《深圳市绿地系统规划 2004-2020》于 2004 年编制完成，规划范围为深圳市行政辖区，总面积 2020km^2。作为全市绿色开敞空间总的建设指引，规划所指的绿地，既包括城市建成区内各项绿化用地，也包括建成区外对生态环境改善起积极作用的林地、园地、耕地、牧草地、水域等各类生态绿地，前者主要对应于各级城市绿地的分类规划，后者纳入区域绿地和生态廊道体系范畴。

深圳市绿地系统规划以空间绿地规划作为立足点对全市绿化开敞空间进行统一规划，从宏观到微观分为市域绿地系统、建成区内部绿地系统和建筑单体本身的绿化系统三个层次，实现对城市开敞空间的全覆盖，形成和快速城市化共轭的城市开敞空间控制体系。其中，市域绿地系统层面立足生态城市的要求，通过设置区域绿地、生态廊道体系、森林公园、郊野公园、海岸公园、湿地保护区和湿地公园、自然保护区、风景名胜区构筑连续的绿地生态系统（图 2-80）；建成区绿化层面通过对城市公园、社区公园、生产绿地、防护绿地、附属绿地的统筹安排，强调与时俱进建设符合深圳实际的三级公园体系；建筑单体绿化层面增加对建筑物垂直面绿化、屋顶绿化、立交桥绿化、人行天桥绿化、停车场绿化的要求。

在规划的实施方面进行了大胆探索，强化城市绿化管理政策设计，包括：落实城市发展控制的三线：基本生态控制线，近期建设控制线，远期发展控制线；设定各类非建设用地的开发利用和保护导则，以及郊野公园、海岸公园、

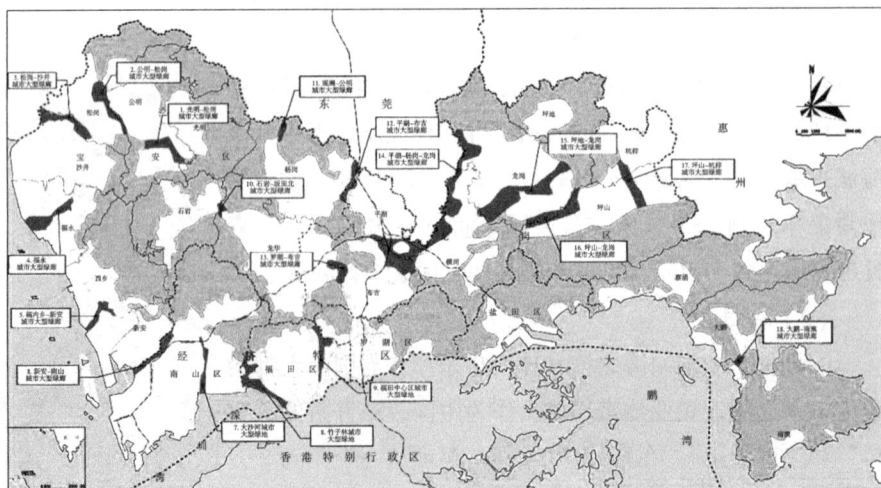

图 2-80　深圳市区域绿地与大型生态廊道规划图

城市公园的规划指引；提议尽快编制深圳市绿地系统规划实施细则，为城市规划管理提供更为详细的依据；在绿线基础上提出绿区控制概念，保证市区重建地区规划建绿落实。

规划到 2020 年人均公共绿地 18m²，绿地率 50%，绿化覆盖率 55%。2008 年人均公园绿地面积达到 16.2m²。1994 年深圳市被评为"国家园林城市"，2006 年成为创建"国家生态园林城市"示范城市。

（4）南京

南京位于长江下游，属亚热带湿润气候，是三面环山、一面临江的盆地。东北为山地，西南为丘陵，中部为秦淮平原，西部为沿江冲积区。区域内丘陵冈峦起伏，大面积的山林植被提供了广阔开敞的绿色空间，奠定了城乡一体、内外贯穿的绿地系统的基本骨架。市区内水系网络发达，水体面积约占市区总面积的 11%，江、河、湖交织，融会贯通。1997 年被评为"国家园林城市"。

《南京市主城绿地系统规划》于 2000 年编制完成，规划期限近期至 2005 年，远期至 2010 年，远景为 2020 年。规划范围为南京主城，面积约 243km²。

南京的绿地系统以主城绿地系统为核心（绿心），以都市圈生态防护网为基础（绿网），以道路、水系、绿带相贯穿连接（绿带），形成城乡一体、内外环抱、经络全市、外楔于内的绿色生态系统。

主城绿地系统规划布局以钟山、夹江、幕燕、雨花台四大风景名胜区为主体，以明城墙风光带为绿色内环，以绕城公路绿带与主城滨江绿带为绿色外环，主城中各种大小公园、街头绿地星罗棋布；以内外秦淮河、金川河、护城河等滨河水系和路网组成城市生态廊道和绿色纽带，形成环网带相连、点线面结合的园林绿地体系。主体结构是以"山水相依、城林交融、环带围绕、点面结合、大小配置、组群分布、绿廊连接"等手法，构成"节点—星座—环网"状布局结构。其中，"节点"为散点在主城内的小游园和城市绿化广场，以小、多、匀为特色；"星座"为分布在主城内相对集中、类似星座的公园绿地，以组、群为特色；"环网"为贯穿在主城内的明城墙、道路、水系等绿地，以廊、带为特色。主城绿地系统的特征是城东、城南、城北以山林绿地为主要特征，城西以滨江绿地为主要特征，城中以明城墙贯穿绿地为主要特征（图 2-81）。

规划到 2010 年主城绿化覆盖率达到 50%，人均公共绿地面积达到 13.2m²。2008 年人均公园绿地面积已达到 13.2m²，建成区绿化覆盖率达到 46.1%。

（5）武汉

武汉位于中国中部，属亚热带季风气候区，是湖

图 2-81 南京市主城绿地系统规划图

北省省会和政治、经济及文化中心。世界第三大河长江及其最大的支流汉水在此相汇，市区由隔江鼎立的武昌、汉口、汉阳三部分组成，通称武汉三镇。境内山峦遍布，近两百个湖泊坐落其间，水域面积占到全市国土面积的1/4，居全国大城市之首，其中东湖水域面积33 km²，是中国最大的城中湖。

2002年9月，《武汉市绿地系统规划（2003-2020）》编制完成。规划分市域（8494km²）、城市规划区（3086km²）和主城区（427.5km²）三个层次展开，主要目标是，通过绿地系统的合理布局，以市域森林和城区片林相结合的形式，建立良好的城市生态环境和优美的城市绿化景观，把武汉市建成为"两江穿城过、绿水青山满城郭"的具有良好人居环境的"绿色江城"。以城市绿地系统规划为基础，用2~3年的时间，明确划定各类绿地的控制范围线（即绿线），制定绿线控制法定图则，逐步实现城市绿地的"绿线管制"制度。

市域和城市规划区绿地系统规划以武汉市自然人文资源和现有绿化条件为基础，结合农田林网建设和退耕还林工程的实施，以建立风景区、森林公园和湿地农业生态区等市域大型生态绿地为重点，通过滨湖绿化、山林绿化、交通干线（公路、铁路、河流）绿化、农田林网绿化，与深入城区的楔形绿地相联系，形成"两轴一环、六片六楔、网络化"的绿地空间布局框架，构筑武汉市绿地系统"环状放射式的网络结构"体系。规划到2020年，全市森林覆盖率从2000年的16.12%提高到30%，人均占有森林面积从107m²提高到120m²以上。各级城镇绿地建设按市域城镇体系结构进行分级控制，各区城关镇至少建设1~2个中心公园，面积各不少于10hm²；各中心镇建设中心公园1个，面积不少于5hm²。

主城区绿地系统重点突出滨江滨湖绿化空间和绿色人居环境，以主城区内长江、汉水和东西向山系为纵横山水绿化景观轴线，以汉口中部鲩子湖等湖泊公园、墨水湖风景区、东湖风景区、南湖风景区等大型市级公园绿地作为汉口、汉阳、武昌北部、武昌南部的生态绿心，以二环路附近的低密度区构成主城区绿化生态内环，以水面、城市各类绿地和低密度区构成后湖、汉西、龙阳湖、东湖、南湖、巡司河等生态走廊，连通城市规划区和市域的大型生态绿地，构成主城区"环状—放射"型绿地系统结构。规划到2020年，公园绿地占城市建设用地的16.85%，人均公园绿地面积16.8m²（含东湖、郭郑湖水面1304hm²）。中心城区（内环线以内，城市建设用地约35km²）内，人均公园绿地面积8.03m²（图2-82）。

武汉市2005年被评为"国家园林城市"，2008年人均公园绿地面积9.21m²，建成区绿化覆盖率37.42%，森林覆盖率25.12%。

（6）合肥

合肥位于中国中部，长江淮河之间、巢湖之滨，通过南淝河通江达海，属亚热带湿润季风气候区，具有承东启西、接连中原、贯通南北的重要区位优

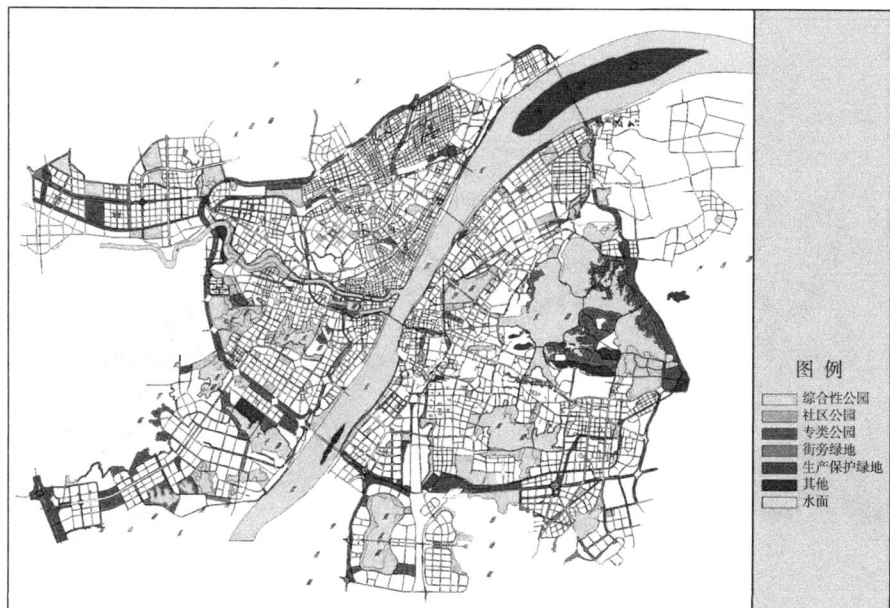

图 2-82 武汉市主城区绿地系统规划图

势,是一座具有 2000 多年历史的古城,是首批(1992 年)获得"国家园林城市"称号的城市。

《合肥市城市绿地系统规划(2007-2020 年)》于 2008 年 9 月出台,规划突破城市化界线,向郊区发展,实行大环境的城乡绿化,使城市的绿地逐步形成内外有机结合、互成网络、完整的绿地系统。充分利用城市现有水面人文景观、自然资源与城市基础设施和公共服务设施工程建设相结合,建立多种绿地类型。通过划定各类绿线,实行"绿线管制"制度,促进城市绿地系统规划实施,使合肥生态园林城市的建设水平不断提高。

规划由八个子规划构成,分别是市域生态系统规划、湿地保护规划、环城绿带规划、河流生态廊道规划、组团生态廊道规划、绿色生态产业规划、避灾绿地系统规划、公园绿地规划。市域绿地系统布局以"依山傍水、环圈围绕、田园楔入、珠落玉盘"的手法,立足生态城市的要求,构筑以山体森林、湖泊水系、广袤田园为主体的连续森林和绿地生态系统。重点突出"梳理市域生态资源,营造城市外围以森林为主的生态圈"。以东部自然山脉、西部紫蓬山等大型的森林系统、巢湖及众多水库、大型的河流生态廊及生态湿地道等构成互为连通的市域生态绿地网络体系(图 2-83)。

城区构成"一圈三环四楔五脉十带"的空间结构,突出以生态廊道为主线,串联众多公园绿地,形成绿色植物为主,群落结构稳定的网络生态绿地系统。营造滨湖绿化空间和绿色人居环境,形成秉承传统的环城公园特色,建设园林环、园林生态环、生态园林环三个环城绿带。建立南淝河生态主轴线,丰富和完善派河、十五里河、二十埠河、店埠河为城市五个水系绿脉的生态廊道绿地景观。以生态防护林、水源保护生态林、紫蓬山森林公园、巢湖及南淝河沿岸

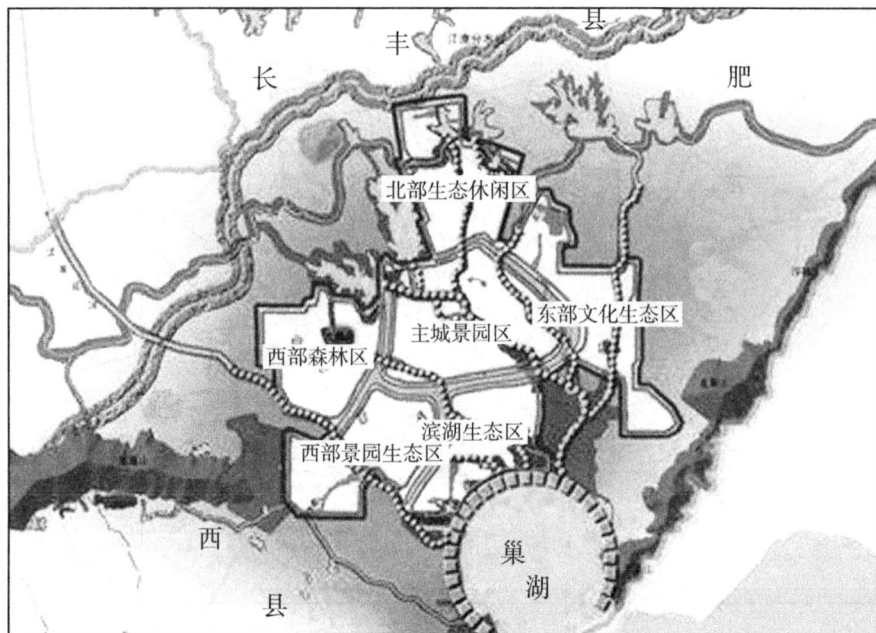

图 2-83 合肥城市绿地系统规划格局图

景观湿地形成城市四个方向的四片绿楔。

2007 年底，合肥市人均公园绿地达到 9.26m²，城市绿地率达到 33.26%，绿化覆盖率达到 37.09%。《规划》明确近期指标为：到 2010 年，人均公园绿地达到 13m²，城市绿地率达到 40%，绿化覆盖率达到 48%。远期指标是：到 2020 年，人均公园绿地达到 19.6m²，城市绿地率达到 50%，绿化覆盖率达到 55%。《规划》目标实现后，合肥将达到和远远超过国家园林城市和国家生态园林城市的标准。

（7）阿克苏

阿克苏市位于新疆维吾尔自治区西南部，塔里木盆地的西北边缘，天山西段南麓，阿克苏河与台兰河冲积扇形成的绿洲上，属大陆性暖温带干旱气候。全市总面积 18369.9km²，市境地域辽阔，地势平坦，冲积平原和沙漠占市境总面积的 92%。多年来，阿克苏人民坚持在绿洲内部及外围的荒漠戈壁上植树造林，改善城市生态环境，取得了举世瞩目的成就。

与中国大多数城市一样，阿克苏城市绿化建设在建成区内由园林部门负责，在建成区外由林业部门负责，行业分隔的现象十分严重。随着城市绿化建设步伐不断加快，面对新形势、新任务，急需制定新的规划来统筹城乡资源，指导城乡一体化的绿化建设。

针对阿克苏特殊的自然地理条件，市政府委托上海同济城市规划设计研究院于 2007 年编制完成了《阿克苏城市森林建设总体规划（2006-2015）》，在规划范围上，分成三个层次：绿洲层次，总面积约 11660km²；城市规划区层次，总面积约 498km²；规划建成区层次，总面积约 36.92km²。其中建成区层次基本按照城市绿地系统规划的内容进行编制，以景观、游憩、生态防护功能为主，目标是创建国家园林城市。

城市规划区从绿洲生态安全稳定的角度出发，依托遍布全市的河流水系、灌溉渠道和建成区周边良好的植被条件，整合沿水系、道路布置的绿网和农田林网，沿绿洲外围布置的防风固沙林，沿绿洲荒漠交错带的本土灌木类荒漠植被，以及其他生态防护林、风景游憩林、经济生产林和其他林地，构筑城乡一体化的，具有森林气氛、气候、气势的，水绿交融的，生态化的绿地系统，形成"三廊、十五核，绿网覆盖，绿脉放射"的规划布局结构（图 2-84）。

建成区绿地规划按照城市总体规划确定的"新疆南部园林生态城市"和"水韵森林城市"的目标要求，完善城市绿地系统，在达到公园绿地匀布，附属绿地配套，防护绿地到位要求的基础上，消除绿化盲区，提升绿化质量，改善城市生态环境，与城市建筑、水体、道路广场等要素协调发展，整体提升城市景观质量。规划结构可以概括为"一圈一带，八心多射，绿网覆盖"（图 2-85）。

"一圈一带"，指由规划建成区边界线内侧的公园绿地、生产绿地、防护绿地，边界线外围的城乡隔离林地、经济生产林地、生态防护林地等组成的围绕建成区的一个连续的绿圈，以及穿越建成区南北的多浪河景观带。

"八心多射"，以城市公园绿地斑块作为重点建设的绿心。同时沿城市干道、河流布置一定宽度的带状公园，形成由城市中心向外发散的射线性绿带，将城市外围的新鲜空气引入市中心。

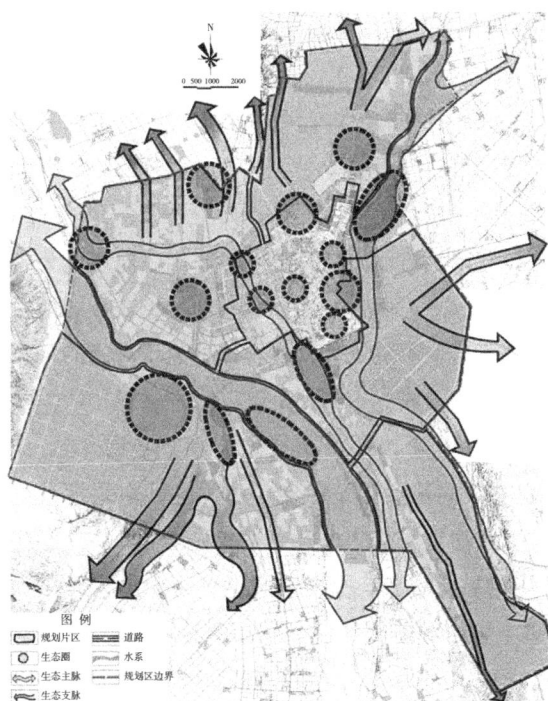

图 2-84 阿克苏城市规划区森林规划结构图

图 2-85 阿克苏建成区绿地规划结构图

"绿网覆盖",强调各类点状绿地的连接,加强道路附属绿地建设,结合道路防护林和带状公园,将各类型廊道、斑块。连成紧密联系的整体绿地生态网络。同时,采用城市绿道的形态,内连外拓,将散点状分布的公园绿地、单位附属绿地连成一体,并且向城市外围的防护绿地和其他绿地延伸,形成步行化的游憩网络、宜人的城市公共开放空间体系。

规划期末,建成区人均公共绿地面积达到 $13.8m^2$,人均绿地面积达到 $51m^2$(含附属绿地);城市中心区人均公共绿地达到 $5m^2$,绿地率达到 42%,绿化覆盖率达到 44%。

阿克苏市 2008 年实现全市森林覆盖率达 40.3%,城市建成区绿化覆盖率 39.5%,人均公共绿地面积达 $9.2m^2$,成为我国西北省区首个"国家森林城市"。

2.4.4 中国当前城市绿地系统规划的背景与发展方向

(1)工业化背景

工业化是中国当前日益严峻的生态环境问题的主要根源之一。工业化背景下的中国城市绿地系统规划必须将绿地改善生态环境的功能放在首位,必须承担起工业化过程中已经受损或可能受损的城市生态环境的保护、修复、改善与强化的重任,这就需要进一步加强城市绿地系统规划的科学性,运用多学科理论特别是生态学科理论与方法,借助于现代规划技术,实现绿地系统规划的理性化回归。

(2)城市化背景

国家统计局报告显示,2006 年,全国城镇人口已达 5.77 亿,占全国总人口比重为 43.9%,中国社科院预测,预计 2030 年,中国城市化率将达到 65% 以上,城市人口达 10 亿人左右。如何在城市化进程中,满足人民日益增长的物质文化需求,实现城乡规划建设的可持续发展,是相关学科领域面临的共同问题。在中国,城市化快速发展还意味着由城乡二元结构向城乡一体化转变的特殊议题,具体到城市绿地系统规划,一方面是规划的重心将由以建成区为中心向建成区、市区、市域并重转移;另一方面规划必须承担起协调城乡绿地在功能、结构、布局、形态等方面一体化发展的重任,实现绿地系统规划的城乡一体化回归。

(3)土地资源短缺背景

人均土地资源短缺,地区差别大的现实国情决定了中国的城市绿地系统规划不能单纯追求数量的增加,更要注重质量的提升;不能纯化资源,更要注重土地资源的多功能利用;不能均质化资源,更要注重土地资源的差异化利用;不能无限化资源,更要注重土地资源的集约化利用;不能忽视地区差别,更要注重规划的地方化。概言之,中国的城市绿地系统规划必须善于利用土地资源,进一步扩充绿地类型,尽可能发挥各类土地资源的综合效益,实现绿地系统规划的集约化回归。

（4）人口与闲暇背景

中国的国情决定了城市规划建设必须考虑庞大的人口基数，必须关注人口的老龄化问题，必须改变以往将服务人群抽象化的简单做法。2007 年 12 月，新的法定节假日调整方案公布，使中国人每年的法定休息日达到了 115 天，利用闲暇时间开展休闲游憩活动已经逐渐成为人们生活不可缺少的部分，中国正在从"休息大国"向"休闲大国"转变。面对这一背景，中国的城市绿地系统规划必须承担起满足人们休闲游憩活动需求的重任，实现绿地系统规划的生活化回归。

思考题：

1. 城市规划与城市绿地系统规划是如何相互影响的？
2. 国外城市绿地系统规划对中国有什么启示？
3. 简述国内外城市绿地系统规划思想的演变历程。
4. 中国当前城市绿地系统规划需要考虑哪些问题？

3

城市绿地分类

本章要点：

1.中国现行城市绿地分类标准；

2.国外城市绿地分类。

3.1 城市绿地的分类

3.1.1 国外城市绿地分类

国外对城市绿地的分类研究多扩展到市域层面。有针对于绿色通道、国家公园、绿色基础结构的核心区和连接通道等研究；针对于绿色空间性质又有开放空间系统、公园与娱乐系统、绿道系统以及绿色基础设施等研究；针对于建设与管理实施则有城市林业、建设须改善的分区分类等研究。相对而言，国外对于区域与城市空间的研究进行了大量的工作，因而市域绿地的研究与发展现状比较成熟，并基本形成体系化与制度化的分类特征。

（1）英国

英国伦敦绿地的基本类型包括公共开敞空间（含公园、公用地、灌丛、林地和其他城市地区的休闲与非休闲的开敞空间）和城市绿地空间（公众进入受限制的或者不是正式建造的开敞空间）、都市开敞地、绿链、都市人行道、环城绿带、城市自然保护地、受损地、废弃地和污染地恢复、农业用地。

英国 A.R.Beer 提出城市绿地由正规设计的开敞空间与其他现存的开敞空间组成（表 3-1）。

（2）美国

美国城市绿地分类并没有一个统一的标准，常常根据规划需要灵活设置，牵涉到绿地分类的规划与研究有公园与娱乐系统规划、绿色基础设施规划、城市森林分类、绿道分类、国家公园系统分类等。

英国 A.R.Beer 研究的城市绿地组成 表 3-1

大类	中类	小类
正式设计的开敞空间	公园、花园与运动场地	公共的公园与花园；公共的运动场地；公共的娱乐场地；公共操场
	覆盖植被的城市铺装空间	庭院和平台、屋顶花园和阳台、树木成行的小路、海滨大道、城市广场、学校校园
	树林	装饰性的林地、用材与薪炭林、野生林地、半自然林地
	墓地场所	火葬场、墓地、教堂院落
其他现存的绿地	私有开敞空间	教育机构专用绿地、居住区专用绿地、医疗专用绿地、私人运动场地、私人产业专用绿地、地方政府机构专用绿地、工业、仓库、商业专用绿地
	自有花园	私家花园、公有半公共花园、公有私家花园

续表

其他现存的绿地	租用园地	租用园地、附有小的棚屋的租用园地、没有被利用的租用园地
	废弃的土地与堆场	被污染的土地、没有污染的土地、废物回收场地、废弃的工业用地、矿石提炼采空场地、森林中的空旷地
	农田与园艺场	耕地、牧场、果园、葡萄园、不毛地
	运输走廊边沿	运河沿岸、铁路沿线、道路沿线、步道边沿
	滨水沿岸	河流沿岸、湖泊沿岸
	水	静水、动水、用于蓄水的湖泊、湿地

金斯顿－勒诺尔（Kinston/Lenoir）的公园与娱乐系统规划将城市绿地分为三类，即保护类别、混合使用（被动娱乐）类别以及积极的娱乐类别用地，见表3-2。

金斯顿－勒诺尔（Kinston/Lenoir）公园与娱乐系统分类　　　　表3-2

序号	分类名称	面积或宽度	序号	分类名称	面积或宽度
1	自然公园	不定	19	网球场	$800m^2$
2	城市大型公园	$20\sim30hm^2$	20	棒球场	$1.2\sim1.6hm^2$
3	邻里公园	$2\sim4hm^2$	21	垒球场	$0.6\sim0.8hm^2$
4	社区公园	$12\sim20hm^2$	22	橄榄球场	$0.6\ hm^2$
5	非正规运动公园	不定	23	足球场	$0.68\sim0.84hm^2$
6	风筝公园	不定	24	排球场	$400m^2$
7	体育综合体	$16\sim32hm^2$	25	科教森林	不定
8	划船道	不定	26	自然资源区	不定
9	汽车公园	不定	27	野营地	不定
10	开敞游戏场	不定	28	射箭场	$2800m^2$
11	野餐地	不定	29	跑步道	$2hm^2$
12	儿童游戏场	不定	30	自行车与多用途小径	宽度$3.6\sim4.5m$
13	游泳池	$0.4\sim0.8hm^2$	31	步行桥	宽度$3.6\sim4.5m$
14	篮球场	$800m^2$	32	骑马小径	不定
15	3洞高尔夫球场	$20\sim24hm^2$	33	锻炼小路	不定
16	9洞高尔夫球场	$20hm^2$	34	绿道	不定
17	18洞高尔夫球场	$44hm^2$	35	彩弹场	不定
18	高尔夫练习场	$5.6hm^2$			

绿色基础设施规划与管理是美国各州近年来广泛开展的一项工作。绿色基础设施由核心区和连接通道组成。核心区包括大的保留地和保护区，例如，国家野生生物或国家公园；大的公共所有土地，包括国家和州的森林；私人工作土地，包括农田、森林、牧场等；区域公园和保留地；社区公园和生态园。连接通道包括景观连接体、保护廊道、绿道和绿带。因此，绿色基础设施不仅包括城市绿地系统，也包括以生态服务功能为主的自然服务系统，如大尺度山水

格局、自然保护地、林业及农业、城市公园和绿地、城市水系和滨水区,以及历史文化遗产系统。

美国是城市森林概念的发源地之一,各类城市大都编制有城市森林管理规划。纽约州的城市森林包括公园、街道、公路、铁路、公共建筑、治外法权地、河岸、住宅、商业、工业等地域内的树木和其他植物,市内及城市周围的林带、片林,以及从纽约市到近郊区宽阔的林带,到卡次基尔、阿迪朗克和阿勒格尼结合部的森林。

有关绿道的研究中也有城市绿地分类的内容。Charles Little 在《美国的绿道》中的定义与分类可以归纳为城市绿地由公园、自然保护区、名胜区、历史古迹以及高密度聚居区点状绿地斑块与绿道组成。根据绿道形成条件及其功能的不同,绿道又分为:城市河流型绿道(包括其他水体)、游憩型绿道、自然生态型绿道、风景名胜型绿道、综合型绿道系统。

自 1872 年美国建立世界上第一个国家公园——黄石国家公园以来,目前已形成比较完整的分类系统,具有覆盖面广、类型多样的特点,见表3-3。

	美国国家公园系统分类一览表		表 3-3	
序号	分类名称	序号	分类名称
1	国家公园	12	国家公园路
2	国际历史公园	13	国家湖泊
3	国家纪念地	14	国家河流
4	国家军事公园	15	国家首都公园
5	国家战场	16	白宫
6	国家战场公园	17	国家娱乐区
7	国家战场纪念地	18	公园(其他)
8	国家历史古迹	19	国家林荫路
9	国家纪念物	20	国家风景路
10	国家禁猎区	21	国际历史古迹(与加拿大共管)
11	国家海滨区		

资料来源:李景奇等.美国国家公园系统与中国风景名胜区比较研究.中国园林,1999.

(3)德国

德国城市开放空间的划分类型为:①私有性开放空间,包括私有地产、庭院、宅旁绿地、阳台、敞廊、房顶花园、租赁园地、桑拿园地、旅馆绿地和企业绿地等;②公共性开放空间,包括广场、城市公园、历史性公园、植物园、动物园、体育运动场、疗养院绿地、医院绿地、墓园、住区绿地、学校绿地、养老院绿地、城墙、沙滩游泳池、滑雪场、露天剧院、林荫道等;③儿童活动场地,包括幼儿园的、公园里的、街道上的儿童游戏场所和活动设施等;④非正式的开放空间,包括无主的土地、废弃地、荒地、矸石山、农业休耕地等;⑤水面和滨水地带,包括城市水体、河流、湖泊、池塘、开放型游泳池、沙滩浴场等；⑥自然景观中的开放空间，包括自然公园、自然遗产、户外休憩性森林等；⑦道路网络，包括林荫道、散步道和自行车道等；⑧企业用地，包括企业内外的噪声和有害物质屏蔽用地。

德国马格德堡市根据景观多样性的特征进行评价，其开放空间的生态结构分类见表3-4。

德国马格德堡景观框架规划中的生态结构类型　　　　　表3-4

评价梯级	生态结构类型
1	农田、城市内河流、特殊的用地结构
2	租赁园地（精耕细作的）、具有濒危作物的农田、结构单一的墓园、城区小块森林、林荫道、结构单一的溪流和河道、多样性绿地、杨树林地
3	具有漫滩的河流区段、宅旁耕地、结构单一的静止水体、结构丰富的灌丛、结构单一的森林
4	高的灌丛、多年自然绿地、结构丰富的溪流、疏林果树草地、公园和结构丰富的墓园、芦苇丛和沼泽
5	低洼软木林地、低洼硬木林地、结构丰富的静止水体、草地

慕尼黑市城市绿地具体分为耕地、公园、外缘草地（生态群落）、天然林地、公有森林、租用园地、牧场、淡水、园艺、树篱与农场林地以及独立式住宅、多层住宅、工业与商业、公共设施、道路、铁路、混杂区、特殊用地等用地上的绿地。慕尼黑市城市规划与风景规划的组合规划中风景规划系统可以认为包括绿地和开放空间以及绿化网的要素。绿地和开放空间又包括一般绿地区域和特别绿地区域，其中特别绿地区域分为体育设施地区、特别绿地地区（研究设施用地、防灾设施用地、军用地）、市民农园地区、基地地区、（兵）野营地区、其他绿地地区、必须采用特别措施促使自然和风景保护、育成及发展的区域、林业用地、农业用地、水面。绿化网的要素包括上位绿化网、地域绿化网和斜面边界。

（4）日本

日本城市绿地分为公园、墓园、交通空间、其他的绿地四类。其中，公园包括：①提供城市住民日常利用的公园，是指城市公园法中的住区基干公园。它是为市民提供安全快适、健康的生活环境，休养、娱乐活动的空间，并以市街区的基础设施为标准的住区规划单位而设置的公园。住宅区规划以边长1km、面积100hm²、人口1万人为近邻住区的基准，1个近邻住区内一般设置4个儿童公园，1个近邻公园，4个近邻住区内设置一个地区公园。另外还有与儿童公园类似的儿童游园、废弃物公园、地区公园以及乡村公园。②提供地区利用的公园，它是为城市居民提供安全、快适、健康的生活环境，休养、娱乐、活动的空间，并提供一个市、街、区内的居民利用为目的的公园。根据城市公园法应划为城市基干公园，与住区基干公园相对应。城市基干公园可分为以休息、观赏、散步、游戏、运动等多种利用功能为主的综合公园和以提供体育活动为主的运动公园。除此之外，在进行城市基干公园规模以上的公园规划时，可以考虑设置文化公园和民间艺术公园。③提供特殊利用的公园是具有特殊的自然环境、历史环境的保护及利用，需要进行特别管理运营的公园，根据城市公园法称为特殊公园，它包括：动物园、植物园、风致公园、历史公园、交通公园、农业公园。④提供区域利用的公园是以多数市、区、街的居民为对象，满足多样娱乐活动和娱乐需要为目的的公园。城市公园法把它分成区域公园、国营公园、娱乐公园等。从国土规划的角度来看，作为国家设置的营造物公园的国营公园，可分为1号及2号两种国营公园。1号国营公园是指超越一个都、道、府、县区域规模的公园；2号国营公园是指作为国家的纪念事业，进行国家历史、文化遗产的保护及利用而设置的公园。⑤特殊形态的公园包括：绿道、城市绿地、缓冲绿地、城市小公园、水旁公园、寄附公园（托管公园），此外，所有具有历史形式的庭园、优美景观构成的庭园、广泛向社会开放的庭园也是城市中重要的绿地。交通空间包括行道树街、游步道大街、公园大道、高速公路、共行道路；其他的绿地包括游园地、高尔夫球场、工厂区绿地。

日本专家认为城市森林包含市区绿地和郊区绿地，市区绿地主要包括城市公园、市内环境保护林、道路及河流沿岸的绿地、机关企业等专用绿地、居民区绿化美化及立体绿化等；郊区绿地主要包括郊区环境保护林、自然休养林、森林公园等城市近郊林及农、林、畜、水产生产绿地。

（5）前苏联

前苏联将城市绿地分为公共绿地、专用绿地、特殊用途绿地，见表3-5。

前苏联的城市绿地分类   表3-5

绿地类型	绿地名称
公共绿地	文化休息公园、体育公园（体育场）、植物园、动物园、散步和休息公园、儿童公园、花卉园、小游园、林荫道、街头绿地、公共设施绿地、森林公园、禁猎禁伐区、街坊绿地
专用绿地	学校绿地、幼托园绿地、公共文化设施绿地、科研机关绿地、医疗机关绿地、工业企业绿地、农场居住区绿地、休疗园绿地及夏令营地
特殊用途绿地	工厂企业的防护地带、防治有害因素影响的绿带、水土保持林带、防火林带、森林改良和土壤改良林带、交通绿地、墓园、苗圃和花圃

（6）国外城市绿地分类特点

1）区域一体化

国外城市绿地相关的分类研究体现了区域研究的特征。区域性的绿色空间的控制与建设是其绿地系统的主要发展趋势与任务。国外对于区域与城市森林、绿色通道、绿色基础设施等的研究更多地体现区域一体化的格局。大地景观与生态格局的研究特征反映在城市绿地相关分类体系之中。

2）层次体系化

多层次、多层面的绿地空间体系是国外现状绿地分类与研究的总体特征。各国绿地分类的层次一般根据功能等特征分为三到四个层次。层面的划分也更为具体并形成体系。根据建设与管理的需要以及相应的法规体系的实施要求，层面上的划分一般应用行政管理层面的划分与合作的体系。城市这一层面是整个层面体系中的一个层面。一般还可再划分为城市与分区（社区）层面。

3）要素多元化

城市绿地的概念比较广延，不再局限于建成区范围的修饰性的绿地，而是从城市自然环境、人工环境的生态功能与建设改善环境的角度出发进行城市绿地要素的组织与发展。城市绿地相关的分类研究中把建设性的绿地空间、水体、自然空间、荒废土地空间等多种要素纳入城市绿地发展空间体系。

3.1.2 中国各时期城市绿地分类

中国的城市绿地分类经历了一个逐步发展的过程。

1961 年版高等学校教材《城乡规划》中将城市绿地分为公共绿地、小区和街坊绿地、专用绿地、风景游览或休疗绿地共四类。

1973 年国家建设委员会有关文件把城市绿地分为五大类：即公共绿地、庭院绿地、行道树绿地、郊区绿地、防护林带。

1981 年版高等学校试用教材《城市园林绿地规划》将城市绿地分为六大类:即公共绿地、居住绿地、附属绿地、交通绿地、风景区绿地、生产防护绿地。

1990 年国家标准《城市用地分类与规划建设用地标准》GBJ 137—90，将城市用地分为 10 大类、46 中类、73 小类，其中涉及绿地的类型见表 3-6。

《城市用地分类与规划建设用地标准》中有关绿地的分类　　　　表 3-6

类别代号			类别名称
大类	中类	小类	
R			居住用地
	R1		一类居住用地
		R14	绿地
	R2		二类居住用地
		R24	绿地
	R3		三类居住用地
		R34	绿地
	R4		四类居住用地
		R44	绿地
G			绿地
	G1		公共绿地
		G11	公园

续表

类别代号			类别名称
大类	中类	小类	
G		G12	街头绿地
	G2		生产防护绿地
		G21	园林生产绿地
		G22	防护绿地
E			水域和其他用地
	E1		水域
	E2		耕地
		E21	菜地
		E22	灌溉水田
		E29	其他耕地
	E3		园地
	E4		林地
	E5		牧草地

1992 年，国务院颁布的《城市绿化条例》涉及的城市绿地类型有："公共绿地、居住区绿地、防护绿地、生产绿地和风景林地"、"行道树及干道绿化带"、"单位附属绿地"。

1993 年建设部印发的《城市绿化规划建设指标的规定》（城建 [1993] 784 号文件）中，将城市绿地分为公共绿地、居住区绿地、单位附属绿地、防护绿地、生产绿地、风景林地，共六类。

3.1.3 我国现行的城市绿地分类标准

2002 年，建设部颁布了行业标准《城市绿地分类标准》GJJ/T 85-2002，将城市绿地分为 5 大类、13 中类、11 小类，见表 3-7，标志着中国城市绿地分类已步入规范化的轨道。

城市绿地分类标准 表 3-7

大类	中类	小类	类别名称	大类	中类	小类	类别名称
G1			公园绿地	G1	G13	G134	历史名园
	G11		综合公园			G135	风景名胜公园
		G111	全市性公园			G136	游乐公园
		G112	区域性公园			G137	其他专类公园
	G12		社区公园		G14		带状公园
		G121	居住区公园		G15		街旁绿地
		G122	小区游园	G2			生产绿地
	G13		专类公园	G3			防护绿地
		G131	儿童公园	G4			附属绿地
		G132	动物园		G41		居住绿地
		G133	植物园		G42		公共设施绿地

续表

大类	中类	小类	类别名称	大类	中类	小类	类别名称
G4	G43		工业绿地	G5			其他绿地
	G44		仓储绿地				
	G45		对外交通绿地				
	G46		道路绿地				
	G47		市政设施绿地				
	G48		特殊绿地				

3.2 城市绿地各论

3.2.1 公园绿地

公园绿地（G1）是向公众开放，以游憩为主要功能，兼具生态、美化、防灾等作用的绿地，包括综合公园（G11）、社区公园（G12）、专类公园（G13）、带状公园（G14）和街旁绿地（G15），其中，综合公园和社区公园主要是从服务对象范围进行的分类，专类公园是从绿地的内容进行的分类，带状公园是从绿地的形态进行的分类，街旁绿地则是从绿地的位置进行的分类。

各类公园绿地均含其范围内的水域，但是，如果水域面积特别大，也可以进行折算后，计入绿地面积。

（1）综合公园

1）综合公园的定义与分类

综合公园（G11）是内容丰富，有相应设施，适合于公众开展各类户外活动的规模较大的绿地，按照服务对象的不同，又分为全市性公园（G111）和区域性公园（G112）两类。

全市性公园为全市居民以及外来游客服务，根据城市大小的不同，用地面积一般为 10~100hm² 或更大，服务半径 2000~5000m，居民步行约 25~50min 内可达，乘坐公共交通工具约 10~20min 可达。它是公园绿地中，服务对象最多，面积最大，活动内容最丰富，设施最完善的绿地。大城市根据实际情况可以设置数个全市性公园，中、小城市可设 1~2 处。

区域性公园主要为市区内一定区域的居民服务，用地面积按该区域居民的人数而定，一般为 10hm² 左右，服务半径 1000~2000m，步行约 15~25min 内可达，乘坐公共交通工具约 5~10min 可达。园内有较丰富的活动内容和设施。城市各区域内可设置 1~2 处。

2）综合公园的功能与设施

综合公园除具有绿地的一般作用外，还承担着满足市民日常游憩活动，特别是节假日期间游憩活动的重要任务，包括观光游览、文化娱乐、体育锻炼、安静休息、科普教育等，需要全面考虑市民的年龄、性别、活动爱好等差异，使来园游憩的市民各得其所。

综合公园的景观要素有植物、水体、地形、建筑、道路广场、景观小品等，对应于不同的功能，可以设置各种游憩设施，如温室、茶室、游船码头、露天剧场、游艺室、俱乐部、展览馆、溜冰场、小型动物园、专类花园、儿童乐园、体育运动场等，为便于组织游憩活动，常分成不同的区，如安静游览区、文化娱乐区、体育活动区、儿童活动区、管理区等。

（2）社区公园

1）社区公园的定义与分类

社区公园（G12）是为一定居住用地范围内的居民服务，具有一定活动内容和设施的集中绿地。按照服务对象的不同，又分为居住区公园（G121）和小区游园（G122）。

居住区公园服务于一个居住区的居民，具有一定的活动内容和设施，为居住区配套建设的集中绿地，规模随居住区人口数量而定，宜在 5~10hm²，服务半径 500~1000m，步行约 8~15min 内可达。按照《城市居住区规划设计规范》GB 50180—93，居住区公园服务对象为 10000~15000 户、30000~50000 人。

小区游园指为一个居住小区的居民服务、配套建设的集中绿地，一般为 0.5hm² 左右，服务半径 300~500m，步行约 5~8min 内可达。按照《城市居住区规划设计规范》，小区游园服务对象为 2000~4000 户、7000~15000 人。在编制城市规划时，小区游园属于居住用地，不作为绿地参与用地平衡。

2）社区公园的功能与设施

社区公园主要为满足居住区居民日常游憩活动需要，包括散步赏景、文化娱乐、体育锻炼、安静休息等，既要考虑到在居住区内停留时间较长的老年人和儿童的游憩活动需求，也要考虑到青年人的活动特点，可以设置诸如各类体育活动场地、游泳池、茶室、儿童游戏场、亭、廊、喷泉、雕塑等设施。现代居住区规划，常常结合社区会所布置社区公园，特别是小区游园，使社区公园成为居住区的会客厅，促进了社区居民的交往活动。

（3）专类公园

专类公园（G13）是具有特定内容或形式，有一定游憩设施的绿地。根据内容的不同分为儿童公园（G131）、动物园（G132）、植物园（G133）、历史名园（G134）、风景名胜公园（G135）、游乐公园（G136）、其他专类公园（G137）。

1）儿童公园

儿童公园是单独设置，为少年儿童提供游戏及开展科普、文体活动，有安全、完善设施的绿地。儿童公园常常按照儿童的年龄分组进行分区布置，可以设置学龄前儿童区、学龄儿童区、体育活动区、娱乐和少年活动区、办公管理区等。

儿童公园应鼓励儿童进行积极的、启发心智的、创造性的游戏活动，相应地应该在保证活动安全的前提下提供必要的游戏设施，如草坪与铺面、沙土、浅水、游戏墙与迷宫、各类游戏器械等。

儿童常常需要家长陪伴，因此，儿童公园规划也要为成年人安排休憩设施。

2）动物园

动物园是在人工饲养条件下，移地保护野生动物，供观赏、普及科学知识，进行科学研究和动物繁育，并具有良好设施的绿地。动物园的功能主要有保护野生动物、进行科普教育、开展科学研究、提供游憩场所，对应于上述功能，大中型动物园一般可以分为科研教育区、动物展览区、经营管理区、服务休息设施。

3）植物园

植物园是进行植物科学研究和引种驯化，并供观赏、游憩及开展科普活动的绿地，按服务内容可以分为科研为主的植物园、科普为主的植物园、为专业服务的植物园、属于专项收集的植物园。植物园的功能主要有科学研究、科普教育、科研成果示范、专业生产、参观游览等，相应地一般可以分为植物进化系统展览区、经济植物展览区、抗性植物展览区、水生植物区、岩石植物区、引种进化区、专类区、科研示范区、温室区、苗圃区、管理办公区等。

4）历史名园

历史名园是历史悠久，知名度高，体现传统造园艺术并被审定为文物保护单位的园林。国际古迹遗址理事会与国际历史园林委员会于 1981 年决定起草的历史园林保护宪章《佛罗伦萨宪章》规定，"历史园林是一主要由植物组成的建筑构造，因此它是具有生命力的"，"历史园林的建筑构造包括：其平面和地形；其植物，包括品种、面积、配色、间隔以及各自高度；其结构和装饰特征；其映照天空的水面，死水或活水"，宪章规定要严格保护这些建筑构造，这也是绿地系统规划涉及历史名园时应该坚持的原则。

5）风景名胜公园

位于城市建设用地范围内，以文物古迹、风景名胜点（区）为主形成的具有城市公园功能的绿地。我国的风景名胜区多数在城市郊区，位于城市建设用地之外，而公园多数位于市区，位于城市建设用地之内。当二者在空间上交叉时，往往会形成风景名胜公园。位于或部分位于城市建设用地内，依托风景名胜点形成的公园或风景名胜区按照城市公园职能使用的部分属于此类。风景名胜公园的用地属于城市建设用地，参与城市用地平衡；属于风景名胜区但其用地又不属于城市建设用地的部分，不属于风景名胜公园。

6）游乐公园

游乐公园是具有大型游乐设施，单独设置，生态环境较好的绿地，要求绿化占地比例应大于等于 65%。

为了吸引游客，游乐公园需要设置一定量的游乐设施，因此与其他公园相比，需要更大的场地，更多的前期准备、费用投入，提供更高层次的娱乐体验。

游乐公园往往需要设定明确的主题，如历史文化、民俗风情、影视作品、机械骑乘、高科技、生态环境、动植物观赏等，相应地在设施与活动内容上各有不同，一般可以包括三个方面：游乐设施，包括机械游乐、特定的主题游乐建筑与构筑物等；休闲活动设施，如攀岩、滑草、彩弹射击等；具有展示、表演、科普教育等功能的娱乐建筑或场地等。

游乐公园宜设置在城市的边缘，那里地价相对便宜，对于占地面积较大的游乐公园来说可以降低成本。

为了方便人流聚集、疏散，游乐公园的入口最好能够靠近大运量的轨道交通的站点，同时应考虑私人汽车出行方式，提供较大面积的停车场。

7）其他专类公园

其他专类公园包括除以上各类公园外具有特定主题内容的绿地。包括雕塑园、盆景园、体育公园、纪念性公园等，要求绿化占地比例应大于等于65%。

雕塑园以雕塑为主题，既可以是某种类型的雕塑，如现代雕塑，也可以是包括各种类型的雕塑，注重雕塑与公园环境的结合。体育公园一般包括两部分设施，一种是符合一定技术标准，可以作为体育运动竞技场馆的专业设施，另一种是群众性体育运动设施，供市民开展娱乐健身活动。纪念性公园以纪念历史事件、场所、遗迹或人物等为主题，包括烈士陵园，但不包括墓园。

（4）带状公园

带状公园（G14）是沿城市道路、城墙、水滨等，有一定游憩设施的狭长形绿地。带状公园位于规划的道路红线以外，宽度一般不小于8m，最窄处必须保证游人的通行、绿化种植带的延续以及小型休息设施的布置。

带状公园的空间形态呈线性带状，绿地连接性高，可达性好，而且视线通透、较为安全，以带状公园为纽带，可以将公园绿地连成网络，具有重要的生态功能、社会功能和经济功能。

根据带状公园的构成条件和功能侧重点的不同，可以分为生态保护型、休闲游憩型、历史文化型和综合型。

（5）街旁绿地

街旁绿地（G15）是位于城市道路用地之外，相对独立成片的绿地，包括街道广场绿地、小型沿街绿化用地等，要求绿化占地比例应大于等于65%。

街旁绿地在历史城市、特大城市、城市中心区分布较广，利用率较高。在绿地系统规划中，尽量避免见缝插绿式的街旁绿地布局方式，应赋予街旁绿地与城市其他用地同等重要的地位，同步规划。广场绿地是街旁绿地的一种特殊形式，近年来在国内各类城市发展较快，规划应确保绿化占地的比例。

3.2.2　生产绿地

生产绿地（G2）是为城市绿化提供苗木、花草、种子的苗圃、花圃、草圃等圃地，作为城市绿化的生产基地，要求土壤及灌溉条件较好，以利于培育及节约投资费用。

不管是否为园林部门所属，只要是被划定为城市建设用地，为城市绿化服务，能为城市提供苗木、草坪、花卉和种子的各类圃地或科研实验基地，均应作为生产绿地。临时性的苗圃和花卉、苗木市场用地不属于生产绿地。

生产绿地不仅担负着为城市各项绿化工程提供苗木的任务，而且也承担着园林植物的引种、育种工作，应培育适应当地条件的、观赏价值较高或抗性优良的植物品种，提高城市生物多样性，满足城市绿化建设需要。

3.2.3　防护绿地

防护绿地（G3）指城市中具有卫生、隔离和安全防护功能的绿地。包括卫生隔离带、道路防护绿地、城市高压走廊绿带、防风林、城市组团隔离带、安全防护林带等。

防护绿地的防护对象主要有两种类型，一是自然灾害，如风沙灾害、雨雪灾害；二是城市公害，是在城市化进程中，人类生产生活对城市环境造成的负面影响。

城市化过程中，人类活动强度加大，范围扩展，对自然环境干扰的力度增加，改变了自然环境的物质流和能量流，改变了地表形态和地貌过程，打破了自然力的平衡，引起城市生态环境结构和功能的变化以及生态环境的变异，产生了一系列负面的生态环境效应，包括物理效应，如城市热岛效应、温室效应、混浊岛效应、干岛效应，改变地表径流，超采地下水，引起地面沉降等；化学效应，如城市环境酸化效应、光化学烟雾、碱化效应和地下水硬化等；生物效应，如生物栖息地破坏、野生动物灭绝、生物系统简化、植物退化，生物量、生长量减少，生物多样性减少，植物界后退，森林逆向演替，水体污染、水生动物减少等。城市化的生态环境效应，直接关系到人和其他生物的生存和发展，随着20世纪60年代人类环境意识的觉醒，目前已成为人类不得不共同面对的问题。

所有的城市绿地对于改变上述不利影响都在或多或少地发挥作用，防护绿地则不宜兼作公园使用，主要发挥绿地的防护作用。

3.2.4　附属绿地

附属绿地（G4）是城市建设用地中绿地之外各类用地中的附属绿化用地。包括居住用地、公共设施用地、工业用地、仓储用地、对外交通用地、道路广场用地、市政设施用地和特殊用地中的绿地。

　　按照《城市用地分类与规划建设用地标准》的规定，绿地占建设用地的比例为 8%～15%，一般城市绿地率在 30% 以上，则其余的 15%～22% 以上的绿地均为附属绿地，因此附属绿地是面广量大的一种城市绿地类型，但是也是最具有不确定性的一种绿地类型，这是由于在市场经济条件下，城市各类用地的不确定性增加的原因造成的。城市绿地系统规划对于附属绿地常用规定绿地指标的方法进行规划。

（1）居住绿地

　　居住绿地（G41）是城市居住用地内除社区公园以外的绿地，包括组团绿地、宅旁绿地、配套公建绿地、小区道路绿地等。居住区绿地具有改善居住区生态环境、提供居民游憩活动场所、美化居住区景观、防灾避灾等功能，市场经济条件下，居住绿地对于提升房地产价格、保值增值具有重要影响。居住区绿地的布局与形式与居住区的规划结构、建筑形式的类型、居住区内道路交通方式等密不可分，有片块式布局、轴线式布局、向心式布局、围合式布局、集约式布局、自由式布局等布局方式，规划应积极引导居住绿地的外向式布局，以提高城市的绿视率。

（2）公共设施绿地

　　公共设施绿地（G42）指公共设施用地内的绿地，如行政办公、商业金融、文化娱乐、体育、医疗卫生、教育科研设计等用地内的绿地。

　　《城市绿化规划建设指标的规定》（城建［1993］784 号文件）明确规定：单位附属绿地面积占单位总用地面积比率不低于 30%，其中商业中心绿地率不低于 20%；学校、医院、休疗养院所、机关团体、公共文化设施、部队等单位的绿地率不低于 35%。

（3）工业绿地

　　工业绿地（G43）指工业用地内的绿地。工业用地占建设用地比例一般为 15%～25%，设有大中型工业项目的中小工矿城市，其工业用地占建设用地的比例可以达到 30%，因此，工业绿地也是一类重要的城市绿地。

　　工业绿地应注意发挥绿化的生态效益，如吸收 CO_2、SO_2 等有害气体、放射性物质，吸滞粉尘和烟尘，降低噪声，调节和改善工厂生态环境等。同时，工业绿地也要考虑满足工人游憩活动需求，改善工人的工作环境，从而提高工作效率。

（4）仓储绿地

　　仓储绿地（G44）指仓储用地内的绿地，按照《城市绿化规划建设指标的规定》，仓储用地内的绿地率不低于 20%，若仓储用地位于旧城改造区，则绿地率可以降低 5 个百分点。

（5）对外交通绿地

　　对外交通绿地（G45）指对外交通用地内的绿地，包括铁路、公路、管道运输、港口和机场等城市对外交通运输及其附属设施等用地内的绿地，含火车站、长途客运站和客运码头等，是城市的门户，人流、车流和物流的集散中心。对外交通绿地除了要考虑景观形象和生态功能外，应重点考虑多种流线的分隔与疏导、停车遮阴、人流集散等候、机场驱鸟等特殊要求。

（6）道路绿地

道路绿地（G46）指道路广场用地内的绿地，包括道路绿带、交通岛绿地、交通广场和停车场绿地，铁路和高速公路在城市部分的绿化隔离带等，不包括居住区级道路以下的道路绿地。道路绿带指道路红线范围内的带状绿地，如行道树绿带、分车绿带；交通岛绿地指可绿化的交通岛用地，如中心岛绿地、导向岛绿地、立体交叉绿岛；交通广场绿地和停车场绿地指交通广场、游憩集会广场和社会停车场库用地范围内的绿化用地。道路绿地位于规划的道路广场用地之内，属于附属绿地性质，不单独参与城市用地平衡。

道路绿地在城市中将各类绿地连成网络，在改善城市生态环境、缓减热辐射、减轻交通噪声与汽车尾气污染、确保交通安全与效率、塑造城市形象、美化城市景观等方面发挥着重要的作用。

在城市绿地系统规划中，应确定园林景观路与主干路的绿化景观特色。园林景观路应配置观赏价值高、有地方特色的植物，并与街景结合；主干路应体现城市道路绿化景观风貌；同一道路的绿化宜有统一的景观风格，不同路段的绿化形式可有所变化。

公共活动广场周边宜种植高大乔木，集中成片绿地不应小于广场总面积的25%。车站、码头、机场的集散广场绿化应选择具有地方特色的树种，集中成片绿地不应小于广场总面积的10%。

（7）市政设施绿地

市政设施绿地（G47）指市政公用设施用地内的绿地，包括供应设施、交通设施、邮电设施、环境卫生设施、施工与维修设施、殡葬设施、消防、防洪等设施用地内的绿地，对于改善城市生态环境、减弱视觉污染等具有重要的作用。

（8）特殊绿地

特殊绿地（G48）指特殊用地内的绿地，包括军事用地、外事用地、保安用地范围内的绿地。

3.2.5 其他绿地

其他绿地（G5）指对城市生态环境质量、居民休闲生活、城市景观和生物多样性保护有直接影响的绿地。包括风景名胜区、水源保护区、郊野公园、森林公园、自然保护区、风景林地、城市绿化隔离带、野生动植物园、湿地、垃圾填埋场恢复绿地等。这些绿地均位于城市建成区之外，不参与城市绿地指标的计算。

（1）风景名胜区

风景名胜区也称风景区，指风景资源集中、环境优美、具有一定规模和游览条件，可供人们游览欣赏、休憩娱乐或进行科学文化活动的地域。1982 年，以国务院公布的第一批 24 个国家级重点风景名胜区为标志，我国正式建立了风景名胜区管理体系。2006 年由国务院颁布实施的《风景名胜区条例》规定我国的风景名胜区划分为国家级风景名胜区和省级风景名胜区，自然景观和人文景观能够反映重要自然变化过程和重大历史文化发展过程，基本处于自然状态或者保持历史原貌，具有国家代表性的，可以申请设立国家级风景名胜区；具有区域代表性的，可以申请设立省级风景名胜区。

风景名胜区是宝贵的、不可再生的自然和文化资源，应该在加强保护的前提下合理利用。

《风景名胜区规划规范》GB 50298—1999 已经颁布实施，城市绿地系统规划涉及风景名胜区规划时，需要符合规范要求。

（2）水源保护区

水源保护区是国家为保护水源洁净而划定的加以特殊保护、防止污染和破坏的一定区域。饮用水水源保护区可分为地表水源保护区和地下水源保护区。按照不同的水质标准和防护要求，饮用水水源保护区可分为一级保护区和二级保护区，必要时也可在二级保护区范围外设置准保护区。

（3）郊野公园

郊野公园是在城市的郊区，城市建设用地以外划定的，有良好的绿化及一定的服务设施并向公众开放的区域，以防止城市建成区无序蔓延为主要目的，兼具有保护城市生态平衡、提供城市居民游憩环境、开展户外科普活动场所等多种功能的绿化用地。

郊野公园的用地以山林地最好，宜选择地形比较复杂多样、景观层次多和绿化基础好的地方。在设施方面，可以设置各种郊游路径、游客中心、露营地与烧烤区等。郊游路径可以分为健身类、休闲类和科教类三种类型，每一种类型又可以进一步细分。

（4）森林公园

森林公园是指森林景观优美、自然景观和人文景物集中，具有一定规模，可供人们游览、休息或进行科学、文化、教育活动的场所。

按照《森林公园管理办法》（林业部 1994 年发布），森林公园分为三级：国家级森林公园，省级森林公园，市、县级森林公园。我国于 1982 年建立了第一个国家级森林公园——湖南省张家界国家森林公园，截至 2008 年年底，全国共建立各级森林公园 2277 处，总经营面积 1629.83 万 hm²。其中，建立国家级森林公园 709 处，国家级森林旅游区 1 处，经营面积 1143.26 万 hm²。

森林公园体系的发展在加强中国自然文化遗产资源的保护中发挥了非常

重要的作用，同时，也大大推动了森林旅游产业的发展，在很大程度上满足了国民日益增长的户外游憩需求。

《森林公园总体设计规范》LY/T 5132—95 由原林业部颁布实施，按照规范，根据森林公园综合发展需要，结合地域特点，应因地制宜设置不同功能区，如游览区、游乐区、狩猎区、野营区、休、疗养区、接待服务区、生态保护区、生产经营区、行政管理区、居民生活区等。

根据森林公园的发展情况，目前需要对规范进行修编，特别是要处理好资源评价问题、保护与开发的关系、综合分区问题、旅游产品与市场的关系、规划引导与控制的方法、规划与实施的关系等一系列问题，使森林公园规划更加符合市场经济运行规律，更好地服务大众。

（5）自然保护区

自然保护区，是指对有代表性的自然生态系统、珍稀濒危野生动植物物种的天然集中分布区、有特殊意义的自然遗迹等保护对象所在的陆地、陆地水体或者海域，依法划出一定面积予以特殊保护和管理的区域。

按照《中华人民共和国自然保护区条例》（国务院 1994 年颁发），国家对自然保护区实行综合管理与分部门管理相结合的管理体制，国务院环境保护行政主管部门负责全国自然保护区的综合管理，国务院林业、农业、地质矿产、水利、海洋等有关行政主管部门在各自的职责范围内，主管有关的自然保护区。在级别上，分为国家级自然保护区和地方级自然保护区。

（6）城市绿化隔离带

城市绿化隔离带是为了防止城市蔓延，或为了保障城市生态安全而在建成区外围设置的绿化带。根据建成区的空间布局，城市绿化隔离带可以采取不同的形态，如环形、楔形、带形等。在世界各大城市广泛出现的环城绿带就是一种较为典型的城市绿化隔离带。

（7）野生动植物园

野生动物园多建于野外，根据当地的自然环境，创造出适合动物生活的环境，采取自由放养的方式，让动物回归自然。参观多以游客乘坐游览车的形式或采取限制性的参观路线的方式，尽量减少对动物的干扰。野生动物园一般环境优美，适合动物生活，但运营成本较高。

野生植物园是利用现状自然条件和植物资源，设置活植物收集区，并对收集区的植物进行记录管理，使之可用于科学研究、种质保护、展示和科普教育。野生植物园可以和野生动物园合并建设，成为综合性的生态环境展示地。

（8）湿地

按照 1971 年在伊朗的拉姆萨通过的国际《湿地公约》的定义"指不论其为天然或人工、长久或暂时性的沼泽地、泥炭地或水域地带，静止或流动、淡的、半咸的或咸的水体，包括低潮时水深不超过 6m 的水域"，可见湿地所涵盖的范围极广。

湿地生态系统是人类赖以生存发展的支撑系统之一，能够为人类提供动植物产品与水资源，提供调蓄洪水、净化水质、缓减面源污染、调节气候、维持生物多样性等生态服务功能，也承担了满足人类游憩活动的社会功能。

根据中国的实际情况以及《湿地公约》分类系统，《全国湿地资源调查与监测技术规程》将全国湿地划分为 5 大类 28 种类型，其中 5 大类分别为近海及海岸湿地、河流湿地、湖泊湿地、沼泽和沼泽化草甸湿地、库塘。

在加强湿地保护，维护湿地生态系统的生态特性和基本生态功能的基础上，还应该发挥湿地在科普教育和休闲游憩等方面的作用，建设成为城市湿地公园。城市湿地公园一般应包括重点保护区、湿地展示区、游览活动区和管理服务区等区域，具体可参考建设部 2005 年颁布实施的《城市湿地公园规划设计导则（试行）》。

思考题：

1. 国外城市绿地分类与我国城市绿地分类的异同点是什么？

2. 了解我国现行城市绿地分类标准。

4

城市绿地的功能与实现

本章要点：
1. 城市绿地的功能；
2. 城市绿地各类功能的实现途径。

4.1 城市绿地的生态功能与实现

4.1.1 保护城市环境

（1）吸收有毒气体

由于环境污染，空气中各种有害气体增多，主要有二氧化硫、氯气、氟化氢、氨气、汞、铅蒸气等，尤其二氧化硫是大气污染的"元凶"，在空气中数量最多，分布最广，危害最大。园林植物是最大的"空气净化器"，城市绿化植物的叶片能够吸收二氧化硫、氟化氢、氯气和致癌物质——安息香吡啉等多种有害气体并富集于体内而减少空气中的毒气量。

1）二氧化硫（SO_2）

二氧化硫被叶片吸收后，在叶内形成亚硫酸和毒性极强的亚硫酸根离子，后者能被植物本身氧化转变为毒性小 30 倍的硫酸根离子，因此达到解毒作用或使受害减轻。不同树种吸收二氧化硫的能力是不同的，一般的松林每天可从 $1m^2$ 空气中吸收 20mg 的二氧化硫；每公顷柳杉林每年可吸收 720kg 二氧化硫；每公顷垂柳在生长季节每月可吸收 10kg 二氧化硫。研究发现，空气中的二氧化硫主要是被各种物体表面所吸收，而植物叶片的表面吸收二氧化硫的能力最强。硫是植物必需的元素之一，正常情况下植物中均含有一定量的硫，但在二氧化硫污染的环境中，植物中的硫含量可为其正常含量的 5~10 倍。据测定，当二氧化硫通过树林时，随着距离增加，气体浓度有明显降低。

研究表明，臭椿吸取二氧化硫的能力特别强，超过一般树木的 20 倍，另外夹竹桃、罗汉松、大叶黄杨、槐树、龙柏、银杏、珊瑚树、女贞、梧桐、泡桐、紫穗槐、构树、桑树、喜树、紫薇、石榴、菊花、棕榈、牵牛花、广玉兰等植物都有极强的吸收二氧化硫的能力。

2）氯气（Cl_2）

根据吸毒力较强而抗性亦较强的标准来筛选，银柳、赤杨、花曲柳都是净化氯气的较好树种；此外，银桦、悬铃木、柽柳、女贞、君迁子等均有较强的吸收氯气的能力；构树、合欢、紫荆、木槿等则具有较强的抗氯和吸氯能力。

3）氟及氟化氢（F/HF）

氟化氢对人体的毒害作用比二氧化硫大 20 倍，但不少树种都有较强的吸氟化氢能力。据国外报道，柑橘类植物可吸收较多的氟化物而不受害。女贞、泡桐、刺槐、大叶黄杨等有较强的吸氟能力，其中女贞的吸氟能力比一般树木高 100 倍以上；梧桐、大叶黄杨、桦树、垂柳等均有不同程度的吸氟化氢能力。

4）其他有毒物质

喜树、梓树、接骨木等树种具有吸苯能力；樟树、悬铃木、连翘等具有良好的吸臭氧能力；夹竹桃、棕榈、桑树等能在汞蒸气的环境下生长良好，不受危害；而大叶黄杨、女贞、悬铃木、榆树、石榴等在铅蒸气条件下都未有受害症状。因此，在产生有害气体的污染源附近，选择与其相适应的具有吸收有毒物质和抗性强的树种进行绿化，对于防止污染、净化空气是十分有益的。

（2）净化水体

城市和郊区的水体常受到工厂废水及居民生活污水的污染而影响环境卫生和人们的身体健康。研究证明，树木可以吸收水中的溶质，减少水中的细菌数量。如在通过 30~40m 宽的林带后，1L 水中所含的细菌数量比不经过林带的水的细菌含量少 1/2。许多植物能吸收水中的有害物质而在体内富集起来，富集的程度，可比水中有害物质的浓度高几十倍至几千倍，因此使水中的有害物质降低，得到净化。而在低浓度条件下，有些植物在吸收有害物质后，可在体内将有害物质分解，并转化成无害物质。不同的植物以及同一植物的不同部位，它们的富集能力是不相同的。如对硒而言，大多数禾本科植物的吸收和积聚量均很低，约为 30mg/kg，但是紫云英能吸收并富集硒 1000~10000mg/kg。一些有害物质在植物体内的转移很慢，如汞、氰、砷、铬等，以在根部的积累量最高，在茎、叶中较低，在果实、种子中最低。至于镉、硒等物质，在植物体内很易流动，根吸入后很少贮存于根内而是迅速运往上部贮存在叶片内，亦有一部分存于果实、种子之中。镉是骨痛病的"元凶"，所以在硒、镉污染区应禁止栽种菜叶类和禾谷类作物，如稻、麦等，以免人们长期食用造成危害。柳树和水中的浮萍均可富集镉，可以利用具有强度富集作用的植物来净化水质。

最理想的是植物吸收有害物质后转化和分解为无害物质，例如水葱、灯心草等可吸收水或土中的单元酚、苯酚、氰类物质使之转化为酚糖甙、二氧化碳、天冬氨酸等物质而失去毒性。

许多水生植物和沼生植物对净化城市的污水有明显的作用。每平方米土地上生长的芦苇一年内可积聚 6kg 的污染物，还可以消除水中的大肠杆菌。在种有芦苇的水池中，水中的悬浮物要减少 30%，氯化物减少 90%，有机氮减少 60%，磷酸盐减少 20%，氨减少 60%，总硬度减少 33%。水葱可吸收污水池中的有机化合物。水葫芦能从污水里吸取银、金、铅等金属物质。

（3）净化土壤

植物的地下根系能吸收大量有害物质而具有净化土壤的能力。有的植物根系分泌物能使进入土壤的大肠杆菌死亡；有植物根系分布的土壤，好气性细菌比没有根系分布的土壤多几百倍至几千倍，故能促使土壤中有机物迅速无机化，因此，既净化了土壤，又增加了肥力。

（4）减轻放射性污染

绿化植物具有吸收和抵抗光化学烟雾污染物的能力，能过滤、吸收和阻隔放射性物质，降低光辐射的传播和冲击波的杀伤力，并对军事设施等起隐蔽作用。美国近年发现酸木树（*Oxydendrum ardoreum* DC.）具有很强的吸收放射性污染物的能力，如种于污染源的周围，可以减少放射性污染的危害。此外，用栎属树木种植成一定结构的林带，也有一定的阻隔放射性物质辐射的作用，它们可起到一定程度的过滤和吸收作用。一般来说，落叶阔叶树林所具有的净化放射性污染的能力与速度要比常绿针叶林大得多。

（5）滞尘减尘作用

城市空气中含有大量的尘埃、油烟、碳粒等。大气中除有害气体污染外，灰尘、粉尘等也是主要的污染物质。这些微尘颗粒虽小，但在大气中的总重量却十分惊人。尘埃中除含有土壤微粒外，尚含有细菌和其他金属性粉尘、矿物粉尘、植物性粉尘等，它们会影响人体健康。工业城市每年每平方千米降尘量平均为 500~1000t。这些粉尘和烟尘一方面降低了太阳的照明度和辐射强度，削弱了紫外线，对人体的健康不利；另一方面，人呼吸时，飘尘进入肺部，使人容易得气管炎、支气管炎、尘肺、矽肺等疾病。1952 年英国伦敦因燃煤粉尘危害而使 4000 多人死亡，造成骇人听闻的"烟雾事件"。而我国一些城市的飘尘量大大超过了卫生标准，不利于人们的健康，降低了人们生活的环境质量。

城市园林植物可以起到滞尘和减尘的作用，是天然的"除尘器"。植物，特别是树木叶片的表面是不平滑的，有的多褶皱，有的多绒毛，有的能分泌黏液或油脂。当被污染的大气吹过时，植物能对大气中的粉尘、飘尘、煤烟及铅、汞等金属微粒有明显的阻拦、过滤和吸附作用。由于植物能够吸附和过滤灰尘，使空气中的灰尘减少，从而也减少了空气中的细菌含量。

1966 年的德国汉堡几乎是无树木的城区，据测定灰尘年平均值高于 $850mg/m^2$，而在郊区、树木茂盛的城市公园地区年平均值低于 $100mg/m^2$。在国内，北京曾测定当绿化覆盖率为 10% 时，采暖期总悬浮颗粒下降为 15.7%，非采暖区为 20%；当绿化覆盖率为 40% 时，采暖期总悬浮颗粒下降为 62.9%，非采暖期下降为 80%。

树木对粉尘的阻滞作用在不同季节而有所不同。植物吸滞粉尘的能力与叶量多少成正比，即冬季植物落叶后，其吸滞粉尘的能力不如夏季。据测定：在树木落叶期间，其枝干、树皮能滞留空气中 18% ~20% 的粉尘。

1）树木的滞尘能力比较

不同园林树木，由于各自叶面粗糙性、树冠结构、枝叶密度和叶面倾角的差异，导致了它们滞留粉尘的能力差异。各种树木滞尘力差别很大，如桦树比杨树的滞尘力大 2.5 倍，而比针叶树大 30 倍。一般而言，树冠大而浓密、叶面多毛或粗糙以及分泌有油脂或黏液者均有较强的滞尘力。例如北京市环境保护研究所用体积质量法测定粉尘污染区的圆柏和刺槐，得知单位体积的蒙尘量圆柏为 20g，刺槐为 9g。据南京市的资料，在水泥厂的测定结果表明：在绿化林带中的降尘量比无树空旷地带的降尘量（较大颗粒的粉尘）减少 23% ~52%，飘尘量（较小的颗粒）减少 37% ~60%。据广州市测定，在居住区墙面爬有植物"五爪金龙"的室内的空气含尘量与没有绿化地区的室内相比少 22%；用大叶榕绿化地区，空气含尘量少 18.8%。这里选择了几种有代表性的街道绿化树种的壮龄树，进行了滞尘能力测定，结果如图 4-1 所示。

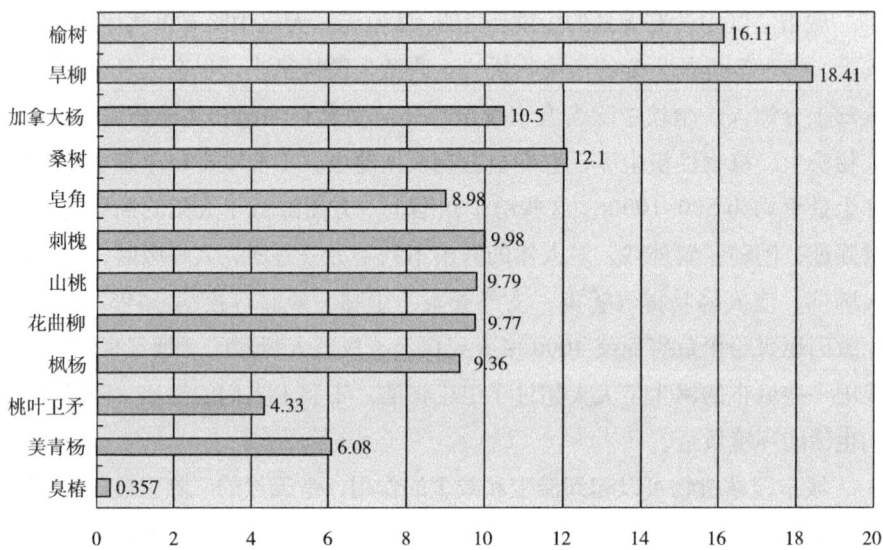

图 4-1 园林树木滞尘能力比较滞尘量 [t/ (a·hm²)]

树种	滞尘量
榆树	16.11
旱柳	18.41
加拿大杨	10.5
桑树	12.1
皂角	8.98
刺槐	9.98
山桃	9.79
花曲柳	9.77
枫杨	9.36
桃叶卫矛	4.33
美青杨	6.08
臭椿	0.357

由此测定可知，植物个体之间滞尘能力有很大的差异，如旱柳 [18.41t/ (a·hm²)] 是臭椿 [0.357t/ (a·hm²)] 的 50 倍多，为桃叶卫矛 [4.33t/ (a·hm²)] 的 4 倍多。

根据综合测评，具有滞尘能力的树种有：旱柳、榆树、加拿大杨、桑树、刺槐、花曲柳、枫杨、山桃、皂角、梓树、黄金树、卫矛、美青杨、复叶槭、稠李、桂香柳、黄檗、蒙古栎等。其中，效果最好的是旱柳、榆树、桑树、加拿大杨；其次是刺槐、山桃、花曲柳、枫杨、皂角；再次为美青杨、桃叶卫矛、臭椿等。

2）草坪的滞尘能力比较

草坪也有明显的减尘作用，它可减少重复扬尘污染。在有草坪的足球场上，其空气中的含尘量仅为裸露足球场上空气含尘量的 1/6~1/3。

对城市常见的草坪植物的滞尘能力进行测定的结果（表 4-1）表明，草坪植物滞尘能力的大小依据种类不同而有很大的差异，滞尘量随着叶面积的增

大而增加。在测定的四种草坪植物中,结缕草滞尘能力最强,为15.95t/(a·hm²);
寸草最弱,为8.54t/(a·hm²)。

草坪草的叶面积及滞尘能力比较   表4—1

	结缕草	野生草	细叶羊胡子草	寸草
草叶总面积(m²)	17.32	13.55	8.16	2.43
草坪滞尘量[t/(a·hm²)]	15.95	19.9	9.72	8.54

据北京市园林科研所研究,不同结构绿地的降尘作用,以乔灌草型减尘
率最高,灌草型次之,草坪较差。

一般叶片积尘多,不影响生长,易被大风、大雨和人工大水冲刷干净,
便于重新恢复滞尘能力的植物,是较为理想的滞尘植物。

值得指出的是,绿地生态功能的发挥与绿量关系密切(表4—2、表4—3),
植被类型不同,单位面积绿地的绿量不同,相应地发挥的生态功能也不同。

不同植物的环境效益   表4—2

植物类型	数量	绿量 (m²)	吸收CO₂ (kg/d)	释放O₂ (kg/d)	蒸腾水量 (kg/d)	蒸腾耗热 (kJ/d)
落叶乔木	1株	165.7	2.91	1.99	287.98	706.644
常绿乔木	1株	112.6	1.84	1.34	239.29	586.8
灌木类	1株	8.8	0.12	0.087	13.021	31.95
草坪	1m²	7.0	0.107	0.078	8.933	21.9204
花竹类	1株	1.9	0.0272	0.0196	3.2136	7.8786

资料来源:陈自新等.北京城市园林绿化生态效益的研究.中国园林,1998(3):53—56.

不同结构绿地的环境效益   表4—3

绿地结构	单位面积三维量(m³/hm²)	年环境效益(t/α)			
		产O₂	吸收CO₂	吸收SO₂	滞尘
乔灌草多复层绿地	79128	214.4	295.9	0.24	87.0
混交乔木林	72357	196.1	70.6	0.22	79.6
草灌木林	11480	31.1	42.9	0.03	12.6
地被	2000	5.4	7.5	0.006	2.2
苗圃	3560	9.6	13.3	0.011	3.9
公园式绿地	52036	141.00	194.6	0.16	57.2
道路绿地	4946	13.4	18.5	0.015	5.4

资料来源:周坚华.城市生存环境绿色量值群的研究——绿化三维量及其应用研究.中国园林,1998(5):61—
63.

(6) 改善城市小气候

因下垫面性质不同,或人类和生物的活动所造成的小范围内的气候。在
一个地区的每一块地方(如农田、温室、仓库、车间、庭院等)都要受到该地
区气候条件的影响,同时因下垫面性质不同、热状况各异,又有人的活动等,

就会形成小范围特有的气候状况。

小气候对人类和自然界的影响很大。因为小气候中的温度、湿度、光照、通风等条件，直接影响作物的生长，人类绝大多数活动都在近地面层内进行，与人类生活有密切关系的动物和植物也生长在这一层，而这里的气候又最容易按照人类需要的方向变更。例如，绿化、灌溉、改变土壤性状、改造小地形、营造防护林和设置风障等都可以改变地表附近的水热状况，从而改变当地的小气候，使其符合人类的需要。植物是城市的"空调器"，植物通过对太阳辐射的吸收、反射和透射作用以及蒸腾作用来调节小气候、降低温度、增加湿度、降低风速，减轻"城市热岛效应"等。

1) 调节温度

影响城市小气候最突出的有物体表面温度、气温和太阳辐射，而气温对人体的影响是最主要的。一般人感觉最舒适的气温为 18~20℃，相对湿度以 30%~60% 为宜。在夏季，人在树荫下和在阳光直射下的感觉，差异是很大的。这种温度感觉的差异不仅仅是 3~5℃ 气温的差异，这主要是由太阳辐射温度决定的。阳光照射到树林上时，约有 20%~25% 被叶面反射，有 35%~75% 为树冠所吸收，有 5%~40% 透过树冠投射到林下。也就是说茂盛的树冠能挡住 50%~90% 的太阳辐射。经测定，夏季树荫下与阳光直射的辐射温度可相差 30~40℃ 之多。由于树种的不同，树冠大小不同，叶片的疏密度、质地等的不同，所以不同树种的遮阴能力亦不同。遮阴力愈强，降低辐射热的效果愈显著。行道树中，以银杏、刺槐、悬铃木与枫杨的遮阴降温效果最好，垂柳、槐、旱柳、梧桐较差。

通过对不同场地的温度进行观测，结果表明（图 4-2），绿地有明显的降温作用，不同群落结构的绿地对改善局部小气候的效应存在较显著的差异：具有复层结构的林下温度比无绿地的空地处日平均温度低 3.2℃；而单层林荫路下，比空地日平均温度低 1.8℃。由此可知，绿化植物对夏季降温效应是显著的，尤其是乔、灌、草型复层结构绿地的降温效应明显优于群落结构单一的单层乔木结构形式的绿地。

另外，立体绿化也可以起到减低室内温度和墙面温度的作用。对人体健康最适宜的室内温度是 18℃，当室温在 15~17℃ 时人的工作效率达到最高值，室温超过 23℃，人容易疲劳和精神不振，从事脑力劳动者还会出现注意力不集中的现象。上海闸北区某中学一幢三层砖混结构实验楼的西山墙，从底层到二层长满了爬山虎，根据连续 6 天对该实验楼西端外墙有爬山虎和无爬山虎的

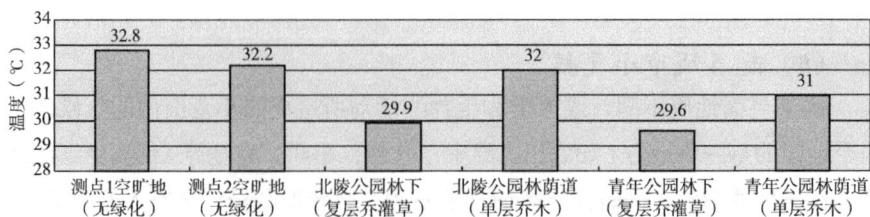

图 4-2　各测点日平均温度比较

两间 20m² 室内外的温度所测得的数据表明，在最高气温达 31.0℃时，无爬山虎的外墙表面的最高温度达 49.9℃，有爬山虎的外墙表面最高温度是 36.1℃，相差 13.8℃，而室内温度相差 1.5~2℃。此外，在温度降低 5% 的情况下，湿度值却提高了 13%，即外墙种植爬山虎的室内比外墙未种植爬山虎的室内温度降低的同时湿度增高了。这充分说明，植物遮阴的墙面，不但阳光直接辐射减弱，而且由于大面积叶面的蒸腾作用，还有显著的降温效应。

从降温的绿化效能来看，树木减少辐射热的作用要比降低气温的作用大得多。生活的经验告诉我们，在夏季即使气温不太高时，人们亦会由于辐射热而眩晕，因此以树木绿化来改善室外环境，尤其是在街道、广场等行人较多处，是很有意义的。

冬季落叶后，由于树枝、树干的受热面积比无树地区的受热面积大，同时由于无树地区的空气流动大、散热快，所以在树木较多的小环境中，其气温要比空旷处高。总的说来，树木对小环境起到冬暖夏凉的调节作用。当然，树木在冬季的增温效果是远远不如在夏季的降温效果的。

2）减轻城市热岛效应

形成"城市热岛"的主要原因是人类对自然下垫面的过度改造。混凝土、沥青等热容量很大，白天充分吸收热能，夜间放出热能，阻碍了夜间气温的降低。加之建筑林立使城市通风不畅，热量难以扩散，使城市市区气温比郊区高。树木和其他植被能够利用自身的蒸腾作用将水蒸气散发到大气中去，由于耗费热能，因此叶面温度与周围的气温均有所降低，结果使气温降低。Akbari（1992年）用计算机模拟预测加利福尼亚州萨克拉门托市和亚利桑那州凤凰城在绿化覆盖率达到 25% 时，夏季（7 月）下午 14:00 点的气温能下降 6~10℃。地矿部 1991~1992 年测定绿化覆盖率在 20% 以下的地段，植被蒸腾消耗能量低于所得到的太阳辐射能；达到 37.38% 时，植物蒸腾所耗热能高于所获太阳辐射能，开始从环境中吸收能量，从而对环境起到降温作用。

3）调节湿度

绿色植物不断向空中蒸腾水汽，使空中水汽含量增加，增大了空气的相对湿度。种植植物对改善小环境内的空气湿度有很大作用。一株中等大小的杨树，在夏季白天每小时可由叶部蒸腾 25kg 水至空气中，一天即达 0.5t，如果在某个地方种 1000 株杨树，则相当于每天在该处洒 500t 水的效果。不同的树种具有不同的蒸腾能力，经北京市园林局测定，1hm² 阔叶林夏季能蒸腾 2500t 水，比同样面积的裸露土地蒸发量高 20 倍，相当于同等面积的水库蒸发量。

研究表明，每公顷树林每年可蒸腾 8000t 水，同时吸收 40 亿 kcal 热量，因此园林绿地能提高空气相对湿度 4%~30%。一般来说，大片绿地调节湿度的影响半径相当于树高 10~20 倍的距离，甚至可达到半径 500m 的邻近地区。

据测定，在树木生长过程中，要形成 1kg 的干物质，大约需要蒸腾

300~400kg 的水。在北方地区春季树木开始生长，从土壤中吸收大量水分，然后蒸腾散发到空气中去，绿地内相对湿度增加 20%～30%，可以缓解春旱，有利于生产及生活。夏季森林中的空气湿度要比城市高 38%，公园中的空气湿度比城市高 27%。秋季落叶前，树木逐渐停止生长，但蒸腾作用仍在进行，绿地中空气湿度仍比非绿化地带高。冬季绿地里的风速小，蒸发的水分不易扩散，绿地的相对湿度也比非绿化区高 10%～20%。另外，行道树也能提高相对湿度，每天的蒸腾散水量为 439.46kg，蒸腾吸热为 83.9kW/h，约相当于 3 台功率为 1100W 的空调机工作 24h 所产生的降温效应。这种温湿度效应的差异在很大程度上受绿化植物种类、树冠形态、枝叶特征、树高、径生长量、绿化栽植密度及郁闭度等多种因子影响。合理的植物配置可充分发挥其增湿、降温、调节环境小气候的作用，有利于人体健康，亦可减少使用空调所带来的不利影响。因而，在行道绿化植物种类选择上，一方面要根据"适地适树"的原则，合理选择适宜本地区气候、土壤及立地条件的乡土树种；另一方面要依据不同树木的生物学特性，选择枝叶茂密、树冠丰满浓郁、遮阴效果好的常绿或落叶树种，以充分发挥林木调节气候、降温增湿及多种其他效益，进一步维护城市环境生态系统的平衡。

4）通风防风

城市绿地，特别是当树木成片、成林栽植时，不仅能降低林内的温度、增加林内的湿度，同时对于空气流动也有影响。由于林内、林外的气温差而形成对流的微风，即林外的热空气上升而由林内的冷空气补充，使降温作用影响到林外的周围环境。从人体对温度的感觉而言，这种微风也有降低皮肤温度、有利水分发散、从而使人们感到舒适的作用。Robinette（1972 年）认为：植物能够阻碍、引导、偏转、过滤空气流动。对于灾害性的风可以利用垂直于主风向的林带形成屏障。对风速的影响主要取决于林带的密度和保护区的距离以及林带的高度。而城市郊区的自然气流则利用绿地通道引入到城市内部，促进空气对流。

由于城市建成区集中了大量的建筑和水泥路面，在夏季太阳辐射下温度很高，加上城市人口密度大，工业企业及生活所需的燃烧造成气温升高。如果城市郊区有大片绿色森林，其郊区的凉空气就会不断向城市建成区流动，这样通过热空气上升，新鲜的凉空气不断进入建成区，调节了气温，改善了通风条件。

据测定，一个高 9m 的枝叶茂密的乔灌草复层林屏障，在其迎风面前的 90m 处、背风面前的 270m 处，风速均有不同程度的减弱。另外，防风林的方向、位置不同还可以加速气流运动或使风向得到改变。

城市带状绿化，如城市道路绿地与滨水绿地是城市气流的绿色通道，特别是带状绿地与该地夏季主导风向一致的情况下，可将城市郊区的气流趁风势引入城市中心地区，为炎夏城市的通风创造良好的条件。而冬季，大片树林可以降低风速，发挥防风作用，因此在垂直于冬季的寒风风向种植防风林带，可以减少风沙、改善气候。

（7）减噪作用

随着城市人口的增多与工业的发展，交通噪声、生活噪声对人产生很大的危害。城市噪声污染已成为干扰人类正常生活的一个突出的热点问题，它与大气污染、水质污染并列为当今世界城市环境污染的三大公害。噪声，不仅使人烦躁、影响智力、降低工作效率，而且还是一种致病因素。噪声是声波的一种。由于声波引起空气质点振动，使大气压产生迅速的起伏，这种起伏称为声压，声压越大，声音听起来越响。声压以分贝（dB）为单位，正常人耳刚能听到的声压称为听阈声压（0dB），当声压使人耳产生疼痛感觉时，称为痛阈声压（120dB）。噪声越过70dB时，对人体就产生不利影响，使人产生头昏、头痛、神经衰弱、消化不良、高血压等病症。如长期处于90dB以上的噪声环境下工作，就有可能发生噪声性耳聋。噪声还能引起其他疾病，如神经官能症、心跳加速、心律不齐、血压升高、冠心病和动脉硬化等。城市环境噪声，对于人们的工作、学习、休息和人体健康都有严重影响。国际标准化组织(ISO)规定住宅室外环境噪声的允许标准为35~45dB。

城市园林植物是天然的"消声器"。城市植物的树冠和茎叶对声波有散射、吸收的作用，树木茎叶表面粗糙不平，其大量微小气孔和密密麻麻的绒毛，就像凹凸不平的多孔纤维吸声板，能把噪声吸收，减弱声波传递，因此具有隔声、消声的功能。据日本的调查，40m宽的绿化带可降低噪声10~15dB。南京市环境保护局对该市道路绿化的减噪效果进行的调查表明，当噪声通过由2行桧柏及1行雪松构成的18m宽的林带后，噪声减少了16dB，通过36m宽的林带后，噪声减少了30dB，比空地上同距离的自然衰减量多10~15dB。对一条由1行楠木和1行海桐组成的宽4m、高2.7m的枝叶繁茂、生长良好的绿墙测定，通过绿墙后的噪声减少8.5dB，比通过同距离的空旷草地的噪声多减少6dB。

不同类型的绿化布置形式、不同的树种和绿化结构以及不同树高、不同郁闭度的成片成带的绿地，有不同程度的减弱噪声的效果。

不同树种对噪声的消减效果表明（图4-3），树种不同，对噪声的削减能

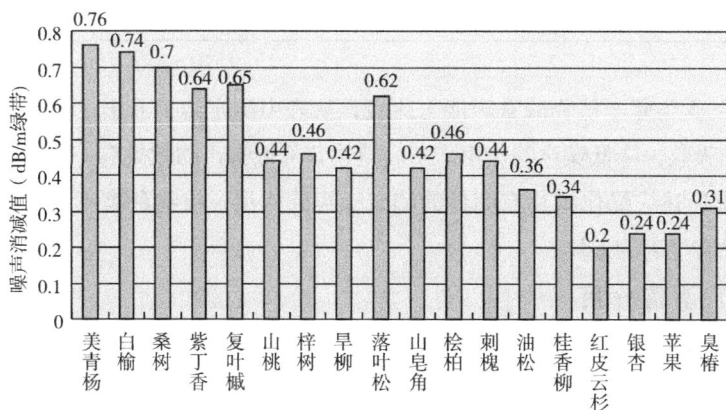

图4-3 不同树种消减噪声能力比较

力差别明显。其中以美青杨消减噪声能力最大，榆树次之，红皮云杉最小。

不同的绿化树种、冠幅、枝叶密度，不同的街道绿带类型、林冠层次及林型结构，对噪声的消减效果不同。在树林防止噪声的测定中，普遍认为：①树林幅度宽阔，树身高，噪声衰减量增加。研究显示，乔、灌、草结合的多层次的40m宽的绿地，就能降低噪声10~15dB；宽30m以上的林带防止噪声效果特别好，宽50m的林带，可使噪声衰减20~30dB。②树林靠近噪声源时噪声衰减效果更好。③树林密度大，减声效果高，密集和较宽的林带（19~30m）结合松软的土壤表面可降低噪声50%以上。

消减噪声能力强的树种有：美青杨、白榆、桑树、加拿大杨、旱柳、复叶槭、梓树、日本落叶松、桧柏、刺槐、油松、桂香柳、紫丁香、山桃、东北赤杨、黄金树、榆树绿篱、桧柏绿篱。

草坪对噪声的消减效果见表4-4，在有草坪的地面随着距离的增加，噪声消减值也增加。

草坪植物对噪声消减效果测定表（dB） 表4-4

宽度（m）	草坪噪声值	空地噪声值	草坪对噪声消减值
5	72.0	72.5	0.5
10	70.2	71.6	1.4
15	67.8	69.9	2.1
20	65.2	68.1	2.9
25	63.8	67.4	3.6
30	62.2	66.5	4.3
35	59	64.0	5

藤本植物消减噪声能力测定表 表4-5

棚架宽度（m）	棚架高度（m）	观测高度（m）	有阻测声值（dB）	无阻测声值（dB）	噪声消减值（dB）
8	2.5	1.2	80	83	3
8	2.5	2	80	82	2
8	2.5	3.5	81	82	1

表4-5为藤本植物减噪声能力比较，从表中测定结果看出：藤本植物具有显著的吸收、降低噪声的作用，不同植物其降低噪声的效果有一定的差异。

综上所述，绿化植物有明显的消减噪声的作用，植物种类不同，消减噪声的效果有显著的差异。

（8）杀菌作用

城市人口众多，空气中悬浮着大量对人体有害的细菌。而有绿化植物存在的地方，空气及地下和水体中的细菌含量都会大为减少。城市园林植物是"卫生防疫消毒站"，可以减少空气中的细菌数量。

城市中有绿化的区域与没有绿化的区域相比，每立方米空气中的含菌量要减少85%以上。如天津闹市区的百货商店内每立方米空气中的含菌量竟达400万个，而林荫道为58万个，其中的有机酸和萜类等挥发性物质能把空气和水中的许多病菌和真菌及原生动物杀死。如1hm^{2}圆柏林，一昼夜大约可分泌出30~60kg植物杀菌素，在2km^{2}内可杀灭空气中的白喉、肺结核、伤寒、痢疾等细菌和病毒。白皮松、柳杉、悬铃木、地榆、冷杉等都有强烈的杀菌能力，并能灭蝇驱蚊。

很多植物能分泌杀菌素。如桉树、肉桂、柠檬等植物体内含有芳香油，它们具有杀菌力。桦木、梧桐、冷杉、毛白杨、臭椿、核桃、白蜡等都有很好的杀菌能力。据计算，每公顷圆柏林于24h内，能分泌出30kg杀菌素，既能驱虫，又能杀死空气中的白喉、肺结核、伤寒、痢疾等病原菌，形成一个天然的"抗菌地带"，对人类身心健康非常有益。

植物的挥发性物质除了有杀菌作用外，对昆虫亦有一定影响。采3片稠李的叶子，尽快地捣碎后放入试管中，立刻放入苍蝇并将管口用透气棉絮塞住，则在5~30s内，最多在3~5min内苍蝇即死亡。又据观察，在柠檬桉林中蚊子较少。前苏联一些学者认为，幼龄松林的空气中，基本上是无菌的。

松脂为半油脂性物质，是一种脂肪溶剂，也能溶于水中，具有长效性，不会失效且无副作用，也不会产生抗药性，是极好的净化环境物质。植物的一些芳香性挥发物质尚有使人们精神愉快的效果，如腊梅科、唇形科、芸香科的一些植物的。

许多研究证明，景天科植物的汁液能消灭流行性感冒一类的病毒，其效果可与成药媲美；樟树、桉树的分泌物能杀死蚊虫，驱走苍蝇，杀死肺炎球菌、痢疾杆菌、结核菌和流感病毒。1hm^{2}桧柏林，一昼夜能分泌30kg的杀菌素，可杀死白喉、伤寒、痢疾等病原菌。因此，在松林中建疗养院或在医院周围多种植杀菌力强的植物有利于治疗肺结核等多种传染病。杀菌力较强的植物主要有：樟科、芸香科、松科、柏科的植物及黑胡桃、柠檬桉、大叶桉、苦楝、臭椿、悬铃木、茉莉、梧桐、毛白杨、白蜡、桦木、核桃等植物。

（9）环境监测评价作用

许多植物对大气中害毒物质具有较强的抗性和吸毒净化能力，这些植物对园林绿化有很大作用。但是一些对有害物质没有抗性和解毒作用的"敏感"植物对环境污染的反应比人和动物要敏感得多。这种反应在植物体上以各种形式显示出来，成为环境已受污染的"信号"。利用它们作为环境污染指示植物，既简便易行又准确可靠。例如：当大气被二氧化硫污染时，植物叶脉之间会出现点状或块状的伤斑。悬铃木树皮变浅红色，叶子变黄，就是煤气中毒的症状，在其地下往往能找到煤气泄漏点。其他如雪松、葡萄等是氟化氢的监测植物，桃树是氯化氢的监测植物等。人们可以利用它们对大气中有害物质的敏感性作为监测手段以确保人们能生活在合乎健康标准的环境中。

1）对二氧化硫的监测

二氧化硫的浓度达到 1~5mg/kg 时人才能闻到其气味，当浓度达到 10~20mg/kg 时，人就会有受害症状，例如咳嗽、流泪等现象。但是敏感植物在二氧化硫的浓度为 0.3mg/kg 时，经几小时后就可在叶脉之间出现点状或块状的黄褐斑或黄白色斑，而叶脉仍为绿色。监测植物有地衣、紫花苜蓿、菠菜、胡萝卜、凤仙花、翠菊、四季秋海棠、天竺葵、锦葵、含羞草、茉莉花、杏、山荆子、紫丁香、月季、枫杨、白蜡、连翘、杜仲、雪松、红松、油松、杉木等。

2）对氟及氟化氢的监测

氟（F）是黄绿色气体，有恶臭，在空气中迅速变为氟化氢；后者易溶于水变成氟氢酸。慢性氟中毒症状为骨质增生、骨硬化、骨疏松、脊椎软骨的骨化，及肾、肠胃、肝、心血管、造血系统、呼吸系统、生殖系统也受影响。氟及氟化氢的浓度在 0.002~0.004mg/kg 时对敏感植物即可产生影响。叶子的伤斑最初多表现在叶端和叶缘，然后逐渐向叶的中心部扩展，浓度高时会整片叶子枯焦而脱落。

监测植物有：唐菖蒲、玉簪、郁金香、大蒜、锦葵、地黄、万年青、萱草、草莓、翠菊、榆叶梅、葡萄、杜鹃花、樱桃、杏、李、桃、月季、复叶槭、雪松等。

3）对氯及氯化氢的监测

氯（Cl_2）是黄绿色气体，有臭味，比空气重。氯化氢可溶于水成强酸，氯气有使人全身吸收性中毒作用，5~10mg 时即可对人产生刺激作用，由呼吸道进入体内后，溶解于黏膜上从水中夺取氢变成氯化氢而有烧灼作用，同时从水中游离出的 O^{-2} 对组织也有很强的作用。氯中毒可引起黏膜炎性肿胀、呼吸困难、肺水肿、恶心、呕吐、腹泻等，即使急性症状消失后也能残留经久不愈的支气管炎，对结核患者易引起病变加剧。Cl_2 及 HCl 可使植物叶子产生褪色点斑或块斑，但斑界不明显；严重时会使叶褪色而脱落。

监测植物有波斯菊、金盏菊、凤仙花、天竺葵、蛇目菊、硫华菊、锦葵、四季秋海棠、福禄考、一串红、石榴、竹、复叶槭、桃、苹果、柳、落叶松、油松等。

4）对光化学气体的监测

光化学烟雾中占 90% 的是臭氧。人在浓度为 0.5~1mg/kg 的臭氧下 1~2h 就会就会产生呼吸道阻力增加的症状。臭氧的嗅阈值是 0.25mg/kg，在此阈值下，哮喘病患者的病情会加重。在 1mg/kg 中 1h，肺细胞蛋白质会发生变化，接触 4h 则 1 天以后会出现肺水肿。

光化学烟雾中的臭氧可抑制植物的生长以及在叶表面出现棕褐色、黄褐色的斑点。美国的试验表明：浓度为 0.01m/kg 时，经 1~5h 烟草会受害，而菠菜、莴苣、西红柿、兰花、秋海棠、矮牵牛、蔷薇、丁香等均敏感，易显黄褐色斑点。又据日本的试验，浓度为 0.25mg/kg 时，牡丹、木兰、垂柳、三裂悬钩子等均有受害症状。此外，早熟禾和美国五针松、银槭 / 梓树、皂荚、葡萄等也很敏感。

5）对其他有毒物质的监测

对汞的监测可用女贞；对氨的监测可用向日葵；对乙烯的监测可用棉花。

（10）利用绿地改善城市环境的案例

以太原为例。太原市位于太原盆地北端，东、西、北三面环山，形成半封闭的山区盆地，地形复杂。受自然地理的限制，全年约 200h 的时间间断出现逆温层，每次长达 16~17h，致使污染物在低空滞积，不利于扩散。另外，在地方性环流条件下，几乎每夜都出现"热岛效应"，更加重了市区的污染。太原市的环境问题，以大气污染和水体污染最突出，噪声和废渣污染也较严重。因此，在综合防治污染的前提下，努力搞好城市绿地建设，对美化、净化城市环境，逐步实现城市生态系统的良性循环是非常必要的。

1）根据太原市春季干旱、多风沙、温差较大以及夏季炎热、冬季干冷的大陆性气候特点，太原市在城市绿地建设中，确定了较高的绿化目标，见缝插绿，充分利用各种荒地、滩涂植树绿化，充分利用屋顶、墙面、阳台种植各种攀缘植物，起到降温增湿、调节气流的作用，以利于排除逆温现象和热岛效应，从而改善气候。

2）建立工矿区与居住区的卫生防护林带以净化大气。太原市各类大气污染源的地理分布是以汾河为界，形成两个南北走向的群体。一电厂、二电厂和太钢形成三个污染超标排放源，河西化工区形成一个大的面源区。并且在工业布局上，太钢和化工区两个最大的工业群体处在市区盛行风向的上方，污染物几乎全部随风刮到市区。针对这种情况，太原市在这些工业聚集区的外围设立不同类型的吸收 SO_2 和 NO_2 等污染物能力强、滞留粉尘量大的绿地来构成工业卫生防护带，以防止污染物向外传播。

3）道路绿化的防尘、减噪。利用道路绿化减轻车辆对两侧的环境污染无疑是保护城市环境的重要措施。因此，太原市以迎泽大街的道路绿化为先导，紧密结合城市建设，把太原市的各条大街小巷建成防尘降噪的林荫道路。

4）建立生物监测网。根据污染物排放范围，太原市选择一些对污染反应敏感的植物进行绿化，以预防环境污染。在全市布点组成生物监测网，如 SO_2 重污染区，用雪松、紫荆、紫茉莉、苜蓿、大豆来监测；对氟用葡萄、桃树、杏树、李树、雪松、水杉来监测；对氮氧化物用向日葵来监测。在化工生产车间附近种一些敏感植物，则对污染物跑、滴、漏问题的及时发现起到意想不到的效果。

5）在繁华商业区，如柳巷、钟楼街等地，由于可供绿化的陆地面积很小，兼之该类地区人流量大，灰尘、细菌含量高，噪声大，虽然交通管理上对汽车来往有了限制，但是更应注重园林绿化。通过建筑立体垂直绿化、屋顶绿化，采用爬山虎、紫藤、葡萄等均可。这样既可对商业区降温增湿、吸滤尘埃和细菌，又可装饰墙面，美化商业区街景，为人们创造一个雅致的购物环境。此外，根据植物具有较强的杀菌能力，而在各类医院的庭院内广泛种植一些灭菌能力强的植物配合整体绿化。如松柏类树种可杀死白喉、伤寒、肺结核等病菌，这样，通过松柏类树种的杀菌作用并结合药物治疗，对上述疾病达到了预期的治疗效果。

4.1.2 减灾防灾

城市是一个不完整的生态系统，其不完整性之一表现在对自然及人为灾害防御能力及恢复能力的下降。多年的实践证明，合理布置城市绿地可以增强城市防灾减灾的能力，维持城市生态系统的平衡。

（1）防火防震

绿地对防止火灾的蔓延也非常有效。植物的枝干树叶中含有大量水分，许多植物即使叶片全部烤焦，也不会产生火焰。因此城市中一旦发生火灾，火势蔓延至大片绿地时，可以因绿色植物的不易燃性受到控制和阻隔，避免对城市和居民的生命财产造成更大的损失。由于树种不同，其耐火程度也有差别，常绿阔叶树的树叶自燃临界温度为455℃，落叶阔叶树的树叶自燃临界度为407℃。银杏、厚皮香、山茶、槐树、白杨等均是较好的防火树种。

由于绿地有较强的防火防震作用，因此在城市规划中应充分利用这一功能，合理布置各类大型绿地及带状绿地，使城市绿地同时成为避灾场所和防火阻隔，构成一个城市避灾的绿地空间系统。为此，有的国家已经规定避灾公园的定额为每人 1m²，而日本提出公园面积必须大于 10hm²，这样才能起到避灾防火的作用。

（2）防风固沙

随着土地沙漠化问题日益严重，城市沙尘暴已成为影响城市环境、制约城市发展的一个重要因素。据有关资料显示，我国土地沙漠化的年均扩展速度由 20 世纪 50~60 年代的 1560km² 迅速上升到 90 年代的 2460km²，沙尘暴发生的次数也由 20 世纪 50 年代的 5 次上升到 80 年代的 14 次、90 年代的 23 次，而 2000 年仅一年就发生 12 次。与此同时，受沙尘暴影响的城市数量也在不断增加，2009 年 4 月的一场沙尘暴影响了大半个中国，广州、武汉、长沙等南方城市均受到沙尘暴的影响。由此看来，防止沙尘对城市的危害已迫在眉睫。

植树造林、保护草场是防止风沙对城市污染的一项有效措施。一方面，植物的根系及匍匐于土地上的草及植物的茎叶具有固定沙土、防止沙尘随风飞扬的作用；另一方面，由多排树林形成的城市防风林带可以降低风速，从而滞留沙尘。据有关资料报道，在内蒙古磴口县境内的乌兰布和沙漠地开展了 100

万亩沙漠种树、种草、封沙、育林的生态保护工程。几年间，原来的沙丘地已变成树木成行、牧草丛生的田园，对阻挡乌兰布和沙漠南移起到了很好的作用。另外，随着"三北"防护林建造的不断完善，许多城市沙尘暴污染问题也将得到不同程度的缓解。

（3）涵养水源，保持水土

由于人类对森林进行了掠夺式的砍伐，近年来山洪、泥石流、山体坍塌、土壤流失等自然灾害频繁发生，由此也反过来促使人们对植物的涵水保土作用有了进一步的认识。植物的叶片可以防止暴雨直接冲击土壤；草皮及树木枝叶覆盖地表可以阻挡流水冲刷；植物的根系可以固定土壤，因此植物能起到防止水土流失、减少山洪暴发的作用。另一方面，当有自然降雨时，有15%~40%的水量被树林树冠截留或蒸发，有5%~10%的水量被地表蒸发，地表的径流量仅在0~1%，大多数的水，即占50%~80%的水量被林地上一层厚而松的枯枝落叶所吸收，然后渗入土壤中，变成地下径流。这样，经过植物、土壤、岩层的层层过滤，流向下坡或泉池溪涧的水质清洁纯净，源源不断。近年来实施的长江天然防护林工程，就是利用植物涵养水源、保持水土的功能，对长江的水质进行了很好的保护。

4.1.3　提供城市野生动物生境，维持城市生物多样性

随着人们环境意识的不断提高，在城市中与自然和谐共处、共同发展已成为现代生活的新追求。绿色植物是城市中重要的自然要素，它的存在一方面为人们提供了接触自然、了解自然的机会，另一方面也为一些野生动物提供了必要的生活空间，使人们在城市中就能体会到与动物和谐共处的乐趣。

城市中不同群落类型配植的绿地可以为不同的野生动物提供相应的生活空间，另外与城市道路、河流、城墙等人工元素相结合的带状绿地形成一条条绿色的走廊，保证了动物迁徙通道的畅通，提供了基因交换、营养交换所必要的空间条件，使鸟类、昆虫、鱼类和一些小型的哺乳类动物得以在城市中生存。据有关报道，在英国，由于在位于伦敦中心城区的摄政公园、海德公园内建立了苍鹭栖息区，因此伦敦中心城区内已有多达40~50种生物资源的丰富程度得以体现。因此城市绿地的建设对于保护和维持城市生物多样性具有决定性的作用。一方面，可以利用城市绿地中的植物园、动物园、苗圃等技术优势，对濒危、珍稀动植物进行异地保护及优势物种的驯化。另一方面，可以通过丰富城市绿地的植物群落的物种数量，达到丰富生活于其中的动物物种数量，并以此来保护本地区物种的多样性。城市绿地正是通过对城市生物多样性的保护与建设来改善人与自然、植物与动物、生物与无机环境等之间的相互关系，从而最终达到维持城市绿地系统以及整个城市生态系统的稳定及平衡效果的。

维持生物多样性的一般途径如下。

（1）建立承载城市生物多样性的绿地结构

城市绿化的一个主要内容就是恢复和重建城市物种多样性。城市绿化应贯彻生态优先准则，尽量保留原有的自然和人文景观，把城市建设对生态环境的干扰和破坏降到最低程度。完善城市绿地规划布局，应用景观生态学的"基底—廊道—斑块"理论，建设城市生态绿地的网络系统。根据城市不同分区的空间异质性，贯通城市内的绿廊结构，穿越外环绿带、楔形绿地和中心区园林绿地，形成绿色生态网络，建立环境生态调节区，保留、维护或模仿自然生态系统的特征和过程。发挥绿地在城市生态环境中担负的重要还原功能，防止城市污染。保护城市自然遗留地和自然植被，建立自然保护地，维护自然演进过程，修建绿色廊道和暂息地，增加开放空间和各生境斑块的连接度，减少城市内生物生存、迁移和分布的阻力，给生物提供更多的栖息地和更便利的生境空间。

（2）完善城市自然保护和生境营造的手段技术

城市绿化要发挥健全城市生态功能的作用，将更多的野生动植物引入城市，满足市民与大自然接触的天性和要求。保存适应野生动植物生存繁衍的栖息地、保护和建立半自然栖息地是城市绿化实现自然保护的重要途径。通过划分城市的生态功能区，构建城市的"绿楔"、"绿廊"，以及"绿网"，恢复城市外部生物基因的正常输入和城市内部生物基因的自然调节。特别是在草地、森林、淡水生态系统中的生态交换关系，不仅要求水平向的而且应该具备垂直向的承载条件（如自然坡岸、湿地、攀缘面等）。城市中引入自然群落运行机制，划分正常生态区、过渡生态区、变异生态区、半自然区等不同区域，确立各级生态功能区之间、城市生态区之间与外部生态区之间的生境通道和生态走廊，为不同丰度、不同干扰承载力的生物群落之间的基因系统的调节创造条件。通过生境营造，在城市创造新的野生动植物栖息地，拓展自然保护概念，通过城市绿化，在城市中也创建自然栖息地。多类型的复合生境是城市生态绿化的基本条件，应挖掘和发挥原有生境生态潜力，利用以土和水为主的自然环境异质性，构建多样的生境类型或创造全新的动植物环境，给野生生物提供丰富多样的栖息环境，特别是在缺乏野生动物的城市区域。在植物选择和群落构筑上，模拟潜在植被，避免因栽植少量的植物，而破坏野生状态的自然多样性。创造野生生物觅食、安全和繁衍的庇护空间，促进野生动物的引入、生存和繁衍。

（3）引入自然群落的结构机制，形成良好的群落结构

绿地群落的形成是一个有序而渐进的系统发育和功能完善过程。其间应改变绿化的事后管理和末端管理为源头管理，改善种植结构，提高绿地自身的稳定性和抗逆性，尽量选用与当地气候、土壤相适应的物种。利用绿地凋落物和绿肥等土壤适应物，进行再循环和再利用，形成群落自肥的良性循环机制，减少施肥、除草和修剪等非再生能源的使用，降低绿地建设和维护费用。多样性和复杂性导致稳定性，应通过构建复杂的种类组成和结构，重视绿地水体的

建设，为有益昆虫和两栖动物提供适宜生境，使绿化植物、病虫害、天敌及其周围环境相互作用和制约，形成病虫害生态调控机制。通过生态设计和生态系统管理，将病虫害防治由直接使用化学药物转向间接利用绿地群落间的生态位分异、生存与竞争关系以及次生代谢物等，调节目标植物与有害生物的动态平衡，实现城市绿地植物无公害控制。借鉴地带性群落的种类组成、结构特点和演替规律，合理选择耐阴植物开发利用绿地空间资源，丰富林下植被，使自然更新种具有生存和繁衍空间，以快于自然演替的速度建立接近自然和符合潜在植被特征的绿地。应用人工顶级群落和动态平衡演替理论，形成具备多个优势种的不同类型群落交错分布、稳定而优美的城市自然景观。

4.2　城市绿地的景观功能与实现

4.2.1　改善城市形象

（1）丰富城市建筑群体的轮廓线

城市中的重要地段如滨海、滨江地带以及城市入口地区和中心地带的建筑群，对于城市形象的形成起着决定性的作用，运用绿色植物对这些建筑进行美化也十分必要。因此，在城市绿地的规划设计中，应特别注意绿化与建筑群体的关系，通过合理的设计及植物配植，使绿色植物与建筑群体成为有机的整体。以植物多变的色彩及起伏的林冠线为建筑群进行衬托，丰富建筑群的轮廓线及景观，使建筑群更具魅力，从而使整个城市给人们留下更加深刻和美好的印象。这种成功的例子很多，如青岛海滨红瓦黄墙的建筑群，高低错落地散布在山丘上，掩映于绿树丛中，再衬之以蓝天白云，形成了丰富多变的轮廓线，构成让人过目不忘的优美城市景观。再如上海的外滩，近年来，由于加大了滨江绿化的建设力度，外滩的都市景观进一步丰富并焕发出更加蓬勃的生机（图4-4）。

（2）美化市容

人们认识城市，主要通过"路"、"沿"、"区"、"节"、"标"这五个环节。其中的"路"和"节"即是指城市道路和城市广场。因此，城市中的道路和广场是人们感受城市面貌的重要场所。广场和道路景观的好坏，极大地影响到人们对整个城市的认识。绿化良好的广场及道路可以改善广场及道路环境，提高景观效果，从而达到美化市容市貌的目的。近年来植物的这一美化功能受到了相当高的重视，各城市都十分重视道路的绿化及广场的建设，出现了许多成功的范例，如：桂林市的滨江路（图4-5）、哈尔滨市的滨江路以及大连市的广场等。

（3）形成不同的城市特色

由于城市中绿地系统布局结构的不同以及各地不同植物所显示的不同地

图 4-4 上海外滩（左）

图 4-5 桂林滨江路（右）

域特性，从而使得城市绿地有助于形成不同的城市特色。随着城市中的主要构筑物——建筑地方风格的削弱，各城市面貌越来越趋于同一，显得千篇一律、缺乏特色。为了改变这种状况，一方面应在城市建设中挖掘地方文脉、地域精神及其对建筑的影响，搞好建筑设计。另一方面则应结合绿地建设，以不同地域的乡土植物为骨干树种，根据不同的环境因子组成多种结构的植物群落，结合城市总体布局结构形成不同结构形式的城市绿地系统，并以此形成不同地域的城市特色（图 4-6、图 4-7）。对许多聚集在依江傍海区域的城市来说，得天独厚的自然景观是城市艺术形象的重点，如辽阔的天空、大片的水面、蜿蜒伸展的沿岸等。这些城市的设计往往要结合沿岸地形创造出一定的开敞绿化空间。滨水区域的绿化以不妨碍水上和岸上借景、对景为准则，树木的排列应疏密有致，不宜平均单一没有重点，要使之能遮挡建筑物的局部或有损景观质量的部分。

4.2.2 营造优美风景

自然美、环境美、艺术美的感知与享受，是通过视觉等人们的感官来获取的。

城市中各类绿地充分利用自然地貌的条件，为环境引进了自然的景色，使城市景观交织融合在一起，使城市园林化，使人们身居城市仍得自然的孕育。国内外许多城市都是以具有良好的园林绿化环境而著称的，如北京、杭州、青岛、桂林、南京等均具有园林绿地与城市建筑群有机联系的特点。鸟瞰全城，郁郁

图 4-6 成都府南河（左）

图 4-7 上海延中绿地（右）

葱葱，建筑处于绿色包围之中，山水绿地把城市与大自然紧密联系在一起。美国的华盛顿、法国的巴黎、瑞士的日内瓦、德国的波恩、波兰的华沙、澳大利亚的堪培拉等则更为大家所称颂。

利用自然山水绿化丰富城市景观，可以形成独特的城市景色，如历史名城丽江，古城的传统建筑依玉河的自然流向排列，形成优美的街景，终年积雪的玉龙雪山则作为古城的背景，形成丽江古朴自然的风貌。上海的东外滩，在滨江地段开辟了滨江绿带，进行绿化装扮，既美化了环境又使高耸的建筑群有了衬景，增添了生气。

绿化的形式丰富多彩，可以成为各类建筑的衬托和装饰，可以运用形体、线条、色彩等与建筑相辅相成取得更好的艺术效果，使人得到美的享受。如北京的天坛依靠密植的古柏而衬托了祈年殿；肃穆壮观的毛主席纪念堂用常青的大片柏松来烘托"永垂不朽"的气氛；苏州古典园林常用粉墙花影、芭蕉、南天竹、兰花等来表现它的幽雅清静。

园林绿化还可以遮挡有碍观瞻的景象，使城市面貌整洁、生动、活泼，并可以用园林植物的不同形态、色彩和风格来达到城市环境的统一性和多样性，增加艺术效果。

城市道路广场的绿化对市容面貌影响很大，街道绿化得好，人们虽置身于闹市中，却犹如生活在绿色走廊里。

城市的环境美可以激发人的思想情操，提高人的生活情趣，使人对未来充满理想。优美的城市绿化是现代化城市不可或缺的一部分。

4.3 城市绿地的使用功能与实现

4.3.1 提供游憩活动场所

人们在紧张繁忙的劳动以后，需要休憩，这是生理的需要。园林绿地中的游憩活动一般分为动、静两类，通常包括安静休息、文化娱乐、体育锻炼、郊野度假等。青少年喜欢动的游憩活动，老年人则多喜欢静的游憩活动。随着人们物质生活水平的提高及身体素质的增强，游憩活动的选择范围也越来越广。这些活动，对于体力劳动者可消除疲劳，恢复体力；对于脑力劳动者可以调剂生活，振奋精神，提高效率；对于儿童，可以培养勇敢、活泼的综合素质，有利于健康成长；对于老年人，则可享受阳光空气，增进生机，延年益寿；对于残疾人，兴建专门的设施可以使他们更好地享受生活、热爱生活。游憩活动对工作、生活都起了积极的作用，产生了广泛的社会效益。因此，游憩逐步由个人自身的需要发展成社会的需要，越来越受到人们和社会的重视，而成为社会系统的一部分。

根据新时代社会的要求，人们的劳逸时间有了新的变化，休闲时间不断增加，形成了三个层次：①工作日在 8h 工作时间以外的时间；②每周两天的休假日；③每年 1~2 次的长假时间。形成了由远及近、以居住地为中心的游憩生活的圈层结构，特征表现为：市民游憩活动随闲暇时间的增加在城市地域空间呈圈层状分布，从市区到郊区可依次分为日间、周间、季节间游憩行为圈，分别对应着日常休息娱乐活动、周末度假休闲、观光及旅游度假。

（1）日常休息娱乐活动

城市人口的增加和密集，人工环境的扩大和强化，带给人们一种"自然匮乏"的感觉，在生理上和心理上均受到影响。人们在工作之余，希望到户外在阳光明媚、空气清新、树木葱绿、水体清净、景色优美的环境里进行活动。因此城市中的游园、居住区中的各类绿地首先要满足人们日常对自然的需求，使人在精神上得到调剂，在生理上得到享受，为人们获得自然信息提供方便条件。当然，还需要有相应的设施以满足人们的作息、娱乐、锻炼、社交等各类活动的要求。

丹麦著名的城市设计专家杨·盖尔（Jan Gehl）在他的《交往与空间》一书中将人们的日常户外活动分为三种类型，即：必要性活动、自发性活动和社会性活动。必要性活动是指上学、上班、购物等日常工作和生活事务活动。这类活动必然发生，与户外环境质量好坏关系不大。而自发性活动和社会性活动则是指在时间、地点、环境合适的情况下，人们有意愿参加或有赖于他人参与的各种活动。这两类活动的发生有赖于环境质量的好坏。人们日常的休息娱乐活动属于后两种活动类型，需要适宜的环境载体。这些环境包括：城市中的公园、街头小游园、城市林荫道、广场、居住区公园、小区公园、组团院落绿地等城市绿地。人们在这些绿地空间中进行各种日常的休息娱乐活动。这些活动可以消除疲劳、恢复体力、调剂生活、促进身体及精神的健康，是人们身心得以放松的最好方式。

现代教育的研究证明，少年儿童的户外活动对他们的体育、智育、德育的成长有很积极的作用，因此很多经济发达的国家对儿童的户外活动颇为重视，一方面创造就近方便的条件；另一方面设置有益的设施，把建造儿童游戏场体系作为居住区设计与园林绿地系统的重要组成部分。

城市绿地也为城市居民提供了交流与联系的场所，加深了人与人之间的交流和社会联系。社区级的城市游憩绿地为社区居民提供了一个富有自然情趣的交流场所，改善了邻里关系，增强了社区凝聚力。

（2）周末度假休闲

城市居民周末休闲、游憩在日常生活中所占比重日益增加，市民在双休日对旅游地的选择半径范围一般不超过居住地 200km 范围内，其中便于往返、回归自然为主要选择因素。所选择的主要是城市及城市周边的游憩区，相对于城市中心区而言，城市郊区有较为集中的山水资源和成片的农田，人工建筑物较少，保留有较多的自然景观。郊区景观和文化乡村成为驱动现代都市人周末度假休闲的首选，市民的心理需求成为促进其游憩行为的巨大推动力。

根据对西安、北京、上海、杭州等城市的调查研究，上海市 92% 的市民期望周末外出度假旅游，北京市市民的郊区出游率平均达到 17%，都市居民旅游行为中回归自然趋势明显，自然景点吸引力最强，一些自然风景点被认为是城市市民重游不厌的景点，这些调查资料充分显示目前近距离的、以回归自然为主的城市近郊旅游日益受到市民重视。

因此，可以在城市郊区在不破坏自然原貌的前提下大力发展农家乐、林家乐、渔家乐等生态旅游项目，开发建设休闲度假区，把城市郊区建成都市的"周末家庭"，并作为都市旅游的"品牌"进行重点设计与建设。

（3）观光及旅游度假

观光旅游也是人们游憩活动的重要组成部分。随着交通事业的突飞猛进和国际交往的日趋频繁，人们已不满足于在自己熟悉的生活环境活动，而希望到更远的风景名胜区甚至国外去观光旅游。观光旅游可以使人们饱览美妙的自然风景，领略异乡的风土人情。在观光旅游的过程中放松了身心，增长了见识，开阔了眼界，有机会和各地的人们进行了交流，感受了旅途中特有的情趣。

不论是家庭、个人的需求，还是作为工作单位的一项福利，观光旅游的观念已深入人心，成为人们现代生活必不可少的休闲游憩活动之一。

我国幅员辽阔、风景资源丰富，历史悠久、文物古迹众多，现有国家级风景名胜区 187 处，省级风景名胜区 698 处，风景区面积约占国土总面积的 1.89%。其中的泰山、黄山、九寨沟等风景区还先后被联合国教科文组织列入世界自然遗产名录，成为中外旅游者向往的旅游胜地，对我国旅游事业的发展起了积极的作用，获得了巨大的经济效益和社会效益。

（4）提供游憩场所的规划设计要点

1）增加城市绿地的可达性

绿地在城市空间上的分布和格局，将会极大地影响其服务功能。居民是否能够方便地（特别是步行就近到达）和平等地享用这种自然的服务，是城市绿地系统满足人们游憩需要的重要准则（图 4-8）。

研究表明，改进绿地系统的可达性将大大提高其使用率，使市民能够更充分地享用绿地系统提供的游憩服务功能。

绿地的可达性是指空间中任意一点到该绿地的相对难易程度，其相关指标

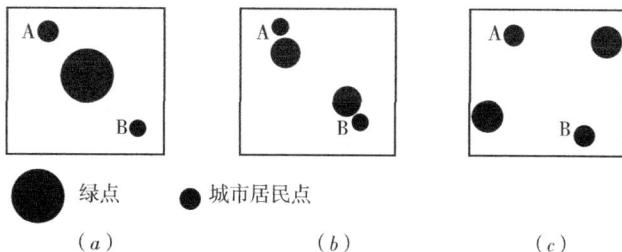

绿点 ● 城市居民点

（a） （b） （c）

图 4-8 绿地空间分布格局将极大影响其服务的有效性
（a）绿地对市民的服务不太方便；（b）绿地对市民的服务较理想；
（c）绿地对市民的服务最差

有距离、时间、费用等。传统的城市绿化质量评价指标在这方面有着很大的局限性，绿地可达性可以作为评价城市绿地质量的一个新的衡量指标来衡量绿地给居民提供服务的可能性或潜力。

绿地可达性中最重要的是绿地的服务半径，是绿地能够直接为某一范围内居民服务的量化指标，由公园绿地的性质、面积的大小及所在的位置决定。伦敦的城市绿地就根据区域性公园、市级公园、区级公园、小区级公园、小型公园等的不同规模，制定了相应的服务半径。日本针对街区公园、近邻公园、地区公园、综合公园、运动公园等作出了相应的服务半径的要求。在无锡城市绿地系统规划中，为方便人们使用城市中的各类公园绿地，根据现状条件，分别对各类公园绿地的服务半径作出了细致的规定。如规划市级综合公园服务半径为2.5km，区级综合公园服务半径为1.5km，社区公园服务半径为800m，小游园为300~500m，力求做到公园绿地大、中、小均匀分布。

2）城市绿地等级的系统化

城市绿地具有合理的分级系统，城市绿地率提高，也是增加居民游憩场所的一个重要措施。

根据城市居民日常生活、劳动和游憩等生活行为的不同，按照所使用城市绿地的距离、使用频率以及使用时间的长短来划分，可将城市绿地分为三个层次。居民日常使用最多、"距离最近"、通常在半天时间内可以往返的绿地可列为第一层次的绿地，这类绿地有居住绿地、小区游园、居住区公园以及街旁绿地等。使用频率相对减少、使用时间基本在半天至一天的城市绿地，可列为第二层次的绿地，例如综合公园、专类公园、带状公园等市、区级公园属于这一层次的绿地。位于城市边缘地带的绿地，如风景名胜区、郊野公园、风景林地等，也是城市居民短期休闲、度假的好去处。一般使用时间在1~2天，这类城市绿地可以划分为第三层次的绿地（图4-9）。

从游憩开发的角度，第一层次的绿地应加大对游憩设施的开发和使用，以满足市民密集的日常游憩需求为主；第二层次的绿地，即以城市近郊区和城市边缘区为主的公园绿地，应着眼于满足市民周末高密度的使用需求，提供集中型游憩设施和更多绿地与游憩中心，并对区位、特色和密度进行适当的控制；第三层次，城市远郊区的公园绿地开发则应以满足市民假期的游憩需求为主，追求低密度的使用，为游憩者提供近自然的环境，并注重资源的保护和管理。

城市绿地系统规划应根据绿地规模、功能、

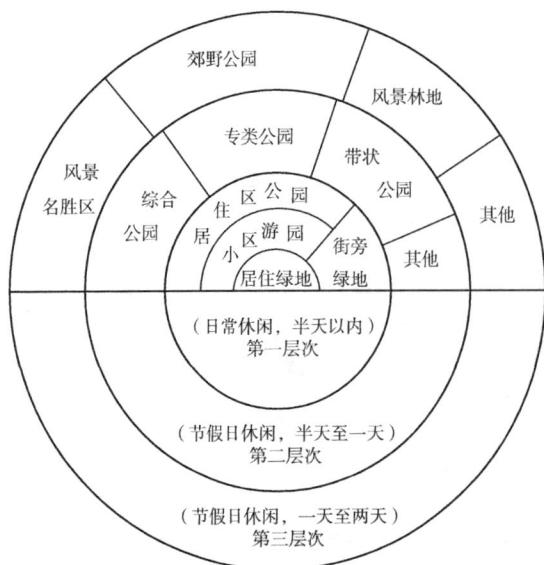

图4-9 城市绿地圈层结构图

位置等指标，建立绿地分级系统，评定城市绿地的合理程度和规划新绿地，确保市民在正常生活中就能与自然相联系。以深圳市为例，深圳市在传统城市公园规划的基础上，一方面结合生态空间资源的保护和居民长假期、每周出行的游憩康乐活动需求，提出并强化了"郊野公园"规划；另一方面结合居民每日游憩康乐活动的出行需求提出并强化了"社区公园"规划，形成了"郊野公园—城市公园—社区公园"三级体系，并最终取得了良好的效果。

3）建造城市绿地的游憩网络

城市公园绿地布局呈现出集中—分散—联系—融合—网络连接的发展趋势，应把握城乡融合的发展趋势，实现城市绿地系统游憩结构的网络化。进一步突出整体性，扩大到整个城市区域范围，构建城乡一体化的城市绿色游憩空间体系。

城市游憩网络的构建，是以市民的游憩需求与行为为依据，从传统的绿地系统规划扩展到户外游憩系统的整体规划设计。美国城市的游憩规划从19世纪末开始采用城市开放空间体系规划方法，并发展为后来的绿色通道规划，通过生命网络（living networks）来组织城市游憩。许多欧洲城市从区域到邻里的游憩空间体系规划，其实质就是游憩网络规划。走向网络化的城市游憩系统的诸多益处已经逐渐被学者们所认同。城市游憩网络以户外游憩空间为研究对象，主要包括城市公共绿地、城市滨水区、城市广场、城市文化遗产商业游憩空间与商业设施、文娱体育设施、城市特色建筑或构筑物、旅游景区（点）等处于城市或城市近郊的、具有多种游憩功能的开放空间、建筑物及设施，并通过游憩节点与游憩廊道将各类游憩资源整合形成网络。城市游憩网络意味着连接城市化影响下的不连续的自然、人文景观节点与廊道，并加以整体性的解说和展示，意味着为居住在不同区域的市民提供公平的游憩选择，也意味着增加了久居城市的人们与郊野的亲近机会。

结合"绿道"提出的"多功能绿道"概念是指由设置了一定的健身游憩设施的带状绿地构成的连接城市各类公园绿地及城市主要开放空间的绿色廊道。多功能绿道能够延伸并覆盖整个城市，与城市的绿地系统、学校、居住区及步行商业街相结合，使居民可以方便进入城市的公园绿地。

近年来，有学者提出的"城市康体游憩体系"是在景观生态学廊道—斑块理论基础上，由纵横交错的绿色廊道和绿色节点有机构建起来，在确定城市绿地布局结构和功能特点后，对城市内的各类绿地进行有机结合，借用公园绿地、防护绿地、各类附属绿地综合安排游憩功能，提高了绿地的综合利用效率。集生态、休闲、游憩、健身、行人及非机动交通等多种功能于一体的游憩廊道，在相同建设投资的情况下，可以实现绿地效益的集约化、最大化。

4）开发城市街道空间的休闲游憩功能

利用现有道路交通体系和城市滨水地段，城市街道的首要功能是交通通行，同时也为人们提供交往、娱乐的空间场所，承担着继承传统文化等非物质性功能的重任。但城市机动化交通方式的出现使得城市街道宜人的人性空间正在逐渐消失，汽车在相当程度上剥夺了居民在城市空间的相互作用与密切联系，使居民失去了长期以来赖以生活的人性空间。

因此需要回归人性空间，通过绿色通道网络完全脱离机动车道，与城市中的公园、大型公共绿地以及学校、车站、影剧院、居住区和商业步行街相连接，连通单位与单位、社区与社区，使市民能够充分而便捷地利用绿色空间，得到绿色空间的生态服务，增加人与人之间的交往和交流，减少对机动车辆的依赖，为城市居民身心锻炼提供场所，实现人与自然、城市的和谐统一。新加坡的"公园绿带网"计划就是满足市民出行需求和服务大众的典范，该计划的主要内容是以系列公园和绿带连接全岛的所有主要公园，同时连接居民区和城市，并与地铁站和公共交通枢纽站以及学校相连。人们漫步林荫下可以游遍新加坡的所有公园。

城市康体游憩体系最大的特点就是由现状公园绿地与规划中的其他公园绿地组成，利用与城市道路、河流、海岸并行的多功能绿道相互串联，构成一个独立于城市机动交通网络，由绿色空间构成的供市民顺畅地自由行走的非机动交通系统。该网络交通系统深入到社区，使居民和游人能够在整个城市绿地中不受机动车影响而顺畅游走，把人与绿色廊道、斑块更紧密地联系起来。

5）对绿地内部进行功能分区

绿地建设要"以人为本"。城市的主体是人，城市绿地是为人服务的，非仅仅为美化而兴建。它的真正意义在于为居民提供一种休闲、生活及工作的环境。城市大型公共绿地的空间环境设计在注重生态、景观设计的同时，更应充分把握市民的心理特点和心理需求，构筑可持续的社会发展空间和健康的心理发展空间。这就要求以城市居民游憩行为理论为指导，进行大型公共绿地的内部功能分区（表4-6）。

针对居民游憩行为要素的公园绿地内部空间布局对策　　　　表4-6

居民游憩行为要素	表现形式	绿地内部空间布局对策
共性环境心理	1. 亲近自然 2. 探新求异、亲身体验	1. 增大绿地率 2. 适度开辟富有特色的新奇活动区
个性环境心理	不同阶层、年龄、职业和文化的人的认识不同	按不同层次、不同年龄的不同需要划分成风格各异、特色鲜明的绿地空间

城市居民游憩出行的共性环境心理对大型绿地内部功能分区的要求。亲近自然、探新求异、亲身体验是绝大多数城市居民游憩出行的共性环境心理需求。随着经济的发展和社会的进步，市民休闲娱乐观念日趋成熟，不再满足于以往那种走马观花式的游览观光，而是渴望全身心的彻底放松和亲身体验、参

与。因此,应适度开辟富有特色的新奇活动区。可以大型绿地优美的环境和文化底蕴为背景,在绿地内开辟专区,为多姿多彩的都市节庆活动提供服务平台。如在公园绿地开辟"都市绿色休闲"区,活动形式上采取露天开放式,活动内容上引入"节中有节,节节相扣"的模式,同时,绿地内搭建不同的舞台,上演文艺、体育节目等,不但满足了市民的休闲游憩需求,而且也为大型绿地的发展提供了新思路。

城市居民游憩出行的个性环境心理对大型绿地内部功能分区的要求,伴随着阶层、年龄、职业和文化背景的差异,人对环境认识的不同,表现为个性的环境心理,如,儿童喜欢热闹,老年人则性喜宁静,恋人对幽静美好的环境情有独钟,又如,知识分子追求清新、雅致的意境而普通市民偏爱热闹、火爆的氛围,正是个性环境心理的差异决定了绿地环境的风格与特色。大型公共绿地应满足不同的人类生态和文化生态的需求,应在绿地内按不同层次、不同年龄的不同需要划分成风格各异、特色鲜明的绿地空间。如某绿地内按不同层次、不同年龄的不同需要划分成文化娱乐广场、生态保健区、老年晨练区、休闲散步区四大区域,较好地满足了市民个性环境心理的游憩需求。

4.3.2 提供休养身心场所

绿地是城市重要的基础设施,是为城市发展和广大市民服务的。随着社会的快速发展,绿地的功能也在不断拓宽。绿地的主要功能是创造与改善人居环境,必然要担负着改善市民健康状态的功能。

现代医学模式是社会—心理—生物医学模式。因此,改善市民健康状态不仅是医疗机构,更重要的是要靠市民自己和社会其他部门。人类的健康更多地依赖于周围的环境,而城市园林中的自然环境、活动空间必将成为市民改善自身健康状态的重要场所。

随着我国城市化水平的提高,现阶段威胁人们健康的因素主要是环境污染、压力过大和缺乏运动等,城市绿地是解决以上三种问题的重要途径之一。首先,绿地对改善空气污染、水污染和噪声污染具有明显的作用;其次,园艺疗法的药效作用可起到疾病预防和治疗的作用;再次,城市绿地中的自然和人文景观使人们的精神得到放松与升华,消除了紧张情绪,使心情得到放松;最后,城市绿地环境中可为市民大量提供多种类型的运动等活动场所。

(1) 提供日常锻炼的场所

在绿地中进行日常的锻炼对居民的身体健康有着很好的作用。例如:绿色植物进行光合作用的同时,产生具有生命活力的空气负离子氧。负离子氧吸入人体后,增加神经系统功能,使大脑皮层抑制过程加强,起到镇静、催眠、降低血压的作用,使电负荷影响人体的电代谢,令人精神焕发,对哮喘、慢性气管炎、神经性皮炎、神经性官能症、失眠、忧郁症等许多疾病有良好的治疗作用。

芳香型植物的活性发挥物可以随着病人的吸气进入终末支气管，有利于对呼吸道病变的治疗，也有利于通过肺部吸收来增强药物的全身性效应。如辛夷对过敏性鼻炎有一定疗效，玫瑰花含 0.03% 的玫瑰油，对促进胆汁分泌有作用。

绿色植物对人体神经也起到作用。根据医学测定，在绿地环境中，人的脉搏次数下降，呼吸平缓，皮肤温度降低，精神状态安详、轻松。绿色对人眼的刺激最小，能使眼睛疲劳减轻或消失。绿色在心理上给人以活力和希望、静谧和安宁、丰足和饱满的感觉。

人们喜欢在绿地中进行锻炼，日常的锻炼既强化了居民的运动机能，使人增加活力，又可以在潜移默化间使人受到植物的药效影响，提高了城市居民的身体素质。

（2）提供休闲疗养的场所

城市绿地除可以满足人们观光旅游的需求外，有些绿地如郊区的森林、水域附近，风景优美的园林及风景区等还可以供人们休假和疗养。这些区域往往景色优美、气候宜人、空气清新、水质纯净，对于饱受城市环境污染和快节奏工作压力的现代人来说，这些地方无疑是缓解压力、恢复身心健康的最好休息场地。因此，在城市规划中，往往会将这些区域规划为人们休假活动的用地。另外，在有些风景区及自然地段有着特殊的地理及气候等自然条件，如高山气候、矿泉、富含负氧离子的空气等。这些特殊条件对于治愈某些疾病有着非常重要的作用，因此，在这些区域也往往会规划一些疗养场所。充分利用某些地理特有的自然条件，如海滨、高山气候、矿泉作为较长期的度假及休、疗养之用，使度假疗养者经过一段时间的生活和治疗，增进了健康，消除了疾病，恢复了生机。我国有许多自然风景区中也开辟了度假疗养地，例如著名的避暑疗养胜地：河北北戴河、河南鸡公山、浙江莫干山、江西庐山，疗养温泉有黄山汤口温泉、河北承德热河温泉、云南腾冲温泉群等，其他的疗养胜地有青岛的崂山、四川的青城后山、海南的三亚等。

在城市规划中，主要利用城市郊区的森林、水域、风景优美的绿地来安排为居民服务的度假及休、疗养地，特别是休假活动基地，有时也与体育娱乐活动结合起来安排。

（3）提供改善精神状态的场所

1）缓解压力，调节情绪

绿地植物的自然特性，给人以视觉、听觉、嗅觉的美感。例如"雨打芭蕉"、"留得残荷听雨声"等，指的就是雨打在叶子上发出声响给人以享受，绿地中的虫鸣、鸟语、水声、风吹等也与听觉有着密切的关系。许多植物还能散发芬芳的气味，如桂花、茉莉、蔷薇、米兰、腊梅等，香气袭人，令人陶醉。视觉的美感最为普遍，青翠欲滴的叶子、五色绚烂的花朵、舒展优美的树形无不给人以视觉上的享受，给人们一种愉快、舒服的感觉。公园树林幽静优美的环境可以使人们减轻城市紧张生活所产生的压力，镇静安神，消除紧张与急躁情绪，使心情得到放松，抑制冲动，从而调节情绪以平衡都市人紧张的生活节奏，有益于身心健康。

2）陶冶情操，增强城市生活情趣

绿地对城市的美化也增加了人们的生活乐趣，优美的植物景观激发起热爱自然、珍惜生命的情感，精神境界也会有所提高，从而能够陶冶情操、净化心灵。

园林植物有时候也会激发人的创造性，如牛顿从树上落下的苹果得到启发，从而发现了万有引力；许多仿生学方面的发明创造即来自于园林植物的启发；人们甚至从植物生态学的角度出发，引申出经济生态学、城市生态学等，进一步扩展了生态平衡的研究领域。

3）促进社会交往

公园绿地是游客休息、锻炼、交谈、娱乐交流的场所，可以展示文化修养、风俗习惯，互相观摩，增进友谊，促进旅游事业的发展。人们游憩在景色优美和安静的园林中，有助于消除长时间工作带来的紧张和疲乏，使脑力和体力都得到恢复。园林中的文化、游乐、体育、科普教育等活动内容，更可以使群众在增进友谊的同时，自身得到学习、享受和提高。

（4）提供休养身心场所的规划设计要点

随着我国经济的发展，城市化进程的加快，城市绿地功能逐步健全。城市绿地应成为保健益体的人居环境，改善居民的健康状态也应成为城市绿地的基本功能之一。这涉及城市规划、园林、园艺、医学、体育学、心理学、行为学、生态学、分析化学等学科，必须由相关学科的专家共同进行研究和规划，为建设这种新型绿地形式提供新的规划方法。

1）改善城市大环境，科学规划城市绿地系统

在城市绿地系统规划中，强调以生态学原理为指导，创造有效防治和减少各种污染，能对某些疾病有预防和治疗作用的绿地系统，为广大人民群众创造一个优美、舒适、健康、安全的生活居住环境。尽量提高绿地率，发挥绿地改善环境的作用；绿地结构必须利于城市通风和分布均匀，应将郊区绿地纳入绿地系统规划，设置绿色生态通道和楔形绿地，把城市外围的新鲜空气引入；加强绿地的可达性，多设置休闲绿地、绿色通道、健康步道等，创造绿色的市民运动、交流等活动场所；在保护水资源的基础上，发挥水对环境的改善作用。

2）创造保健小环境，营造保健绿地

在城市绿地中多选用防病、强身、祛病的保健植物，从而使城市绿地成为市民健康的绿色空间。该类绿地可使市民消除疲劳、疗病化疾、提高人体的自然免疫力，从而获得身心的和谐健康。

保健绿地的类型可分为嗅觉类、听觉类和体疗类。嗅觉类采用芳香专类园、森林氧吧、负离子吧等形式,利用充足的氧气、芳香物质和负离子的预防与治疗作用等;听觉类利用植物在风雨中和互相撞击后发出的优美声响,如松涛竹啸、雨打芭蕉、荷清蝉鸣等都为养生保健的"良药";体疗类是利用面对某些特定的植物进行呼吸具有一定保健作用的特性,如锻炼时面对松树呼吸,会有祛风燥湿、舒筋活络等作用,在柏类植物旁锻炼,会有安神凉血、舒筋活络、消肿、温中行气等功效,长期在银杏林中锻炼,对胸闷心痛、心悸怔忡、痰喘咳嗽均有益处。

如上海徐汇区爱建园住区的环境绿化运用生态学理论建设,以业主的生活、游憩、交往、健身、养心等行为方式为根本。以保健植物为基调树,以中医五行学说与现代功能、技术相结合,使植物挥发有益健康的气体,形成有规律、有功能的系统,提高保健效能。

3)创建双重保健场所,在保健绿地中营造活动空间

户外活动是一种能明显改善健康状态的理疗方法。目前,城市用地日趋紧张,将室外活动空间与城市保健绿地结合,可发挥植物和活动的双重保健作用。该类活动空间的设置以恢复和提高人体机能为目的,使用的对象包括全部市民。

该类场所一般应选择在与周围服务人群有良好的连接关系,满足一定的服务半径,且背风向阳处。城市公园、滨水景观带和居住区、医院等的附属绿地应作为设置该类活动空间的重点。活动的安排包括休息、娱乐、交往、运动、健身、观赏、园艺操作等。完善的无障碍设计是老年人、残疾人和某些病人等参与该类场所的前提和基础;活动空间的设计特别要注意市民的可达性、人性化尺度、安全性、活动多样性,尤其要注意保健性。同时,要设计好进行各种活动所必要的服务设施。

如南京盲人植物园是为盲人提供亲近自然的活动场地。该园为盲人提供绿色知识,满足了盲人的精神需求,而且还为盲人的安全通行设计了全方位的无障碍环境。该园通过采用芳香植物、奇特的叶形使盲人对植物界有了部分认识,同时让其陶醉在其香的世界中,心情舒畅,防病治病,从而使其成为盲人所喜爱的室外保健场所。

4)多方面改善市民健康状态,园艺疗法的综合运用

在园林规划设计中应运用多种组合,通过嗅觉吸入芳香物质和负离子、观看自然景观或有疗效的色彩、聆听疗效音乐,配合进行园艺操作或开展健身等活动,在多方面调节人体机能。

在进行森林浴时,可结合日光浴、景观疗法、氧疗并开展散步等轻微运动,能增强嗅觉、视觉、听觉及思维活动的灵敏性,使人心情愉快,能消除疲劳、促进睡眠,并可增强人体骨骼、关节部位肌肉的灵活性和延缓衰老过程。

芳香疗法、运动疗法和色彩疗法等联系密切。芳香植物的香味、浓度和

颜色应根据活动的内容和使用的人群而确定，例如在"闹"的活动区，应选择香味使人兴奋的开红花、黄花的植物种类；在"静"的休息区中，应选择芳香使人镇静的开蓝色和浅紫色花的植物种类；如青少年喜欢薄荷，而心脏病患者闻夜来香的香气会头痛。

5）科学进行植物配置

应重点选择改善环境作用强和具有防病、治病和健身等功能的植物，包括杀菌、吸收有毒气体、降噪滞尘能力强的植物，释放负离子、芳香物质的植物。同时，植物选材应以乡土植物为主，多选用抗性强、生长健壮、管理粗放的植物；不选用妨碍人们进行活动和对人身体有害的植物，如引起过敏症和种子飞扬的植物，有毒、促癌作用的植物等。

在城市绿地中进行植物配置时，应根据场地的性质、场地的功能特点、服务的人群选择乔、灌、草的搭配类型。如服务于老年人的休息场地，宜将具有调节老人血压、脑血管的乔木、灌木、地被结合形成良好的活动休息环境。同时，还要注意保健效果与景观效果兼顾，选用观光与保健、观光与环保兼优的植物种类，注意不同季相植物的合理搭配、不同形态树种的合理搭配，达到生态上的科学性、配置上的艺术性和保健功能上的显著性。

6）在城市绿地中普及健康教育

在城市公园、森林公园和疗养院、医院、居住区的附属绿地中，利用各种形式宣传医学知识，普及园艺疗法的功能及应用，促使市民改变不良的生活习惯和行为方式，促进市民充分利用城市绿地来改善自身的健康状况。

4.3.3 提供文化教育场所

城市的生命力在于其个性，应通过城市绿地系统与景观系统的结合来实现城市总体形象的整合、塑造和强化；开发有深厚文化底蕴、有鲜明形象特征的特色城市；重视文化内涵，设计融入历史文化内涵和地方特色。一个城市的园林绿化只有与这个城市的历史文化和自然环境相融合，才能有鲜明的个性和生命力。尤其是历史文化名城、历史文化村镇、历史文化街区，它们有着浓厚的历史文化和地域特色，城市园林绿化在发挥它的生态环境和城市景观作用的同时，也在发挥着它对历史文化传承和历史文化名城保护的作用。历史文化名城绿地的规划和建设，必须融入历史文化观念，凸显历史文化内涵，提高历史文化品位，通过城市园林绿化与城市历史文化的有机结合、"文化城市与绿化城市"的互相融合，塑造有城市历史文化特质和鲜明个性特色的城市园林绿化。

园林绿地是城市居民接触自然的窗口，通过接触，人们可以丰富科学知识，提高环境意识，从各类植物的生长、生态形态到季节的变化，群落的依存，动植物多样化的关系等，园林绿地中植物园的建设，让人们接近、了解自然。很多城市公共场所以及居住区的植物挂有标志牌，为人们认识自然创造了条件，让社会成员认识、了解大自然的众多成员，了解生物共和的重要性，逐渐使人们热爱自然、保护自然，提高了人们的环境保护意识。

另外，一些主题公园还可以针对性地围绕某一主题介绍相关知识，让人们直观系统地了解与该主题相关的知识，这样不仅可以提高人们的见识，还可使人们有亲身体验，丰富人们的生活经历。有的城市还设有专业的植物园、动物园、地质馆、水族馆等内容来做系统的专门性的介绍，使人们得到科学普及的知识和自然辩证法的教育。除了对自然科学的传播外，还有人文历史艺术方面的宣传，如历史名胜公园、革命烈士陵园等都可以通过具体的资料形象进行爱国主义教育，增添文化历史的知识，从而得到精神上的营养。它们作为人们认识自然、学习历史、普及科学的重要场所，还不断增添着新的内容，如反映原始人、古代人生活方式、生活环境的"历史公园"；介绍海洋资源，激发人们去开拓的"海洋公园"；介绍科学技术发展历史，引导人们去探索未来的"科学公园"等。这些无疑会帮助人们克服愚昧、无知、迷信、落后的思想，对提高人们的文化科学水平有积极的作用。一些特意保留的绿地，如湿地等，是对人们进行科普教育的最佳场所。青少年在这里有机会接触自然，可培养他们从小热爱自然、尊重自然的习惯，并从中学到一些生态学的基本知识和理念。

城市绿地还是进行绿化宣传及科普教育的场所。在城市的综合公园、居住公园及小区的绿地等设置展览馆、陈列馆、宣传廊等以文字、图片形式对人们进行相关文化知识的宣传，利用这些绿地空间举行各种演出、演讲等活动，能以生动形象的活动形式，寓教于乐地进行文化宣传、提高人们的文化水平。运用公园这个阵地进行文化宣传、科普教育，由于人们是在对自然的接触中、游憩中、娱乐中而得到教育，寓教于乐，寓教于学，形象生动，效果显著，所以园林绿地越来越受到社会的重视。

更重要的是绿地满足了人的情感生活的追求、道德修养的追求和人际交往的追求。当植物被人们倾注以情感之后，它就不再仅仅是一种纯自然的存在了，而是部分地象征了人们的情感、价值观乃至世界观，甚至成为人们精神世界的物化存在。传统民俗文化中更是赋予植物吉祥的意义，例如"玉堂富贵"，以玉兰、海棠、牡丹、桂花四种花木组合；"早生贵子"，以石榴多籽象征子孙满堂；"四君子"——梅、兰、竹、菊合称，因梅优雅、兰清幽、菊闲逸、竹刚直而得名；"岁寒三友"——松、竹、梅，因竹刚直不阿、松持节操、梅傲风雪而得名；又如日本的樱花季节，人们倾城出动，追寻樱花的踪迹，对自然美的追求和敏感令人唏嘘不已。而以各种花草象征各种祝福送给友人，以小草的顽强生长作为自勉的榜样，无不体现了园林植物的文化功能。

（1）城市绿地文化教育功能的实现

市民游憩休闲的主旨和内涵主要是文化，大型公共绿地的建设营造其实也是一种文化的载体，文化是园林绿地的精神与内容。园林绿地的文化主要通过以下手法表现。

1）加强历史文化名城保护规划与城市绿地系统规划的结合

历史文化名城保护规划与城市绿地系统规划，属于城市规划中的不同专业规划，由于城市历史文化与城市园林绿化存在着密切的内在关系，它提醒我们，要充分注意历史文化名城保护规划与城市绿地系统规划的结合，积极探索相互关系，从而进一步丰富深化各自的规划。

将园林绿化作为重要内容纳入历史文化名城保护规划之中，如将那些有历史文化价值的名园、名木古树、特色行道树等列入文化保护名录，提出规划保护措施，对作为历史文化载体而又对历史文化名城有特定意义的园林绿化环境，也要划定环境风貌保护区域加以保护。对有影响的官府花园、私宅花园，应与府衙、宅邸一并保护、修复完善。对文化保护建设控制地带范围的确定，应结合环境特别是结合周围地形和园林绿化来考虑，不能只见房不见林，只保本体不护环境。

在城市绿地系统规划中要注入历史文化理念。城市绿地系统的设计，在强调生态景观、生物多样性的同时加强体现历史文化内涵，围绕当地历史文化特色特质做文章，从而提高园林绿化文化品位，创造出区别于其他城市的有个性的园林绿化体系。如绿地系统规划中的"点"，可结合文物古迹、历史遗存营造；绿地系统规划中的"线"，可结合历史轴线、街巷水道安排；绿地系统规划中的"面"，可结合城市历史格局、山形水势布局；绿地系统规划中的"环"，可结合有历史价值的河流、城墙、环路布置。绿地系统规划要强调对古树名木和传统树种的保护。在绿地系统规划中强调历史文化内涵，一方面使城市园林绿化的历史文化作用得以体现和发挥，使园林绿化自身得到优化和升华；另一方面，也有利于绿地系统规划探索新的规划思路和方法，为园林绿化的历史文化书写新的历史篇章。

2）文脉与绿脉呼应，自然与人文结合，规划设计具有文化特色的绿地

人文在城市绿地景观中有着明显的层次性，如果把城市绿地景观从系统规划到设计大致地分为三个阶段，即总体规划阶段、详细规划阶段和绿地景观的设计阶段，那么人文主要体现在对城市人文资源进行整合、构造合理的绿地系统、形成富有本地特色的城市风貌方面，三个阶段中人文的含义也就可以更具体地表达出来。在城市绿地景观的总体规划阶段，城市大型公共绿地的设计应结合和保护地方传统文化，保留城市自然环境、人文资源，对地方的原材料、艺术风格与文化内涵进行整合运用，创造出的城市风格和城市个性的地方特色越强，留给人们的印象就越深刻。详细规划阶段，处于中间层次，有控制性又有引导性，起着承上启下的作用，主要是对总体规划阶段进行整合后的人文资源，根据确定下来的目标与意图进行深化，通过具体的构思立意、景观分区与设计要点三

个规划设计步骤的讨论，来谈如何烘托和加强城市绿地景观的人文氛围，并对下一阶段的工作提出意见和建议；绿地景观设计阶段，是人文内涵最终能够很好体现出来的关键，主要是通过绿地景观中各种构成元素和手法来表达完成。

（2）绿地景观中体现文化特征的手法

1）利用植物文化创造意境。园林绿地中植物是必不可少的组成要素，是体现文化气息的重要载体，人们对植物景物的欣赏常常以个体美及人格化含义为主，许多植物被赋予了人格化的品格或独特的象征意义。而在城市绿地系统规划中应将丰富的植物文化与城市绿地景观有机地结合起来。城市绿化植物的选择一般都具有浓郁的地域特色，多以当地乡土植物为主，代表了一定的地域风情和植被文化。另外植物的配置也传达了一定的文化信息。

2）利用城市绿地中的园林建筑物与构筑物及园林小品的意义。建筑物与构筑物的意义就是指内在的、隐藏在建筑外部环境中的文化含义，在漫长的时间历程中，它积淀了城市居民的种种意志和行为要求，形成了自己特有的文化、精神和历史的内涵。传统景观、历史性文物通常是指绿地中的古建筑、古城墙等，通常与城市绿地紧密结合，不仅使城市绿地景观更富有文化气息，可以产生超越时空、追溯历史的园林意境，同时保护了历史性文物。

3）利用雕塑的文化底蕴。雕塑是绿化中硬质景观的重要组成部分，在点睛、表意、传情等方面起着重要的作用，易于设计师对城市文化的表达。不但增加了绿地人文气息，还使人们在潜移默化中受到文化教育。建筑、雕塑等公共艺术不仅具有时代内涵、民族特质，而且与城市环境、人文环境有密切关系，对人们的精神生活和生存方式有启迪意义。它是通过公共传播途径让公众参与的一项文化实践活动。在城市现代化进程中，公共艺术占据着不可取代的地位，也是绿地中营造氛围、进行教育的重要手法。

4）利用其他绿地小品设施的文化内涵。其主要包括铺地、花坛、树池、座椅、废物箱、指示牌等，它们的造型、色彩也颇具艺术观赏价值和文化价值，往往因其小而精致给人以深刻的感受和体验，成为"画龙点睛"之笔。

以上海为例，一大会址附近的太平桥绿地（图4-10），称得上是上海文

图 4-10　上海太平桥绿地

化绿地的典范，首先是恢复性的改建，整旧如旧，使"老上海"石库门建筑的恬静与超然愈加凸显，然后借此铺垫，匠心独具地布局绿色，使绿脉和文脉相交融，石库门因绿地和湖泊而有了灵气，绿地和湖泊因石库门而多了份厚重，历史文化和自然生态的氛围都营造得很好。

（3）各类专类公园和主题园的设立

城市专类公园按主要服务对象分为四类，如主要服务对象为少年儿童的专类公园为儿童公园、动物园；主要服务对象为体育爱好者的为体育公园；主要服务对象为旅游者的为历史名园、风景名胜公园、主题公园；主要服务对象为不同专业及爱好者的有雕塑公园、文化公园、盆景园、植物园、植物专类园等。

专类公园的布局特点之一就是空间资源的独特性，应因地制宜，充分利用名胜古迹，把自然和人文景观资源融入其中，构成丰富多彩的绿色空间。其次主题相对单一性：每一类型的专类公园具有各自特定的主题，或以植物、或以动物、或以人文历史形成不同的特色，相对于城市综合性公园，具有主题相对的单一性。第三，服务对象针对性：专类公园是一种满足使用者多样化休闲、娱乐需求和选择的公园，具有不同的游人感召力，服务于不同对象，且不同的专类公园通过不同的技术手段和方法进行布局，产生了目标定位的差异，服务具有针对性。第四，主题的多元性：随着人们精神生活及生活品位的提升，对游憩休闲活动内容及环境提出了新的需求，专类公园主题亦不断发展，逐渐趋于多元化。

专类公园的研究还可从广度和深度方向予以深化，20世纪80年代末以来，主题公园兴起与发展，其理论发展与公园建设速度远远快于专类公园的研究与建设，建立了更为科学合理的专类公园布局体系，深入研究各类型专类公园的规划设计，与时俱进地研究专类公园的主题特色等，通过对城市专类公园发展进行研究，充分体现城市的特色，从特色中感悟城市文化。

主题园（Theme Park）是一种以游乐为目标的拟态环境塑造，或称之为模拟景观的呈现。它是从游乐园演变而来的，其最大的特点就是赋予游乐形态以某种主题，围绕既定主题来营造游乐的内容与形式，园内所有的色彩、造型、植栽等都为主题服务，成为游客易于辨认的特质和游园的线索。主题园不仅仅是一种游乐方式和商业手段，它还是一种文化形态，因为它具有解释文化的功能。根据我国的国情，主题园建设朝小型化方向发展更符合实际，也更易成功。小型主题园往往强调单一主题，虽不及大型主题园内容丰富，但能深入发掘主题的各个侧面，而且投资少、建设期限短，能根据大众趣味的变化而迅速调整方向，有精巧而灵活的特点。

主题园的小型化并不意味着要减少主题的内涵容量，要完善其主题形态仍须发掘主题的深度。我国主题园建设既然受资金、规模、设施种类和技术水平的限制，则必须在主题开发上扬长避短，充分利用我国丰富的文化资源，以强调文化精致的手段来改善主题园的商业形象，提高它的品位和教育功能。我国传统文化中一直有着精致的历史，也正是依赖许多精致的文化载体来体现社会的水准与内涵，主题园作为如今大众文化的传播媒介，有责任继承文化精致的传统，以精致的文化内涵来完善其高层次、互动，并具中国特色的主题形态。发掘本地区、本民族的文化即意味着对世界文化的贡献，我国有着广袤的疆域、雄奇的自然风光、多彩多姿的民俗风情，更有悠久灿烂的文明历史，这些都是主题园开发的不竭源泉，也是展现文化精髓的有利手段，利用这些宝藏可以改变我国如今主题园开发中形式类同、题材集中、表现粗糙等的缺陷。

当然，强调文化精致并不意味着主题园都必须以深刻的历史文化为主题，它更强调的是一种对文化的态度—— 一种反对肤浅、粗糙的传递文化方式的态度，是对主题园作为一种有影响力的文化媒介的尊重。

（4）绿化建设管理要有利于提高城市园林绿化的文化品位

美国城市规划学者沙里宁说过："城市是一本打开的书，从中可以看到它的抱负。让我看看你的城市，我就能说出这个城市居民在文化上追求什么"。具有历史文化和地域特色的绿地规划能突出绿化的园林文化内涵，反映城市的整体文化氛围和公民素质。

园林城市不同于田园城市、山水城市和森林城市，不仅在于园林城市不囿于城市自然风貌，更在于园林在中国有几千年的发展史和文化史。园林的理论基础虽然是"师法自然"，但其灵魂是文化艺术。希望园林绿化工作者添加文化含量，打造绿化建设和管理品牌，以增强对城市的亲切感和自豪感。

4.4 城市绿地的经济功能

城市绿地一直以来被认为是没有收益的投资建设项目，在城市发展的重要指标国内生产总值（GDP）中并不能够明确地反映出来。因而，城市决策者往往重视所谓的经济效益，着眼于提高国内生产总值而投资于具有明显收益的建设项目，这也就产生了经济发展与城市绿地建设的矛盾，进而从根本上影响了城市绿地系统规划的实施和可操作性。

其实城市绿地并非没有"收益"，规划设计合理的城市绿地系统发展方案将有助于提高城市综合经济效益，从而最终实现城市整体经济效益的最大化。

城市绿地的经济功能是指绿地经济系统在生态系统进行物质循环、能量转换和信息传递的同时，各类经济要素的投入和产出形成了满足人类不同需求的各种有形和无形的中间产品和最终产品，再通过有形和隐形市场的交换，提供给本地区生产消费、居民消费和经过国内外贸易，满足国内外市场需求的诸功能的总称。除了城市绿地产品本身的经济功能，还有改善环境、美化城市、促进其他行业如旅游业和房地产业增值的功能。

4.4.1　直接经济效益

（1）物质生产收入

主要通过在城市中发展都市型农业、开辟果园、进行药材生产、创建花卉苗圃等谋取直接的经济效益。早期的园林曾出现过菜园、果园、药草园等生产性的园圃，但随着社会的发展，这些都有了专门性的生产园地，有的不再属于城市园林的范畴。但在城市园林绿地发挥其环保效益、文化效益以及美化环境的条件下也是可以结合生产，增加经济效益的。如结合观赏种植一些有经济价值的植物，如果树、香料植物、油料植物、药用植物、花卉植物等，也可以制作一些盆景、盆花，培养金鱼，笼养鸣禽等，既可出售又可丰富人民生活。

（2）旅游观赏收入

主要通过收费公园、娱乐场所的旅游收入获得。

该项收入不是以商品交换的形式来体现的，而是通过资源利用而获得的。随着旅游事业的发展，我国的风景旅游资源成为国内外游客的向往之处。2008年，国内旅游者达到17.12亿人次，国外旅游者达到13亿人次，旅游外汇收入达408亿美元，加上国内旅游收入，总共达到1.16万亿元人民币。这些收入投入到城市建设、交通运输、轻工业、商业、手工业和旅游业等各方面的发展中，使当地居民获得了较大利益，所以这部分的经济效益也是很可观的。

人类正开始进入一个休闲消费时代，休闲是21世纪全球经济发展的五大推动力中的第一引擎。休闲将在人类生活中扮演更为重要的角色。中国也正处在这一进程当中。从国内来看，旅游业和娱乐业也正蓬勃发展。旅游业已经成为国民经济新的增长点，繁荣"假日经济"已成为当今中国拉动内需、发展经济的途径之一。

4.4.2　间接经济效益

由于城市绿地系统建设的主要目的是取得生态环境效益和社会效益，故其经济效益大多不是直接取得的，而大部分是通过生态环境效益和社会效益在全社会中所产生的经济价值来间接获得。

（1）综合生态效益

主要来自于城市绿地系统的遮阳、防风、降噪所带来的能源节约和建筑成本降低；防风固沙、蓄水保土和提供避难场所带来的经济节约；由于绿地的存在而带来的各种资产的增值和由于环境的改善而带来的各种经济效益。

绿地的经济功能除了可以以货币作为商品的价值来表现外，有些无法直接以货币衡量，但却又是实际存在的，故可以通过折算的方式来加以表现。人类对森林的利用经历了初级利用、中级利用和高级利用三个阶段。根据一位农学家的分析，一棵生长了50年的树，其初级利用价值是300美元，而其环境价值（高级利用）达 20 万美元，即发挥这方面的功能产生的效果。这是根据其在生态方面的改善气候、制造氧气、吸收有害气体和水土保持所产生的效益以及提供人们休息锻炼、社会交往、观赏自然的场所而带来的综合环境效益所估算出来的。

上海宝山钢铁厂是全国著名的花园单位，绿化面积达 933hm²，其自 1984~2000 年绿化建设及养护共计投资 5.17 亿元，种植了 365 万棵乔木、2900 万棵灌木和 112hm² 的草地，所获取的现有价值为 11.95 亿元；而同时发生的生态环境效益则产生了 60 亿元的价值，环境效益包括制氧、吸收二氧化碳、净化空气、涵养水源、防止噪声、降温、增湿等。其直接和间接效益合计价值 72 亿元，是总投资的 13.58 倍，体现了园林绿地巨大的经济效益。

综上所述，园林绿地的价值远远超出其本身的价值，结合其生态环境效益来计算，其价值是巨大的，并且随着时间的推移而增加。

（2）相关产业效益

改善城市的环境质量，创造出地区环境优势，促进城域间的地价差异及增值，集聚外来资金及高科技产业发展，带动整个城市产业结构优化升级。形成城市绿地产业，产生新的经济产业链，扩大就业机会。因环境质量改善而带动相关产业（如房地产业、旅游业、文化体育业等）的繁荣增长。

城市环境的好坏对投资带来了很大的影响，如城市绿地周边的土地和房价升值、商业兴旺、城市知名度提升、吸引外资等。就上海来说，在几个大型绿地周围的房产价格同比高出 1000~1500 元 /m²，带来了巨大的商业利润，如资料显示：2000 年以来，上海市大型绿地附近新开楼盘的比例高达 47.06%，公园绿地附近的楼价每平方米至少上涨 1000 元。

（3）社会环境效益

城市绿地能创造良好的投资环境，吸引大量资本流入，并形成城市环境的品牌效应。城市的声誉和知名度，是不可估价的无形资产，良好的环境品牌促进城市旅游业稳固发展，更重要的它是对人们选择生活城市的重要影响因素之一。国内外高素质人才的涌入，优化了城市人力资源配置，间接刺激了城市整体的经济发展。

由于城市绿地系统的建设使环境质量改善，减少了因污染而对各类机器、厂房及其他基础设施等固定资产造成的损失，主要指固定资产折旧减慢、使用寿命延长以及维修费用的减少、人体健康等的社会效益。城市绿地系统减少了损害人们身体健康的因素（如废气、污水等），提供了一个优良的生活环境，改善了居民的健康状况，提高了居民的素质修养，使之身体健康、心情愉悦，在减少医疗费用支出的同时又减少了一些不利因素引起的生产力的损失，为社会创造了更多的效益。

综上所述，城市绿地带来的总体经济效益是惊人的。如何在提高城市生态环境的前提下做到城市经济发展与绿化建设经济规划同步进行，经营并规划好城市绿地系统的经济模式以实现城市的和谐发展，已成为城市管理者和决策者必需迫切考虑的问题。

思考题：

1. 如何认识各类城市绿地的主要功能和次要功能？
2. 如何在城市绿地系统规划中实现绿地的各项功能？

5 城市绿地系统规划的工作内容和编制程序

本章要点：

1.城市绿地系统规划的编制内容；

2.城市绿地系统规划指标的确定；

3.城市绿地系统规划的编制程序。

5.1 城市绿地系统规划的依据和原则

5.1.1 规划依据

（1）相关法律法规

国家及各级政府颁布的有关法律、法规和规章是城市绿地系统规划最为重要的规划依据，是法定依据。目前，与此相关的法律法规主要包括：

第十届全国人民代表大会常务委员会第三十次会议通过：《中华人民共和国城乡规划法》（2008年1月1日颁布实施）；

中华人民共和国第七届全国人民代表大会常务委员会第十一次会议通过：《中华人民共和国环境保护法》（2001年修正）；

国务院：《中华人民共和国森林法》（2000年修正）；

第十届全国人民代表大会常务委员会第十一次会议通过：《中华人民共和国土地管理法》（2004年修正）；

第十届全国人民代表大会常务委员会第三十一次会议：《中华人民共和国文物保护法》（2007年修正）；

国务院：《中华人民共和国野生动物保护法》（1989年3月1日起施行）；

国务院：《中华人民共和国自然保护区条例》（1994年12月1日起施行）；

国务院：《中华人民共和国野生植物保护条例》（1997年1月1日起施行）；

国务院：《中华人民共和国陆生野生动物保护实施条例》（1992年3月1日发布实施）；

国务院：《中华人民共和国森林法实施条例》（2000年1月29日发布实施）；

建设部：《城市绿线管理办法》（2002年9月9日发布实施）；

国务院：《城市绿化条例》（1992年）；

国务院：《风景名胜区条例》（2006年）；

建设部：《城市古树名木保护管理办法》（2000年）；

各地方政府颁布的相关法律、法规及规章等。

（2）技术标准规范

国家或行业各类技术标准规范也是规划编制必不可少的依据。技术标准和规范则是从技术的角度对编制规划作出了相应的规定。主要的技术标准和规范有：

住房和城乡建设部（原建设部）:《城市规划编制办法》（2006 年 4 月 1 日起施行）；

住房和城乡建设部（原建设部）:《国家园林城市标准》（建城 [2005]43 号）；

住房和城乡建设部（原建设部）:《国家园林县城标准》（建城函 [2006]4 号）；

住房和城乡建设部（原建设部）:《国家生态园林城市标准》（暂行）（2009）；

住房和城乡建设部（原建设部）:《城市绿地系统规划编制纲要（试行）》（2002 年）；

中华人民共和国行业标准 :《城市绿地分类标准》CJJ/T 85—2002 ；

中华人民共和国国家标准 :《风景名胜区规划规范》GB 50298—1999 ；

中华人民共和国国家标准 :《城市居住区规划设计规范》GB 50180—93 ；

中华人民共和国行业标准 :《公园设计规范》CJJ 48—92 ；

中华人民共和国行业标准 :《城市道路绿化规划与设计规范》CJJ 75—97 ；

林业部 :《森林公园总体设计规范》LY/T 5132—95 ；

中华人民共和国行业标准 :《园林基本术语标准》CJJ/T 91—2002 ；

中华人民共和国行业标准 :《城市规划制图标准》CJJ/T 97—2003 ；

（3）相关规划成果

《城市绿地系统规划》是《城市总体规划》的专业规划，是对城市总体规划的深化和细化。因此，编制过程中，已批复的《城市总体规划》是其重要的编制依据。其他相关的规划依据还有，历次批复执行的《城市绿地系统规划》、《土地利用规划》、《城市林业规划》、《城市近期建设规划》、森林公园、风景名胜区、自然保护区、公园等各类绿地的规划设计等。

（4）现状基础条件

当地现状条件是绿地系统规划的基础依据，它贯穿整个规划的全过程。但一般情况下，不作为基本规划依据写入规划文本中。

5.1.2 规划原则

（1）城乡一体化，系统整合原则

以系统观念和网络化思维为基础，改变"单因单果"的传统链式思维模式，使绿地系统规划能符合城市社会、经济和自然系统各因素所形成的错综复杂的时空变换规律并兼顾社会、经济和自然的整体效益，尽可能公平地满足不同地区和不同代际人群间的发展需求；同时，要通过规划手段加强与邻近城市间的区域合作，构建区域生态绿地系统。

（2）生态优先，多功能利用原则

高度重视城市环境保护和生态的可持续发展，坚持生态优先，合理布局各类城市绿地，保障城市发展过程中经济效益、社会效益、环境效益均衡发展；

城市公共绿地要尽量做到均衡布置，满足市民的日常游憩生活需要；带状绿地要在城市中合理穿插，形成网络分布；城乡各类绿地要有机组合，形成多功能复合的绿地生态系统。

（3）因地制宜，区域分异原则

从实际出发，重视利用城市内外的自然山水地貌特征，发挥自然环境条件的优势，并深入挖掘城市的历史文化内涵，结合城市总体规划布局统筹安排绿色空间；各类绿地规划布局应采用"集中与分散相结合"、"地面绿化与空间绿化相结合"的方针，重点发展各类公共绿地，加强居住小区、城市组团间隔离绿地和生态景观绿地的建设，构筑多层次、多功能的城市绿地系统。

（4）远近结合，动态规划原则

统一规划，分步实施，着重研究近中期规划，寻求切实可行的绿地建设与绿线管理模式；做到既有远景目标，又有近期安排，远近结合，首尾相顾。

（5）地方特色原则

重视培育当地的城市绿化和园林艺术风格，努力体现地方文化特色；绿地建设应坚持选用地带性植物为主；制定合理的乔、灌、花、草种植比例，以木本植物为主。

（6）可操作性原则

以国家和地方政府的各项有关法规、条例和行政规章为依据，根据城市发展、景观建设、改善生态环境、避灾防灾等方面的功能需要，综合考虑城市现状建设的基础条件、经济发展水平等因素，合理确定各类城市绿地类型的发展布局与规模。在绿地系统的规划过程中，要特别注意与城市总体规划和土地利用总体规划的有关内容相协调。

5.2 城市绿地系统规划的层次

5.2.1 阶段层次

根据我国现行的城市规划法规要求，城市绿地系统规划作为城市总体规划的一个专项规划，其工作层次应与城市总体规划的相应阶段保持同步，即可分为总体规划、分区规划和详细规划三个阶段。对于大部分的城市来讲，这三个阶段可以是递进式展开，分期顺序编制；也可以是综合在一起统筹，各阶段的工作内容有机地组合编制，同时反映在规划成果之中，从而大大提高规划编制的工作效率和规划实施的可操作性。

城市绿地系统各规划阶段的重点内容为：

1) 总体规划：主要内容包括整个城市绿地系统（含市域与规划建成区两个层次）的规划原则、规划目标、规划绿地类型、定额指标体系、绿地布局结构、各类绿地规划、绿化应用植物（树种等）规划、实施措施规划等内容，规划成果要与城市规划相协调，并提出相应的调整建议。

2）分区规划：对于大城市和特色城市，一般需要按市属行政区或城市规划用地管理分区编制城市绿地系统的分区规划，重点对各区绿地规划的原则、目标、绿地类型、指标与分区布局结构、各区绿地之间的系统联系作出进一步的安排，便于城市绿地规划建设的分区管理。该层次绿地规划应与城市分区规划相协调，并提出相应的调整建议。

3）详细规划：在全市和分区绿地系统规划的指导下，重点确定规划范围内各建设地块的绿地类型、指标、性质和位置、规模等控制性要求，并与相应地块的控制性详细规划相协调；对于比较重要的绿地建设项目，还可进一步作出详细规划，确定用地内绿地总体布局、用地类型和指标、主要景点建筑构思、游览组织方案、植物配置原则和竖向规划等，并与相应地块的修建性详细规划相协调。详细规划可作为绿地建设项目的立项依据和设计要求，直接指导建设。

此外，对于一些近期计划实施的项目，还需要做些重点绿地建设的设计方案来进一步体现规划意图和控制要求。

5.2.2 空间层次

国家标准《城市规划基本术语标准》GB/T 50280—98 有关城市空间层次的定义：

1）市域——"城市行政管辖的全部地域。"

2）城市规划区——"城市市区、近郊区以及城市行政区域内其他因城市建设和发展需要实行规划控制的区域。"

3）城市建成区——"城市行政区内实际已成片开发建设、市政公用设施和公共设施基本具备的地区。"

《城市绿地系统规划编制纲要（试行）》明确要求城市绿地系统规划包括市域绿地系统规划，并规定市域绿地系统规划要"阐明市域绿地系统规划结构与布局和分类发展规划，构筑以中心城区为核心，覆盖整个市域，城乡一体化的绿地系统。"

根据《城市绿地分类标准》CJJ/T 85-2002，城市绿地中除其他绿地以外，公园绿地、附属绿地、生产绿地及防护绿地均位于城市建设用地范围内，由此决定了城市绿地的分类规划重点在（规划）建成区。

因此，城市绿地系统规划在空间上至少应包含市域和规划建成区两个层次的规划内容，必要时还可增加城市规划区层次、建成区内的重点区域层次的绿地系统规划。如山东省滕州市市域总面积 1485km²，规划中心城区控制面积城市规划区 190km²，其中建设用地（规划建成区）75km²，规划时分别编制了市域、规划区和规划建成区三个层次的绿地系统规划。

5.3 城市绿地系统规划的主要内容

根据《城市绿地系统规划编制纲要（试行）》（建城［2002］240号），城市绿地系统规划应该包括以下主要内容。

（1）城市概况及现状分析

城市概况包括自然条件、社会条件、环境状况和城市基本概况等；绿地现状与分析包括各类绿地现状统计分析，城市绿地发展优势与动力，存在的主要问题与制约因素等。

（2）规划总则与目标

包括规划编制的意义、依据、期限、范围与规模、规划的指导思想与原则、规划目标与规划指标。

（3）市域绿地系统规划

主要阐明市域绿地系统规划结构与布局和分类绿地发展规划，构筑以中心城区为核心，覆盖整个市域，城乡一体化的绿地系统。

（4）城市绿地系统规划布局结构与分区规划

城市绿地系统规划应与城市总体规划用地布局相协调，应从改善城市生态环境、构筑城市特色风貌、促进城市可持续发展的高度进行规划。并努力从城市特征中寻找规划布局特点，在自然环境特征与城市建设之中发挥绿地的协调作用。一般城市绿地系统规划布局从三个层次进行考虑，一是从市域范围的整体空间环境进行绿地系统规划的布局，提出整体布局结构；二是从城市规划建成区范围来考虑绿地布局；三是从城市发展的风貌特色和个性形成来考虑，发挥绿地系统的积极作用，创造富有个性的城市肌理。

对于大城市和特色城市，一般需要按市属行政区或城市规划用地管理分区编制城市绿地系统的分区规划，重点对各区绿地规划的原则、目标、绿地类型、指标与分区布局结构、各区绿地之间的系统联系作出进一步的安排，便于城市绿地规划建设的分区管理。该层次绿地规划应与城市分区规划相协调，并提出相应的调整建议。

（5）城市绿地分类规划

城市绿地分类应该按国家《城市绿地分类标准》CJJ/T 85-2002执行，包括公园绿地（G1）规划、生产绿地（G2）规划、防护绿地（G3）规划、附属绿地（G4）规划、其他绿地（G5）规划。分述各类绿地的规划原则、规划内容（要点）、规划指标和空间布局，并确定相应的基调树种、骨干树种和一般树种的种类。

（6）树种规划

建立树种规划的基本原则；确定城市所处的植物地理位置（包括植被气候区域与地带、地带性植被类型、建群种、地带性土壤与非地带性土壤类型）；确定相关技术经济指标包括确定裸子植物与被子植物比例、常绿树种与落叶树种比例、乔木与灌木比例、木本植物与草本植物比例、乡土树种与外来树种比例（并进行生态安全性分析）、速生与中生和慢生树种比例，确定绿化植物名录（科、属、种及种以下单位）；基调树种、骨干树种和一般树种的选定；市花、市树的选择与建议等。

（7）生物多样性保护与建设规划

生物多样性是指在一定空间范围内活的有机体（包括植物、动物、微生物）的种类、变异性及其生态系统的复杂程度，它通常分为三个不同的层次，即生态系统多样性、物种多样性、遗传（基因）多样性。它是人类赖以生存和发展的基础，保护生物多样性是当今世界环境保护的重要组成部分，它对改善城市自然生态和城市居民的生存环境具有重要作用，是实现城市可持续发展的必要保障。

生物多样性规划首先需要加强本地调研，确定当地所属的气候带和主导生态因子，确定当地所属的植被区域、植被地带、地带性植被类型和建群种、优势种以及城市绿化中的乡土树种，编制出绿地的立地条件类型和城市绿化适地适树表，建立城市绿化植物资源信息系统，对城市鸟类和昆虫类等动物进行调查，并列出名录。

（8）古树名木保护规划

古树名木保护规划，属于城市地区生物多样性保护的重要内容。由于在我国城市绿化管理的实际工作中，古树名木保护从法规到经费都是一个专项内容，因此在规划上也可以相对独立形成并实施。规划编制要充分体现现存古树名木的历史价值、文化价值、科学价值和生态价值；结合城市实际，通过加强宣传教育，提高全社会保护古树名木的群体意识。要通过规划，完善相关的法规条例，促进形成依法保护的工作局面；同时，指导有关部门开展古树名木保护基础工作与养护管理技术等方面的研究，制定技术规程规范，建立科学、系统的古树名木保护管理体系，使之与城市的生态建设目标相适应。

（9）分期建设规划

城市绿地系统规划分期建设可分为近、中、远三期。应根据城市绿地自身发展规律与特点来安排各期规划目标和重点项目。近期规划应提出规划目标与重点，具体建设项目、规模和投资估算；中、远期建设规划的主要内容应包括建设项目、规划和投资估算等。

编制城市绿地系统分期建设规划的原则为：

1）与城市总体规划和土地利用规划相协调，合理确定规划的实施期限。

2）与城市总体规划提出的各阶段建设目标相配套，使城市绿地建设在城市发展的各阶段都具有相对的合理性，满足市民游憩生活的需要。

3）结合城市现状、经济水平、开发顺序和发展目标，切合实际地确定近期绿地建设项目。

4）根据城市远景发展要求，合理安排绿地的建设时序，注重近、中、远期项目的有机结合，促进城市环境的可持续发展。

（10）规划实施的措施

城市绿地建设和绿化养护管理，是城市绿地系统规划工作的后续环节，需要制定得力有效的措施以保证规划目标的实现。为保障城市绿地系统规划顺利有序地实施，一般应提出法规性措施、政策性措施、行政性措施、技术性措施、经济性措施等方面的建议。

5.4　城市绿地系统规划指标的确定

城市绿地系统规划指标的数量分析是一个复杂的问题，国内外研究较少，目前还没有形成被广泛认可的科学合理的分析方法。

5.4.1　城市绿地系统规划指标数量分析的基本思路

分析需要从绿地需求量和绿地供给量两个方面进行。绿地需求量，即从生态平衡、能量流动、物质循环的角度，分析实现绿地各类功能时需要的绿地数量，包括生态功能，如净化空气、维持碳氧平衡、缓减城市热岛效应、控制土壤侵蚀、净化水质等；游憩功能，绿地满足市民游憩活动的需求量；视觉景观功能，绿地改善城市视觉景观形象的需求量；经济功能，在实现城市土地资源利用效益综合最大化时的绿地需求量等。通过对观察和实验得出的现象、数据与信息进行归纳、分类和总结，概括提炼出定额指标用以估算绿地的需求量，是从需求的角度分析绿地数量的常用方法，如生态要素阈值法、游憩空间定额法等。

绿地供给量，即城市能够提供的可以用于绿化用地的数量，通过对限制性因素的分析来测算绿地的数量，如土地资源约束、水资源约束、经济条件约束等。地区不同，主要的限制性因素也不同，如在长江中下游地区，人多地少，绿地供给量主要受土地资源约束，而在地域广阔、人口稀少、处在干旱或半干旱气候条件下的西北地区，绿地供给量主要受水资源以及经济条件约束。从供给的角度分析绿地的数量，可以采用生态要素阈值法和规范指标分析法。

绿地的需求量与供给量对于城市绿地系统规划指标的确定具有同等重要的作用，由需求因素得到的指标的最大值可以作为规划指标的上限，由限制因素得到的指标的最小值可以作为规划指标的下限，二者共同决定了规划指标的取值区间。

5.4.2　常用城市绿地系统规划指标的数量分析方法

（1）生态要素阈值法

在任何一个正常的生态系统中，总是不断地进行着能量流动和物质循环，并逐渐趋于相对的稳定。这种稳定是生物有机体与环境条件之间相互作用过程中产生的一种动态的平衡状态，是不同生态要素相互作用的结果。生态要素的作用有一定的阈值范围，在阈值以内，系统能够通过负反馈作用，校正和调节人类和自然所引起的许多不平衡现象。若环境条件改变或越出阈值范围，生态负反馈调节就不能再起作用，系统因而遭到改变、伤害以致破坏。生态要素阈值法就是根据生态系统维持平衡的阈值原理，选择若干对城市生态环境系统影响较大的生态要素，如碳氧平衡、降温增湿、水资源利用等，运用能量守恒与物质循环的原理，分别求出它们在系统平衡态时的阈值，作为规划指标的最小或最大极限值。

针对某一生态要素，用生态要素阈值法测算城市绿地系统规划指标的一般步骤如下：

- 确定单位面积、单位时间城市绿地吸收、排放或截留某类物质的数量，即定额指标；
- 调查了解该城市在单位时间内排放或释放的该物质的总量；
- 综合考虑该物质循环的各类途径，确定城市绿地对物质循环的贡献率，从而计算出需要城市绿地吸收、排放或截留的该物质的总量；
- 根据定额指标与需要城市绿地吸收、排放或截留的该物质的总量，计算所需的城市绿地数量。

测算城市绿地系统规划指标可以选择多个生态要素进行，按照上述步骤分别得出各单因素的需求或供给阈值，进行相互间的生态相关因素分析，求出公共解或满意解，作为规划时确定总量控制指标的依据。

绿地生态功能的发挥与绿量关系密切（表4-2、表4-3），植被类型不同，单位面积绿地的绿量不同，相应地发挥的生态功能也不同，采用生态要素阈值法测算绿地指标应该考虑到由于植被类型的差异而对绿地生态功能发挥产生的影响，需要采用折算系数进行换算。对北京市的一项研究表明，通过改善种植结构，提高现有绿地生态效益的潜力很大。将单位绿地绿量低的绿地类型改造为单位绿地绿量高的绿地类型，将会显著地增加绿地的环境效益，若现有绿地的绿化结构和植被状况保持不变，将环境效益值增加到同等程度，则需要将现有绿地的面积扩大62.6%，难度极大。因此从提高绿化质量入手，增加单位绿地面积上的绿量，是最大限度地发挥现有绿地的环境生态效益的有效途径。

下文以相对比较成熟的碳循环与氧平衡为例，介绍生态要素阈值法的具体测算方法。

碳是构成生物体的主要元素，约占生活物质总量的25%。地壳各个圈层中碳的循环，主要是通过CO_2来进行的。在地球生物圈中CO_2的循环，主要表现于绿色植物通过光合作用固定了大气中的CO_2，生成碳水化合物，同时将还原氧释放回大气。生态学的研究表明，大气中每年约有 $1.5 \times 10^{10} t$ 的 CO_2 被绿色植物吸收，另有大量的 CO_2 被海洋溶解，从而使大气中碳氧循环大致保持平衡。

城市化地区人居环境空气中的碳氧平衡，是在绿地与城镇之间不断调整制氧与耗氧关系的基础上实现的。关于碳氧平衡对城市绿地规划指标定额的影响问题，国内外学术界多年来从生态学角度已有一些研究，主要成果如下：

1）据《国外城市公害及其防治》（石油化学工业出版社，1977）载：

（a）据研究，大气中约 60% 的氧来自陆生植物的光合作用，其余的要从海洋中产生。美国国土全部植物的吐氧量，大约只是全国石油燃烧需氧量的 60%，其余 40% 的氧，要靠太平洋上空的大气环流吹来。

（b）前苏联 20 世纪 70 年代的相关研究也认为：大气中 60% 的氧来自陆地上的植物，主要是森林。

（c）据日本学者研究，一个人的呼吸量平均每天排出 1kg CO_2，吸收 0.8kg O_2，1hm^2 的阔叶林，在生长季节每天可释放 0.75t O_2。

2）据《城市绿化与环境保护》（江苏省植物研究所编，中国建筑工业出版社，1977）载：通常 1hm^2 阔叶林在生长季节一天可以消耗 1t CO_2，放出 0.73t O_2。如果以成年人每日呼吸需要消耗 O_2 为 0.75kg，排出 CO_2 为 0.9kg 计算，则每人有 10m^2 的森林面积就可以消耗掉他呼吸所排出的 CO_2，并供给需要的 O_2。如果是草坪，则需要 25m^2。

3）据《城市景观生态》（董雅文编著，商务印书馆，1993）载：日本琦玉县在做全县森林规划时，通过对县域 1 年中工业和人口排放的 400 万 t CO_2、消耗的 330 万 t O_2 进行折算，提出工业大城市每人须占有 140m^2 的绿地面积，才能维持该地区的碳氧平衡。

4）据陈自新教授等主持完成的科研课题《北京城市园林绿化生态效益的研究》，受单位面积绿地上绿量差异的影响，绿地类型不同，生态效益也不同（表 5-1）。

五种类型绿地平均每公顷日吸收 CO_2 和释放 O_2 量　　　　表 5-1

绿地类型	绿量（km^2）	吸收 CO_2（t/d）	释放 O_2（t/d）
公共绿地	120.707	2.018	1.409
专用绿地	90.387	1.525	1.075
居住区	89.7746	1.512	0.756
道路	84.669	1.478	1.024
片林	23.797	0.396	0.281

目前，国内外的环境科学家大多认为，要依据城市的性质、规模、气候、土壤、地形、绿地基础和卫生防护作用等综合考虑，才能制定出切合实际的

城市绿地系统规划指标定额。

在现有研究的基础上，李敏教授对苏锡常地区的生态绿地系统与区域碳氧平衡的关系问题进行了探讨，内容如下：

通过碳氧平衡过程中的化学反应方程式求取相关系数，并对耗氧项根据国情（主要是有关资料统计手段）适当取舍后，进行规划区内碳氧平衡量的估算。

耗氧项选取该地区当年的主要燃料（煤、油、液化石油气）燃烧耗氧量、人群的呼吸作用和排泄物的生物化学氧化过程耗氧量之总和（表5-2）。对于人类以外的其他生物有机体的呼吸作用暂不考虑。

苏州市与常州市的耗氧量研究（t/a）　　　　　表5-2

项　目		燃　煤	石油燃料	液化石油气	人呼吸	排泄物	总　计
苏州市		3317071	324946	20522	566.89万人	566.89万人	
	耗氧量	7075312.4	1114239.8	74618	1655318.8	82765.9	10002254.9
	占总量比	70.74%	11.14%	0.75%	16.55%	0.82%	100%
常州市		2069004	168352	22877	328.57万人	328.57万人	
	耗氧量	4413185.5	577279	83180.8	959424.4	47971.2	6081040.8
	占总量比	72.57%	9.49%	1.37%	15.78%	0.79%	100%

注：1. 表中研究范围为市域，基础统计数字据《苏州统计年鉴》（1993年）和《常州统计年鉴》（1993年）。
　　2. 通过碳氧平衡过程中的化学反应方程求得的相关系数为：燃煤2.133，石油燃料3.429，液化石油气3.636，人呼吸0.292，排泄物0.0146，具体计算过程略。

制氧项为市域范围内的各类生态绿地。计算所取的绿地制氧参数为：1hm^{2}阔叶林在生长季每日照小时释放70kg氧气[①]。其他类型绿地可按单位土地面积的绿量级差，折算成等效光合作用的阔叶林面积。然后，再将耗氧项和制氧项的总量进行比较，并考虑陆生植物对大气氧平衡度的贡献率系数（按前述研究成果，约为0.6），从而概算出城市规划区内生态绿地系统对维持碳氧平衡的合理规划值，供总体规划中制定用地布局决策时参考。

根据表5-2的计算结果，可以看出，在苏州、常州地区，区域人口的呼吸耗氧量仅占城市地区总耗氧量的15%左右，而各类燃料燃烧耗氧量约为人口呼吸耗氧量的5.5倍。因此，前文所述的人均10m^{2}森林面积即可维持城市地区人口呼吸所需的碳氧平衡的实验数据，可在乘以6.5左右的倍数及陆生植物大气氧平衡贡献率系数（0.6）后，作为该地区森林绿地量的规划上限指标（人均约40m^2）。然后，再按照不同绿地绿量的等效功能级差系数，算出各类绿地规划面积的理论值。

（2）游憩空间定额法

这是我国城市园林绿地规划工作中常用的传统方法。其基本依据来源于

① 按现有研究资料，该参数的基本取值为730kg/d，每天日照时数按10h计，并扣去绿地本身约5%的夜间耗氧量，故得产氧量系数的近似值为70kg/日照小时。

20 世纪 50 年代前苏联对文化休息公园每个活动场所里游人占地面积的统计结论,即:要保证城市居民在节假日有 10% 左右的人口同时到公共绿地游览休息,每个游人有 60m² 的游憩绿地空间。因此,若按城市总人口计算,人均至少应有 6m² 公共绿地面积 (表 5-3)。

前苏联城市及居民点公共绿地人均规划定额指标　　　　　表 5-3

绿地级别	公共绿地人均指标 (m²)									
	特大及大城市		中等城市		小城市、村镇		疗养城市		农村居民点	
规划期	I	II	I	II	I	II	I	II	I	II
市级	5	10	4	6	7	7	12	15	—	—
居住区级	7	11	5	8	—	—	16	20	—	—
村镇级									10	12
合计	12	21	9	14	7	7	28	35	10	12

注:人口规模:特大城市 50 万~100 万以上,大城市 10 万~50 万,中等城市 5 万~10 万,小城市及村镇 5 万以下;规划期 I 为第一期,10 年;II 为第二期,20~25 年。
资料来源:《苏联建筑规范》(1985 年),第 7~2 条。

据此,前苏联政府在有关城市规划的法规中,规定了城市公共绿地的规划定额:大城市居民人均 15~20m²,中等城市 10~15m²,小城市 10m² 以下。另外,澳大利亚的悉尼市,城市公共绿地的规划标准为每人 28m²。

联合国 1969 年的一份报告提出,市区内每人应拥有绿地 60m²。

20 世纪 60 年代德国提出,每个居民需要 40m² 质量很高的绿地,近年来提出了在新建城镇人均公园绿地应达到 68m² 的新标准。

我国在不同发展时期对于公共绿地的定额指标有不同的规定,目前相关规范如《城市用地分类与规划建设用地标准》GBJ 137—90、《城市绿化规划建设指标的规定》(城建 [1993] 784 号文件)、《公园设计规范》GJJ 48—92、《国家园林城市标准》(2005 年)、《国家生态园林城市标准(暂行)》(2004 年)等均有相关规定,详见 6.4.3 公园绿地的指标和游人容量。

(3) 规范指标分析法

规范指标分析法是根据各类规范条例对城市绿地指标的规定而对城市绿地规划指标所进行的分析,是一种考虑土地资源约束和经济条件约束条件,从绿地供给的角度进行的一种分析方法。

一般地,根据建设部关于《城市绿化规划建设指标的规定》(建城 [1993] 784 号)提出的人均公共绿地面积、绿地率、绿化覆盖率等三大基本指标作为衡量城市绿化规划指标的规定,参照《国家园林城市标准》(2005 年)、《国家生态园林城市标准(暂行)》(2004 年)等(表 5-4、表 5-5)对三大基本城市绿化指标的要求,并根据城市实际情况,提出在规划期内三大指标的定量目标。

国家园林城市基本指标表   表 5—4

指标	地域	100 万以上人口城市	50 万~100 万人口城市	50 万以下人口城市
人均公共绿地（m²）	秦岭淮河以南	7.5	8	9
	秦岭淮河以北	7	7.5	8.5
绿地率（%）	秦岭淮河以南	31	33	35
	秦岭淮河以北	29	31	34
绿化覆盖率（%）	秦岭淮河以南	36	38	40
	秦岭淮河以北	34	36	38

国家生态园林城市生态环境指标   表 5—5

序号	指标	标准值
1	综合物种指数	≥ 0.5
2	本地植物指数	≥ 0.7
3	建成区道路广场用地中透水面积的比重	≥ 50%
4	城市热岛效应程度（℃）	≤ 2.5
5	建成区绿化覆盖率（%）	≥ 45
6	建成区人均公共绿地（m²）	≥ 12
7	建成区绿地率（%）	≥ 38

人均公共绿地面积、绿地率、绿化覆盖率的含义及计算公式如下。

1) 人均公共绿地面积

人均公共绿地面积是指城市中每个居民平均占有公共绿地的面积。计算公式为：

$$A_{g1m} = A_{g1}/N_p$$

式中　A_{g1m}——人均公共绿地面积（m²/人）；

　　　A_{g1}——公共绿地面积（m²）；

　　　N_p——城市人口数量（人）。

（注：其中的城市人口数量应与城市总体规划中的人口规模一致。）

2) 城市绿地率

城市绿地率是指城市各类绿地总面积占城市面积的比率。城市中各类绿地包括公园绿地、生产绿地、防护绿地和附属绿地。计算公式为：

$$\lambda_g = [(A_{g1}+A_{g2}+A_{g3}+A_{g4})/A_c] \times 100\%$$

式中　λ_g——绿地率（%）；

　　　A_{g1}——公园绿地面积（m²）；

　　　A_{g2}——生产绿地面积（m²）；

　　　A_{g3}——防护绿地面积（m²）；

　　　A_{g4}——附属绿地面积（m²）；

　　　A_c——城市用地面积（m²）。

（注：其中的城市用地面积应与城市总体规划中的用地规模一致。）

3）城市绿化覆盖率

城市绿化覆盖率是指城市绿化覆盖面积占城市用地面积的比率。计算公式：

城市绿化覆盖率(%) = (城市内全部绿化种植垂直投影面积 / 城市用地面积) × 100%

城市绿地指标按以上的公式计算完成后，所得的数据应按表5-6的统一格式汇总。

城市绿地指标统计表　　　　　　　　　　　表5-6

序号	类别代码	类别名称	绿地面积（hm²）		绿地率（绿地所占城市建设用地比例，%）		人均绿地面积（m²/人）		绿地占城市总体规划用地比例（%）	
			现状	规划	现状	规划	现状	规划	现状	规划
1	G1	公园绿地								
2	G2	生产绿地								
3	G3	防护绿地								
	小计									
4	G4	附属绿地								
	中计									
5	G5	其他绿地								
	合计									

注：____ 年现状城市建设用地 ____hm²，现状人口 ____ 万人；
　　____ 年规划城市建设用地 ____hm²，规划人口 ____ 万人；
　　____ 年城市总体规划用地 ____hm²。

该表中设有"小计"、"中计"、"合计"项是为了与城市总体规划相协调，其中"小计"项中扣除"小区游园"后与《城市用地分类与规划建设用地标准》中的"绿地"一致；"中计"项与"城市建设用地平衡表"相对应；"合计"项可以得出绿地占城市总体规划用地的比例。这样的统计格式便于协调城市建设用地和城市总体规划用地范围上的不一致，可以清楚地反映不同空间层次的绿化水平。

国际上，人均公共绿地面积、绿地率、绿化覆盖率以及人均绿地面积也常常作为衡量城市绿化水平的指标。各国国情不同，城市绿地指标也不同，总体而言，国外城市绿地指标普遍较高（表5-7、表5-8）。

我国国家园林城市绿化建设状况一览表（截至2008年）　　表5-7

城市	市域面积（km²）	建成区面积（km²）	城区人口（万）	绿地率（%）	绿化覆盖率（%）	人均公园绿地（m²/人）	命名时间（年）
北京	16808	700	1449	50.5	43	11.2	1992
合肥	7498	224.7	120	36.8	41.5	11.4	1992
珠海	7649	106	150	39.39	42.88	10.19	1992
杭州	3068	314.45	373	31.3	35.29	8.98	1994
深圳	2020	613	122.39	39.1	45	16.1	1994
马鞍山	1686	65	61.8	40.4	42.06	13.48	1996

续表

城市	市域面积 (km²)	建成区面积 (km²)	城区人口 (万)	绿地率 (%)	绿化覆盖率 (%)	人均公园绿地 (m²/人)	命名时间 (年)
威海	5436	82	44.24	41.35	46.28	23.75	1996
中山	1900	33	40	35.12	38.34	11.33	1996
大连	1100	248	248	35	42.8	13	1997
南京	6598	573	620	41.3	45.49	13.20	1997
厦门	1565	127	300	33.9	36.3	15.62	1997
南宁	10029	170	240	32.77	38.78	9.51	1997
青岛	11026	184	80	36.6	39.5	10	1999
濮阳	4266	45	46	35.3	40.1	10.2	1999
十堰	23698	53	52.2	47	59.5	10	1999
佛山	3868	226	96	35.21	37.1	11.8	1999
三明	22930	24.33	21.02	36.6	40.2	9.1	1999
秦皇岛	7812.5	83	61.1	36.9	41.9	9.2	1999
烟台	17446	296.86	179.91	37.68	40.15	15.34	1999
上海浦东区 (国家园林城区)	533.44	113.88	240.5	35	45.3	24.2	1999
常熟	1264	60.9	28.97	54.12	55.22	6.6	2001
江门	9541	137	65	38.1	40.5	9.21	2001
惠州	11158	30.07	60	30.07	43.7	10.69	2001
茂名	11459	31.8	29.93	34.5	37.2	8.39	2001
肇庆	152	28.02	31.75	35.86	45.62	9.05	2001
海口	2304	33	48.4	38.35	41.83	8.62	2001
三亚	1919	20	15	38	41.7	20.74	2001
长春	20571	153.94	218	33.3	38.3	7.2	2001
上海闵行区	371	30.96	45.41	32.3	37.3	12.8	2001
襄樊	19800	54.99	60	38.72	40.83	8.11	2001
石河子	460	22.87	21.4	32.8	37.2	7.6	2001
常德	18200	68	68	34.91	39.61	8.47	2003
上海	6340	860.2	1800	28	32	8	2003
宁波	9365	220	203.4	30	36.89	11.25	2003
福州	11968	182.36	243	36.8	42	11.1	2003
唐山	13472	130	300	38.4	44.1	10.5	2003
吉林	27722	231	215.7	34.93	41.7	9.1	2003
无锡	4788	203	235.92	39.2	42.2	11.6	2003
绍兴	8256	339	64	34	38.3	11.2	2003
苏州	6267	228.5	230	37.23	42.96	8.37	2003
桂林	27809	562	60.35	37.22	40.36	8.31	2003
绵阳	20249	80	70	34.3	37.4	8.46	2003
昆山	927	70		39.83	45.02	13.44	2003
富阳	1831.2	30	21	39.1	40.7	9.5	2003
开平	1659	25.38	24.6	37	40	9.4	2003
都江堰	1208	22	40	38.04	42.78	10.39	2003
荣成	1392	27.5	18	39.5	42.8	22.02	2003
扬州	6634	988.81	70	33.81	36.93	18.68	2003
张家港	776.04	35	43.5	36.5	40.2	17.06	2003
日照	5310	34	44.08	37.63	41.38	18.87	2005
武汉	8467	1557	660	31.05	36.03	8.80	2005

续表

城市	市域面积 （km²）	建成区面积 （km²）	城区人口 （万）	绿地率 （%）	绿化覆盖率 （%）	人均公园绿 地（m²/人）	命名时间 （年）
郑州	7446.2	282	436.28	33.58	36.74	9.98	2005
邯郸	12000	419	140	32	42	8.35	2005
廊坊	6429	54	40	42	46	11.53	2005
长治	13864	56	39	40.9	43.5	10.05	2005
晋城	9490	141	28	43.2	45.3	15.5	2005
包头	27768	146	180	34.6	35.3	10.7	2005
伊春	39017	157.95		34.34	36.4	16.84	2005
淄博	5938	164	268.5	32.4	38.5	10.8	2005
寿光	2180	63.2	18.5	36.5	39.5	14	2005
胶南	1846	29	20	36.2	43.9	17.4	2005
徐州	11258	963	118.44	33.03	37.57	8.24	2005
镇江	3848	116	101.36	37.74	41.05	14.11	2005
吴江	1176	71.91	84.44	38.63	39.58	14.96	2005
宜兴	2038.7	25.96	26.1	39.7	44.4	16.1	2005
安庆	15398	821	75	35.66	38.26	8.03	2005
嘉兴	3915	108.4	22.28	39.17	41.57	12.06	2005
泉州	11015	86	82	36.93	39.96	11.5	2005
新泰	1946	43.6	32.5	41.5	43.6	15.2	2005
漳州	12600	34	34	42	43	12.45	2005
许昌	5260	45	29.8	37.89	42.68	9.3	2005
南阳	26600	42	155	31.6	36.8	14.03	2005
宜昌	21000	69.03	135	35.36	40.58	10.44	2005
岳阳	15000	40	95	37	39	8.7	2005
湛江	12490	71.02	144.66	41	46.62	10.73	2005
安宁	1321	16.6		37.1	41.2	12.8	2005
遵义	30762	33.7	86	37	42	11	2005
乐山	12826	56	28.6	36.55	41.66	9.72	2005
宝鸡	18172	60.44	75	34.8	38.38	11.57	2005
库尔勒	7116.9	43	44	34.58	39.46	8.7	2005
石家庄	15848	182	217.3	32.68	36.15	8.87	2007
迁安	1208	25.18	20.3	35.79	41.1	10.98	2007
沈阳	13000	310	588	35.97	40.65	12	2007
调兵山	262.9	13.5	25	34.3	38.7	8.6	2007
四平	14000	741	60	31.4	36.3	7.8	2007
松原	22000	36.59	49	40.12	41.57	8.75	2007
常州	4374	104	217	37.2	41.6	11.35	2007
南通	8544	65		36.3	41.6	9.3	2007
江阴	987.5	49.23	40	38.8	43.3	15.05	2007
衢州	8836	93.88	53.46	36.41	41.6	11.45	2007
义乌	987.5	73	50	37.83	41.26	9.33	2007
淮南	2596.4	89.44	106	38.32	40.38	8.92	2007
铜陵	1113	69.17	43.9	40.93	42.68	12.73	2007
永安	2942	18.01	13.49	36.6	40.2	9.1	2007
南昌	7402	210	209	36.9	39.2	8.25	2007
新余	3178	32	28.35	37.47	41.12	11.01	2007
莱芜	2246	48	22.7	40.2	43.6	15.4	2007

续表

城市	市域面积 （km²）	建成区面积 （km²）	城区人口 （万）	绿地率 （%）	绿化覆盖率 （%）	人均公园绿 地（m²/人）	命名时间 （年）
胶州	1210	40	28	36.6	41.5	13	2007
乳山	1668	36	18	37.8	40.13	14.8	2007
新乡	8629	110.64	90	36.05	33.64	9.35	2007
济源	1931	20.66	18	34.05	38.25	8.05	2007
舞钢	645.67	12	14	39.3	49.9	22.7	2007
登封	1220	12	10	34.6	38.9	12.8	2007
黄石	4576	21.39	60	37.12	39.9	11.59	2007
株洲	11262	89.58	79.5	37.66	39.66	9.1	2007
广州	7434	608	725	33.52	36.79	7.63	2007
东莞	2473	246	120	36.71	41.23	16.25	2007
潮州	3613.9	15	58.75	37.01	41.4	10.27	2007
贵阳	8034	107	187	39.88	41.12	9.45	2007
银川	9491	107	94.91	35.6	36.63	8.39	2007
克拉玛依	9500	45.95	28	37.47	41.75	10.04	2007
昌吉	7964	30	41	34.4	39.2	8.68	2007
奎屯	1171	40	13.4	35.19	38.35	9.19	2007
文登	1645	41	23.5	31.8	44	18.6	2007

世界各主要城市绿地指标比较　　　　　　　　　　　　　　表 5-8

城市	所属国家	市区面积 （km²）	人口 （万）	公园面积 （hm²）	面积比 （%）	人均公园面积 （m²/人）	国家森林覆盖 率（%）
渥太华	加拿大	102.9	29.1	740	7.2	25.4	35
华盛顿	美国	173.46	75.7	3458	19.9	45.7	33
巴西利亚	巴西	1013.0	25.0	1816	1.2	72.6	28
奥斯陆	挪威	453.44	47.7	689	1.5	14.5	27
斯德哥尔摩	瑞典	186.0	66.0	5300	28.5	80.3	57
赫尔辛基	芬兰	176.9	49.6	1360	7.7	27.4	61
哥本哈根	丹麦	120.32	80.2	1535	12.8	19.1	—
莫斯科	俄罗斯	994.0	880.0		约15	18.0	35
伦敦	英国	1579.5	717.4	21828	13.8	30.4	9
巴黎	法国	105.0	260.8	2183	20.8	8.4	25
柏林	德国	480.1	210.0	5483	11.4	26.1	29
波恩	德国	141.27	27.9	752	5.3	26.9	29
阿姆斯特丹	荷兰	1700.9	80.7	2377	14.0	29.4	6
日内瓦	瑞士	16.1	17.3	261	16.3	15.1	25
维也纳	奥地利	414.1	161.5	1188	2.9	7.4	44
罗马	意大利	1507.6	280.0	3186	2.1	11.4	20
华沙	波兰	445.9	143.2	3257	7.3	22.7	27
布拉格	捷克	289.0	108.7	4022	13.9	37.0	3.5
堪培拉	澳大利亚	243.2	16.5	1165	4.8	70.5	50
东京	日本	595.53	858.4	1356	2.3	1.6	68

资料来源：根据李铮生．城市园林绿地规划与设计．北京：中国建筑工业出版社，2006 相关资料整理。

按照《城市绿化规划建设指标的规定》，还应提出各类城市用地的绿地率指标规定（表5-9）。

《城市绿化规划建设指标的规定》确定的绿地率标准　　　表5-9

序号	用地代号	用地名称	绿地率标准
1	R	居住用地	新建居住区不低于30%，旧城改造区可以减低5个百分比
2	C	公共设施用地	
其中	C1	行政办公用地	不低于35%
	C2	商业金融业用地	不低于20%
	C3	文化娱乐用地	不低于35%
	C4	体育用地	不低于35%
	C5	医疗卫生用地	不低于35%
	C6	教育科研用地	不低于35%
3	M	工业用地	不低于20%，产生有害气体及污染工厂的绿地率不低于30%
4	W	仓储用地	不低于20%
5	T	对外交通用地	不低于20%
6	S	道路广场用地	主干道不低于20%，次干道不低于15%

需要说明的是：上述绿地系统规划指标研究的生态要素阈值法、规范指标分析法和游憩空间定额法，在实践中可以互补、配套应用，从多维尺度上进行城乡绿地的生态因子分析、数量指标求证与空间布局，促进我国城市绿地系统规划工作进一步走向科学化和规范化。表5-10为《上海城市森林规划2003-2020》从各个角度对规划指标的测算。

上海城市森林规划指标测算表　　　表5-10

测算角度	测算结果
参照国内外城市及相关标准	全球森林覆盖率平均水平为31.7%； 联合国环境卫生组织提出城市人均森林面积需大于60m²； 国内外生态环境较好城市的森林覆盖率大都在30%以上； 住房和城乡建设部《城市绿化规划建设指标的规定》规定：城市绿化覆盖率到2010年应不少于35%； 《中华人民共和国森林法》确定全国森林覆盖率目标为30%
运用"城市热场特征"测算	上海需要2303.50km²左右的林地，森林覆盖率约为36%
运用"碳氧平衡"原理估算	根据上海人口、能源等耗氧量，估算上海地区森林需求量为1900km²，森林覆盖率应在30%左右
针对上海生态环境质量和生活需求测算	为防台防汛，必须建立沿海、河的防护林带；为防止工业区的大气污染，必须建立隔离林带；为满足生物多样性的生态需求，须建立大型林地和生态廊道；为满足人们的生活休闲需求，须建大量的森林公园；为结合农业产业结构调整，须发展商品林。据此测算，上海林地面积应达到2200km²，森林覆盖率为34%
综合测算结果	通过以上途径、方法测算，上海作为世界级城市，未来城市林地发展比较理想的目标是森林覆盖率应达到35%以上

资料来源：上海市城市规划管理局，上海市农林局，上海市城市规划设计研究院.上海城市森林规划，2003.

5.5 国内外城市绿地系统规划的基本模式

综观国内外城市绿地系统规划，目前有九种模式被应用，它们是机遇主义模式、数量指标控制模式、系统化模式、田园城市模式、形态主义模式、景观主义模式、生态主义模式、景观保护模式、生物圈保护区模式。每个模式都有不同的特点和适应性（表5-11）。

对于各模式规划程序特点的比较   表 5-11

模式类型		应用的难易度	可达性	应用范围	核心功能
机遇主义模式		易	高	城市建成区	休憩
数量指标控制模式		易→难	高	从社区到整个城市	休憩
系统化模式		易→难	高	从社区到整个城市	休憩、生态
田园城市模式		中等难度	高	整个城市特别是新城	休憩、生态
形态主义模式		易→难	中到高	城市的特定区域	导控城市形态、生态
	绿带	易	中		
	绿核	易	中		
	绿指	易	中到高		
	绿道	易→难	中到高		
景观主义模式		易→难	低到中	特定区域	景观保护、生态、休憩
生态主义模式		难	低到中	整个城市	休憩、生态
景观保护模式		中等→难	低	城市未建设区域	景观保护、生态
生态圈保护模式		难	低到中	城市区域	保护、生态

5.5.1 机遇主义模式

机遇主义的绿地系统规划就是抓住一些特殊的机遇将城市中的一些土地变成绿地，典型的例子就是纽约中央公园的规划，在环境整治的号召下，将城市核心地区的部分土地建成绿地。这种模式应用于城市建成区，在城市改造过程中以相对低廉的成本，提供了一个靠近人群、可达性很高的休憩型绿地。由于其使用率很高，常被后辈规划人员所应用。在目前许多城市的改造过程中，特别是城市棚户区的改造以及工业区的搬迁过程中提供了许多这样的机会，应该抓住这些机会为高度密集的人群提供一些可达性高的绿地。这种模式的优点显而易见，能够将绿地安插在人口高度密集的区域，充分发挥休憩效能，但是机遇主义是本质上的偶然，并不是任何一种精确的指导性原则的体系结果，依赖于了解和对机会的把握。在政治、经济等多种条件的约束下，该种机遇可能缺失，出现的几率并不是很高，可遇而不可求。

5.5.2 数量指标控制模式

指在特定的区域，根据人口或者面积，给出该区域不同类型绿地的数量指标，根据该指标并结合城市发展进行绿地规划。该模式最初在19世纪末的伦敦开始实施，由于其仅仅以量化数值为基础，而并不需要熟知复杂的社会及生态系统的特点，便于规划人员掌握，也便于管理人员管治，很快风靡世界。我国传统的绿地系统规划基本上以该模式为基础。后来，这种模式增加了绿地类型控制、服务范围控制、最小面积控制、与居民密度适应等进一步的指导方式，有效地提高了接近性、可达性、多样性等，在提供休憩服务、提升居民的生活质量方面功不可没，但由于数据统计方式的模糊性、空间分布指标的相对缺失、对不同类型的发展区域适应性较低以及对严重环境问题考虑得欠缺，该模式尽管一直受到好评，但也存在一些问题，主要是对绿地服务机理认识的不足，它并不能保证高质量景观得到保护，而且忽视了生态和环境中潜在的用途和效益。

5.5.3　系统化模式

系统化模式就是将城市绿地系统化，包括空间布局的系统化（尽可能将各类公园绿地通过绿廊、道路绿地等连接起来，形成空间上较为连续的系统，称为点线面相结合）和等级的系统化（街头绿地—社区绿地—城市公园—郊野公园），将它们的大小、功能以及结构与城市社会组织、空间结构相对应，形成等级性绿地空间系统。系统化的绿地规划模式保证了各类绿地各类服务功能与城市居民各类服务需求的对应，供给与需求相对统一，使有限绿地的服务最大化，也便于规划人员掌握，因此"系统化"成为世界范围内主导性的规划模式。我国也从中受益，一度普遍流行的绿地系统规划模式就是系统化模式与数量指标模式相结合的产物。但是这种所谓"系统"缺乏具体的理论支持，因此系统化模式缺乏强有力的说服力，在旧城区范围应用起来有很大难度，很难进行严格的系统性安排，常常成为只能停留在图纸上的规划。尽管如此，系统化的绿地还是从多方面保证了绿地休憩功能的发挥，同时也可以兼顾生态环境功能，有必要对其进行深入探索。

5.5.4　田园城市模式

绿地规划的田园城市模式是与霍华德田园城市理论相适应的一种模式，绿地的内涵扩展到农田与自然地区，被当成城市有机体的一部分进行规划，它代表了一种新的城市规划趋势，要求城市各类用地的数量与空间布局的互适性平衡，城市中不同性质的用地（居住商业等建设用地与农田等非建设用地）被充分地耦合在城市空间范围之内，绿地在强化城市形态、美化城市环境、提供城市消费产品、满足人群休憩需求等方面发挥了很好的作用，提升了城市的整体品质，同时该模式的绿地规划也可以适应数量指标模式与系统化模式，不失为绿地规划的一种有效模式。但是该模式由于结构性比较高，在新的发展区域有好的适应性，但在建成区难以实施，很难在市场经济条件下有效运行，因此该模式没有非常成功的例子。虽然田园城市具有相当的理想主义色彩，但对其后的一个世纪的城市发展和绿地规划具有深刻的启迪作用，其思想的光芒在人类追求城市理想家园的过程中会是一盏指路的明灯。

5.5.5　形态主义模式

该绿地规划模式的理论基础是对城市绿地形态模式的几种抽象，并基于与城市建设空间相适应的考虑，相关的典型概念有"绿带"、"绿心"、"楔状绿地"等，该模式重点强调适应城市建设用地的绿地规划，在满足维护城市环境质量、提供休憩空间的要求下，通过强化城市绿地形态以导控城市形态。绿带概念主要在英国发展并进行了广泛应用，在保存城市居民可到达的邻近开放空间方面是一个有效的工具。如"环城绿带"往往成为控制城市圈层式蔓延的手段；"楔状绿地"深入城市，在为居民提供休憩空间的同时，避免城市空间粘连。形态规划模式是受到"田园城市"理论的启发，基于对城市发展自然经济机制的适应而产生的，世界范围上在 20 世纪中叶发展到顶峰，在大范围控制城市扩张和生态质量方面起到重要作用。该模式以形态为重点来适应城市空间的发展，绿地的可达性、与人群的接近性、整体的系统性方面受到一些影响，在规划中可以与其他模式联合使用。由于对社会和生态过程的了解不再成为必须要求，对于这种类型的模式在世界范围内被规划者广泛应用就不必感到惊奇了。

5.5.6　景观主义模式

该模式的目的是保护具有高价值的景观，它的核心是将规划区域中，有美学价值的自然景观（如绵延的山脊、突兀的山体、特别的地貌以及蜿蜒的水岸、潋滟的湖沼等）、有文化价值的人工景观（如历史遗迹、宗教场所、地方建筑群、乡土景观等）以及周边一定范围纳入绿地体系，按照不同的功能进行修饰改造，提高可达性、安全性，以供居民游憩与相关文化活动，也维护了自然环境的质量以及保存了历史文化。该类绿地场所兼有自然教育、历史文化教育等功能，扩展了绿地的服务功能，同时绿地的存在与保存景观和历史文化有相得益彰的作用。但这种建立在独特和显著景观特征的基础上的方法，显然将生态环境和居民游憩放在从属地位，在一般城市区域规划中的应用价值是有限的。

5.5.7　生态主义模式

随着城市生态绿地的生态功能在 20 世纪 60 年代被充分揭示以及城市扩展到许多生态敏感的区域，生态思想开始在绿地规划中得到应用。生态主义的绿地规划模式就是综合考察城市发展区域土地的生态属性，将具有较高生态服务价值（净化空气、保持水土、保护生物多样性、减轻自然灾害、维护景观等）

和较高发展风险（地质灾害危险区、生态环境敏感区、洪水灾害危险区等）的区域作为绿化用地，再结合发展的需要，根据绿地发挥生态功能所必须具备的空间形态，安排其余类型的绿地，结成系统化的绿地。显然，该模式具有比上述模式更扎实的理论基础，并应对了日益严重的城市生态环境问题，也给出了应对的空间策略，同时与其他模式可以兼容使用，在 20 世纪后期被充分接受，开始在绿地规划中广泛应用，并成为绿地系统规划很重要的指导模式。但这一套理论的基础是基于动植物生态的景观生态学的，将城市和人类的位置完全放在从属地位，忽视了对城市本身政治、经济、社会发展规律的研究以及对城市居民生态环境需求的研究，特别是对于改造已有的大城市缺乏成套理论。此外，由于该模式的正确使用需要较多的生态专业知识以及大量的基础资料分析工作，推广起来尚有许多障碍，因此需要改进，以便于大多数规划人员能够掌握。

5.5.8　景观保护模式

采用法律手段保护景观主要是为了保护全国性的具有突出价值、独一无二或濒危的景观、自然或遗产。19 世纪，为美国与欧洲大多数国家公园和自然保护区所效仿。随着保护对象范围的扩大，从集中于突出视觉景观价值（远离发达地区的几近荒野地），到包括生态和文化意义上的自然价值。国际自然与自然资源保护组织（IUCN）定义了八类景观保护地，以保护的等级加以区别，从严格的自然保留地到法律允许人类使用和介入的多功能区域。例如，以色列的相关法律将自然保护区、国家公园和景观保护区区别开来，表现在为每种景观类型所制定的保护目标、干预程度、管理和组成机构等方面。

然而，景观保护地作为一种保护自然资源和栖息地的方法在世界范围内被广泛接受，尤其是在自然资源没有受到破坏的未开发区域。但是，在自然环境缺乏的城市和大都市区域的使用却受到限制。

5.5.9　生物圈保护区模式

生物圈保护区模式源于 20 世纪 70 年代 UNESCO 的人与生物圈（MAB）项目的引进。一个生物圈保护区模式由三个同心环区域组成：①核心区，基本上是设计成为最重点保护的区域；②缓冲区，位于中心区周围，包括自然和农业区域；③有不同用途的外围过渡区，包括小的聚居点，那里的居民在缓冲区内耕种田地。这种结构使对在缓冲区的自然生态系统的结构和功能的研究得以进行，以此来保护核心区域的生物和物种资源免遭不必要的干扰。生物圈保护的其他目标有：文化保护，遗产和传统风俗，以及在不损害当地自然生态系统的前提下，对现存资源的有效利用，以使当地人民经济条件得到改善；另一个目标是消除中心区保护资源的人类活动所带来的负面影响，采用通过一个限制使用的缓冲区来建立隔离空间（例如农业和生态旅游业）。

对于生物圈保护区模式的应用现有的经验还是很有限，并且由于缺乏有机的管理系统而面临着多方面的问题。缓冲区与过渡区缺少法律上的认可，而且关于允许与禁止的行为规范十分模糊。想要得到当地居民的同意也是件很难的事情，因为他们对潜在的限制因素的理解可能会影响对生物圈的保护。世界各地关于生物保护区的经营都面临许多类似或更多的困难，如缺少明确的管理条例、传统农业保存的困难性、缺少与当地居民的合作以及没有有效的经济规划。然而，生物圈保护区模式比景观保护模式更贴近于都市区域的开放空间保护，因为它将保护与发展联系起来，并且在应对空间、社会或是经济变化时的弹性更大。但是，它的成功取决于是否适用于存在的法律与行政机构。

结论：

这九种绿地规划模式各有优缺点，规划模式可根据其规划方法以及在不同类型开放空间中的应用来划分成各种类型。在实践中也常常被综合应用，以取长补短，表5-11是从九类模式的可达性、应用范围、核心功能、应用难易程度等进行了总结与比较。

但是，没有一种模式将一种平衡的方法结合到人口需求或自然资源的可用性之中。因此，所有模式在实现优化配置公共空间的能力上都很有限。模式也可以通过其对不同领域的适应性来进行区分。需求方法模式最适用于发达城市地区，而供给方法更适合于自然未开发的地区。但是，可以看出供给方法模式可能更合适正在发展中的都市地区，在这些地区的开发地与农业用地之间仍然保留着广阔的自然土地。在这样的情况下，供给方法模式可能更好地满足当地居民要求接近自然的需求，并且比城市中的需求模式提供更多的生态和环境服务。

5.6 城市绿地系统规划编制的程序

5.6.1 规划编制组织

按照1992年国务院颁布的《城市绿化条例》规定，城市绿地系统规划由城市人民政府组织城市规划和城市绿化行政主管部门共同编制，依法纳入城市总体规划。目前，我国各地城市绿地系统规划的编制组织形式大致有三种：

1）由城市绿化行政主管部门与城市规划行政主管部门合作编制。

2）由城市规划行政主管部门主持编制规划方案，在征求城市绿化行政主管部门的意见后，进行必要的调整、论证和审批。

3）由城市绿化行政主管部门主持编制，城市规划行政主管部门配合，规划成果经专家和领导部门审定后，交由城市规划部门纳入城市总体规划。

这三种规划编制的组织形式都切实可行，可以根据各城市的具体情况选择应用。

5.6.2 基础资料准备

（1）自然条件

1）地形图资料（图纸比例为1：5000或1：10000，通常与城市总体规划图的比例一致）；

2）气象资料（历年及逐月的气温、湿度、降水量、风向、风速、风力、霜冻期、冰冻期等）；

3）土壤资料（土壤类型、土层厚度、土壤物理及化学性质、不同土壤分布情况、地下水深度、冰冻线高度等）。

（2）社会条件

1）城市历史、典故、传说、文物保护对象、名胜古迹、革命旧址、历史名人故址、各种纪念地的位置、范围、面积、性质、环境情况及用地可利用程度；

2）城市社会经济发展战略、国内生产总值、财政收入及产业产值状况、城市特色资料等；

3）城市建设现状与规划资料、用地与人口规模、道路交通系统现状与规划、城市用地评价、城市土地利用总体规划、风景名胜区规划、旅游规划、农业区划、农田保护规划、林业规划及其他相关规划。

（3）绿地建设现状

1）市域绿地资料，主要包括：

①现有各类城市绿地的位置、范围、面积、性质、植被状况及建设状况；

②市域范围内生产绿地与防护绿地（卫生防护林、工业防护林、农田防护林等）情况；

③市域范围内生态景观绿地（风景名胜区、自然保护区、森林公园等）的位置、范围、面积与现状开发状况；

④市域内现有河湖水系的位置、流量、流向、面积、深度、水质、库容、卫生、岸线情况及可利用程度；

⑤原有绿地系统规划及其实施情况。

2）市区绿地资料，主要包括：

①城市规划区内现有城市绿地率与绿化覆盖率现状；

②城市规划区内适于绿化而又不宜建筑的用地的位置与面积；

③现有各类公园绿地的位置、范围、性质、面积、建设年代、用地比例、主要设施、经营与养护情况、平时及节假日游人量、人均面积指标（m^2/人）等；

④城市规划区内现有苗圃、花圃、草圃、药圃的数量、面积与位置，生

产苗木的种类、规格、生长情况，绿化苗木出圃量、自给率情况；

⑤城市的环境质量与环保情况，主要污染源的分布及影响范围，环保基础设施的建设现状与规划，环境污染治理情况，生态功能分区及其他环保资料。

（4）技术经济资料

绿化指标：人均公园绿地面积、建成区绿化覆盖率、人均绿地面积、城市绿化覆盖率、绿地率状况等。

（5）植物物种资料

1）当地自然植被物种调查资料；

2）城市规划区内古树名木的数量、位置、名称、树龄、生长状况等资料；

3）现有城市绿化应用植物种类及其对生长环境的适应程度（含乔木、灌木、露地花卉、草类、水生植物等）；

4）附近地区城市绿化植物种类及其对生长环境的适应情况；

5）城市规划区内主要植物的病虫害情况；

6）当地有关园林绿化植物的引种驯化及园林科研进展情况。

（6）绿化管理资料

1）城市园林绿化建设管理机构的名称、性质、归属、编制、规章制度建设情况；

2）城市园林绿化行业从业人员概况：职工基本人数、专业人员配备、科研与生产机构设置等；

3）城市园林绿化维护与管理情况：最近5年内投入城市绿化的资金数额、专用设备、绿地管理水平等。

5.6.3　规划文件编制

城市绿地系统规划编制的成果包括规划文本、规划说明书、规划图则以及规划附件。

（1）规划文本

阐述规划成果的主要内容，应按法规条文格式编写，行文力求简洁准确。

（2）规划说明书

对规划文本与图件所表达的内容进行说明，主要包括以下方面：

1）城市概况、绿地现状（包括各类绿地面积、人均占有量、绿地分布、质量及植被状况等）；

2）绿地系统的规划原则、布局结构、规划指标、人均定额、各类绿地规划的要点等；

3）绿地分期建设规划，总投资估算和投资解决途径，分析绿地系统的环境与经济效益；

4）城市绿化树种规划、古树名木保护规划和绿地建设管理措施。

（3）规划图则

1）城市区位关系图；

2）城市概况与资源条件分析图；

3）城市区位与自然条件综合评价图（1：10000~1：50000）；

4）城市绿地分布现状分析图（1：5000~1：25000）；

5）市域绿地系统结构分析图（1：5000~1：25000）；

6）城市绿地系统规划布局总图（1：5000~1：25000）；

7）城市绿地系统分类规划图（1：2000~1：10000）；

8）近期绿地建设规划图（1：5000~1：10000）；

9）其他需要表达的规划图（如城市绿线管理图则、城市重点地区绿地建设规划方案等）。

城市绿地系统规划图件的比例尺应与城市总体规划相应图件基本一致，并标明风玫瑰；城市绿地分类现状图和规划布局图，大城市和特大城市可分区表达。为实现绿地系统规划与城市总体规划的"无缝衔接"，方便实施信息化规划管理，规划图件还应制成 AutoCAD 或 GIS 格式的数据文件。

（4）规划附件

一般可包括相关的基础资料调查报告、规划研究报告、分区绿化规划纲要、城市绿线规划管理控制导则、重点绿地建设项目规划方案等。

5.6.4 规划成果审批

按照国务院《城市绿化条例》的规定，由城市规划和城市绿化行政主管部门等共同编制的城市绿地系统规划，经城市人民政府依法审批后颁布实施，并纳入城市总体规划。住房和城乡建设部所颁布的有关行政规章、技术规范、行业标准以及各省、市、自治区和城市人民政府所制定的相关地方性法规，是城市绿地系统规划的审批依据。

（1）审批原则

城市绿地系统规划成果文件的技术评审，须考虑以下原则：

1）城市绿地空间布局与城市发展战略相协调，与城市生态景观优化相结合；

2）绿地系统规划指标体系合理，用地布局科学，建设项目恰当，绿地养护管理方便；

3）在城市功能分区与建设用地总体布局中，要贯彻"生态优先"的规划思想，把维护居民身心健康和区域自然生态环境质量作为绿地系统的主要功能；

4）注意绿化建设的经济与高效，力求利用有限的土地资源和以较少的资金投入改善城市生态环境；

5）强调保护和培育地方生物资源，开辟绿色廊道，加强城市地区的生物多样性保护；

6）依法规划与方法创新相结合，规划观念与措施要与时俱进，符合时代发展要求；

7）发扬地方历史文化特色，促进城市在自然与文化发展中形成个性和风貌；

8）充分利用生态绿地系统的循环、再生功能，构建平衡的城市生态系统，城乡结合，远近结合，实现城市环境的可持续发展。

（2）审批程序

在实际操作中，一般的审批程序为：

1）建制市的城市绿地系统规划，由城市总体规划审批主管部门（通常为上一级人民政府的建设行政主管部门）主持技术评审并备案，报城市人民政府审批。

2）建制镇的城市绿地系统规划，由上一级人民政府城市绿化行政主管部门主持技术评审并备案，报县级人民政府审批。

3）大城市或特大城市所辖行政区的绿地系统规划，经同级人民政府审查同意后，报上一级城市绿化行政主管部门会同城市规划行政主管部门审批。

思考题：

1. 城市绿地系统规划编制的主要内容有哪些？

2. 城市绿地系统规划指标如何确定？

3. 城市绿地系统规划编制的程序是怎样的？

4. 了解、掌握国家相关的法规、规范。

6

城市绿地系统布局规划

本章要点：
1. 城市绿地系统布局的模式及适用范围；
2. 各类城市绿地布局方法。

城市绿地系统布局在城市绿地系统规划中占有极其重要的地位。城市绿地系统布局，是为改善城市社会与自然的关系，通过规划手段对城市绿地的规模阈、空间阈、时间阈进行配置及相关安排。通过规划布局，提高绿地配置在城市风貌中的贡献率，增强城市社会经济的发展优势。城市绿地系统规划布局总的目标是，保持城市生态系统的平衡，满足城市居民的户外游憩需求，满足卫生和安全防护、防灾、城市景观的需求。

6.1 城市绿地系统布局的基本原则

如何通过绿地系统布局充分发挥绿地的功能和效应，提高绿地系统对城市生态环境的改善作用，获得最佳效益、创造最佳的人居环境、体现城市风貌，这就需要在布局中遵循以下原则。

6.1.1 因地制宜原则

充分利用城市现状、山水地形与植被等条件，发挥城市自然环境条件的优势，深入挖掘城市历史文化内涵，对城市各类绿地的选择、布置方式、面积大小、规划指标进行合理规划。

6.1.2 系统性原则

城市绿地系统作为整个区域生态系统的子系统，必须明确其与其他系统和因素的相互关系，使之相互联系成为稳定高效的系统，从而更大程度地发挥其效益。

6.1.3 均衡性原则

城市中各类绿地有不同的使用功能，规划布局时应以服务半径为基本依据，考虑均衡分布，做到点（公园、花园、小游园）、线（街道绿化、江畔滨湖绿带、林荫道）、面（分布面广的大块绿地）结合，大中小结合，集中与分散相结合，重点与一般相结合，将城市绿地构成一个有机的整体，达到真正改善城市生态环境的作用。

6.1.4　以人为本原则

以人为本,在达到防尘、降温、增湿、减噪作用的同时强调人性化意识,考虑人在使用中的需求,提高绿地的可参与性、可介入性、可观赏性,供人们休闲、游憩、娱乐、活动。在布局上要重视绿地的服务半径,使市民能够充分而便捷地利用身边的绿地,最大程度上满足居民的可达性的需求。

6.2　城市绿地系统布局结构的基本模式

布局结构是城市绿地系统的内在结构和外在表现的综合体现,其主要目标是使各类绿地合理分布、紧密联系,组成有机的绿地系统整体。通常情况下,绿地系统布局有点状、环状、放射状、放射环状、网状、楔状、带状、指状 8 种基本模式,如图 6-1 所示。

6.2.1　点状绿地布局

此类绿地布局方式,将绿地成点状均匀分布在城市中,方便居民使用,但由于点状绿地规模不可能太大,位置分散,难以充分发挥绿地调节城市小气候、改善城市生态环境和艺术面貌的功能。这类布局多应用于旧城改建中,如上海、天津、武汉、青岛等(图 6-2)。

6.2.2　环状绿地布局

该模式在外形上呈现出环形状态。一般出现在城市较为外围的地区,多与城市交通(如城市环线、环城快速路等)同时布置。绝大部分以防护绿带、郊区森林和风景游览绿地等形式出现。在改善城市生态和体现城市风貌等方面均有一定的作用。如菏泽市,见图 6-3。

6.2.3　放射状绿地布局

从城市中心区向周边放射方向建设绿地,并沿放射路两侧的绿化带形成

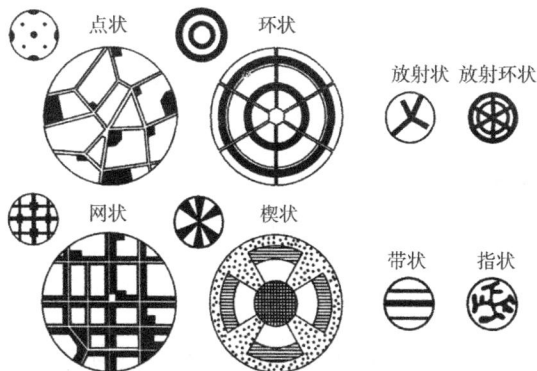

图 6-1　绿地系统布局八种模式(左)

图 6-2　上海市中心城区绿地系统布局(右)

绿色通道。与楔形绿地相似，放射状绿地布局有利于将新鲜空气引入城区，较好地改善城市的通风条件。

6.2.4　放射环状绿地布局

该模式是放射状与环状布局的有机结合，将城市分散的绿地有机联系，组成较完整的体系。可以使生活居住区获得最大的绿地接触面，方便居民游憩，有利于小区城市环境卫生条件的改善，有利于丰富城市总体的艺术面貌。

6.2.5　网状绿地布局

该模式布局是通过点、线、面、片、环、楔、廊等相结合，将城市的公园、街头绿地、庭园、苗圃、自然保护地、农地、河流、滨水绿带和山地等纳入绿色网络，构成一个自然、多样、高效、有一定自我维持能力的动态绿色网络结构体系。如宿迁市，如图 6-4 所示。

图 6-3　山东菏泽市绿地系统布局

图 6-4　宿迁市绿地系统规划

6.2.6　带状绿地布局

利用河湖水系、城市道路、旧城墙、高压走廊等要素，形成纵横向绿带、放射状绿带与环状绿带交织的绿地网。在城市周围及功能分区的交界处也需要布置一定规模的带状绿地，起防护隔离作用。不仅可以联系城市中其他绿地使之形成网络，还可以创建生态廊道，为野生动物提供安全的迁移路线，从而保护城市中生物的多样性。带状绿地布局有利于表现和改善城市风貌，如南京、西安、苏州、哈尔滨、天水等，如图 6-5 所示。

6.2.7　楔形绿地布局

由郊区伸入市中心的由宽到窄的绿地，称为楔形绿地。这种绿地布局对

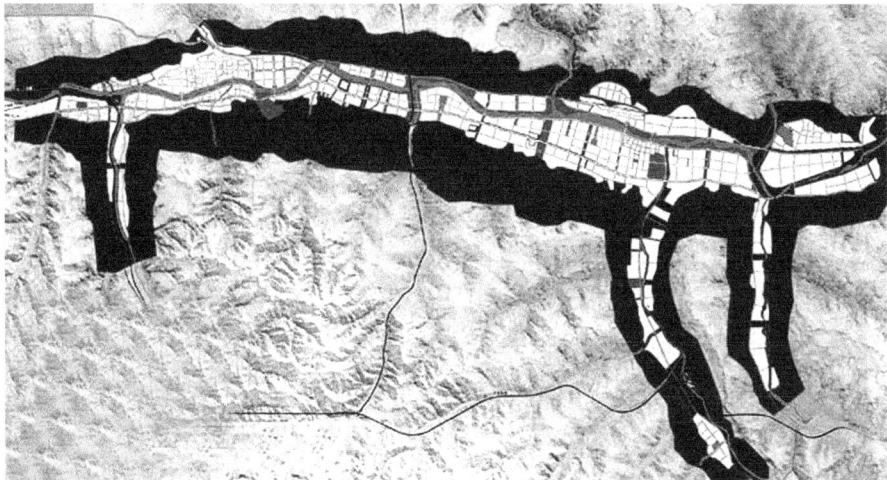

图 6-5　天水市城市绿地系统布局

改善城市小气候的作用尤其显著，它可以将城市环境与郊区的自然环境有机地组合在一起，有利于将新鲜空气源源不断地引入城区，能较好地改善城市的通风条件。如合肥市，见图 2-83。

6.3　市域绿地系统规划

　　城市绿地系统规划一般包括市域和市区两个空间层面。市域就是建制市的行政辖区范围。市域生态环境是城市社会经济发展的外部条件，市域的土地利用状况对市域绿地的保护、建设、管理具有决定性的影响。市域绿地系统规划的基本要求，是阐明市域绿地系统的结构与布局，提出市域绿地分类发展规划，构筑以中心城区为核心、覆盖整个市域、城乡一体化的生态绿地系统。按照我国现行的城市规划法规，建制镇属于最小一级的城市行政单元。因此，在建制镇的绿地系统规划工作中，市域绿地系统规划就相应为镇域绿地系统规划。

6.3.1　市域绿地系统的特点与功能

（1）市域绿地

　　为保障城市生态安全、改善城乡环境景观、突出地方自然与人文特色、在城市行政管辖的全部地域内划定并实行长久保护和限制开发的绿色开敞空间。它具有以下特点：

　　1）覆盖面大：常分布于城市建成区外围地带，大多不纳入城市建设用地范围。

　　2）以自然绿地为主体：也包含一些人文景观（如历史文化遗迹）及水域、沙滩、海岸等。

　　3）具有生物多样性和文化综合性：市域绿地往往由多种地域类型组成，

如森林、水域、风景名胜区、生态保护区、古村落及农田果园等。

4）生态效益特别突出：大面积的森林是城市之"肺"，大面积的湿地是自然之"肾"，市域绿地状况对城市气候有直接影响，是整个城市和区域的生态支撑体系。

5）具有较高的经济效益和社会效益：市域绿地内可以开展农业、林业、旅游业等各类生产活动，也可以为城乡居民提供休闲游憩场所。因此，它同时具备明显的经济性和社会性特征。

（2）市域绿地系统几大功能

1）生态环保功能：市域绿地的主体是各类天然和人工植被，以及各类水体和湿地，它们发挥着涵养水源、保持水土、固碳释氧、缓解温室效应、吸纳噪声、降尘、降解有毒物质、提供野生生物栖息地和迁徙廊道、保护生物多样性等多种生态保育作用，从而改善区域生态环境和气候条件。

2）农林生产功能：市域绿地包括了部分农田、果园、鱼塘、商品林等生产用地，担负着向社会提供农副产品的农林业生产任务。

3）防护缓冲功能：市域绿地可以为城乡发展建设提供缓冲和隔离空间，对城市的拓展形态进行调控，同时能够有效地抵御洪、涝、旱、风灾及其他灾害对城市的破坏，起到防灾、减灾作用。

4）休闲游憩功能：市域绿地可为城乡居民回归大自然，开展各种旅游、娱乐、康体和休闲活动提供理想的空间场所。

5）景观美化功能：市域绿地能保持并充分展现自然与人文景观的多样性，对市域人居环境具有较强的景观美化功能。

6）科学教育功能：市域绿地可保护自然、历史序列和生态系统的完整性与特殊性，可作为人们学习、研究大自然的场所，同时，也可作为环保教育的基地。

（3）市域绿地的规划建设意义重大，影响深远

1）维护区域自然格局，构建合理的生态网络。搞好市域绿地的规划建设，有利于维护历史岁月中演绎而成的青山、碧水的自然格局，构建安全稳定的生态网络，促进城乡自然生态系统和人工生态系统的协调。

2）优化城乡空间结构，塑造良好的发展形态。搞好市域绿地的规划建设，可以防止快速城市化过程中出现的环境衰退和城市无序蔓延等问题，促进城市集约发展，形成合理、有序的城乡空间结构和建设形态。

3）改善区域发展环境，促进城乡可持续发展。市域绿地和其他环境保护设施，是区域性基础设施不可或缺的组成部分，是推动区域协调发展的重要保障。搞好市域绿地的规划建设，有利于建成一个分布合理、相互联系、永久保持的绿色开敞空间系统，实现资源的永续利用和城乡可持续发展。

4）完善城乡规划管理，落实规划强制性内容

对市域绿地的控制和保护，是将规划管理重点从项目引导转向空间管制

的具体落实。开展市域绿地的规划建设，把城市规划管理的视角从城市建成区延伸到整个城乡区域，突出体现了规划的综合调控作用。

6.3.2 市域绿地系统的类型与布局

市域绿地系统的基本类型，大致包括生态保护区、海岸绿地、河川地、风景绿地、缓冲绿地和特殊绿地 6 大类型。由于各城市所处的地理条件不同，需要因地制宜地进行规划布局。具体的工作内容主要体现在以下几个方面。

（1）市域绿地的自然资源评估

1）对市域范围的地理环境、地质构造、地形地貌、水文气候等自然地理条件，以及土地、林业、水资源和野生动植物资源的种类、数量与分布状况作尽可能详尽的调查研究和评估，充分把握区域生态特征和资源特点。

2）对市域范围的灾害敏感区、重大污染源及其分布状况进行调查和评估，综合分析区域环境承载力及现存的生态环境问题。

（2）社会环境分析

1）分析市域内社会、经济发展与资源、环境的关系，人口增长趋势及其对资源、环境的需求，把握市域绿地建设对城镇化发展的作用和影响。

2）对市域内各类绿地的发展脉络、历史文化遗存和传统风貌进行调查评估，为下一步在规划层面实现市域绿地自然价值和人文价值的有机结合打基础。

（3）市域绿地的规划建设目标

时序目标：提出近、远期市域绿地系统规划建设应达到的阶段目标和实施效果。阐述市域绿地系统对解决本地区域资源与环境问题所起的作用和意义，预测规划期内通过合理规划建设所能达到的自然生态格局、城乡绿色空间形态和环境质量水平。

规模目标：提出一定时期内市域各类绿地规划建设的规模要求。市域绿地在规划层面控制的总体规模，应根据本地区的资源条件和发展要求一次性确定并长期保持。在市域各类绿地的总体规模和空间格局基本确定之后，还可根据本地区的资源条件和经济水平进一步提出分阶段的建设规模。

（4）市域绿地划定和总体布局

1）结合本地区的资源、环境条件和市域绿地规划建设目标及上一层次规划明确的规划准则，合理确定市域各类绿地的空间分布和用地范围，并将其边界以"绿线"的形式标注在图上。

2）合理安排市域各类绿地布局，建成分布合理、相互关联、永续利用的绿色空间体系。

3）在划定市域各类绿地的"绿线"时，可将相连或相邻的多类绿地合并为一个绿色空间单元，使之串接成互联网络，形成覆盖面大、空间连续的大片绿地，充分发挥其生态环保功能并满足野生动物栖息和乡土植物保育的需求。

（5）市域绿地系统的管制要求

1）确定市域各空间单元内绿地的功能类别和管制级别，提出各类绿地的具体管制内容和量化指标，汇编市域各类绿地的名录。

2）提出市域内各类绿地的规划控制要求，主要包括：绿色廊道、绿地中人流或物流通道和其他开敞空间，以及对市域绿地环境景观产生较大影响的城镇建设用地。规划上应保持市域绿地功能、界线的完整性和空间的开敞度，尽可能防止和避免市域绿地的割裂与退化。

3）在已规划的市域绿地内部及周边确定交通、市政等城乡建设项目时，要进行严格的环境影响评估。若建设项目可能对市域绿地带来较大负面影响而目前尚无相应的补救办法时，应停止该项目的实施。

（6）市域绿地系统的实施措施

1）提出市域绿地的管理架构和分工，明确各类绿地经营、建设的组织实施和监督方式；

2）拟订市域绿地系统近、远期实施的行动计划，提出市域各类绿地的建设、经营、维护和恢复、重建策略，制定有关的配套政策措施。在确定市域绿地系统的结构与布局规划时，应当遵循以下原则：

①有利于维护生态安全：市域绿地应发挥生态环保功能，构筑良好的区域自然生态网络，保护、改善区域生态环境，降低各类灾害的破坏危害性。

②有利于保持地方特色：要充分考虑本地山脉、河流、海岸的走向和湖泊、丘岗、农田的分布特点，维持和保护自然格局；系统完整地保护城内的历史文化遗存，延续和发扬地方文化传统。

③有利于改善城乡景观：有效发挥市域绿地在城乡之间、城镇之间以及城市不同组团之间的生态隔离功能，引导城乡形成合理的空间发展形态，促进经济持续快速发展。

④兼顾行政区划与管理单位的完整性。在划定市域（或镇域）规划绿地时，一般应安排在本级政府的行政辖区内，确保现有绿地管理单位（如自然保护区、基本农田保护区、风景名胜区等）行政管理范围与绿地边界的统一性、完整性。

6.3.3 市域绿地系统分类发展规划

市域绿地系统分类发展的基本规划要求如下。

（1）生态保护区

包括自然保护区、水源保护区、部分基本农田保护区和土壤侵蚀防护区等。生态保护区是维护自然生境，实现资源可持续利用的基础和保障。

1）自然保护区，是指对具有代表性的自然生态系统、珍稀濒危野生动植物物种的天然集中分布区、有特殊意义的自然遗产等保护对象所在的陆地、陆域水体或者海域，依法划定并予以特殊保护和管理的区域。自然保护区应划定核心区、缓冲区和试验区。已经设立和规划设立的县级以上自然保护区，均应纳入市域绿地系统。

2）水源保护区，是在河流、水库的上游、源头及周边地区，为稳定洪、枯水量，保护水质而划定的保护区域。水源保护区应划定禁戒区和限制区，并划定一定范围的涵养林区。上游河段、源头地区以及承担区域供水的水源保护区，均应纳入市域绿地系统、实施严格保护。

3）基本农田保护区，是指根据土地利用总体规划对市域内基本农田（即不得占用的耕地）实行保护而确定的特定保护区域，其布局对形成区域城镇空间格局有重要意义。

4）土壤侵蚀防护区，是在严重土壤侵蚀区或易发生土壤侵蚀地区划定的，旨在控制水土流失、保持土壤表层、母质及植被的保护区。主要分布于各大山脉两侧、山间盆地周围和沿海平原的花岗岩丘陵、台地地区。这类地区的防护通常以建设水土保持林为主。

此外，一些重要的商品用材林基地和果林地，也要纳入市域绿地系统进行保护控制。

（2）海岸绿地

包括众多具有特殊景观价值和科学研究价值的滨海岸线及防护林、部分沿海湿地和集中连片的红树林分布地区、重要海产养殖场及围垦区以及特种海洋生物繁衍区等。保护珍贵的海岸资源，是滨海地区城市发挥海洋优势、体现城市特色的重要途径。

1）滨海岸线及防护林：岸线是水陆交互作用的地带，包括海岸线（滨水线）向陆海两侧扩展一定宽度（一般是离岸线向陆侧延伸10km，向海到15km水深线）的区域。为防止风暴潮和台风的袭击，滨海一般建有防护林。主要海湾、枢纽港岸线、重要的养殖岸线和生活岸线以及沿海防护林带，应纳入市域绿地系统。

2）沿海湿地及红树林：湿地是指沼泽、泥炭地或低水位时水深不超过6m的水域，可分为沿海湿地和内陆湿地；沿海湿地包括红树林湿地、河口三角洲湿地、浅海湾泻湖湿地、海滩湿地、小岛屿湿地、咸水湿地等。红树林是一种分布于热带海滨泥滩，主要由红树科植物组成的常绿乔灌木植物群落。列入国际重要湿地名录或各级自然保护区的沿海湿地及红树林，应纳入市域绿地系统。

3）海产养殖场及围垦区：集中连片的"稀、优、名、特"海产品养殖区以及较大规模的滨海围垦区，不仅具有较强的生产功能，也可作为科学研究和旅游观赏场所，应纳入市域绿地系统。

4）海洋生物繁衍区：指海洋水生动植物天然的繁殖地带，是水生动植物的"家"。水生动植物，特别是水生动物的生殖和哺育，往往集中于某个固定的繁衍区，对这类地区的保护，有利于防止动植物物种的灭绝，维持生态平衡。

（3）河川绿地

包括主干河流及堤围、大型湖泊及沼泽、大中型水库及水源林、基塘系统等。例如，江南地区纵横密布的河川水域，既是城乡居民生产、生活的生命线，也造就了独特的江南水乡景观。

1）主干河流及堤围。主干河流是指集水面积在 $100km^2$ 以上的河流主干和一、二级支流主干的河流泄洪通道与出海口。主干堤围是指三级及以上（或捍卫 1 万亩以上耕地）的江、河、海重点防洪大堤。其他对供水、航运、泄洪和防洪有重大意义的河流及堤围，也应纳入市域绿地系统。

2）大型湖泊及沼泽。湖泊和沼泽均为自然界典型的水生态系统和景观。湖泊是积水多、水域深广的洼地，既有蓄水、滞洪、调节气候、提供动植物栖息地的作用，又具有较高的景观美学价值。沼泽是地表常年过度湿润或者薄层积水的洼地，具有纳洪、补充地下水和过滤的作用，也是野生生物的重要栖息地。

3）大中型水库及水源林。总库容在 $0.1~1$ 亿 m^3 的中型水库和总库容在 1 亿 m^3 以上的大型水库，是区域防洪、灌溉、供水或发电的主要基础设施，也成为具有观赏价值的人工景观。具有重大蓄滞洪水、灌溉和后备水源作用的骨干大、中型水库及周围第一重山的水源林，可一并纳入市域绿地系统统筹规划管理。

4）基塘系统。基塘系统是起源于大江大河流域三角洲地区的一种传统农业生态系统，一般由鱼塘及其塘基（堤）组成，包括桑基鱼塘、果基鱼塘、蔗基鱼塘、花基鱼塘等多种类型。其中，以桑基鱼塘最为著名，是江南和岭南水乡人民科学利用低洼积水地的成功典范和特色景观。

（4）风景绿地

风景绿地是在城郊及农村地区保护、建设的森林公园、风景名胜区、旅游度假区、郊野公园等，既可为城乡居民提供更多的休闲体验，也可有效减轻城市开发对环境造成的压力。其中：

1）森林公园，是指森林景观优美，自然和人文景观集中，具有一定规模，可供人们游览、休息或进行科学、文化、教育活动的场所。森林公园多由原始森林改造而成，改造工程以不破坏自然景观为准则。

2）风景名胜区，是指具有观赏、文化或科学价值，自然景物、人文景物比较集中，环境优美，具有一定规模和范围，可供人们游览、休息或进行科学、文化活动的地区。市域内县级以上的风景名胜区，应纳入市域绿地系统。

3）旅游度假区，是指在优美的自然环境和丰富的文化景观环境中，为了向旅游度假者提供良好的生活条件和游憩设施，并配备一定的文娱活动场所而建造的一种新型聚居地。旅游度假区一般位于城市郊区，是城乡居民休闲游憩的重要去处。

4）郊野公园，是指位于城市边缘或近郊区的风景点、旅游点，具有较丰富的游憩活动内容，设施较完善的大型自然绿地，服务范围较广。

（5）缓冲绿地

包括环城绿带、重大基础设施隔离带、大规模的自然灾害防护绿地和公害防护绿地等。缓冲绿地是为城镇及重大设施设置的防护和隔离区域，具有卫生、隔离、安全防护的功能。其中：

1）环城绿带，是指在城镇建成区外围一定范围内，强制设定的基本闭合的绿色开敞空间，形成城市组团之间的绿色隔离带。环城绿带具有防止城镇无序蔓延，为相邻城镇或为城乡之间的发展提供缓冲空间，并提供更多的居民休闲游憩场所，以及维护城市生态平衡等多种功能。常住人口 50 万以上的城市和连片发展面积超过 $100km^2$ 的城镇密集区，应设立环城绿带。

2）基础设施隔离带，是指在重大的交通、电力、通信、输水和供气等基础设施两侧一定宽度内或周边一定范围内划定的安全区域或隔离地带。如国道、省道、高速公路沿线的绿化隔离带，骨干输水、供气线路和高压走廊保护区。

3）自然灾害防护绿地，是指能对自然灾害起到一定缓释作用的绿地，如防风林、防沙林、水体防护林及各类地质不稳定地段的防护绿地。自然灾害防护绿地一般进行植树造林，形成防护林带，有些情况下也保持开敞空间形态，如避震疏散场地等。

4）公害防护绿地，是指对废气、废水、粉尘、恶臭气体、噪声、振动、电磁波辐射、爆炸以及放射性物质等城市公害有一定隔离防护、缓冲作用的绿地。公害防护绿地所须设置的防护绿带宽度，取决于公害干扰与危害的程度。

（6）特殊绿地

包括特殊的地质地貌景观区、自然灾害敏感区、文物保护单位、传统风貌地区。这类地区虽然不一定为绿化覆盖，但同样具有较高的自然和文化价值，应进行严格的保护和开发控制。

1）地质地貌景观区，是指在地球演化的漫长地质历史时期形成、发展并遗留下来的，有重要科学研究价值和观赏价值的奇特地质地貌景观的分布区，如丹霞地貌、古海蚀遗址等。

2）自然灾害敏感区，是指容易发生自然灾害的区域，如泄、滞洪区，地震活动频繁地区，滑坡及泥石流易发地区等。自然灾害敏感区内要尽量减少人为活动，加强绿化建设，以降低自然灾害的危害程度。

3）文物保护单位，是指市域范围内具有较高历史、文化、艺术、科学价值，受国家法律保护的革命遗址和有纪念意义的建筑物、古文化遗址、古墓葬、古建筑、石窟寺、石刻等文物。根据保护文物的实际需要，可以在文物保护单位周围划出一定的建设控制地带辟为绿地。

4）传统风貌地区，是指文物古迹比较集中，能较完整地体现出某一历史时期传统风貌和民族、地方特色的街区或建筑群。传统风貌地区一般应设置绝对保护区及建设控制区，其中有突出价值或对环境要求十分严格的，可划定环境风貌协调区。经县级以上人民政府认定或规划设立的传统风貌保护区，应纳入市域绿地系统。

6.3.4 市域绿地系统规划审批实施

严格来讲，市域绿地系统规划属区域性专业规划，是区域城镇体系规划的组成部分，并要与相关的国土规划、江河流域规划、林业发展规划、农业发展规划、旅游规划、文物保护规划等相协调。市域绿地系统规划编制完成后，应依照区域城镇体系规划的审批程序报批，纳入同级城镇体系规划或覆盖全部行政区域的城市总体规划贯彻实施。所以，对于直辖市或特大城市地区，市域绿地系统规划的内容相当庞大，宜单独编制。对于大部分的城市地区，通常是作为城市绿地系统规划工作中的一个专项，统筹编制，统一报批。

市域绿地系统规划的实施，一般由县级以上人民政府协调规划、建设、国土、海洋、环保、农业、林业、渔业、水利、旅游、文物保护等行政主管部门统一进行。涉及多个部门的具体建设项目时，由县级以上规划行政主管部门牵头会审后，报同级人民政府批准实施。

6.4 公园绿地规划

公园绿地是城市绿地系统的重要组成部分，城市绿地系统规划主要对公园绿地的类型、位置（选址）、数量、规模、功能与景观形态进行控制与引导。

6.4.1 公园绿地规划的目标

（1）满足使用功能的要求

公园绿地的规划设计应首先满足人们的使用要求。在城市公园绿地的规划布局中，应根据合理的服务半径，将不同种类的公园绿地均匀地分布于城市中适当的位置，尽可能避免公园绿地服务盲区的存在。在具体公园的规划设计中应先深入调查研究该公园绿地使用者的情况。这些情况包括使用者的年龄构成、生活习惯、休息时间的安排、户外活动的行为规律等，将以人为本的思想贯穿于设计的整个过程。在功能空间划分、活动项目的设置及景观序列的安排、建筑小品的布置等方面都应结合心理学、行为学和人体工程学的原理，设计出使用频率高、真正供人们休憩娱乐的公园绿地。

（2）保证绿地生态效益得到充分发挥

为了满足城市公园绿地的生态功能，在规划中应将大小不同的公园绿地分布于城市中，同时以绿带或绿廊的形式连成网络，这样可使公园绿地的生态效益得到充分的发挥。同时在具体的公园绿地设计中尽可能提高公园绿地的三维绿量。

（3）发挥美化环境的功能

为了使公园绿地发挥美化环境的功能，在规划设计中应考虑公园绿地和周围环境及建筑之间的关系、绿地本身的景观构成、景观序列及艺术特色等内容。对于一些有特殊意义的公园绿地还应对其地方文脉、场所精神、文化内涵等进行探索。

从以上城市公园绿地的规划设计原则的阐述中，可以发现，在城市公园绿地规划设计中应抓住以下几个要点：

1）按合理的服务半径均匀地分布公园绿地，方便人们使用。

2）公园绿地应具有一定的规模，同时这些公园绿地应连成一体。

3）公园绿地的设计中应充分地研究人的行为、心理需求及特征，做到真正满足人们的使用要求。

4）公园绿地的设计应以植物造景为主，加强种植设计。

5）公园绿地的设计除满足使用和生态功能以外，还应该注意立意和构景，使人们在公园绿地中得到更高的精神享受。

6.4.2 公园绿地布局的一般原则

各类公园绿地在城市中的位置，应在城市绿地系统规划中确定，应结合河湖水系、道路系统及生活居住用地的规划综合考虑。

1）系统性原则，各类公园绿地应统一规划，分区分级分类设置，注意布局的均匀性。

2）生态性原则，各类公园绿地尽量布置在生态敏感性较高，以及自然生态价值较高的区域，即内在地适合于绿地用途的地方。

3）可达性原则，各类公园绿地应方便到达，服务半径应满足市民使用需求，并与城市主要道路有密切的联系。

4）因地制宜原则，利用不宜于工程建设及农业生产的复杂破碎的地形，起伏变化较大的坡地，利用现状地形条件；选择在具有水面及河湖沿岸景色优美的地段，发挥水系的作用；选择在现有树木较多和有古树的地段，在森林、丛林、花圃等原有种植的基础上加以改造，利用现状植被条件；选择在原有绿地的地方，或将现有的公园建筑、名胜古迹、革命遗址、纪念人物事迹和历史传说的地方，利用历史文化资源，加以扩充和改建，补充活动内容和设施。

5）可持续发展原则，应考虑将来有发展的余地，随着经济社会的发展和人民生活水平的不断提高，对公园绿地的要求会增加，应保留适当的发展备用地。

6.4.3 公园绿地的指标和游人容量

城市绿地系统规划涉及的公园绿地指标主要有人均公园绿地面积、各类公园绿地面积、绿化用地比例、服务半径、公园绿地数量、公园绿地总面积、公园绿地游人容量等。

（1）现有规范对公园绿地指标的规定

1)《城市用地分类与规划建设用地标准》GBJ 137-90 中的公共绿地（G1）包括公园绿地（G11）和街头绿地（G12）两类，基本上包括了《城市绿地分类标准》CJJ/T 85-2002 中公园绿地（G1）的全部类型（不包括小区游园）。根据人均建设用地指标规定了人均单项建设用地指标和规划建设用地结构，规定人均公共绿地面积不小于 $7m^2$，若人均建设用地指标低于 $75m^2$，其规划人均公共绿地指标可适当降低，但不得小于 $5m^2$。规定绿地（包括公共绿地和生产防护绿地）占建设用地的比例为 8%~15%，风景旅游城市及绿化条件较好的城市，其绿地占建设用地的比例可大于 15%。

2)《公园设计规范》GJJ 48—92 对各类公园绿地的规定：

儿童公园面积宜大于 $2hm^2$，动物园面积宜在 $5~20hm^2$ 之间，植物园面积宜大于 $40hm^2$，专类植物园面积宜大于 $20hm^2$，独立的盆景园面积宜大于 $2hm^2$，其他专类公园面积宜大于 $2hm^2$。

该规范分别对公园用地规模及绿化用地比例进行了规定，见表 6-1。

《公园设计规范》对各类公园绿化用地比例的规定（%）　　表6-1

陆地面积 (hm²)	用地类型	公园类型												
		综合性公园	儿童公园	动物园	专类动物园	植物园	专类植物园	盆景园	风景名胜公园	其他专类公园	居住区公园	居住小区游园	带状公园	街旁游园
<2	绿化用地	—	>65	—	—	—	>65	>65	—	—	—	>75	>65	>65
2~<5		—	>65	—	>65	—	>70	>65	—	>70	>75	—	>65	>65
5~<10		>70	>65	—	>65	—	>70	>70	—	>75	>75	—	>70	>70
10~<20		>75	>70	—	>65	—	>75	—	—	>80	—	—	>70	—
20~<50		>75	—	>70	—	>85	—	—	—	>80	—	—	>70	—
≥50		>80	—	>75	—	>85	—	—	>85	>85	—	—	—	—

3)《国家园林城市标准》（2005 年）规定：城市中心区人均公共绿地达到 $5m^2$ 以上；城市公共绿地布局合理，分布均匀，服务半径达到 500m（$1000m^2$ 以上公共绿地）；公园设计绿化面积应占陆地总面积的 70% 以上；城市广场绿地率达到 60% 以上；近三年，大城市新建综合性公园或植物园不少于 3 处，中小城市不少于 1 处，人均公共绿地面积 7~9m²。

4)《国家生态园林城市标准（暂行)》（2004 年）规定的建成区人均公共绿地面积见表 5-5。

（2）公园绿地人均指标和公园绿地需求总量指标计算

按人均游憩绿地的计算方法，可以计算出公园绿地的人均指标和全市指标。

人均指标（需求量）计算公式：

$$F = P \times f/e$$

式中　F——人均指标（m²/人）；

　　　P——游览季节双休日居民的出游率（%）；

　　　f——每个游人占有公园面积（m²/人）；

　　　e——公园游人周转系数。

大型公园，取：$P_1 > 12\%$，$60m^2$/人$< f_1 < 100m_2$/人，$e_1 < 1.5$；

小型公园，取：$P_2 > 20\%$，$f_2 = 60m^2$/人，$e_2 < 3$。

城市居民所需公园绿地总面积由下式可得：

$$城市公园绿地总面积 = 居民人数 \times F$$

其中，综合公园的面积一般要满足在假日和节日里，容纳约为服务范围居民人数的15%~20%，在50万以上人口的城市中，全市性公园至少应能容纳全市居民中10%的人同时游园。

（3）公园绿地游人容量计算

公园绿地游人容量指游览旺季星期日高峰小时内同时在园游人数，是确定内部各种设施数量或规模的依据，也是公园管理上控制游人量的依据。公园的游人量随季节、假日与平日、一日之中的高峰与低谷而变化，一般节日最多，游览旺季周末次之，旺季平日和淡季周末较少，淡季平日最少，一日之中又有峰谷之分。确定公园游人容量以游览旺季的周末为标准，这是公园发挥作用的主要时间。

公园游人容量应按下式计算：

$$C = A/A_m$$

式中　C——公园游人容量（人）；

　　　A——公园总面积（m²）；

　　　A_m——公园游人人均占地面积（m²/人）。

公园游人人均占地面积根据游人在公园中比较舒适地进行游园考虑。《公园设计规范》规定市区级公园游人人均占有公园面积以 $60m^2$ 为宜，居住区公园、带状公园和居住小区游园以 $30m^2$ 为宜；近期公共绿地人均指标低的城市，游人人均占有公园面积可酌情降低，但最低游人人均占有公园的陆地面积不得低于 $15m^2$。风景名胜公园游人人均占有公园面积宜大于 $100m^2$。水面和坡度大于50%的陡坡山地面积之和超过总面积的50%的公园，游人人均占有公园面积应适当增加，其指标应符合表 6-2 的规定。

| 水面和陡坡面积较大的公园游人人均占有面积指标 | | | | 表6-2 |

水面和陡坡面积占总面积比例（%）	0~50	60	70	80
近期游人占有公园面积（m²/人）	≥30	≥40	≥50	≥75
远期游人占有公园面积（m²/人）	≥60	≥75	≥100	≥150

6.4.4 公园绿地规划设计要点

（1）综合性公园

1）综合性公园规划设计的原则

综合性公园的规划设计除遵循城市公园绿地的一般规划设计原则外，还应遵循以下的原则：

①要表现地方特点和风格，每个公园都要有其特色，避免景观的重复；

②依据城市园林绿地系统规划的要求，尽可能满足游览活动的需要，设置人民喜欢的各种活动内容；

③充分利用现状及自然地形，有机地组织公园的各个分区；

④规划设计要切合实际，便于分期建设及经营管理。

2）综合性公园设置的内容及影响因素

根据综合性公园的服务功能，可设置以下活动内容（表6-3）：

| 综合性公园设置内容 | | 表6-3 |

服务功能	设置内容
观赏游览	山石水景、花草树木、名胜古迹、建筑小品、飞鸟游鱼等内容
安静休息	供游人散步、晨练、学习、绘画、闲谈、垂钓、小憩等的活动设施
儿童活动	儿童的器械活动、游戏活动、体育运动、集会以及一些科普知识的普及和教育等的活动设施
文娱活动	露天剧场、电影场、俱乐部、游艺室、浴场、群众表演等的场地
体育活动	游泳、攀岩、登山、羽毛球、网球等球类运动、滑旱冰等的场地
文化和科普宣传	展览厅、宣传栏、陈列厅、演说台、植物园、动物园、盆景园等
服务设施	餐厅、茶室、小卖部、公用电话、问讯、指示牌、厕所、垃圾箱等
园务管理	办公管理用房、职工宿舍、食堂、仓库、变电站、苗圃、温室等

在具体规划某个综合性公园时，其设置的内容可根据具体情况适当增减，需要考虑当地居民的生活习惯及使用者的使用需求。同时还受公园规模的限制，在大的公园中，游人较多，公园中活动时间较长，就需要多设置一些设施，以满足游人的活动需求。此外，设置的内容还要考虑该公园在城市绿地系统中所处的地位，如果公园位于市中心，在城市绿地系统中主要担负解决居民游憩娱乐活动的要求，那么在公园中就要多设置一些文化娱乐活动设施；如果靠近城市边缘，起着改善城市生态环境的作用，则公园就需要多设置一些观赏游览、放松身心的项目。另外，如果公园附近

有一些娱乐设施，如电影院、体育馆等，那么在公园中就可以减少或不考虑这些活动内容的设置。公园的设置内容还要根据公园的自然条件情况（地形、水体、植物）设置，因地制宜地进行。

3）综合性公园的功能分区及规划

公园中不同的活动需要不同性质的空间承载。由于活动性质的不同，这些功能空间应相对独立，同时又相互联系。为了避免各种活动相互交叉，在综合性公园的规划设计中应有较明确的功能划分。根据各项活动和内容的不同，概括起来综合性公园一般分为出入口区、观赏游览区、文化娱乐区、儿童活动区、服务设施和园务管理区六个功能区。

①出入口区

公园出入口位置的选择，是公园规划设计中的一项重要工作。公园出入口选择是否恰当，直接关系到游人是否能方便安全地进入公园，还影响到城市的交通秩序及景观，同时对整个公园的结构、分区的形成以及活动设施的设置等都有一定的影响。

一个综合性公园一般可设置一个主入口，一个或多个次入口以及专用入口。主入口应与城市主要道路及公园交通有便捷的联系，同时还应考虑有足够的用地解决大量人流疏散及车辆的回转停靠等问题，另外，还应考虑主入口位置的选定是否有利于园内组织游线和景观序列等。次要出入口一般为局部区域居民使用，位置可设在人流来往的次要方向，还可设在有大量人流集散的设施附近，例如园内的表演厅、露天剧场等项目附近。专用出入口是为公园园务管理的需要设置的。它的位置可根据园务管理区的设置而定，一般由园务管理区直接通向街道。专用出入口位置宜隐蔽，直接通向街道，不供游人使用。

入口区除公园大门以外还应有以下的项目及内容：大门内外都要设置游人的集散广场，园门外广场还应考虑设置汽车停车场及自行车停车棚；此外，还应设有园门建筑、售票处、收票处、小卖部、休息廊、公用电话、物品寄存、值班、办公、导游图、宣传廊等。入口区是游人对公园的第一印象，也是整个公园景观序列的序曲部分。因此，在空间感受、视线控制、植物配植、小品设计等方面都应突出特色，让游人有耳目一新的感觉。

②观赏游览区

观赏游览区主要供游人参观、观赏及休息用，也是公园中最重要的组成部分。这一区域内占地面积比例最大，自然风景条件和绿化条件最好，而且能为人们提供一个安静的环境。因此，该区一般远离出入口和人流集中的地方，并与喧闹的文化娱乐区和儿童活动区之间有一定的隔离，同时还应选择一些地形复杂、自然景观元素丰富、原有植被条件丰富的地段，从而才有利于组织游览路线和景观序列。

③文化娱乐区

文化娱乐区是进行表演、游戏活动、游艺活动等的区域。这一功能区的特点是人流集中、人流量大、气氛热闹、人声喧哗。针对这些特点，在该区应设置足够的道路及场地来组织交通，解决人流疏散的问题；同时，为了避免各项活动之间相互干扰，应利用树木、建筑、地形等因素进行适当的隔离，使各项活动顺利进行；另外，由于大量人流集中于该区，还应有足够的生活服务设施，如餐厅、小卖、冷饮、茶室、厕所等。因此，这一区域也是园内建筑最为集中的区域，在用地选择上应考虑有一定的平地和可利用的自然地形地段用于建筑的修建。该区是主要人流和建筑集中的地方，因此往往也是整个公园的重点布局区。

④儿童活动区

儿童活动区在综合性公园中是一个相对独立的区域，与其他功能分区之间需要一定的隔离。儿童活动区的位置宜选在公园出入口的附近，并与园内的主要游线有简捷明确的联系，便于儿童辨别方向。区内的各项活动应按不同年龄段进行划分，分别设置适合各年龄段的活动区域，如供学龄前儿童使用的沙坑、转椅、跷跷板，适合学龄儿童的少年之家、滑板、自行车、冒险游戏等。区内的植物配植、建筑、小品等其他设施的造型、色彩、质地的设计都应符合儿童的心理及行为特征。此外，在该区的设计中还应考虑家长的需要，设置座椅、小卖等服务设施。

⑤园务管理区

园务管理区是为公园经营管理的需要而设置的内部专用区。区内可分为：管理办公部分、仓库工厂部分、花圃苗木部分、职工生活服务部分等。这些内容可根据用地情况及使用情况，集中布置于一处，也可分散成几处。布置时应尽量注意隐蔽，不暴露在风景游览的主要视线上，以避免误导游人进入。该区的设置一方面要考虑便于执行公园的管理工作，另一方面要与城市交通有方便的联系，对园内园外均应有专用的出入口，为解决消防和运输问题，区内应能通车。

⑥服务设施

服务设施类的项目和布置形式与公园规模大小、游人数量及游人的分布情况相关。在较大的公园里，可设1~2个服务中心区，另外再按服务半径的要求在园内设几处服务点，并将休息座椅、休息亭、廊等小品建筑、指路牌、垃圾箱、厕所等分散布置于园内适当的位置供游人使用。服务中心区考虑为全园游人服务，位置宜定在活动项目多、游人集中、停留时间长的地方，区内可设置餐饮、休息、电话、问询、寄存、购物等项目。服务点为园内局部地区游人服务，可根据服务半径的需要及各区具体活动项目的需要，选择合适的位置设置，一般内容有饮食、小卖、休息、电话等。

（2）社区公园

社区公园分为居住区公园和小区游园。由于居住区公园和小区游园在以往的分类中均划为居住区绿地，在规划中也均被列入居住区绿地系统规划中，为使居住区绿地规划部分的阐述更成系统，本书将居住区公园和小区游园的规划设计内容归入居住区绿地一节讲述。

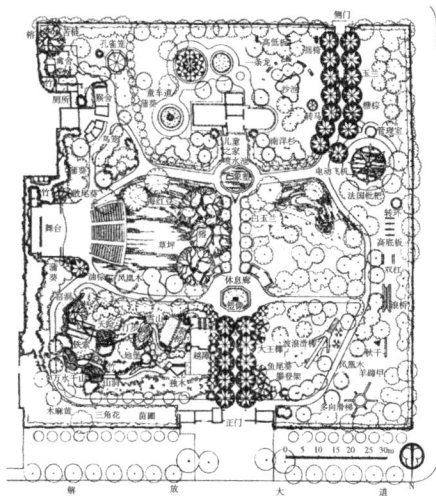

图6-6 湛江儿童公园

（3）专类公园

1）儿童公园

①分类及位置选择

儿童公园是专为儿童设置，供其进行游戏、娱乐、科普教育、体育活动等的城市专类公园。其在对于儿童身体的锻炼、智力的提高、性格的完善、知识的增长等儿童综合素质的全面提高方面承担着重要责任。因此，在城市中设置儿童公园具有重要的意义。

根据儿童公园设置内容的不同，儿童公园可分为三种类型。

a) 综合性儿童公园

综合性公园内容比较全面，各项设施齐全，可以满足不同年龄段儿童多种活动的要求（图6-6）。一般可设置各种球场、游戏场、小游泳池、戏水池、电动游戏场、露天剧场、少年科技馆、阅览室等内容。根据服务范围及规模大小的不同，综合性儿童公园可分为市属和区属两种类型。

b) 特色性儿童公园

重点强化某项活动内容，或围绕某个主题，并形成比较完善的系统，形成某一特色。如哈尔滨儿童交通公园（图6-7），就是围绕城市交通这一主题，系统地布置象征城市交通的各种活动及设施，如小火车、红绿灯、岗亭、站台等。通过这些活动，使儿童了解城市的一般交通特点和规则，介绍交通的相关知识，让儿童从小就养成遵守交通规则和制度的良好习惯。

c) 一般性儿童公园

一般性儿童公园主要是为区域少年儿童服务的，一般占地少，设施简单，

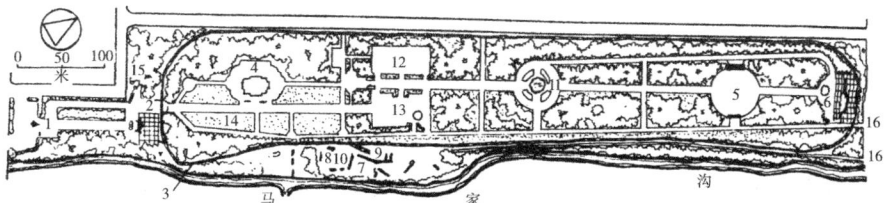

图6-7 哈尔滨儿童交通公园平面图

1—大门；2—"北京"站；3—小火车铁轨；4—宣传室；5—露天剧场；6—"哈尔滨"站；
7—温室；8—管理处；9—车库；10—油库；11—喷泉；12—运动场；13—儿童游戏场；
14—植物品种园；15—厕所；16—次要入口

具体活动内容根据具体情况有重点地设置。但主要内容还是体育、娱乐方面。

儿童公园一般应选择在交通方便、与居住区联系密切的城市地段。在地形要求上，应选择地形较为平坦的区域，同时如果有自然水面和较好的绿化基础及自然景色的地段更好。

②儿童公园的规划设计要点

a）要按不同年龄儿童使用比例均匀划分用地，活动区的用地应有良好的日照及通风条件。

b）道路网简单明了，便于儿童辨别方向，顺利到达各活动区。道路应作防滑处理，主要道路还要考虑儿童骑小三轮车及儿童推车通行的要求。

c）有充分的绿化，保证有良好的自然环境。绿化用地面积宜在50%左右，绿化覆盖率宜在70%以上，并结合自然地形、水面等自然因素，形成良好的景观效果。

d）园内的建筑、小品及各项活动设施的造型、色彩等应符合儿童的心理、行为及安全要求，易被儿童接受，并引发儿童的兴趣。

e）应有适当的服务及休息设施，供儿童及陪同儿童的成人使用。

③功能分区及设施布置

按不同的功能，可将儿童公园分为活动区及办公管理区。办公管理区包括为儿童活动服务的后勤管理设施，如办公室、保管室、广播室等；活动区是组织儿童活动的主要区域，按不同的活动特征，活动区又可划分为以下几类（图6-8）：

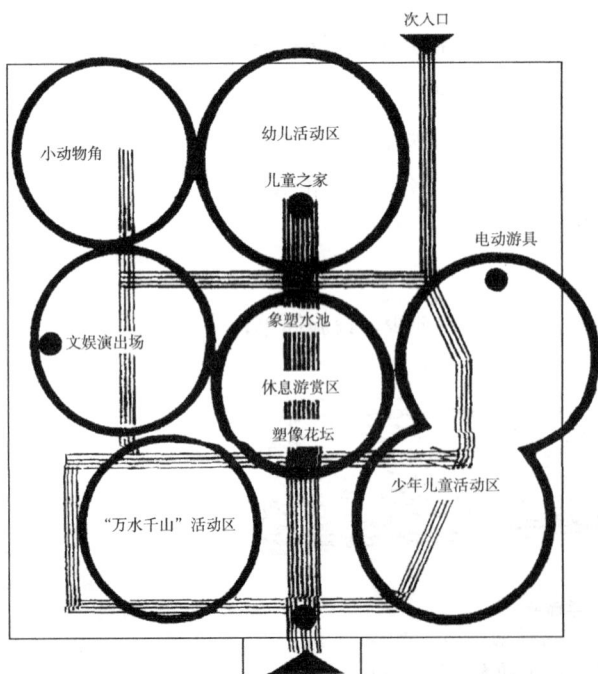

图6-8 儿童公园功能分区示意（湛江儿童公园）

a）幼儿活动区：学龄前儿童使用的区域，一般宜靠近入口大门，便于幼儿寻找及童车的推行。幼儿活动区可设置的设施有：沙坑、草地、硬质地、休息亭廊、凉篷、学步栏杆、攀缘梯架、跷跷板、滑梯、秋千、转椅等。

b）学龄儿童活动区：学龄儿童游戏活动的区域。学龄儿童活动区可设置的设施有：集中活动场地、障碍活动场地、冒险活动设施、嬉水池、表演舞台、飞椅、空中列车、游艺室等。

c）体育活动区：可集中进行体育运动的场地。体育活动区可设置的设施有：各种球场、单杠、双杠、乒乓球台、攀岩墙等。

d）娱乐和少年科学活动区：进行娱乐和科普知识宣传的区域。娱乐和少年科学活动区可设置的设施为：露天电影、露天表演、小植物园、小动物园、阅览室、科技馆等。

④植物配置

儿童公园一般较靠近居住区，为防止儿童公园的噪声对周围居民产生影响，在周围应栽植浓密的乔、灌木与之隔离，公园内各功能区之间也应有适当的绿化分隔，同时在注意保证场地有充分日照的前提下，适当选择一些遮阴效果好的乔木，为儿童活动创造一个良好的绿化环境。

另外，考虑儿童安全及其他生理及心理特点，在植物配植上应遵循以下原则：

a）不选用有毒植物，这类植物威胁儿童的健康及生命安全。因此，凡花、叶、果等有毒的植物均不宜选用，如凌霄、夹竹桃等。

b）不选用有刺的植物，这类植物容易刺伤儿童皮肤或挂破其衣裤，因此不宜使用。这类植物有枸骨冬青、刺槐、蔷薇、仙人掌、枳等。

c）不选用有刺激性或有奇臭的植物。这类植物易使儿童发生过敏反应，因此不宜使用，如漆树等。

d）不选用易招致病虫害及易落浆果的植物，这类植物不易管理养护。这些植物上的虫类及浆果落下后会污染场地，妨碍儿童使用。这类植物有桷树、柿树等。

2）动物园

①动物园的分类

动物园是集中饲养多种野生动物及少数品种优良的家禽家畜，供市民参观、游览、休息，对市民进行科普教育，同时可供科研的城市专类公园。

动物园既有供市民参观游览、娱乐的功能，同时又担负着一些特殊任务，如向市民普及动物学及相关学科的科学知识，具有教育的功能；开展动物科学研究，给动物学家及相关研究人员提供一个研究的平台；保护繁殖珍稀濒危动物，维持生物多样性等。

a）按照动物园规模和动物展出方式，动物园可分为：

城市动物园。一般位于大城市近郊区，用地面积在 $20hm^2$ 以上，动物展出的品种和数量相对较多，展出形式比较集中，以人工畜舍和动物室外运动为主。

人工自然动物园。一般多位于大城市远郊区，面积在 $60hm^2$ 以上，动物展出的品种不多，通常为几十种。一般把动物封闭在范围较大的人工模拟的自然生长环境，以群养、敞开放养为主，富有自然情趣和真实感。如上海野生动物园、重庆永川野生动物世界、台北野生动物园均属此类。

自然动物园。一般多位于自然环境优美、野生动物资源丰富的森林、风景区及自然保护区。面积大,动物以自然状态生存,游人通过确定的路线、方式,在自然状态下观赏野生动物,富有野趣。如非洲、美洲、欧洲许多以观赏野生动物为主要景观的国家公园;我国四川省都江堰国家森林公园也是充分利用园内大熊猫、小熊猫、金丝猴、扭角羚、獐、天鹅等十多种国家重点保护动物,建立了全国最大的森林野生动物园。但这类动物园在绿地分类标准中不属于公园绿地,而属于风景游览绿地中的自然保护区类别。

b)按饲养动物的种类分类,动物园可分为:

综合性动物园。园内动物种类多,一般包括不同科属、不同生活习性、不同地域分布的许多动物,需要人为地创造不同环境去适应不同种类的要求。目前,大多数的动物园属此类。

专类动物园。专门收集某一类的动物,或某些习性相同的动物,供人们观赏,园内展出的动物通常为富有地方特色的种类,园的面积一般为 $5\sim20hm^2$。这类动物园特色鲜明,如泰国的鳄鱼公园、蝴蝶公园,韩国的观鸟园以及各地的海洋馆等均属此类。

②动物园的选址及规模

动物园选址要从以下几个方面综合考虑:

地形方面:由于动物种类繁多,来自不同的生态环境,故地形宜高低起伏,有山冈、平地、水面等自然风景条件和良好的绿化基础。

卫生方面:动物时常会狂吠吼叫或发出恶臭,并有通过疫兽、粪便、饲料等产生传染疾病的可能,因此动物园最好与居民区有适当的距离,而设在河流下游或下风向地带。园内水面要防止城市水的污染,周围要有卫生防护地带,该地带内不应有住宅和公共福利设施、垃圾场、屠宰场、动物加工厂、畜牧场、动物埋葬地等。

交通方面:动物园客流较集中、货物运输量也较多,如在市郊更需要交通联系。一般停车场和动物园的入口宜在道路一侧,较为安全。

工程方面:应有充足的水源、良好的地基,便于建设动物笼舍和开挖隔离沟或水池,并有经济安全的供应水电的条件。

综上所述,通常大中型动物园都选择在城市郊区或风景区内。

动物园的用地规模主要取决于城市的大小及性质、动物园的类型、动物品种与数量、动物笼舍的造型、规划布局方式、自然条件、周围环境、动物饲料来源、游客量以及管理等因素。同时也与地方经济条件和自然条件有关。要保证有足够的动物笼舍面积、有足够的游人活动和休息用地、有足够的管理办公区以及各类功能分区之间要有适当距离和一定的绿化缓冲带。同时还要考虑为动物园发展规划留有一定的预留用地(表6-4)。

动物园用地规模参考表　　　　　　　　表6-4

动物园名称	用地规模（hm²）	饲养动物情况（不包括鱼类）
北京动物园	87	近500种，6000只
上海动物园	74	600余种，6000多只
上海野生动物园	153	200余种，上万余头
南京红山森林动物园	68	280余种，3000多头
广州动物园	42	400余种，近5000只
杭州动物园	20	200余种，2000只左右
武汉动物园	42	200余种，2000多只
太原动物园	79	160余种，近2490只
福州动物园	7	100余种
成都动物园	23	250余种，3000多只
芝加哥林肯动物园	34	200余种，1200多只
纽约布朗克斯动物园	107	650余种，27000多只
伦敦动物园	15	约650种，逾万只
莫斯科动物园	22	800余种，2000余只
柏林动物园	33	约1500种，近11200只
阿姆斯特丹动物园	14	700余种，6000余只
汉堡动物园	20	2500余只
东京上野动物园	14	360余种，1860余只

③动物园的规划设计要点

有明确的功能分区。各区既互不干扰，又相互联系，有利于动物的饲养、繁殖、研究和管理，同时又能保证动物的展出，方便游客的参观游览。

有清晰的游线组织。通过对园路进行分级分类，形成主要园路、次要园路、游览便道、园务管理接待专用园路等组成的导游方向明确、等级清晰的道路游览系统，使游人能进行全面及重点的参观，使园务管理与游览路线不交叉干扰。

结合动物的生活及活动习惯，选择适当的展出方式，并进行合理的植物配植，创造适合动物生活的空间以及景色宜人的公园环境。

动物园四周应采取有效的安全防护措施，以防动物逃跑伤人，同时应保证游人能迅速安全地疏散。

动物园的规划能保证分期实施的可能。由于动物园的建设投资大，周期长，一般需10~20年的时间才能基本建成，因此规划时应考虑分阶段实施的可能，同时还要为动物园未来的发展提供可能性。

④功能分区

一般的综合性动物园，由以下五个功能区组成（图6-9）：

a）科普、科研活动区，是全园的科普中心，主要由动物科普馆组成，一般布置在有方便的交通、足够的活动场地之处，便于游人对动物的进化、种类、生活习性、生存环境等有全面的了解。有的动物园还设有科研区，供科研人员

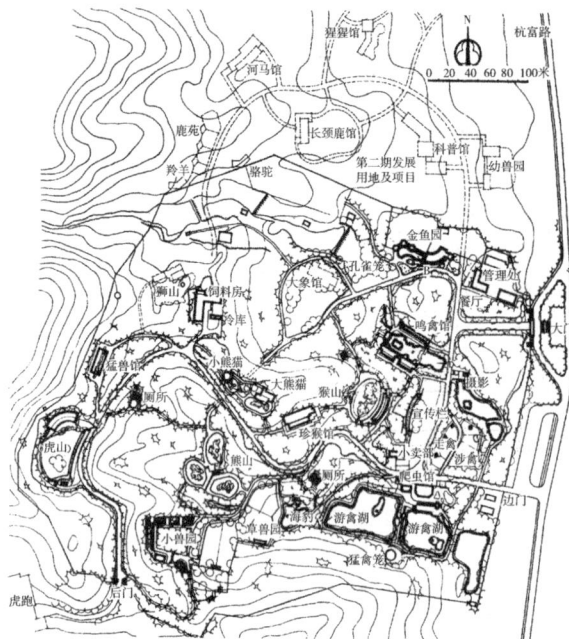

图 6—9　杭州动物园平面图

从事对野生动物的生态习性、驯化繁殖、遗传分类等方面的研究，这部分通常不对游人开放。

b）动物展览区，是动物园的主要组成部分，由各种动物笼舍及活动场地，以及供游人参观的活动空间组成，其用地面积最大。在规则布局中应按一定的顺序，因借有利地形，合理安排各类动物展区，使其相互间既有联系又有绿化隔离。

c）服务休息区，主要包括为游人设置的休息亭廊、接待室、餐厅、茶室、小卖部等服务网点及休息活动空间。可采取集中布置服务中心与分散服务点相结合的方式，均匀地分布于全园。为便于游人使用，常常随动物展览区协同布置。

d）经营管理区，包括行政办公室、饲料站、兽疗所、检疫站等，应设在隐蔽处，单独分区，同时要与动物展览区、动物科普馆等有方便的联系，应设专用入口，以方便运输和对外联系。

e）职工生活区，对于职工生活区，为了避免干扰和卫生防疫，一般设在园外。

⑤动物园的游线组织

动物园的游线组织除要遵循道路游线组织原则外，还要考虑合理安排动物的展览顺序，一般动物园的动物展览布局方式主要有如下几种：

a）按动物的进化系统分类布局。我国大多数动物园是按这种方式布置的。突出动物的进化系统，即由低等动物到高等动物，由无脊椎动物—鱼类—两栖类—爬行类与鸟类—哺乳类的顺序排列，在规划布局中因地制宜地利用各种地形安排笼舍，形成由数个动物笼舍组合而成的既有联系又有绿化隔离的动物展览区。这种布置方式的优点是科学性强，可以使游人了解动物进化概念。

b）按地理分布布局。根据动物原产地的不同，结合原产地的自然环境及建筑风格来布置，如亚洲、欧洲、非洲、美洲等地区排列。其优点是能使游人了解动物的地理分布、生活习性及原产地的自然风貌、建筑风格，有利于创造鲜明的景观特色，但投资大，不便于饲养和管理，也不便于完整地介绍进化系统概念。

c）按动物生态习性安排布局。根据动物生态习性，如水生、草原、沙漠、冰山、疏林、山林、高山等去布置。

d）按游人爱好和动物珍贵程度、地区特产动物安排布局。将一般游人喜爱的动物、动物的珍贵程度、地区特产动物等进行游线组织，如将猴、金丝猴、猩猩、狮、虎、大象、熊、熊猫、长颈鹿等动物布置在全园的主要位置，突出地布置在导游线上。

e）混合式排列。融合上述多种布局方式，兼顾动物进化系统、地理分布和方便管理等进行布局的一种排列形式。

⑥植物配置

动物园的植物绿化应根据动物园的性质和特点进行配置设计。首先，动物园的动物展示区是绿化配植的重点，应按生态相似性原则，模拟各种动物的自然生态环境（植物、气候、土壤、水体、地形等），从而保证来自世界各地的动物能安全、舒适地生活。例如：熊猫展区可多用竹子、狮虎山可多植松树、大象、长颈鹿等展区可栽种棕榈、芭蕉、椰子之类的植物，尽可能体现各类动物的原生生境，创造动物野生环境的植物景观，以增加展区的真实性和科学性。同时，应注意植物的形、色、量的协调以及与其他景观要素的协调，形成一个良好的景观背景。其次，在游人活动的区域要注意考虑遮荫及观赏视线问题，为游人观赏动物创造良好的视线、场地、背景、避阴条件等，并满足游人休息的需要。此外，在园的外围应设置一定宽度的防污隔噪、防风、防菌、防尘、消毒的卫生防护林。树种选择上应选择无毒、无刺、萌发力强、少病虫害的树种，以免动物中毒受伤。

3）植物园

①植物园的分类

植物园是搜集和栽培大量国内外植物，供科研、教育、游览的一种专类城市公园。是人们普及植物科学知识的主要园地和各层次学生实习的教学基地，同时又以其多样的植物种类、丰富的植物景观和多样化的园林布局形式吸引市民观赏游憩，是集科研、科普和游览于一体、以科普性为主的城市绿地。

综合性植物园搜集、栽培的植物范畴广，种类多，内容丰富，是兼科研、游览、科普及生产多种职能为一体，规模较大的植物园，也是目前全球较普遍的一种类型。如英国的邱园（图6-10）、剑桥大学植物园以及我国的南京中山植物园（图6-11）、华南植物园（图6-12）、北京植物园（图6-13）、上海植物园（图6-14）、庐山植物园、武汉植物园、贵州植物园、昆明植物园等多数植物园均属此类。

专业性植物园是指根据一定的学科、专业内容布置的植物标本园、药用植物园、树木园等，一般规模较小，如浙江林学院植物园、武汉大学树木园、广州中山大学标本园、南京药用植物园等。这类植物园大多数属于某大专院校、科研单位，因此又可称为附属植物园。

②植物园的选址、规模

为使植物能够有一个良好的生长环境，游人能方便地参观游览，对植物

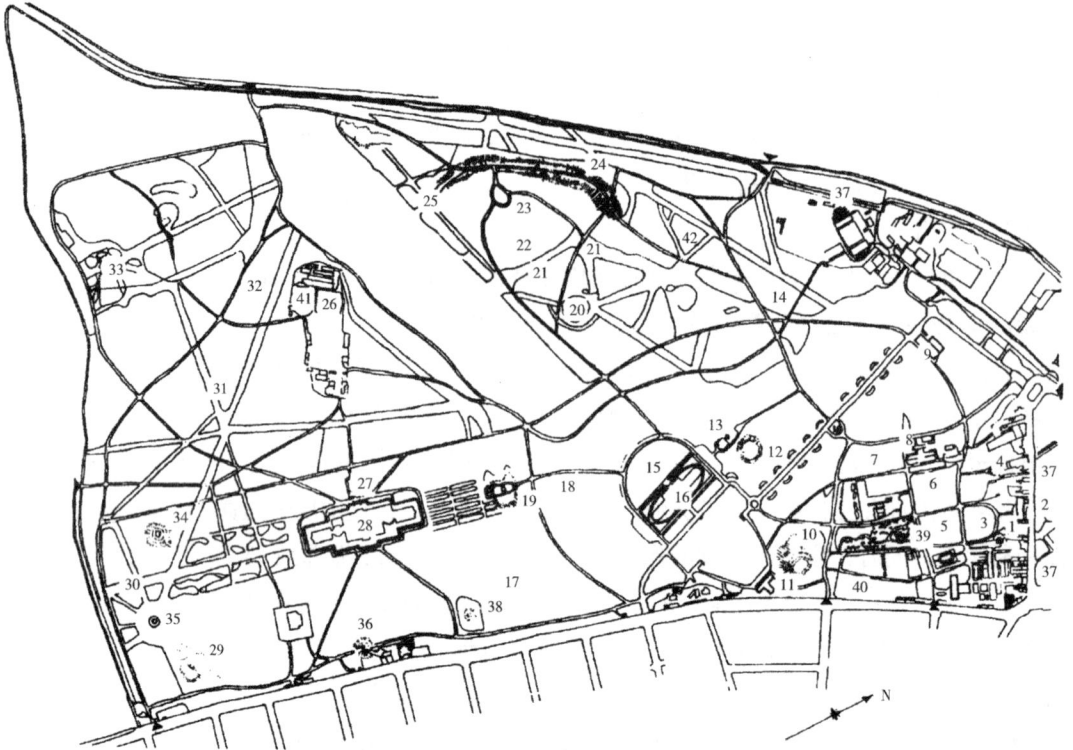

图 6-10 英国皇家植物园邱园平面图

1—荷兰园；2—木材博物馆；3—剑桥村舍花园；4—主任办公室；5—鸢尾园；6—多浆植物园；7—温室区；8—日晷；9—柑橘室；10—林地园；
11—博物馆；12—蟹丘；13—睡莲温室；14—水仙区；15—月季园；16—棕榈温室；17—小欒谷；18—日本樱花；19—威廉王庙；20—杜鹃园；
21—鹅掌楸林荫路；22—杜鹃；23—竹园；24—杜鹃谷；25—栗树林荫路；26—苗圃；27—大洋洲植物温室；28—温带植物温室；29—欧石楠园；
30—山楂林荫路；31—橡树林荫路；32—睡莲池；33—女皇村舍；34—清真寺山；35—塔；36—拱门；37—停车场；38—旗杆；39—岩石园；
40—药草地；41—厕所；42—木兰园

图 6-11 南京中山植物园平面图

1—试验苗圃；2—亚热带经济植物区；3—展览温室；
4—树木园；5—药用植物园；6—系统分类园；
7—抗污染植物区；8—观赏植物园；9—主楼；10—林地

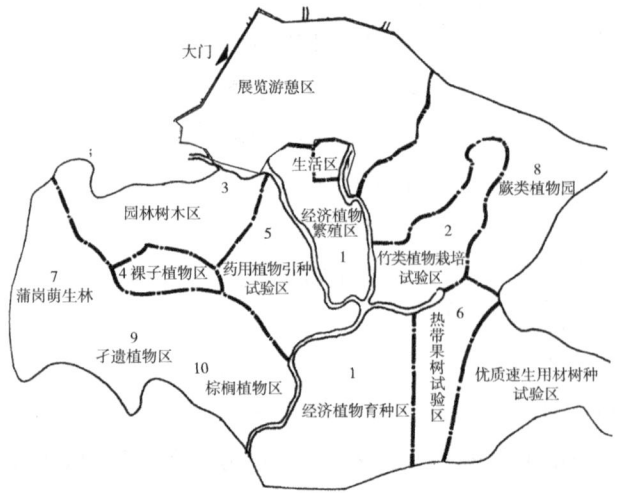

图 6-12 华南植物园平面示意图

1—经济植物区；2—竹类植物区；3—园林树木区；4—裸子植物区；
5—药用植物区；6—热带植物馆；7—蒲岗萌生体；8—蕨类植物园；
9—孑遗植物区；10—棕榈植物区

园的选址有较严格的要求，需要从以下几个方面综合考虑。

从功能进行考虑：

侧重于科学研究的植物园，一般从属于科研单位，服务对象是科学工作者。它的位置可以选交通方便的远郊区，一年之中可以缩短开放期，冬季在北方可以停止游览。

侧重于科学普及的植物园，多属于市一级的园林单位，主要服务对象是城市居民、中小学生等。它的位置最好选在交通方便的近郊区，如能与名胜古迹结合则更好。

如果是研究某些特殊生态要求的植物园，如热带植物园、高山植物园、沙生植物园等，就必须选相应的特殊地点才能便于研究，但也一定要注意交通方便。

从植物生长的自然条件考虑：

土壤：根据植物种类选择土壤，土壤类型多样，有利于建设植物园。

地形：植物种类不同，对地形条件要求也不同，通常要选开旷、平坦、土层厚的河谷或冲积平原，地形稍有起伏是许可的。

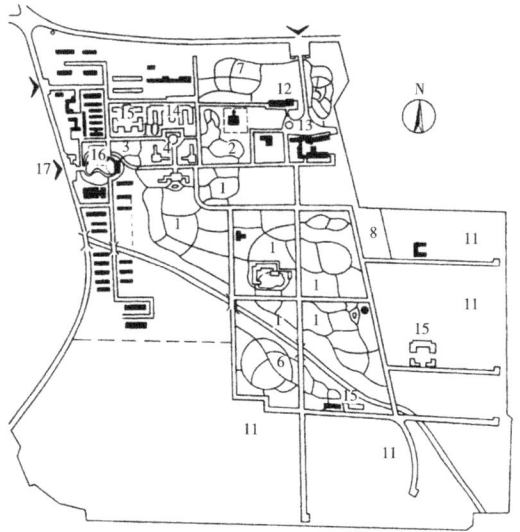

图 6-13 北京植物园平面图
1—树木园；2—宿根花卉园（含球根）；3—牡丹园（含芍药）；4—月季园；5—药用植物园；6—野生果树园；7—环保植物区；8—濒危植物区；9—水生与藤本植物区；10—月季园；11—实验区；12—实验楼；13—国家植物标本馆；14—热带、亚热带植物展览温室（1820m²）；15—繁殖温室、冷室；16—种子标本库（不开放）；17—主要入口

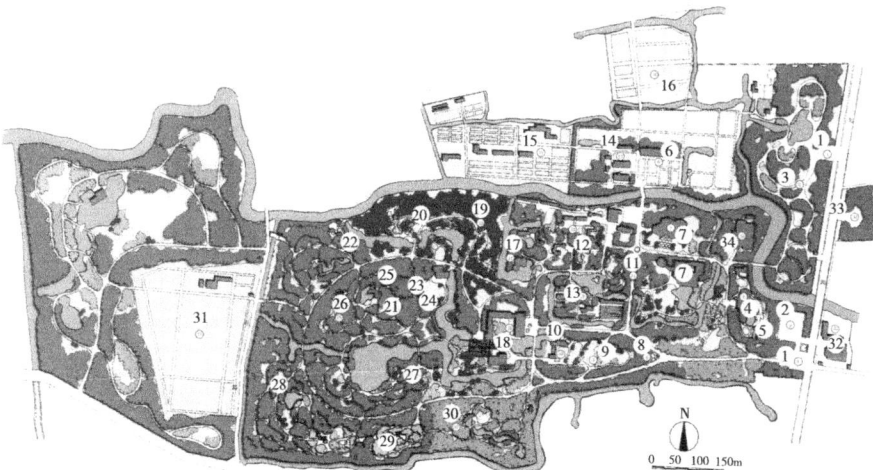

图 6-14 上海植物园平面图
1—大门；2—停车场；3—绿化示范区；4—草药园；5—李时珍塑像；6—引种温室，试验温室；7—展览温室；8—黄石假山；9—环境保护区；10—环保廊；11—人工生态区；12—盆景园；13—三花区；14—科研区；15—花卉盆景生产区；16—草木引种试验区；17—茶室；18—植物楼；19—裸子植物园；20—松柏园；21—植物进化区；22—水生植物池；23—蕨类园；24—木兰园；25—牡丹园；26—杜鹃园；27—蔷薇园；28—槭树园；29—桂花园；30—竹园；31—木本引种试验区；32—生活管理区；33—试验区；34—餐厅

地貌：原来属于树木密集的地方说明当地的自然条件适合于某些树木的生长，适宜选作植物园。

水源：植物园用水有生态用水、生活用水、景观用水等多种类型，建园处要有充足的水源，需要调查水源的种类、供水量、水质、降水量的全年分布、是否有洪涝灾害等。

气候：植物园所在地的气候应当相近于迁地保护植物原产地的气候。

植物园的用地规模取决于植物品种与数量、规划布局方式、自然条件、周围环境、经济条件等（表6-5），一般展览区面积占全园面积40%~60%，苗圃及实验区用地占25%~35%，其他用地约占25%~35%。

植物园用地规模参考表　　　　　　表6-5

植物园名称	用地规模（hm²）	植物种类情况
南京中山植物园	186	3000 种以上
昆明植物园	44	4254 种
武汉植物园	70	保护物种 8000 余种
西安植物园	20	3400 种
北京植物园	规划面积 400hm²，现已建成开放游览区 200hm²	收集展示各类植物 10000 余种（含品种）150 余万株
北京药用植物园	20	1300 种
湖南森林植物园	140	3000 余种
西双版纳热带植物园	900	3000 余种
上海植物园	82	5000 余种
甘肃民勤沙生植物园	67	470 余种
吉林省浑江树木园	98	380 余种
英国皇家植物园邱园	主园加卫星园共有 360hm²	收集了全世界超过 50000 余种植物，活的树木便有 25 万棵之多
美国阿诺尔德树木园	153	8000 余种
德国大莱植物园	42	23000 余种
加拿大蒙特利尔植物园	73	15000 种
俄罗斯莫斯科总植物园	388.5	20000 种

③植物园规划设计要点

a）有明确的功能分区。各区既互不干扰，又相互联系，从而有利于植物的生长和展出，同时方便游客的参观游览。

b）有清晰的游线组织。通过对园路进行分级分类，形成由主要园路、次要园路、游览便道、园务管理接待和供生产专用的园路等组成的导游方向明确、等级清晰的道路游览系统，使游人能方便地到达各展区，同时还能近距离地观赏、观察各类植物。

c）除了按照植物学的规律划分展区及进行植物配植外，还应充分考虑整个植物园的景观效果。

d）植物园的规划能保证分期实施的可能。规划时应考虑分阶段实施的可能，同时还要为植物园未来的发展提供可能性。

④功能分区

一般综合性的植物园，可分为以下几个区：

a）科普展览区。该区是植物园的主要组成部分，其目的是通过植物及其生态环境的展示，向游人介绍植物及植物园相关的科学知识。按不同的分区原则及方法，该区可分为植物分类区、植物生态区、专类园区和示范区。

b）科普教育区。该区一般集中设置科学普及教育的内容和设施。主要包括少年儿童园艺活动区、读书园地、植物学家及名人纪念园、标本馆、植物博览馆、植物图书馆、报告厅、露天表演台等内容。

c）科研实验及苗圃区。该区是供科学研究和生产的用地。一般不对外或少量地对外开放，一般仅供专业人员参观学习。实验区可设置温室、实验室、研究室等，用于引种驯化、杂交繁育等科研活动。苗圃区内可设置实验苗圃、繁殖苗圃、移植苗圃、原始材料圃等。

d）服务及职工生活区。植物园内的相关服务设施包括餐饮、小卖部、园厕等及其他各种服务。同时，为便于职工上下班和日常生活，在远离市区的植物园还应设置包括职工宿舍、食堂、综合服务商店、车库等内容的职工生活区。

⑤游线组织与道路系统

植物园要有清晰的游览路线。通过对园路进行分级、分类，形成合理的游览路线和供科研生产的专用路线。在游线组织上既要保证游人能顺利到达各展区，又要使道路系统合理布局。

植物园内道路按级别一般分为三个等级：

主干道：4~7m 宽，是园内的主要交通路线，应方便交通运输。引导游人进入各主要游览以及主要建筑物，并可作为整个展览区与苗圃试验区或几个主要展览区之间的分界线和联系纽带。

次干道：2~4m 宽，是各展览区内的主要道路，一般不通大型汽车，必要时可行小型车辆，它将各区内的小区或专类园联系起来，多数是这些小区或专类园的界线。

游览步道：1.5~2m 宽，是深入到各展览小区内的游览路线，一般不通行车辆而以步行为主，是为方便游人近距离观赏植物及日常养护管理工作的需要而设置的，有时也起分界线作用。

目前我国大型综合性植物园的道路设计中入园后的主路多采用林荫道，其他道路多采用自然式的布置。

（4）带状公园

1）带状公园的功能

带状公园是城市公园绿地的重要组成部分，兼顾生态、社会、经济功能于一体。

①生态功能

城市带状绿地作为一种廊道，可为植物、动物以及人类提供通道，对于生物流、物质流、能量流等均有重要的作用，扩大了物种的可能生活范围。同时还可以为生物提供栖息地。此外，带状绿地在降低噪声、净化空气、涵养水分等方面起着重要作用。

②社会功能

带状公园良好的可达性可以为人们提供休闲游憩的场所；同时优美的带状公园还可以增强城市景观，改善城市形象。

③经济功能

带状公园具有大面积的公共开放空间，不仅是人们休闲游憩的场所，同时在城市的防火、防震、避难等方面起着重要的作用，它可以作为地震发生时的避难地、火灾时的隔火带。此外，历史文化型的城市带状绿地往往成为都市旅游的重要旅游资源，如南京的明城墙（图6-15）、上海的外滩（图6-16）。

图6-15　南京明城墙(左)

图6-16　上海外滩（右）

2）带状公园的类型

按照城市带状公园的构成要素和功能侧重点的不同，带状公园可分为生态保护型、休闲游憩型以及历史文化型三种。

①生态保护型

以保护城市生态环境、提高城市环境质量、恢复和保护生物多样性为主

图6-17　滨水带状绿地

要目的的带状绿地。如城市滨水带状绿地（图6-17）和城市防护林。滨水带状绿地包括水体、河滩、湿地、植被等形成的绿色廊道，可成为动物理想的栖息地；城市防护林多位于城市外围或城市各城区之间，可以在阻止城市无节制蔓延、控制城市形态、改善城市生态环境、提

高城市抵御自然灾害的能力等方面起到重要作用。

②休闲游憩型

以供人们散步、骑自行车、运动等休闲活动为主要目的的带状绿地。如沿道路两侧设置的游憩型带状绿地，结合各类特色的游览步道、散步道路、自行车道、利用废弃地建立的休闲绿地以及国外很多城市用来连接公园与公园之间的公园路。

③历史文化型

以开展旅游观光、文化教育为主要目的的一类带状绿地。如结合具有悠久历史文化的城墙公园、环城河而设置建立的观光旅游带、结合历史文化街形成的景观风貌带等。这种带状公园在传承城市文脉、弘扬历史文化、丰富城市景观方面发挥着重要作用。

3）带状公园的规划要点

在规划设计中，带状公园一般呈狭长形，用地条件受限，规划中应以绿化为主，活动设施和建筑小品不宜过多；同时带状公园的建设一般与城市道路、水系、城墙等相结合，在规划中应注意与这些要素紧密结合；此外，带状公园的规划设计上应注意序列的节奏感，注重景观效果。

（5）街旁绿地

街旁绿地包括街道广场绿地、小型沿街绿化用地等。

广场绿地（图6-18、图6-19）是指位于城市规划的道路红线范围以外，绿化面积在65%以上的城市广场。在规划设计中，广场绿地要有较强的识别性和围合感，同时要有一定的文化内涵，能体现地方特色。

街头绿地（图6-20）由于有尺度亲切、易于接近、使用方便等特征而深受人们喜爱。街头绿地的规划应以满足周围使用人群的情况和本身的自然现状条件而定。植物配植应与各项活动及功能空间相结合，突出各功

图6-18 大连星海广场

图6-19 上海世纪广场（左）

图6-20 街头绿地（右）

能空间及活动的特征，同时也应注意其整体的景观效果。

6.5 生产绿地规划

生产绿地是指为城市绿化提供苗木、花草、种子的苗圃、花圃、草圃等圃地。根据生产用地的使用性质，生产绿地可分为临时性生产绿地和永久性生产绿地。所谓临时性生产绿地是指近期为城市绿化建设供应苗木、草坪及花卉等植物材料，而中远期将改变其用地性质（更改为植物园、公园甚至动物园）的一类绿地。永久性生产绿地是指绿地系统规划中规定为生产绿地的城市绿地。

（1）生产绿地的功能

在城市绿化建设过程中，生产绿地担负着为城市绿化工程供应苗木、草坪及花卉等植物材料的任务，是城市绿地不可缺少的部分。生产绿地的功能主要体现在以下几个方面。

1）经济功能

包括为城市绿化提供生产基地以及科研基地等。生产绿地的建设不仅为城市绿化提供和培养大量苗木，直接影响城市绿化的质量和水平，同时也为城市绿化树种的培养和引种驯化等提供科研基地。

2）生态功能

生产绿地一般分布在城市不同组团的分隔地段，对于减少各组团之间的影响、改善城市环境等能够起到一定的作用。

3）社会功能

有些景观较好的生产绿地在提供苗木的同时，还可定期全部或部分对外开放，供游人观赏游览，丰富人民生活。

（2）选址、指标及规模

1）选址

生产绿地的选址一般要考虑有便捷的交通运输条件和该地的气候土壤等生态条件、应满足苗木生长两个方面的要求。因此，生产绿地常布置于城市近郊或城市组团分隔的地带。

2）指标

《城市绿化规划建设指标的规定》（城建〔1993〕784 号文件）明确规定生产绿地面积占城市建成区总面积比率不低于 2%。

《国家园林城市标准》（2005 年）规定全市生产绿地总面积占城市建成区面积的 2% 以上；城市各项绿化美化工程所用苗木自给率达 80% 以上，出圃苗木规格、质量符合城市绿化工程需要；园林植物引种、育种工作成绩显著，培育和应用一批适应当地条件的具有特性、抗性优良的品种。

3）规模

计算生产用地规模应根据计划培育苗木的种类、数量、单位面积产量、规格要求、出圃年限、育苗方式以及轮作等因素决定。具体计算公式如下：

$$P=NA/n \times B/c$$

式中　P——某树种所需的育苗面积；

　　　N——该树种的计划年产量；

　　　A——该树种的培育年限；

　　　B——轮作区区数；

　　　c——该树种每年育苗所占轮作的区数；

　　　n——该树种的单位面积产苗量。

在我国一般以换地为主，不采用轮作制，故 B/c 为1。

由上面公式计算的结果适当增加3%~5%，即为该树种实际的生产用地面积。各树种所需的生产用地面积之和再加上引种实验区面积、温室面积、母树区面积即为该生产绿地的生产用地的总面积。生产用地总面积和非生产用地面积总和就是该生产绿地总面积。非生产绿地使用面积占该生产绿地总面积的15%~25%。

（3）生产绿地布局及规划要点

按照功能划分，生产绿地一般分为生产用地和非生产用地两大部分。生产用地通常包括播种区、营养繁殖区、移植区、大苗区、母树区以及引种驯化区六个部分；非生产用地一般包括道路系统、灌溉排水系统、建筑管理区以及防护林带四个部分。

1）生产用地规划

①播种区

播种区是培育播种苗的区域，是生产用地中最重要的区域。应选择在生态条件最有利的地段，要求地势较高而平坦、坡度小于2°，土质优、深厚肥沃，背风向阳的地段。人力、物力和生产设施应优先满足。

②营养繁殖区

营养繁殖区是培育扦插苗、压条苗、分株苗和嫁接苗等的区域，是生产用地中第二重要的区域。与播种区要求基本相同，应设在土质良好、灌溉方便的地段，但没有播种区的要求严格。

③移植区

移植区是培育各种移植苗的区域。移植区占地面积较大，一般可设在土质中等、地块大且整齐的地段，在具体规划时要根据苗木的不同生态习性进行合理安排。

④大苗区

大苗区是培育植株的株形、苗龄均较大并经过整形的各类大苗的区域。

大苗区占地面积大，一般设置在土层较厚、地块大而整齐的地段。为了苗木出圃时运输方便，最好能设在靠近苗圃的主干道或苗圃外围运输方便处。

⑤母树区

母树区是为了获取优质的种子、插条、接穗等繁殖材料而设立的采种、采条的区域。本区域占地面积较小，可利用零散地块。但要求土壤深厚、肥沃。对于一些乡土树种可结合防护林带、沟渠和道路栽植。

⑥引种驯化区

引种驯化区是用于引入新的树种和品种栽植的区域。可单独设立实验区和引种区，也可以二者相结合，具体规划可根据生产绿地规模、性质等因素决定。

2）非生产用地规划

①道路系统

根据生产绿地规模的大小，道路系统一般分为三级：主干道、次干道、游步道。道路系统一般在生产绿地中占地面积不超过 7%~10%。

主干道。主干道一般设置在生产绿地的中轴线上，应连接管理区和苗圃的出入口，一般宽 4~7m。

次干道（支道/副道）。次干道是主干道通向各生产小区的分支道路，一般宽 2.5~3m。中小型苗圃可不设次干道。

游步道。游步道为人行道，主要为满足日常管理养护工作及游人游览需要，一般宽 1.5~2m。

环道。环道设置在整个生产绿地周围或防护林带内部，主要供生产机械、车辆回转通行之用，一般宽 4~6m。

②灌溉排水系统

生产绿地需要完善的灌溉排水系统，确保水分对苗木的充足供应。灌溉排水系统包括水源、提水设备、引水设施以及排水系统四部分。渠道的方向一般与苗圃的方向一致，各级渠道通常垂直。渠道还要求有一定坡度，一般坡降应在 1/1000~4/1000 之间。灌溉排水系统一般占生产绿地总面积的 2%~10%。

③建筑管理区

建筑管理区包括办公管理区和仓储区。办公管理区的设置一般包括办公室、宿舍、食堂等。办公管理区主要负责管理全园业务以及对外接待，多位于入口处或交通方便处。仓储区的设置一般包括仓库、堆放场、肥场、养殖场、运动场，以及动力集散地等的设置，可根据生产绿地规模选择相关场地。一般设置在不适宜育苗的地方或地势较高，接近水源、电源的地方。建筑管理区面积一般为苗圃总面积的 1%~2%。

④防护林带

为避免生产绿地遭受风沙危害应设置防护林带，以降低风速、减少地面蒸发及苗木蒸腾、创造小气候条件和适宜的生态环境，生产绿地有必要设置防护林带。防护林带结构一般以乔、灌木混交半透风式为宜。林带的宽度和密度与生产绿地规模、所处气候条件、土壤和种植的树种特性相关。一般主林带宽度为 8~10m，株距 1.0~1.5m，行距 1.5~2.0m；辅助林带以 1~4 行乔木栽植即可。近年来国外为节省用地和劳力，也有用塑料制成的防风网来防风的，这种防风网具有占地少、耐用的优点，但由于其投资高，目前在国内很少采用。

6.6 防护绿地规划

防护绿地的类型及规划要点如下。

（1）卫生隔离带

工矿企业散发的煤烟粉尘、金属碎屑，排放的有毒有害气体对人们的伤害极大，甚至会危及人的生命。卫生防护林带是为了防止工矿企业产生的煤烟粉尘、金属碎屑、有毒有害气体、噪声等污染而设置的林带。城市污染的产生主要来自工厂、污水处理厂、垃圾处理站、殡葬场、城市道路等，我国目前将各种工矿企业的污染分为五个等级，相应的卫生隔离带的宽度见表 6-6。林带的总宽度应根据工矿企业对空气造成的污染程度以及范围来确定。

卫生隔离带宽度参考表　　　　　　表 6-6

工业企业等级	卫生隔离带总宽度（m）	卫生隔离带内林带数量（个）	防护林带	
			宽度（m）	距离（m）
Ⅰ	1000	3~4	20~50	200~400
Ⅱ	500	2~3	10~30	150~300
Ⅲ	300	1~2	10~30	100~150
Ⅳ	100	1~2	10~20	50
Ⅴ	50	1	10~20	

卫生隔离带种植的树木应选择抗污染力强，或具有吸收有害物质能力的品种。树种的选择应根据具体情况确定，如以二氧化硫为主要污染物的工厂，在布置卫生防护林时应选用臭椿、夹竹桃、珊瑚树、紫薇、石榴、广玉兰、粗榧等抗二氧化硫强的树种；以氯气为主要污染物的工厂，可选用构树、合欢、木槿、紫荆、紫薇、女贞等树种；以煤烟粉尘为主要污染物的企业可选择叶面粗糙、有绒毛的、枝叶茂密的树种，如毛白杨、丁香等植物；在细菌污染较强的地区，如医院周围，应选择悬铃木、雪松、白皮松等杀菌能力强的植物。在一些噪声污染严重的工厂和道路周边应选用枝叶浓密的树种。

此外，在污染区内不宜种植瓜、果、粮食、蔬菜和食用油料等作物，避免食用后引起食物中毒。

必须注意到，消除污染是一项综合性的治理，单靠卫生隔离带不可能彻底解决问题，需要首先从工业区的选址布局、生产工艺等方面入手，从源头上减少污染物的排放，最后才是利用植物对不同污染物的吸收降减能力，通过设置卫生隔离带将污染物对城市的影响降到最低。

（2）道路防护绿地

道路是人类社会正常运转的动脉，也是环境问题的源头之一。一方面车辆产生的废气、噪声会造成环境污染，道路用地的增加破坏了所在区域原有的植被，改变了生态系统的平衡；另一方面自然界的风沙、雨雪也会对行车产生影响。设置道路防护绿地不仅可以修补因人类活动而造成的对环境的影响，同时也能为行车者提供一个优美、舒适、安全的环境。

设置道路防护绿地需要考虑三方面的因素，一是从行车者的角度，考虑防风、防沙、防尘、防烈日以及防暴雨雪，让车辆在恶劣的天气条件下还能正常通行，同时避免气候灾害损毁路基，以保障安全；二是从城市景观环境的角度，考虑降减车辆产生的废气、噪声对城市的影响，以及改善道路的景观形象；三是从自然生态环境的角度，考虑建立生物通道，保护生物多样性，减少道路对自然生态切割造成的伤害。

道路防护绿地位于道路红线以外，注意与属于附属绿地的对外交通绿地和道路绿地的区别，在规划时可以统一考虑。各类道路性质不同，等级不同，防护绿地设置也应有区别。

1）铁路防护绿地

为防止风沙、雨雪对行车的影响，保护路基免遭自然力的破坏，在铁路的两侧应设置一定宽度的防护林带。由于火车的行进速度较快，防护林带应与路基保持一定的距离，这不仅可以使人们在感觉上消除因两旁树木的后掠速度过快而带来的紧张情绪，而且也为铁路的养护提供了必要的空间。对于现行车速的铁路，一般乔木类的防护林带应设置在距铁路外轨10m以外，灌木类的绿化应不小于6m。当铁路通过市区时，两侧的防护林带宽度须在30m以上，以减轻火车的噪声、振动、油烟污染等对居民的影响。

2）公路及高速干道防护绿地

各种公路及高速干道除了与城市相衔接的部分，大多穿行于广大的乡间旷野地区，因此需要考虑与沿途植被，尤其是郊区植被间的关系。

无论是为减少车辆产生的各种污染对沿线一定区域的影响，还是为消除自然中不良气候对行车的影响，都要求在道路的两侧进行必要的防护种植，并且应该与周边生态环境一起予以考虑，城市郊区车速在80~120km/h或更高时，防护绿地可与农用地结合，起到防风防沙的作用；车速在40~80km/h之间的城市主干路，车流较大，防护绿地以复合性的结构有效低城市噪声、汽车尾气、减少眩光，确保行车安全为主；车速在40km/h以下的城市次干路或支路，防护绿地常常以带状公园的形式出现。此外，道路防护绿地应该与村庄卫生隔离带、农田防护林、护渠林、护堤林等各类防护林相结合，构建网络化的防护林体系。

（3）城市高压走廊绿带

高压线走廊是在计算导线最大风偏和安全距离情况下，35kV 及以上高压架空电力线路两边导线向外侧延伸一定距离所形成的两条平行线之间的专用通道。城市高压走廊绿带是结合城市高压走廊线的规划设置的防护绿地，以减少高压线对城市的不利影响，如安全影响、景观影响，特别是对于那些沿城市主要景观道路、主要景观河道和城市中心区、风景名胜公园、文物保护范围等区域内的供电线路，在改造和新建时不能采用地下电缆敷设时，宜设置一定的防护绿带。

《城市电力规划规范》GB 50293—1999 对城市高压架空电力线路走廊宽度的确定提出了如下要求：市区内单杆单回水平排列或单杆多回垂直排列的 35~500kV 高压架空电力线路的规划走廊宽度，应根据所在城市的地理位置、地形、水文、地质、气象等条件及当地用地条件，结合表 6-7 的规定，合理选定。并且规定了架空电力线路与街道行道树（考虑自然生长高度）之间的最小垂直距离，见表 6-8。

市区 35 ~ 500kV 高压架空电力线路规划走廊宽度　　　　表 6-7

线路电压等级（kV）	高压线走廊宽度（m）	线路电压等级（kV）	高压线走廊宽度（m）
500	60~75	66、110	15~25
330	35~45	35	12~20
220	30~40		

架空电力线路导线与街道行道树之间的最小垂直距离
（考虑树木自然生长高度）　　　　表 6-8

线路电压（kV）	<1	1~10	35~110	220	330
最小垂直距离（m）	1.0	1.5	3.0	3.5	4.5

理想状态下，城市高压走廊绿带宽度及所选树木至少应符合上述规范要求。

（4）防风林

防风林带主要用于保护城市免受风沙侵袭，或者免受 6m/s 以上的经常性强风、台风的袭击。为了使防风林带有效地承担减弱风势的作用，防风林带设置一般考虑林带设置方向、组合数量以及林带结构，具体设置根据各个城市的具体情况确定。

在布置防风林带前，要系统了解和把握当地风向的规律，确定可能对城市造成危害的季风风向，然后再在城市边界设置与之相垂直的林带。如果受到其他因素的影响，可以与风向形成 30°以下的偏角，但偏角不能超过 45°，否则防风效果就会大大减弱。

防风林带的组合数量一般根据当地可能出现的风力确定，一般防风林带的组合有三带制、四带制和五带制等几种。每条林带的宽度要在 10m 以上，距离城市越近林带要求越宽，林带间的距离也越小。防风林带降低风速的有效距离为林带宽度的 20 倍，故林带与林带间的距离为 300~600m 之间。为了阻挡从侧面吹来的风，每隔 800~1000m 左右还应设立一条与主林带相垂直的宽度在 5m 以上的副林带。

林带的结构对于防风效果具有直接的影响，按照结构形式，防风林带可以分为透风林、半透风林和不透风林三种（图 6-21）。透风林由枝叶稀疏的乔灌木组成，或只用乔木不用灌木；半透风林只在林带两侧种植灌木；不透风林是由常绿乔木、落叶乔木和灌木混合组成，其防风效果好，能降低风速的 70% 左右，但是气流越过林带会产生涡流，而且很快恢复原来的风速。防风林带的结构一般是在迎风面布置透风林，中间为半透风林带，靠近城市的一侧布置不透风林带。这样的组合可以起到理想的防风效果。

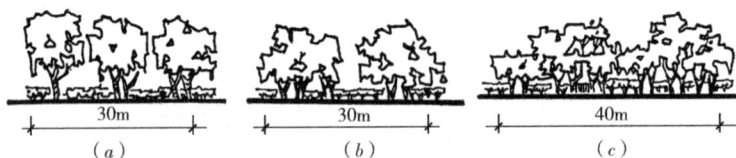

图 6-21 防护林的结构
(a) 透风林；(b) 半透风林；
(c) 不透风林

为了更好地改善城市的风力状况，减少风力对城市的影响，除了在城市外围布置防风林带外，在城市中还应该结合其他绿地的布置来进行调节。当街道、建筑与主导风向平行时，会形成穿堂风、湍流等不良风，故还应该适当布置防风绿带来改变或削弱它们对城市的影响。但在一些夏季炎热的城市中，为促进城市空气的对流以降低温度，可布置与夏季主导风向平行的楔形林带，将郊区、森林公园、自然风景区或开阔水体上的新鲜、凉爽、湿润的空气引入城市中心，改善城市的气候条件及环境状况（图 6-22）。

在条件允许时，经过合理设计可以拓展防风林的功能，形成集防风功能、生态功能、游憩功能为一体的综合性绿地。

（5）城市组团隔离带

城市组团隔离带是防止城市无限蔓延而在城市组团之间设置的防护绿地，

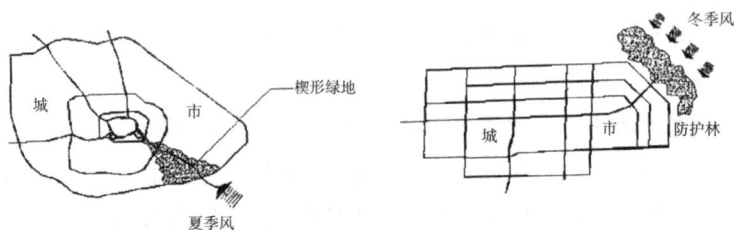

图 6-22 通风与防风

常常呈楔形嵌入城市中，为拥挤的城市带入自然气息，成为连通城市与自然、城市与乡村的媒介，以及生物栖息地与通道。

城市组团隔离带可以是多种用地的集合体，如绿地、水域、耕地、园地、林地等。

（6）滨水防护绿地

滨水防护绿地是位于城市各类水体如河流、湖泊、水库、海洋等沿岸的防护绿地，在控制水流和矿质养分流动、净化水质、涵养水体、降低水岸侵蚀、减弱洪涝灾害、提高生物多样性等方面具有重要的作用。宽度对于滨水防护绿地的防护作用具有决定性的影响，侵蚀、径流、养分流、洪水、沉积作用、水质和生物多样性均受绿地宽度的影响。根据国内外研究成果，物种多样性与滨水防护绿地宽度的关系见表6-9。

物种多样性与滨水防护绿地宽度的关系　　　　　　　　　　表6-9

宽度值	功能及特点
≤ 12m	滨水防护绿地宽度与物种多样性之间的相关性接近于零
≥ 12m	滨水防护绿地宽度与草本植物多样性的分界点，草本植物多样性平均为狭窄地带的2倍以上
≥ 30m	含有较多边缘种，但多样性仍然很低
≥ 60m	对于草本植物和鸟类来说，具有较高的多样性和林内种；满足动植物迁移和传播以及生物多样性保护的功能
≥ 600~1200m	能创造自然化的、物种丰富的景观结构，含有大量林内种

在我国，受太平洋副热带季风的影响，每年的夏、秋两季东南沿海经常会遭到台风的袭击，在邻近湖泊、大海之类大型水体的沿岸种植一定宽度的绿带，可以大大降低风速，减轻因大风带来的破坏。

（7）安全防护林带

安全防护林带是为了防止或减少地震、水土流失、滑坡、泥石流、火灾等灾害而设立的一种林带。这些自然和人为的灾害对人们的生活造成很大影响，甚至危及人们的生命和财产安全，如汶川大地震。因此，在一些易发生各种灾害的地区，根据其防护性质不同，应设置安全防护林带，如防震绿地、护坡林带、滨水林带等。

在一些地震高发的四川、云南等地区，除了考虑公园、广场、街道绿地等公园绿地作为地震时疏散、救援的场地外，在城市规划中还应考虑运用安全防护林将这些分散的绿地连成一个完整的防灾网络，形成各种宽度的安全通道，尽可能地减少地震给人们的生活带来的各种影响。在重庆、福建闽北等一些极易发生山体滑坡、泥石流的山地城市，在坡度超过25°、不易设置建筑的地段，在规划中应严格划出绿线，选择根系发达的植物，设置防护绿地。在城市滨水地段，为了防止风浪对岸坡的冲蚀和来自边岸的径流泥沙淤积，应选择根系发达的植物组成林带，林带宽度要求在 10m 以上。

6.7 附属绿地规划

6.7.1 居住绿地

（1）居住绿地的组成与设施

按照《城市居住区规划设计规范》（2002 年版）和《城市绿地分类标准》，居住区绿地分为居住区公园、居住小区游园、组团绿地、宅旁绿地、居住区道路绿地以及配套公建绿地六大类别。其中居住区公园和居住小区游园按照《城市绿地分类标准》，属于公园绿地（G1）大类中的社区公园（G12），不属于居住区绿地，但由于二者与居住区用地紧密联系，故在此与居住区绿地一并介绍。

组团绿地是结合居住建筑组团的不同组合而形成的绿化空间，用地面积不大，但离家近，居民能就近方便地使用，尤其是青少年儿童与老年人，其功能可以有安静休息、游戏活动、体育锻炼、生活杂务、绿化种植，可附有一些小建筑和活动设施。

宅旁绿地是指住宅前后左右周边的绿地，虽然较为分散，但面积较大，约占居住小区用地的 35% 左右，是居民邻里生活的重要区域，可以促进邻里交往，推动和谐社区建设。宅旁绿地以绿化为主，可以设置休息座椅、小型健身场地、儿童游戏空间等。

配套公建绿地是在居住区或居住小区内，公共建筑和公用设施用地内专用的绿地，是由单位使用、管理的绿地，相应的功能与设施要满足公建的要求。如学校内要有操场、实验园地、自行车棚、活动场地等，幼儿园内可设置活动场、游戏场、小块动植物实验场及管理杂院等，医疗机构的绿地可设置病员候诊休息的室外园地、晾晒场地等。

小区道路绿地，随居住区或居住小区道路布置，可以与其他居住绿地整体规划。

（2）居住区绿地的功能

1）改善生态环境

居住区通过植物绿化可以改善局部小气候；增加空气含氧量，净化空气，保护环境卫生；此外，当地震、火灾、滑坡等自然和人为灾害发生时，居住区绿地还可以起到减震防灾的功能。

2）美化环境，树立景观形象

居住区绿地除了能够改善生态环境外，其中的各种园林要素组成的优美园林空间、植物的季相变化、建筑小品等都能够美化环境，树立独特的景观形象。

3) 丰富生活，提高生活质量

居住区绿地是居民接触最多的一类城市绿地，其中有为各种人群设置的娱乐设施、场地、空间等，使人们能够进行散步、休息、交谈、健身以及娱乐等活动，丰富人们的生活。

（3）居住区绿地定额指标

居住区绿地定额指标的高低反映了居住区绿化水平的高低。目前，我国在居住区规划设计中衡量居住区绿化水平高低的主要指标有居住区（小区）绿地率和居住区（小区）人均共用绿地两项。

居住区（小区）绿地率是指居住区用地范围内各类绿地的总和占居住区用地面积的百分比。计算公式：

居住区（小区）绿地率＝居住区（小区）各类绿地面积的总和 / 居住区总用地面积 ×100%

居住区（小区）人均共用绿地是指居住区用地范围内公共绿地（注：按照《城市居住区规划设计规范》（2002 年），将居住区公园、小区游园和组团绿地列为公共绿地）面积与居民人数的比值，单位为 m^2/ 人。计算公式：

居住区（小区）人均共用绿地＝居住区公共绿地面积 / 居住区居民人数

《城市绿化规划建设指标的规定》（城建［1993］784 号文件）明确规定：新建居住区绿地占居住区总用地比率不低于 30%；属于旧城改造区的，可以减低 5 个百分比。

《城市居住区规划设计规范》规定，新区建设绿地率不应低于 30%，旧区改造不宜低于 25%；组团绿地最小规模为 $400m^2$，绿化面积（含水面）不宜小于 70%；其他块状带状公共绿地应同时满足宽度不小于 8m、面积不小于 $400m^2$ 的要求；居住区内公共绿地（包括居住区公园、小游园和组团绿地及其他块状带状绿地等）的总指标，应根据居住人口规模分别达到：组团不少于 $0.5m^2$/ 人，小区（含组团）不少于 $1m^2$/ 人，居住区（含小区与组团）不少于 $1.5m^2$/人，旧区改造可酌情降低，但不得低于相应指标的 50%。

而国外一些城市绿地指标较高的国家，居住区绿地指标也较高，一般居住区公共绿地率超过 30%，而人均公共绿地也在 $3m^2$/ 人以上（表 6-10）。

国外居住区（小区）绿地指标　　　　　　　　　表 6-10

居住区（小区）名称	总用地面积（hm²）	公共绿地面积（hm²）	绿地率（%）
英国伦敦巴比干小区	15.20	3.85	28.3
日本东京都户山小区	24.3	9.3	38.27
波兰华沙别兰居住区	32.02	12.70	40
波兰华沙姆荷钦小区	32.0	8.5	26.6
瑞典斯德哥尔摩里丁格小区	14.8	5.1	35
前苏联莫斯科新切廖摩西卡 9 号街坊	11.85	6.09	49

（4）居住区绿地规划原则

居住区绿地规划应遵循以下基本原则：

①统一规划，合理组织，分级布置，形成系统

居住区绿地规划应与居住区总体规划同时统一考虑。在规划中应合理组织居住区内各种类型的绿地，结合居住区的空间布局结构形成居住区公园绿地、居住小区游园、组团绿地、宅旁绿地等不同级别、层次清晰的绿地系统。

②充分利用现状条件

居住区绿地规划应充分利用原有地形、地貌、水体、植物等现状条件进行规划设计，因势利导，因地制宜。

③充分考虑居民的使用要求，突出家园的环境特点

居住区绿地规划应在了解居民的生活行为规律和心理特征的基础上，充分考虑不同年龄段居民的使用要求，以人为本，为人们创造各种日常生活和休闲活动的场地和空间等。

④在植物配置上，既要考虑发挥绿地的生态功能，又要形成自身特色

在居住区绿地规划的植物配植上，要以乡土植物为基调树种，采用乔灌木、地被、草坪相结合的复式种植模式。充分发挥绿地的生态功能；同时考虑居民爱好和吸引力，适当选择一些观赏价值高的外来树种进行合理配植，通过色彩、质地、季相变化，形成有特色的植物景观。

（5）居住区各类绿地规划要点

1）居住区公园

居住区公园是面向整个居住区居民使用的公共绿地，是居民主要的室外生活空间。居住区公园的主要设施内容和要求详见表6-11。由于居住区公园在规划设计上与区域性综合公园类似，在此不再赘述。

居住区各类绿地规划设置内容规定　　　　　　　　　　　表6-11

绿地名称	设置内容	要求	最小面积(hm²)	最大服务半径（m）	步行时间（min）
居住区公园	花木草坪、花坛水面、凉亭雕塑、小卖茶座、老幼设施、停车场地和铺装地面等	园内布局应有明确的功能划分	1.0	800~1000	8~15
居住小区游园	花木草坪、花坛水面、雕塑、老幼设施、停车场地和铺装地面等	园内布局应有一定的功能划分	0.4	400~500	5~8
组团绿地	花木草坪、桌椅、简易儿童设施等	可灵活布局	0.04	200~300	2~3

2）居住小区游园

居住小区游园是供整个小区居民使用的公共绿地，一般与小区级道路相邻，同时面向道路应设置主要出入口。居住小区游园规划主要设施内容和规划

要求见表6-11。进行小区游园规划时首先要注意选择合适的位置，小区游园的位置选择应遵循方便小区居民使用的原则，一般与小区的公共活动中心（如会所、室内体育馆等）相结合，形成完整的小区居民生活中心；其次，设置小游园规模要根据其功能要求和国家规定的定额指标，采用集中与分散相结合的方式，形成便于居民使用的绿色生活空间；再次，小区游园设置还应与居住小区总体布局相配合，综合考虑，全面安排，妥善处理好小区游园和其他城市绿地的关系（图6-23）。

小区游园的布局形式一般有三种：

①规则式：整个平面布局及立面造型都采用几何图形的方式布置，其中的道路、广场、绿化、小品等组成对称有规律的几何图案，这种布局形式具有庄重、整齐的特点，但同时也有呆板、不够活泼的缺陷，因此，一般不宜在整块场地中大面积使用（图6-24）。

②自然式：以模仿自然为主，道路、场地等形成不规则的曲线，植物配植模仿自然群落形式自由种植。这种布局形式的特点是自然、活泼，易于创造富有自然而别致的环境。因此在小区游园的规划中应用比较普遍（图6-25）。

图6-23　某小区游园平面图
1—蘑菇亭组；2—小桥；3—水榭；4—曲桥；5—湖波泛影6—观赏温室

图6-24　规则式布置（左）

图6-25　某小区游园（右）

③混合式：规则式与自然式相结合，可根据地形和功能要求，灵活布置。其特点是既可以和建筑相协调，又可体现自然而优美的环境特点和反映不同的空间效果，因此是一种比较理想的布局形式。

3）组团绿地

组团绿地与组团级道路相邻，同时与居住建筑组团相结合而成。由于建筑组团的布置方式和布局手法的多样性，因此组团绿地的规模、位置、形式以及设置的内容也具有多样性。具体设置内容详见表6-11。

组团绿地的设置首先要满足邻里交往及居民户外活动的要求，由于组团绿地离居民居住环境较近，居民的使用频率较高，因此在规划中应精心安排各项活动、休息、娱乐等设施；其次要注意植物配植及小品设施等的可识别性，使居住于其中的居民有归属感和认同感；再次就是要注意用非强制性元素划分空间，宜用植物、小品、地面高差及地面铺装质地的变化等手法来灵活划分空间，使其在视线上保持整体的统一和完整。一般组团绿地的布置形式有以下几种（图6-26）：

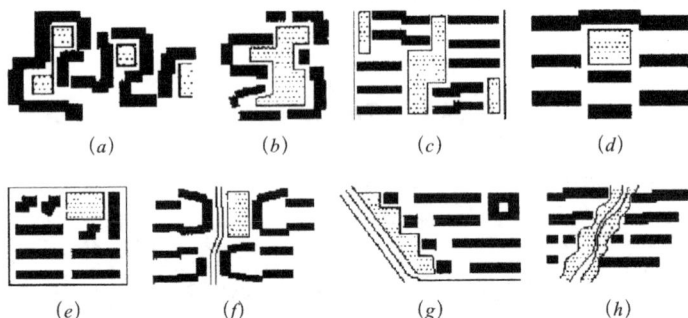

图6-26 组团绿地布置的几种形式

(a) 周边式住宅的中间；(b) 自由式住宅组团的中间；(c) 行列式住宅山墙之间；
(d) 扩大的住宅间距之间；(e) 住宅组团的一侧；(f) 住宅组团之间；
(g) 临街布置；(h) 沿河带状布置

4）宅旁绿地

宅旁绿地包括宅前、宅后及住宅之间的绿化用地。宅旁绿地离居民居住环境最近，与居民生活联系最紧密，使用频率最高，是居住区内绿地的重要组成部分。根据居住区内住宅建筑的组合形式，宅旁绿地概括起来可分为高层住宅周围的绿地、独立式及低层联排式住宅宅旁绿地、多层住宅宅旁绿地三种形式。

宅旁绿地规划设计恰当与否直接影响居民的日常生活，因此，在规划设计上应遵循以下设计要点：

宅旁绿地的设计应结合住宅的类型、建筑的平立面特点、宅前道路的形式等因素进行布置，创造宜人的宅旁绿地景观，有效地划分空间，形成公共与私密各自不同的空间领域感。要考虑到居民的日常生活（如晾晒）、邻里交往、杂物堆放等活动行为与宅旁绿地的关系。适当增加使用频率最高的老人和小孩的休闲、娱乐设施。

宅旁绿地设计应以绿化为主。树种选择要注意其色彩、季相变化等与建筑形式、院落大小相结合。应尽量选择居民偏爱的树种，使居民有认同感和归属感。

宅旁绿地设计还要考虑绿地内的各种植物与建筑、管线和构筑物等之间保持适当的距离（表6-12）。

<table>
<tr><td rowspan="2" colspan="2" style="text-align:center">植物与建筑、管线和构筑物等保持的距离</td><td style="text-align:right">表6-12</td></tr>
</table>

名　称	最小间距（m）	
	至乔木中心	至灌木中心
有窗建筑物外墙	3.0	1.5
无窗建筑物外墙	2.0	1.5
道路侧面外缘、挡土墙、陡坡	1.0	0.5
人行道	0.75	0.5
高2m以下的围墙	1.0	0.75
高2m以上的围墙	2.0	1.0
天桥的柱及架线塔、电线杆中心	2.0	不限
冷却池外缘	40.0	不限
冷却塔	高1.5倍	不限
体育用场地	3.0	3.0
排水明沟边缘	1.0	0.5
邮筒、路牌、车站标志	1.2	1.2
警亭	3.0	2.0
测量水准点	2.0	1.0

5）居住区道路绿地

居住区道路绿地规划应注意满足改善环境、美化景观以及行人行车交通安全的要求。居住区道路共分四级，各级道路绿地在设计中应与道路的功能相结合，因而具有不同的设计要点。

● 居住区级道路

居住区级道路是居住区的主要道路，用以解决居住区的内外联系。其特点为车流量相对较大，有的还通公共汽车，因此这一级道路的绿化首先应充分考虑行车安全的需要，如在道路交叉口及转弯处的树木应满足车辆的行车视距要求，行道树的分枝高度也应不影响车辆行驶；其次，在居住区级道路绿地的设计中还应考虑行人遮阳以及利用绿化防止噪声、灰尘等对居住区影响的要求。因此，在公共交通的停靠点处，应种植树荫浓密的高大乔木，为候车的居民提供荫凉的环境。

● 居住小区级道路

居住小区级道路是居住区的次要道路，用以解决居住区内部的联系。其特点为车流量相对较少，但绿化布置上仍应考虑车辆行驶的安全要求。居住小区级道路可随地形及地貌的变化灵活布置。道路绿地的形式也可多样化，绿化可根据不同地坪标高形成不同台地，并可随道路线型的变化，形成草坪、灌木及乔木相结合的丰富的种植模式。此外，因其靠近住宅，应充分利用道路绿地降噪及防尘。

● 居住组团道路

居住组团道路是居住区内的支路，用以解决住宅组群的内外联系。一般考虑以人行及非机动车为主，必要时可通机动车。道路绿地的布置应满足消防车、救护车、清除垃圾及搬运家具等车辆的通行要求。在尽端式道路的回车场地周围，应结合活动的设置等布置绿化。

● 宅前小路

宅前小路是通向各户或各单元门前的小路，主要供人行使用。道路两侧的树木可以适当靠后种植，以备必要时车辆驶近住宅。在步行道的交叉口布置时可结合绿化适当放宽，并与休息活动场地的布置结合考虑。这级道路的绿化一般不用行道树的方式，可根据具体情况灵活布置。

居住区其他各级道路的绿化则应结合建筑及其公用设施灵活布置，形成乔木、灌木及花卉、草坪合理配植的丰富的绿化景观。另外，在植物的选择及搭配上应突出各居住区的特色，加强其识别性和归属感。

6）配套公建绿地

配套公建绿地是指居住区或居住小区里公共建筑及公共设施用地范围内的附属绿地。这类绿地由各使用单位管理。其规划设计应根据不同公共建筑及公共设施的功能要求进行。具体规划设计要点见表 6-13。

居住区配套公建绿地的规划设计要点　　　　　　表 6-13

类型 ＼ 设计要点	绿化与环境空间关系	环境措施	环境感受	设施构成	树种选择
医疗卫生，如医院门诊	半开敞的空间与自然环境（植物、地形、水面）相结合，有良好的隔离条件	加强环境保护，防止噪声、空气污染，保证良好的自然条件	安静、和谐，使人消除恐惧和紧张感。阳光充足，环境优美，适宜病员休息、散步	树木、花坛、草坪、条椅及无障碍设施，道路无台阶，宜采用缓坡道，路面平滑	宜选用树冠大、遮荫效果好、病虫害少的乔木、中草药及其有杀菌作用的植物
文化体育，如电影院、文化馆、运动场	形成开敞空间，各建筑设施呈辐射状与广场绿地直接相连，使绿地广场成为大量人流集散的中心	绿化应有利于组织人流和车流，同时要避免遭受破坏，为居民提供短时间休息的场所	用绿化来强调公共建筑的个性，形成亲切、热烈的场所	设有照明设施、条凳、果皮箱、广告牌。路面要平滑，以坡道代替台阶，设置公用电话、公共厕所	宜以生长迅速、健壮、挺拔、树冠整齐的乔木为主。运动场上的草皮应是耐修剪、耐践踏、生长期长的草类

续表

设计要点 类型	绿化与环境 空间关系	环境措施	环境感受	设施构成	树种选择
商业、餐饮,如百货商店、副食菜店、饭店、书店等	构成建筑群内的步行道及居民交往的公共开敞空间。绿化应点缀并加强其商业气氛	防止恶劣气候、噪声及废气排放对环境的影响;人、车分离,避免相互干扰	由不同空间构成的环境是连续的,从各种设施中可以分辨出自己所处的位置和要去的方向	具有连续性的、有特征标记的设施,如树木、花池、条凳、果皮箱、电话亭、广告牌等	应根据地下管线埋置深度,选择深根性树种,根据树木与架空线的距离选择不同树冠的树种
教育,如托幼、小学、中学	构成不同大小的围合空间,建筑物与绿化庭园相结合,形成有机统一、开敞而富有变化的活动空间	形成连续的绿色空间,并布置草坪及文体活动场,创造由闹至静的过渡环境,开辟室外学习园地	形成轻松、活泼、幽雅、宁静的气氛,有利于学习、休息及文娱活动	游戏场及游戏设备、操场、沙坑、生物实验园、体育设施、座椅或石桌石凳、休息亭廊等	结合生物园设置菜园、果园、小动物饲养场地,选用生长健壮、病虫害少、管理粗放的树种
行政管理,如居委会、街道办事处、房管所	以乔灌木将各孤立的建筑有机地结合起来,构成连续围合的绿色前庭	利用绿化弥补和协调各建筑之间在尺度、形式、色彩上的不足,并缓和噪声及灰尘对办公的影响	形成安静、卫生、优美、具有良好小气候条件的工作环境,有利于提高工作效益	设有简单的文体设施和宣传画廊、报栏,以活跃居民的业余文化生活	栽植庭荫树,多种果树,树下可种植耐阴经济植物。利用灌木、绿篱围成院落
其他,如垃圾站、锅炉房、车库	构成封闭的围合空间,以利于阻止粉尘向外扩散,并利用植物作屏障,控制外部人们的视线	消除噪声、灰尘、废气排放对周围环境的影响,能迅速排除地面水,加强环境保护	内院具有封闭感,且不影响院外的景观	露天堆场(如煤、渣等)、运输车、围墙、树篱、藤蔓	选用对有害物质抗性强、能吸收有害物质的树种。枝叶茂密、叶面多毛的乔灌木。墙面屋顶用爬蔓植物绿化

6.7.2 工业绿地

工业绿地是指城市工业用地范围内的绿地,即城市工矿企业的生产车间、库房及其附属设施等用地内的绿地。

(1) 工业绿地规划设计的主要指标

工业绿地规划是工厂总体规划的一个重要组成部分,绿地在工厂中要充分发挥作用,必须保证有一定的面积来实现。住房和城乡建设部在《城市绿化规划建设指标的规定》中规定:工业企业绿地率不低于20%,产生有害气体及污染的工厂中绿地率不低于30%,并根据国家标准设立宽度不少于50m的防护林带。

(2) 工业绿地规划设计原则

1) 满足生产和环保要求

工业绿化在改善生产环境、有利于生态环境的维护、提高员工的工作效率等方面都有非常重要的作用,因此工业绿地规划应与其总体规划同步进行,保证有足够面积,形成系统,以确保工业绿地在环境保护方面发挥最大效益。

2) 妥善处理绿化与管线的关系

由于工厂车间四周经常有自来水管道、煤气管道、蒸汽管道等各种管线在地上、地下及高空纵横交错,给绿化带来很多困难和不便,而生产车间的周围往往又是原料、半成品或废料的堆积场地，无法绿化，因此，工厂绿化要求必须解决好这些矛盾。首先建筑密度高的可以发展垂直绿化、立体绿化，增加绿量，丰富绿化的层次和景观。

3）符合职工的使用要求和特点

工业绿地的服务对象主要是内部职工，其人数和工作性质都相对固定。在进行绿地规划时要注意绿化要丰富多变，最大程度上满足各种使用者的不同感受，避免单调乏味。

4）工业绿地具有自身特色，能反映企业精神和文化

在进行工业绿地规划设计前，要充分调查企业的性质、历史背景和人文精神，挖掘企业自身的特色，使绿化形成独特的风格、形式。体现一个企业所追求的企业精神、积淀的历史文化和经营理念，使来访者处处可以感受到企业文化的辐射影响，从而产生对企业产品的信任和对企业精神的仰慕。

（3）工业绿地组成及设计要点

工业绿地主要由厂前区绿地、道路绿地、广场绿地、生产区绿地和防护林五大部分组成。

1）厂前区绿地。厂前区一般由主要出入口、厂前广场和厂前建筑群组成，是对外联系的中心，是城市与工厂联系的纽带，因此，厂前区在一定程度上代表着该企业的形象和职工的精神面貌。因此，厂前区绿地是工厂绿地中重要的组成部分，宜布置精致且注重视觉效果。厂前区一般布置在工厂的上风向。主要由出入口大门、围墙与城市街道等厂外环境组成的入口空间组成。入口绿地布置应方便组织交通；大门周围的绿地要与建筑的风格、形体、色彩相协调，用观赏价值高的植物或建筑小品作重点装饰，可布置花坛、喷泉以及体现该企业生产性质、企业文化和地域风情的雕塑、小品设施等，形成多姿多彩的景象（图6-27）。

2）道路绿地。道路是工厂厂区的动脉，道路绿地通过网络联系着其他工厂绿地，是工厂绿地的重要组成部分。道路两旁的绿化应本着"主干道要美，支干道要荫"的主导思想，充分发挥绿化的阻挡灰尘、吸收废气和减弱噪声的防护功能，结合实地环境选择遮荫、观赏效果较好的高大乔木作为主干树种，适当配植一些观叶、观花类灌木、花卉和草本，形成具有季相变化及富有韵律节奏感的高、中、低复式植物结构，起到遮荫、观赏、环保等多种功能。

道路绿化应注意地下和地上管线的位置，相互配合，互不干扰；同时为了

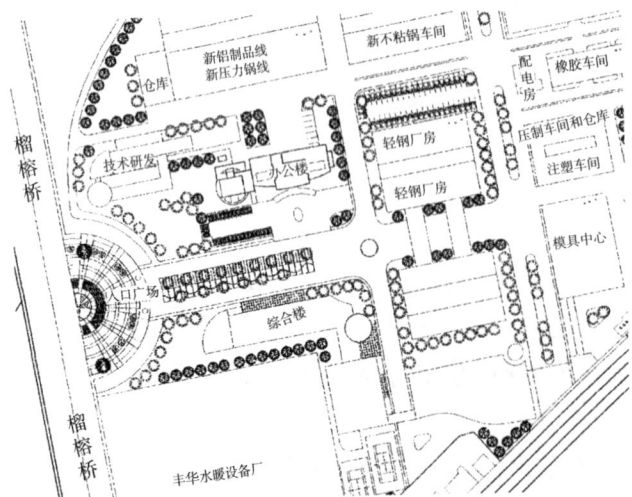

图6-27 某炊具制造企业入口绿地平面图

保证行车安全，在道路交叉口或转弯处不得种植高大树木和高于 0.7m 的灌木，以免影响司机视线，妨碍安全。

3）广场绿地。厂区入口处一般有或大或小的广场，作为职工集散和休闲娱乐的场所，应结合职工的生理和心理要求进行规划设计。在设计时可以设置花坛、水池，配植花草灌木，创造轻松活泼的气氛；同时起着调节气温、改善环境、美化环境的作用。

4）生产区绿地。生产区的绿化因绿化面积大小、车间内生产特点不同而异。对环境绿化有一定要求的车间，要求空气清洁，在绿化布置时应栽植枝叶茂密的乔、灌木、草本，最大程度上吸附空间中的粉尘；对环境有污染的车间，往往释放大量的有毒有害气体，常根据具体的污染气体，选择相关抗污染气体的植物进行配植，以减轻对环境的危害，同时还可以美化环境。

生产区周围的绿地主要是创造一定的人为环境，以供职工恢复体力，调剂生理和心理上的疲倦。因此绿化时除了要根据生产性质和特征作不同的布置外，还要对职工的心理和生理进行分析，按不同要求进行绿化设计。当生产环境处在强光和噪声大的条件时，则休息环境应该以宁静、柔和、温和的气氛为主；当生产环境处在肃静和光线暗淡的条件时，则休息环境应该以热闹、色彩浓厚的气氛为主。

此外，生产绿地在满足上述生理、心理要求的同时，还应该结合地形和具体条件布置。应充分结合原有地形、地貌、水体、植物等现状条件进行规划设计，因势利导，因地制宜。

5）防护林。工业防护林是为隔离工人和附近居民因受到工业有害气体、烟尘等污染物质的影响而设置的一类防护绿地。其详细规划见防护绿地的卫生防护林。

6）其他绿地。除了上述工厂绿地外，厂区内还有一些零星边角地带，可充分绿化。如厂区边缘的一些不规则地段，沿厂区周围围墙的地带，工厂的铁路线、露天堆场、煤场和油库、水池附近以及一些堆置废弃场地等都可以绿化，使工厂整体环境整洁、美丽。可以根据用地规模和现状条件形成植物为主，小品、雕塑等相结合的休憩环境（图6-28）。

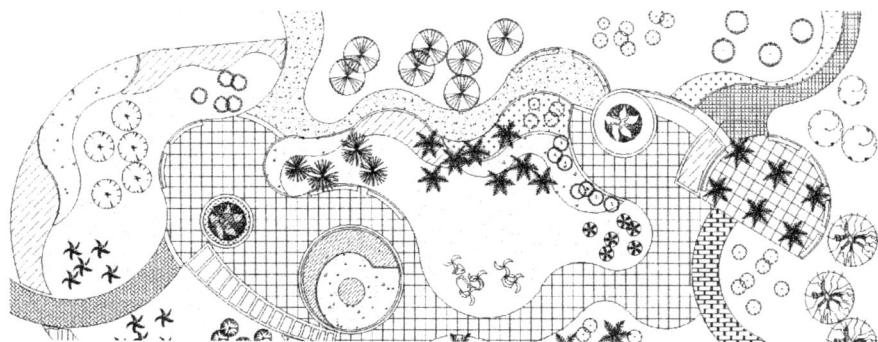

图6-28 某企业小游园绿地平面图

6.7.3 道路绿地

城市道路系统规划是城市总体规划的内容之一。城市道路系统主要指城市范围内由不同功能、等级、区位的道路及不同形式的交叉口和停车场设施，以一定方式组成的有机整体。

（1）道路绿地的功能

1）生态功能

城市道路中沿路布置的行道树、隔离带、树篱、交通岛等绿地都具有吸收有害气体、吸滞烟尘的特性，从而有效地减少污染、改善环境、保持城市卫生；同时在炎热的夏季，道路两旁的行道树还具有遮荫、降温的功能，部分缓解城市的热岛效应。

2）安全功能

城市道路中央的绿化隔离带能够有效地进行人车分流或快慢车分道，减少相向车辆行驶的干扰、快慢车辆混杂的矛盾；位于交叉口的绿化交通岛，有利于缓解交通堵塞的状况；位于车行道和人行道之间的绿化隔离带，能够防止行人随意横穿马路。因此，城市道路绿地能够有效地提高道路通行能力，保障城市安全。

3）景观功能

道路两旁的行道树、绿化隔离带等道路绿地能够柔化建筑、道路以及道路上的各种附属设施等的硬质景观；遮蔽道路两旁较差的建筑环境；统一各种广告牌等杂乱的形象，从而使城市面貌更加丰富、生动、和谐统一。

4）经济功能

很多道路绿化植物不仅姿态优美、花色动人，而且其枝叶花果还具有很大的经济价值。如江南地区道路两旁的香樟、银杏，福州、漳州等地的白兰花，广西很多城市路边的南方果树等，既起到绿化美化街道的作用，又在绿化中取得了一定的经济效益。

（2）道路绿地规划的相关规定

城市绿地系统规划对道路绿地需要规定道路绿地率，道路绿地率是道路红线范围内各种绿带宽度之和占总宽度的百分比，按《城市道路绿化规划与设计规范》CJJ 75—97，道路绿地率应符合下列规定：园林景观路绿地率不得小于40%；红线宽度大于50m的道路绿地率不得小于30%；红线宽度在40~50m的道路绿地率不得小于25%；红线宽度小于40m的道路绿地率不得小于20%。道路绿地布局应符合下列规定：种植乔木的分车绿带宽度不得小于1.5m，主干路上的分车绿带宽度不宜小于2.5m；行道树绿带宽度不得小于1.5m；路侧绿带宜与相邻的道路红线外侧的其他绿地相结合；人行道毗邻商业建筑的路段，路侧绿带可与行道树绿带合并。路侧绿带宽度大于8m时，可设计成开放式绿地。开放式绿地中，绿化用地面积不得小于该段绿带总面积的70%。路侧绿带可与毗邻的其他绿地一起辟为街旁游园。

（3）道路绿地规划的有关要求

1）道路绿地规划要符合行车视线和行车净空的要求

安全视距，就是行车司机发觉对方来车，立即刹车恰好能停车的视距。安全视距计算公式如下：

$$D=a+t \cdot u+b$$

式中　D——最小视距（m）；

　　　a——汽车停车后与危险带之间的安全视距，一般采用4m；

　　　t——驾驶员发现必须刹车的时间，一般采用1.5s；

　　　u——规定行车速度（m/s）；

　　　b——刹车距离（m）。

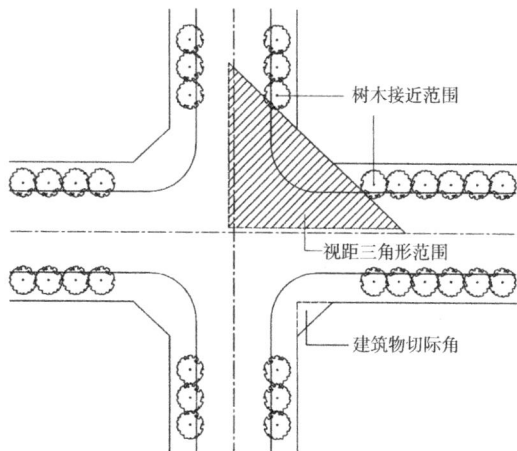

图6-29　交叉口视距三角形

首先，道路交叉口视距三角形（图6-29）范围内和弯道内侧不得种植高大树木，以免影响驾驶员的视线通透。道路交叉口视距是指为保证行车安全，车辆在进入交叉口前一段距离内，必须能看清相交道路上车辆的行驶情况，以便能顺利驶过交叉口或及时减速停车，避免相撞，这一段距离必须大于或等于安全停车视距。

其次，满足行车净空要求。道路设计规定在道路中一定宽度和高度范围内为车辆运行的空间，在此区域内不能有建筑物、广告牌以及树木等遮挡司机视线的地面物。具体范围见表6-14。

行车净空要求　　　　　　　　　表6-14

行驶车辆种类	机动车			非机动车	
	各种汽车	无轨汽车	有轨汽车	自行车、行人	其他非机动车
最小净高（m）	4.5	5.0	5.5	2.5	

2）道路绿地规划要远近期效果兼顾

由于植物是一种不断生长的生命体，道路绿化很难在栽植初期就体现其完美的设计效果，因此设计者和相关养护人员等在设计前要充分了解各种植物的生长特征，在各种植物生长的过程中不断调整、养护，以期在鼎盛生长时期达到最佳效果。同时，对道路绿化的近期效果也应十分重视，一般行道树快长树胸径不宜小于5cm，慢长树胸径不宜小于8cm。

（4）各类道路绿地规划设计要点

1）道路断面形式

一条完整的道路是由机动车道、非机动车道、分车带、人行道以及街旁

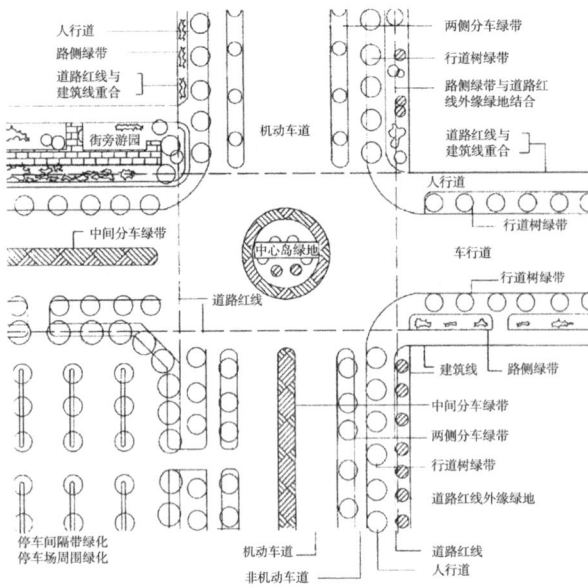

人行道
路侧绿带
道路红线与
建筑线重合

街旁游园

中间分车绿带

道路红线

两侧分车绿带
行道树绿带
路侧绿带与道路红
线外缘绿地结合
道路红线与
建筑线重合

机动车道

人行道

行道树绿带

车行道

行道树绿带

建筑线

路侧绿带

中间分车绿带

两侧分车绿带

行道树绿带

道路红线外缘绿地

机动车道

非机动车道

道路红线

人行道

中心岛绿地

停车间隔带绿化
停车场周围绿化

图6-30 道路绿地的组成

绿地等组成的（图6-30）。目前，我国的道路断面常见的有以下几种：

一板二带式。是目前我国常见的道路断面形式，当中是车行道，路旁人行道上种植行道树（图6-31）。这种形式的特点是管理方便、用地经济。但当车道过宽时就会影响遮荫效果，同时很难解决机动车道和非机动车道行驶混杂的问题。而单一的乔木也常显得单调，因此通常运用在车辆较少的街道或中小城市中。

二板三带式。所谓二板三带式就是在一板二带式的上下车道中间增加了一条隔离带而形成的道路断面形式（图6-32）。与一板二带式相比，这种道路形式可以消除相向车辆间行驶的干扰，但仍然不能解决机动车辆和非机动车辆间的干扰。

三板四带式。三板四带式是在一板二带式的基础上增加了上下机动车道和非机动车道之间的两条隔离带而形成的（图6-33）。这种道路形式的优点是可以消除机动车辆和非机动车辆间行驶的干扰；当四条隔离带都种植乔木时，道路的遮荫效果则较为理想。但仍然不能解决机动车辆相向行驶的干扰。这种断面布置形式适合非机动车辆较大的路段。

四板五带式。四板五带式是在三板四带式的上下车道中间增加了一条隔离带而形成的道路断面形式（图6-34）。

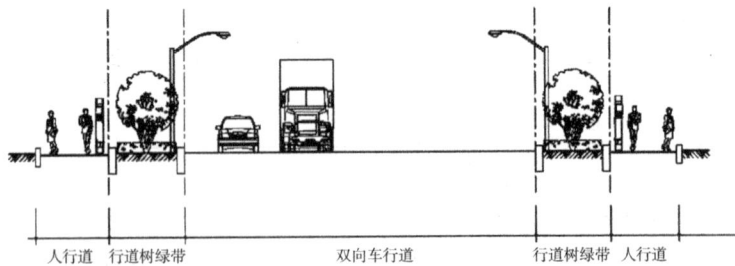

图6-31 一板二带式道路绿化

人行道　行道树绿带　　双向车行道　　行道树绿带　人行道

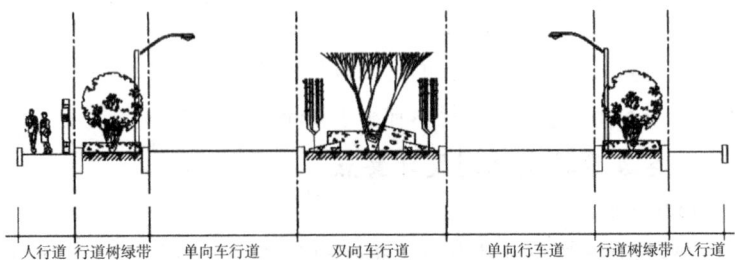

图6-32 二板三带式道路绿化

人行道　行道树绿带　单向车行道　　双向车行道　　单向行车道　行道树绿带　人行道

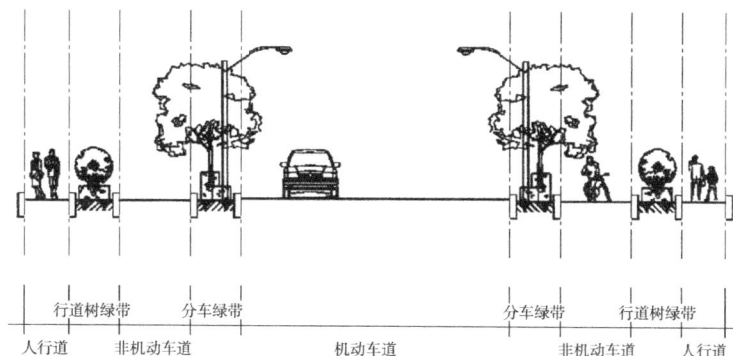

图 6-33 三板四带式道路绿化

行道树绿带　分车绿带　　　　　　　分车绿带　行道树绿带
人行道　非机动车道　　　机动车道　　　非机动车道　人行道

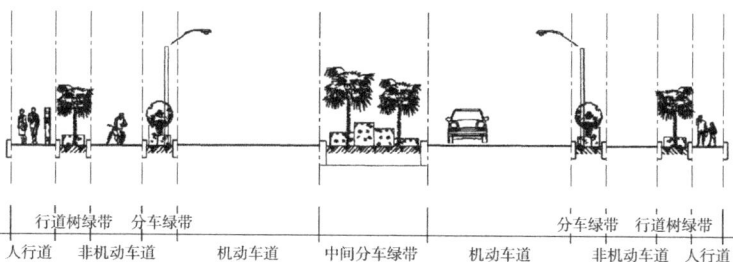

图 6-34 四板五带式道路绿化

行道树绿带　分车绿带　　　　　　　　分车绿带　行道树绿带
人行道　非机动车道　机动车道　中间分车绿带　机动车道　非机动车道　人行道

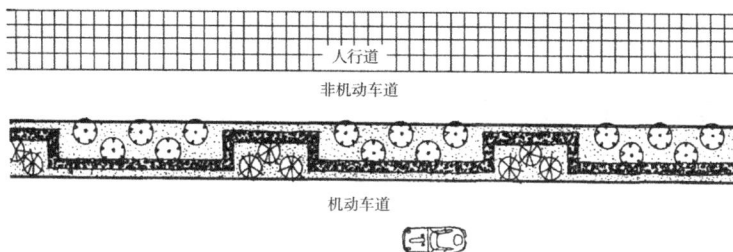

人行道
非机动车道

机动车道

图 6-35 分车绿带的植物配植应采用简洁的形式，要求树形整齐，排列一致

其他形式。除了上述几种形式外，还有像上海肇嘉浜路在两路之间布置林荫游憩路，苏州干将路两街夹一河以及滨江、滨河设置的临水绿地等都是一些其他特殊形式。

2）分车带规划设计

用来分隔上下车道和快慢车道的隔离带称为分车带，在分车带上进行绿化，则为分车绿带，又称为隔离绿带（图 6-35）。

分车带的宽度，依据道路的性质和场地的大小决定。常见的分车带宽度在 2.5~8m 之间；在高速公路或景观路上，宽度可以达到 20m 以上；在一般市区的城市干道上一般为 4~5m，但最低不能小于 1.5m。分隔带以种植草皮和低矮灌木为主，布置的灌木、花草以及绿篱高度应控制在 70cm 以下，以免影响司机的视线。分车带上不宜栽种过多乔木，尤其在快速干道上。栽种乔木时，应根据车速情况考虑，通常以能够看清分隔带另一侧的车辆、行人的情况为度。

为方便行人穿过马路，分隔带需要适当分段。一般以 75~100m 为一段比较适宜，过长会对行人穿越马路带来不便，过短则会影响行车速度。此外，分隔带的中断还应尽量与人行横道、大型公共建筑以及居住区等的出入口相对应，方便行人使用。

3）行道树规划设计

行道树是道路绿化中运用最普遍的一种形式，对于遮荫、防尘都起着非常重要的作用。行道树的种植通常有树池式和种植带式两种形式。树池式的种植形式适合行人较多或人行道较窄的地段，树池可方可圆（图6-36）。而种植带式一般是在人行道外侧保留一条不加铺装的种植带（图6-37），宽度一般要求在1.5m以上。在人行道外或人流量较多的地段，种植带应予以中断。这种种植形式有利于植物生长，改善道路生态环境和丰富城市景观。

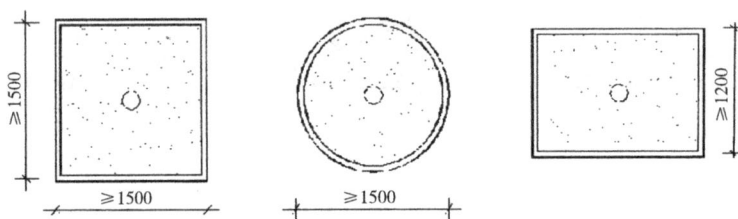

图6-36 行道树的树池形式

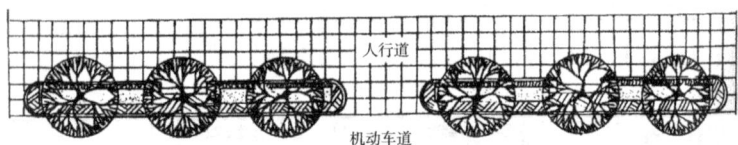

图6-37 种植带式的行道树

行道树的选择：

由于道路两旁特殊的环境条件，如汽车尾气、城市烟尘的污染，地下管线的影响，人为的干扰等，都对行道树的选择提出了更高的要求。在行道树的选择过程中，首先，要求适应性强、抗病虫害能力强、成活率高的树种，因此，行道树的选择一般以乡土植物为主；其次，为了在较短时间内达到浓荫匝地的效果，行道树还要求生长迅速，萌发能力强，耐修剪；再次，考虑到景观效果，行道树可选择主干挺拔、树姿优美、冠大荫浓、花叶艳丽等的树种，但必须花果无异味，落花落果不污染环境、不影响交通；此外，考虑到行道树的功能和特殊的环境特点，还要求选择分枝点在3.5m以上、根系发达的树种。

4）交叉口的规划设计

城市道路的交叉口是车辆、行人汇集的地方，车流量、人流量极大，干扰严重，容易发生交通事故。为改善交叉口人车混杂的状况，需要采取一定的措施，合理布置交叉口绿地是其中最有效的措施之一。

位于交叉口的交通岛绿地具有组织交通、约束车道、限制车速和装饰道路的作用，依据不同的功能可分为中心岛、导向岛和安全岛。

中心岛主要用来组织环形交通，进入交叉路口的车辆一律作逆时针绕岛行驶。中心岛的平面通常布置成圆形、椭圆形或圆角的多边形等（图6-38）。其最小半径与行驶车辆的限定车速和道路红线宽度有关，目前我国大中城市所采用的圆形中心岛直径一般为40~60m。但在交通流量大或有大量非机动车辆及行人的交叉口不宜设置。如上海市区因交通繁忙、行人与非机动车辆极多，中心岛的设置反而影响行车，所以在1987年中心岛基本淘汰。

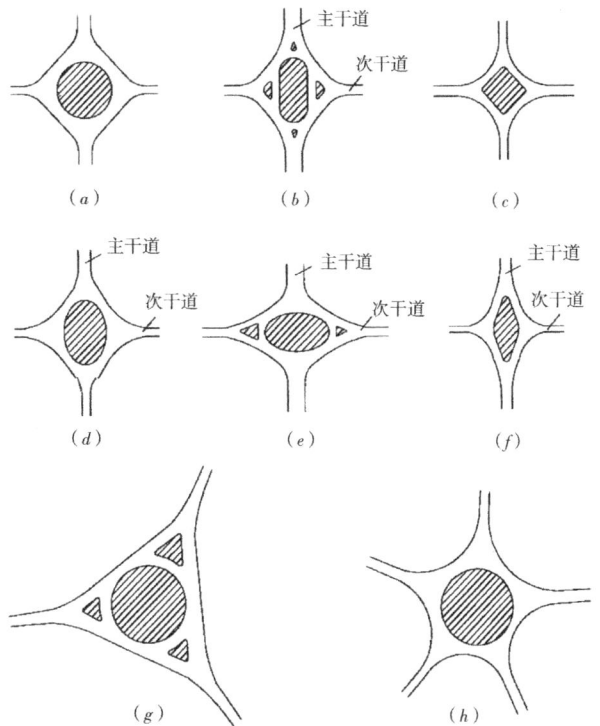

图6-38 中心岛的形状
(a) 圆形；(b) 长圆形；(c) 方形圆角；(d) 椭圆形；(e) 卵形；(f) 菱形圆角；(g) 三条道路相交的平面环形交叉；(h) 五条道路相交的平面环形交叉

中心岛的绿化布置不能遮挡司机的视线，要保证司机能看清其他车辆的行驶情况以及交通管制信号。因此，一般交通岛的绿化以嵌花草皮花坛为主，或以常绿灌木组成简洁明快的绣花花坛，中心位置可设置雕塑或种植体形优美、观赏价值高的雪松、银杏、香樟、榕树等乔木。中心岛内严禁游人出入，因为这样不仅会影响交通，还会带来危险。

导向岛主要是为指引车辆行进方向，约束车道、使车辆转弯慢行，保证安全。绿化以草坪为主，面积稍大时可选用圆锥形的常绿乔木种植于指向主要干道的角端予以强调，而在朝向次要道路的角端种植圆球形的树冠的树木以示区别。

安全岛是为行人横穿马路时避让车辆而设的，以便行人过街时短暂停留，以保障安全。安全岛的绿化以草坪为主。

5）停车场的规划设计

停车场是指城市中集中露天停放车辆的场所。按停车车辆性质可分为机动车辆和非机动车辆停车场；按使用对象可分为专用和公共停车场。为了完美协调停车场和周边环境的关系，在停车场规划时有以下几个要点：①在停车场周边种植高大的庇荫乔木，并适宜地种植隔离防护绿带；而在停车场内部宜结合停车间隔带种植高大的庇荫乔木。②停车场种植的庇荫乔木可选择行道树种，其树木的枝下高应符合停车位净高度的规定：小型汽车为2.5m，中型汽车为3.5m，载货汽车为4.5m。③停车场与干道之间可设置绿化带，可以和行道树结合，种植乔、灌木、绿篱等，起到隔离作用。

停车场的绿地种植设计一般分为树林式和周边式两种形式。周边式的停车场四周种植植物，停车场内部采用硬质铺装或植草砖铺装。这种形式多用于停车场面积较小，车辆停放时间较短的停车场。树林式停车场一般为场地内部成行、成列地种植乔木。这种形式多用于停车场面积较大，车辆停放时间长的停车场。

6）步行街的规划设计

所谓的步行街就是在一些人流较大的路段实施交通限制，完全或部分禁止车辆通行，让行人能在其间进行随意而悠闲的行走、散步、休息和购物等活动。按步行街所处的位置和功能不同，可分为商业步行街、历史街区步行街和居住区步行街三种类型。

商业步行街是我国目前最为常见的一种步行街，在城市中心或商业、文化较为集中的路段禁止车辆进入，在消除因机动车辆带来的噪声和废气污染、根除人车混杂现象后，使人的活动能够自由放松，增加人气，对于促进商业活动具有积极意义。

在国外，有些城市为保护某些街区的历史文化风貌，将交通限制的范围扩大到一定区域，成为步行专用区，即成为历史街区步行街。这种形式在我国具有相当历史的很多古城，在解决交通方面值得借鉴，这样不仅可以部分缓解人车混杂的矛盾，同时也能避免损害城市的原有风貌，以达到保护历史环境的目的。

在城市居民活动频繁的居住区也可以设置步行街，即为居住区步行街。居住区需要有一个整洁、宁静、安全的环境，禁止机动车辆通行就能够最大程度上得到保证。但在机动车辆较少的居住区，考虑到居民的便利性和利用率的问题，是否设置居住区步行街要根据实际情况而定。

在步行街内为了创造一个良好的休闲环境，应提供更多便利于行人的休息设施，使人的活动能够更为自由和放松；用花坛、喷泉、水池、雕塑以及凳椅等要素予以装点，为街道增添优美和舒适的景色。步行街需要更多地显现街道两侧的建筑形象，尤其是设置在商业、文化中心区域的步行街还要将各种店面的橱窗展示在行人的面前，因此，步行街内的绿化应尽量少用或不用遮蔽种植，但也不能忽视植物景观的作用，而过多地运用硬质材料，则会使人感到冷漠和缺乏亲切感。

（5）对外交通绿地

按照"国务院关于进一步推进全国绿色通道建设的通知"要求，到2010年，力争全国所有可绿化的公路、铁路、河渠、堤坝要实现全面绿化，形成带、网、片、点相结合，层次多样，结构合理，功能完备的绿色长廊。对外交通用地的绿化建设对于提高交通的安全性和舒适性，缓解公路施工给沿线地区带来的不良影响，保护自然环境和改善生活环境等都具有重要意义。

1）一般公路交通绿地的规划设计要点

一般公路绿化包括中央分隔带、边坡绿化、公路两侧绿化（图6-39、图6-40）。

图6-39 宁高高速公路绿化

图6-40 某高速公路绿化

中央分隔带。中央分隔带的主要作用是按不同的行驶方向分隔车道，防止车灯眩光干扰；缓解因行车而引起的精神疲劳；同时引导视线和改善景观。中央分隔带的设计一般以常绿灌木的规则式整形设计为主，配合落叶花灌木的自由式设计，地表一般用矮草覆盖，植物种类以乡土植物为主，选择时应重点考虑耐尾气污染、生长健壮、慢生、耐修建的灌木。

边坡绿化。边坡绿化除考虑景观美化效果外，还应与防护工程相结合，起到固坡、防止水土流失的作用。边坡绿化的主体植物是禾本科、一定量的豆科、藤本和矮生树种，经一段时间演替和多次更新后，灌木和矮生树种应占有相当比例。这样才能达到长期的护坡目的。

公路两侧绿化。在公路用地范围内栽植花灌木、在树木光影不影响行车的情况下，可采用乔、灌木相结合，形成垂直方向上郁闭的植物景观，空间围合好，绿量大，以改善生态环境为主要目的。

当道路两侧有自然的山水景观、田园湿地等时，可在适当的路段栽植低矮的灌木，视线相对通透，使司乘人员能够领略自然风光。

2）高速公路绿地规划设计要点

高速公路绿化包括一般公路绿化、服务区绿化、互通区绿化三大部分。服务区绿化包括收费站、餐饮及住宿区、加油站、修理厂和办公区等的绿化。

服务区绿化。服务区的主要服务对象是来往的旅客和驾驶员，并且绿化的区域多位于建筑物旁，而服务区和停车区具有商业活动功能，要着重创造一种优美的活动空间。因此绿化应以乔灌木为主体，配植婀娜多姿的花草，以及少量的反映地方特色和文化传统的建筑小品和水体等，创造一种优美、活泼的空间。

互通区绿化。在互通区大环的中心地段，在不影响视距的范围内，设计稳定的树群，可常绿树与落叶树相结合，乔灌木相搭配，形成良好的自然群落景观。

3）铁路绿地的规划设计要点

铁路属于轨道交通，火车的行驶被限制在铺设的轨道上，因而不存在相向车辆间的干扰问题。但火车惯性大，制动需要一定时间，所以在进行规划设计时应充分考虑。

防护林带。为保护铁路路基免遭自然或人为破坏，在铁路两侧应设置一定宽度的防护林带。但防护林带要与路基保持一定的距离，对于现行车速的铁路，乔木类的防护林带应设置在距铁路外轨 10m 以外，灌木类应在 6m 以外；为保证司机能够及时了解前方的各种信息，应在沿线讯号机前 1200m 内严禁种植高大的乔木。随着以后车速的提高，林带的距离还应适当放大。铁路拐弯处的曲线内侧有碍行车和眺望的地段不得种乔木，但可以种植灌木。

站台绿地。站台绿化的主要任务是为旅客提供一个优美、舒适的休息候车环境。但不能妨碍交通、运输以及人流集散。

此外，当铁路穿越公路或城市时，为保证车辆及行人安全，视距三角区内不得种植树木，视距三角形的最小边长不应小于 50m。

6.8 其他绿地规划

6.8.1 风景名胜区

（1）规划布局

风景名胜区（风景区）的规划布局，是一个战略统筹过程。该过程在规划界线内，将规划对象和规划构思通过不同的规划策略和处理方式，全面系统地安排在适当位置，为规划对象的各组成要素、组成部分均能共同发挥应有的作用，创造最优整体。

风景区的规划布局形态，既反映风景区各组成要素的分区、结构、地域等整体形态规律，也影响着风景区的有序发展及其与外围环境的关系。规划布局应遵循以下原则：

1）正确处理规划区局部、整体、外围三层次的关系。

2）风景区的总体空间布局与职能机构有机结合。

3）调控布局形态对风景区有序发展的影响，为各组成要素和部分共同发挥作用创造满意条件。

4）规划构思新颖，体现地方和自身特色。

风景名胜区的规划布局一般采用的形式有：集中型（块状）、线形（带状）、组团状（集团）、链珠形（串状）、放射形（枝状）、星座形（散点）等形态。

（2）规划分区

在规划分区中，应该突出各分区的特点，控制各分区的规模，应注意解决好分区之间的分隔、过渡与联络关系；应尽量维护好原有的自然单元、人文单元、线状单元的相对完整性。在风景名胜区的规划工作中，比较常用的是景区划分与功能分区这两种规划分区。

1）景区划分

景区是风景名胜区内部相对独立的功能单元，景区的划分应当以下列依据为指导。

①风景资源特点及其空间组合特征

风景资源是风景区开发建设最基础的依托，景源特点及其空间组合特征决定了各个分区的功能方向，是景区划分最基本的依据。

②景区之间以及景区与外部联系的便利程度

风景区的整体功能、风景区与外界的关系，应当相互整合成为综合体。各景区之间及景区与外部的联系方式，以及内外联系的便利程度，是分区的基本依据之一。

③风景区游览线路设计和游览活动组织的要求

风景区的游赏功能通过游览线路和游览活动组织来实现，但最终也要落实到各景区。在景区划分时，应当把游览线路设计和游览活动组织的要求作为依据之一。

④景区景点的开发时序

在风景区的实际开发建设工作中，考虑风景资源的持续利用，应当在不同阶段有不同的开发重点，在景区划分时需要考虑景区景点的开发时序。

2）功能分区

风景区的功能分区应综合考虑风景名胜区的性质、规模和特点。一般来说，风景名胜区按照其功能构成可以划分为以下几个区：核心（生态）保护区、游览区、住宿接待区、疗养区、野营区、商业服务区、文化娱乐区、行政管理区、职工生活区、居民生活区、农林生产区、农副业区等。

6.8.2 水源保护区

水源保护区是国家对某些特别重要的水体加以特殊保护而划定的区域。1984 年的《中华人民共和国水污染防治法》第 12 条规定，县级以上的人民政府可以将下述水体划为水源保护区：生活饮用水水源地、风景名胜区水体、重要渔业水体和其他有特殊经济文化价值的水体。对水源保护区要实行特别的管理措施，以使保护区内的水质符合规定用途的水质标准。水源保护区一般分有：①自然保护区；②生活饮用水源区；③游览、娱乐用水区；④渔业用水区；⑤工农业用水区。各类水源保护区均有相应的水质标准。

《饮用水水源地保护区划分技术规范》HJ/T 338—2007 规定了各类饮用水水源保护区的划分方法，其中河流型饮用水水源一级保护区的陆域沿岸长度不小于相应的一级保护区水域河长，陆域沿岸纵深与河岸的水平距离不小于 50m；湖泊、水库饮用水水源一级保护区陆域范围为取水口侧正常水位线以上陆域半径 200m 距离；地下水饮用水水源一级保护区为以取水口为圆心，半径通常为 300m 的区域。在各类水源一级保护区范围内均应作为绿地，种植水源涵养林，一方面可以固土护堤、涵养水源、改善水文状况；另一方面可以控制污染或有害物质进入水体。在二级保护区范围也应加强绿化建设。

水源涵养林地建设不仅可以固土护堤、涵养水源、改善水文状况，而且可以利用涵养林带，控制污染或有害物质进入水体，保护市民饮用水水源。一般水源涵养林可划分为核心林带、缓冲林带和延绵林带三个层面。核心林带为生态重点区，以建设生态林、景观林为主；缓冲林带为生态敏感区，可纳入农业结构调整范畴；延绵林带为生态保护区，以生态林、景观林为主，可结合种植业结构调整。

涵养林树种应该选择树形高大、枝叶繁茂、树冠稠密、落叶量大、根系发达的乡土树种，以利于截留降水、缓和地表径流和增强土壤蓄水能力。同时要求选择的树种寿命较长，具有中性偏阳的习性，这样可以形成比较稳定的森林群落，维持较长期的涵养水源效益。为了增强涵养水源的效能，水源涵养林要营造成为多树种组成、多层次结构的常绿阔叶林群落。在营林措施上，只需配置两层乔木树种，待上层覆盖建成后，林下的灌木层和草本层会自然出现，从而形成多种类、多层次的森林群落。

6.8.3 郊野公园

（1）规划布局要求

1）用地选择：郊野公园建在城市郊区，不占城市建设用地，以山林地最好，选择地形比较复杂多样、景观层次多和绿化基础好的地方。

2）景点布局：根据景点的自然分布状况，在景观优美的地点设置休息、眺望、观赏鸟类和植物的景点，开展远足、露营等野外活动。

3）地形设计：顺应自然，不搞大量土石方工程，不大开大挖。

4）重视水景的应用：利用自然的河、湖、水库，斜坡铺草或自然块石护岸，瀑布涌泉等自然形态。

5）道路和游览路线的设计：要遵循赏景的要求，随地形高低曲折、自然走向，联系各个景点，遇到绝涧、山岩等险阻，可以架设桥梁、栈道通过；铺装材料除主要防火干道用柏油外，多用碎石级配路面或土路、自然块石路面等。

6）绿化设计：根据自然生态群落的原理营造混交林或封山育林，恢复自然植被，保护珍稀濒危植物和古树名木，形成有地方特色的植物生态群落。

7）建筑物的设置：要少而精，两三间、一二处，既有供休息避暑的功能，又可以在高处、山坡建楼阁，在临水处建亭台，用作点景。建筑与小品，用粗糙石材、带皮木材、清水砖等材料，表现自然、朴素，和自然环境协调的形式。

（2）分区模式与规划要求

结合郊野公园内各区区位及其具有的价值，将郊野公园分成三个利用区：

游憩区、宽广区和荒野区。

1）游憩区

根据其位置及游人的可能使用程度，又分为密集游憩区、分散游憩区和特别活动区。

①密集游憩区

该区是使用人数最多的，游憩设施及其他设施也是最充足的，有儿童游乐设施、游客中心、娱乐路径等，并设有停车场、巴士站、厕所、电话亭等。此区设于郊野公园的入口，是郊野公园最方便、最容易到达的地区。

②分散游憩区

该区毗连密集游憩区，位置较之偏，但交通方便，通常是一些近密集游憩区的低矮山地，只是平地较少，不宜设置太多的游憩设施。可提供较多的步行路径，在适当的地方设有游憩点、避雨亭、观景点、野餐地点等。

③特别活动区

设于一些弃置的石矿场、收回的采土区等，可进行一些对环境有较大影响的活动，如攀岩、爬山单车、模型飞机和汽车越野等。

2）宽广区

宽广区设于郊野公园较深入的位置，需要步行才可抵达，需一定的体力消耗，其中设有已铺砌好的远足路径、自然教育路径，并设有路标、少量避雨亭或休憩地点，此区景观优美。宽广区也设有一些露营地点，让市民享受野营的乐趣。

3）荒野区

荒野区常常位于郊野公园的最偏僻位置，通常是最难抵达的，通向该区的山间小路并没有经过修整，只是由远足人士踏足出来的，因此，最能保存自然的状态，其中具有科研价值的自然景观会被划定为护理区，即特别地区。

郊野公园的分区利用，虽以三个利用区为原则，但仍要按实际情况而定。

6.8.4 森林公园

1996年林业部颁布的《森林公园总体设计规范》LY/T 5132—95提出森林公园是"以良好的森林景观和生态环境为主体，融合自然景观与人文景观，利用森林的多种功能，以开展森林旅游为宗旨，为人们提供具有一定规模的游览、度假、休憩、保健疗养、科学教育、文化娱乐的场地所"。1999年发布的国家标准《中国森林公园风景资源质量等级评定》指出森林公园是"具有一定规模和质量的森林风景资源和环境条件，可以开展森林旅游，并按法定程序申报批准的森林地域"。该定义明确了森林公园必须具备以下基本条件：

①是具有一定面积和界线的区域范围；

②以森林景观资源为背景或依托，是这一区域的特点；

③该区域须有游憩价值，有一定数量和质量的自然景观或人文景观，区域内可为人们提供游憩、健身、科学研究和文化教育等活动；

④必须经由法定程序申报和批准。其中，国家级森林公园必须经中国森林风景资源评价委员会审议，国家林业局批准。

（1）规划设计原则

1）森林公园的规划建设以自然生态保护为前提，遵循开发与保护相结合的原则。在开展森林旅游的同时，重点保护好森林生态环境。

2）森林公园建设应以资源为基础，以市场为导向，其建设规模必须与游客规模相适应。应充分利用原有设施，进行适度建设，切实注重实效。

3）在充分分析各种功能特点及相互关系的基础上，以游览区为核心，合理组织各种功能系统，既要突出各功能区的特点，又要注意总体的协调性，使各功能区之间相互配合、协调发展，构成一个有机整体。

4）森林公园应以森林生态环境为主体，突出景观资源特征，充分发挥自身优势，形成独特风格和地方特色。

5）规划要有长远观点，为以后发展留有余地。建设项目的具体设施应突出重点、先易后难，可视条件安排分步实施。

（2）功能布局与规划要求

森林公园的规划设计，在规模确定、容量测算、景区划分、游线设计、工程规划等方面，与风景名胜区有类同之处，可以参照风景名胜区的方法执行。

森林公园按照功能可以划分为：游览区、露营区、游乐区、接待服务区、生态保护区、生产经营区、行政管理区、居民生活区等主要分区。这些分区的规划布局，在遵照国家颁布的相关规范准则的基础上，还应满足以下要求。

1）游览区

游览区是以自然景观为对象的游览者的游览观光区域，主要用于景点、景区建设。游览区规划的关键是必须组织合理的游览路线，控制适宜的游人容量。在规划时，主要景观景点应布置在游览主线上，在部分人流集聚的核心景点附近，应设置一定的缓冲地带。同时，在游览区内应尽量避免建设大体量的建筑物或游乐设施。

2）宿营区

宿营区是在森林环境中开展野营、露宿、野炊等活动的用地。宿营地宜选择背风向阳的地形，视野开阔、植被良好的环境，周边最好有洁净的泉水。位置宜靠近管理或旅游服务区，以便交通与卫生上的供给。地形坡度应在10%以下，林地郁闭度以在0.6~0.8之间为佳。

3）游乐区

游乐区应单独划分。游乐区的设置应尽量避免破坏自然和环境景观，拟建的游乐设施应从活动性质、设施规模、建筑体量、色彩、噪声等方面进行慎重考核和妥善安排。各项设施之间必须保持合理的间距。部分游乐设施，如射击场和狩猎场等，必须相对独立布置。

4）旅游服务区

该区是森林公园内相对集中建设宾馆、饭店、购物、娱乐、医疗等接待服务项目及配套设施的地区。各类旅游设施应严格按照规划确定的接待规模进行建设，并与临近城镇的规划协调，充分利用城镇的服务设施。在规划建设中，应尽量避免出现大型服务设施。

5）生态保护区

该区以涵养水源、保持水土、维护公园生态环境为主要功能。区内应保持原生的自然生态环境，禁止建设人工游乐设施和旅游服务设施，严格限制游客进入此区域的时间、地点和人次。可以考虑与科普考察相结合，以发挥森林公园的科学教育功能。

6）管理区

管理区是行政管理建设用地，主要建设项目有办公楼、仓库、车库、停车场等。管理区的用地选择应该充分考虑管理的内容和服务半径。一般来说，中心管理区设置在公园入口处比较合适，在一些占地较大的森林公园，也可以考虑与旅游服务区相结合布置。

6.8.5 自然保护区

按照《中华人民共和国自然保护区条例》（国务院 1994 年颁发），凡具有下列条件之一的，应当建立自然保护区：

①典型的自然地理区域、有代表性的自然生态系统区域以及已经遭受破坏但经保护能够恢复的同类自然生态系统区域；

②珍稀、濒危野生动植物物种的天然集中分布区域；

③具有特殊保护价值的海域、海岸、岛屿、湿地、内陆水域、森林、草原和荒漠；

④具有重大科学文化价值的地质构造、著名溶洞、化石分布区、冰川、火山、温泉等自然遗迹；

⑤经国务院或者省、自治区、直辖市人民政府批准，需要予以特殊保护的其他自然区域。

按照条例规定，自然保护区可划分为核心区、缓冲区和实验区。核心区是自然保护区内保存完好的天然状态的生态系统以及珍稀、濒危植物的集中分布地，禁止任何单位和个人进入。因科学研究需要必须进入的，则须通过申请，经主管部门批准。核心区外围可以划定一定面积的缓冲区，只准进入从事科学研究观测活动。缓冲区外围划为实验区，可以进入从事科学实验、教学实习、参观考察、旅游以及驯化、繁殖珍稀、濒危野生动植物等活动。在面积较大的自然保护区内部以及相邻保护区之间，可以设立生态走廊，以提高生态保护效果。

1984年，联合国教科文组织提出将生物圈保护区的"核心区—缓冲区"模式变为"核心区—缓冲区—过渡区"模式。该种模式与我国目前提倡使用的核心区—缓冲区—实验区模式类似。

此外，还有一些其他类的模型，如"核心区—缓冲区—过渡区1/过渡区2"型、"核心区—外围缓冲区—廊道"型、"多个核心区由一个共同的缓冲区包围"型，或者多个核心区分别有不同的缓冲区，最后通过共同的过渡区和廊道联系在一起的类型等。

（1）核心区的布局规划要求

核心区是最具有保护价值或在生态进化中起到关键作用的保护地区，须通过规划确保生态系统以及珍稀、濒危动植物的天然状态，总面积（国家级）不能小于10km²，所占面积不得低于该自然保护区总面积的1/3。界线划分不应人为割断自然生态的连续性，可尽量利用山脊、河流、道路等地形地物作为区划界线。

（2）缓冲区的布局规划要求

1）生态缓冲

将外来影响限制在核心区之外，加强对核心区内生物的保护，是缓冲区最基本的规划要求。实践证明：缓冲区内能直接或者间接地阻隔人类对自然保护区的破坏；能遏制外来植物通过人类或者动物的活动进行传播和扩散；能降低有害野生动物对自然保护区、对周边农作物的破坏程度；能起到过滤重金属、有毒物质的作用，防止其扩散到保护区内；还能扩大野生动物的栖息地，缩小保护区内外野生动物生境方面的差距。此外，缓冲区还能作为迁徙通道或者临时栖息地。

2）协调周边社区利益

在我国，规划和建设缓冲区需要特别重视社区参与。我国大多数自然保护区地处偏远的欠发达地区，缓冲区是周边居民、地方政府、自然保护区管理部门等各种利益关系容易发生冲突的地带。为了创造良好的大环境，提高生态保护效果，在确定缓冲区的位置和范围时，需要与当地社区充分沟通，听取意见，寻求理解，适当补偿居民因不能进入核心区而造成的损失，鼓励当地居民主动参与缓冲区的管理与保护，与地方的社会经济发展要求相协调。

3）突出重点

从生态保护的要求出发，明确被保护的生态系统的类型及重要物种，对保护对象的生物学特征、保护区所在地区的生物和地理学特征、社会经济特征展开研究，确定缓冲区的具体形状、宽度和面积，根本目标是将不利于自然保护区的因素隔离在自然保护区之外。

4）因地制宜

根据生态保护要求、可利用的土地、建设成本等因素，确定最佳的缓冲区大小。如果现状土地利用矛盾较大，宜建立内部缓冲区，反之则建立外部缓冲区。

6.8.6 湿地

湿地是生物多样性丰富的生态系统，与人类生存息息相关，被称为"生命的摇篮"、"地球之肾"和"鸟的乐园"。

根据湿地功能和效益的重要性，凡符合下列任一标准被视为具有国家重要意义的湿地，需要严格保护：

①一个生物地理区湿地类型的典型代表或特有类型湿地；

②面积不小于10000hm^{2}的单块湿地或多块湿地复合体并具有重要生态学或水文学作用的湿地系统；

③具有濒危或渐危保护物种的湿地；

④具有中国特有植物或动物种分布的湿地；

⑤20000只以上水鸟度过其生活史重要阶段的湿地，或者一种或一亚种水鸟总数的1%终生或生活史的某一阶段栖息的湿地；

⑥它是动物生活史特殊阶段赖以生存的生境；

⑦具有显著的历史或文化意义的湿地。

（1）城市湿地公园规划设计原则

城市湿地公园规划设计应遵循系统保护、合理利用与协调建设相结合的原则。在系统保护城市湿地生态系统的完整性和发挥环境效益的同时，合理利用城市湿地具有的各种资源，充分发挥其经济效益、社会效益，以及在美化城市环境中的作用。

1）系统保护的原则

①保护湿地的生物多样性：为各种湿地生物的生存提供最大的生息空间；营造适宜生物多样性发展的环境空间，对生境的改变应控制在最小的程度和范围；提高城市湿地生物物种的多样性并防止外来物种的入侵造成灾害。

②保护湿地生态系统的连贯性：保持城市湿地与周边自然环境的连续性；保证湿地生物生态廊道的畅通，确保动物的避难场所；避免人工设施的大范围覆盖；确保湿地的透水性，寻求有机物的良性循环。

③保护湿地环境的完整性：保持湿地水域环境和陆域环境的完整性，避免湿地环境的过度分割而造成的环境退化；保护湿地生态的循环体系和缓冲保护地带，避免城市发展对湿地环境的过度干扰。

④保持湿地资源的稳定性：保持湿地水体、生物、矿物等各种资源的平衡与稳定，避免各种资源的贫瘠化，确保城市湿地公园的可持续发展。

2）合理利用的原则

①合理利用湿地动植物的经济价值和观赏价值；

②合理利用湿地提供的水资源、生物资源和矿物资源；

③合理利用湿地开展休闲与游览活动；

④合理利用湿地开展科研与科普活动。

3）协调建设原则

①城市湿地公园的整体风貌与湿地特征相协调，体现自然野趣；

②建筑风格应与城市湿地公园的整体风貌相协调，体现地域特征；

③公园建设优先采用有利于保护湿地环境的生态化材料和工艺；

④严格限定湿地公园中各类管理服务设施的数量、规模与位置。

（2）功能分区与基本保护要求

规划功能分区与基本保护要求城市湿地公园一般应包括重点保护区、湿地展示区、游览活动区和管理服务区等区域。

1）重点保护区。针对重要湿地，或湿地生态系统较为完整、生物多样性丰富的区域，应设置重点保护区。在重点保护区内，可以针对珍稀物种的繁殖地及原产地设置禁入区，针对候鸟及繁殖期的鸟类活动区设立临时性的禁入区。此外，考虑生物的生息空间及活动范围，应在重点保护区外围划定适当的非人工干涉圈，以充分保障生物的生息场所。

重点保护区内只允许开展各项湿地科学研究、保护与观察工作。可根据需要设置一些小型设施，为各种生物提供栖息场所和迁徙通道。本区内所有人工设施应以确保原有生态系统的完整性和最小干扰为前提。

2）湿地展示区。在重点保护区外围建立湿地展示区，重点展示湿地生态系统、生物多样性和湿地自然景观，开展湿地科普宣传和教育活动。对于湿地生态系统和湿地形态相对缺失的区域，应加强湿地生态系统的保育和恢复工作。

3）游览活动区。对湿地敏感度相对较低的区域，可以划为游览活动区，开展以湿地为主体的休闲、游览活动。游览活动区内可以规划适宜的游览方式和活动内容，安排适度的游憩设施，避免游览活动对湿地生态环境造成破坏。同时，应加强游人的安全保护工作，防止意外发生。

4）管理服务区。在湿地生态系统敏感度相对较低的区域设置管理服务区，尽量减少对湿地整体环境的干扰和破坏。

思考题：

1. 城市绿地系统布局结构模式主要有哪几种？

2. 在城市绿地系统规划中如何综合运用各类布局方法？

3. 对于不同类型的城市绿地，规划应该从哪些方面进行引导与控制？

7

树种与生物多样性保护规划

本章要点：
1. 树种规划的内容与方法；
2. 生物多样性保护规划的内容与方法。

7.1 树种规划

树种规划是城市绿地系统规划的重要内容之一。城市绿地的主要材料就是树木，树木与构成城市的其他人工材料不同，它所形成的效果需要几年甚至几十年的栽种培养，因此树种的选择直接关系到城市绿地质量的高低，如果树种选择恰当，树木才能健康成长，满足绿化功能的要求，可以尽快形成郁郁葱葱的环境；而树种选择不当，树木生长不良，则需要不断投入人力、财力对树木进行养护与更换。如此不仅仅造成经济上的浪费还使城市环境质量和景观效果大受损失，因此，我们在树种选择上要遵循一定的原则和方法，使城市绿地规划能真正起到指导城市绿地建设、提高城市绿化效益的作用。

7.1.1 树种选择基本原则

（1）适地适树原则

在选择树种时，应充分考虑城市的自然、地理、土壤、气候等条件和森林植被地理区域中的自然规律，因地制宜地选择适宜于该环境下生长发育的植物种类，使植物本身的生态习性与栽植地点的环境条件基本一致。坚持以当地有代表性的地带性乡土树种为主，因为乡土树种对当地土壤、气候条件适应性强，能充分表现地方特色，同时结合选用经过驯化的外来树种，按照树木的生物学特性和景观特性，结合立地条件和景观要求进行合理配置，增加城市的生物多样性，丰富城市景观。

（2）以乔木为主，乔、灌、花、草相结合的原则

从城市整体绿化来看，应以乔木绿化为主，乔、灌、花、草及地被植物相结合，通过科学合理的搭配比例形成城市复合的立体植物群落，充分发挥绿地的生态效益，同时坚持常绿和落叶相结合的原则，以达到丰富植物季相的效果。

（3）速生树种与慢生树种相结合的原则

城市绿化近期应以速生树为主，因为速生树具有早期效果好、易成荫的特点，可以很快地达到绿树成荫的效果，但是速生树种寿命较短，一般在20年后需要更新和补充，所以还应考虑与慢生树的结合。虽然慢生树需要较长时间才能见效，但是它寿命长，可以弥补速生树种更新时带来的不利影响。

（4）生态效益与景观效益相结合的原则

城市绿化树种的选择应从生态的角度出发，选择那些抗性较强，即对工

业"三废"适应性强和对土壤、气候、病虫害等不利因素适应性强的树种，充分发挥绿化的生态效益，同时兼顾树种的美化功能和经济功能，多选择观花、观果、观形、观色的树种，构成复合型的植物群落，达到生态效益、景观效益和经济效益的三效统一。

7.1.2 树种规划的内容与方法

（1）调查研究和现状分析

现状调查分析是整个树种规划的基础，主要调查当地的植被地理位置，分析当地原有树种和外来驯化树种的生态习性、生长状况等；目前树种的应用品种是否丰富；新优树种的应用是否具有针对性，是否经过了引种、驯化和适应性栽培；大树、断头树的移植比例是否恰当；种植水平和维护管理水平是否达到了相应的水平；目前绿化树种生态效益、景观效益和经济效益结合的情况等。

（2）确定基调树种

城市绿化基调树种，是能充分表现当地植被特色，应该是市树和地区最优秀的树种。一般选定1~4种。基调树种一般说来尽可能优先选择乡土树种，乡土树种具有地域文化内涵，最能突出地方特色，最容易形成独特的城市园林风格和城市特征。

（3）确定树种的技术指标

树种规划的技术指标主要包括裸子植物与被子植物比例、常绿树种与落叶树种比例、乔木与灌木比例、木本植物与草本植物比例、乡土树种与外来树种比例、速生中生和慢生树种比例、城区绿地乔木种植密度、城区种植土层深度、行道树种植规格等技术指标。

在树种规划中，可以参考当地自然植被的生活型谱分析，确定城市树种规划中乔、灌、草的比例；参考当地自然群落种间结合关系的密切程度，确定城市树种规划中乔木树种的组合；依据稳定自然群落中乔木树种的密度，合理提出每一个拟建人工群落的种植密度；依据群落树种的重要值高低，确定拟建人工群落中的建群种、优势种和伴生种，使拟建人工群落中各树种的数量比例更加合理。

（4）确定骨干树种

城市绿化的骨干树种，是具有优异的特点、在各类绿地中出现频率最高、使用数量大、有发展潜力的树种，主要包括行道树树种、庭园树树种、抗污染树种、防护绿地树种、生态风景林树种等，其中城市干道的行道树树种选择要求最为严格，因为相比之下，行道树的生境条件最为恶劣。骨干树种的名录需要在广泛调查和查阅历史资料的基础上，针对当地的自然条件，通过多方慎重研究才能最终确定。

（5）市花和市树的选择建议

市花和市树的选择一般从以下几个方面进行综合考虑：

①主要从乡土的或已有较长栽培历史的外来树种中进行选择；

②适应性强，能在本地城区广泛推广应用；

③具有良好的景观效果和生态功能；

④影响力大，知名度高，或为本地特有，或富有特殊文化品位；

⑤市树以乔木为佳，体现其雄伟，同时要求树形好、寿命长；市花要求花艳或花形奇特。

7.2 生物多样性保护与建设规划

生物多样性（Biodiversity 或 Biological Diversity）一词出现于 20 世纪 80 年代初期，是指一定范围内多种多样活的有机体（动物、植物、微生物）有规律地结合所构成的稳定的生态综合体。它通常由遗传（基因）多样性、物种多样性和生态系统多样性等部分组成。

生物多样性是人类赖以生存的基础，然而，由于人口的不断增长，城市化进程的加快，人类对自然资源的滥用和过度消耗、污染，导致了生物物种消失、生态环境恶化、地球维持生命的能力急剧下降，人类的前途和命运受到了大自然严峻的挑战。保护生物多样性和实现可持续发展是当今人类唯一的选择，成为全世界紧迫而又艰巨的任务。1992 年 6 月在巴西里约热内卢召开的联合国环境与发展大会（UNCED）通过了《生物多样性公约》，正式将生物多样性保护提到全球性问题的高度来加以研究。

7.2.1 我国的生物多样性特点

我国具有丰富和独特的生物多样性，其特点如下：

（1）物种高度丰富。中国有高等植物 3 万余种，其中裸子植物 15 科约 250 种，是世界上裸子植物最多的国家；脊椎动物 6347 种，占世界总种数的 13.97%。

（2）特有属、种繁多。复杂多样的生境为我国特有属、种的发展和保存创造了条件。在高等植物中特有种最多，约 17300 种，占中国高等植物总种数的 57% 以上；脊椎动物中特有种 667 种，占 10.5%。物种丰富度是生物多样性的一个重要标志，但同时，特有性反映一个地区的分类多样性、独特性，在评价生物多样性时应综合考虑物种的丰富度和特有性。

（3）区系起源古老。由于中生代末中国大部分地区已上升为陆地，第四纪冰期又未遭受大陆冰川的影响，许多地区都不同程度地保留了白垩纪、第三纪的古老残遗部分。如，松杉类世界现存 7 个科中，中国有 6 个科；被子植物中有许多古老的科属，如木兰科的鹅掌楸、木兰、木莲、含笑，金缕梅科的蕈树、假蚊母树、马蹄荷、红花荷，山茶科，樟科，八角茴香科，五味子科，腊梅科，昆栏树科，水青绀科及伯乐树科等。动物中大熊猫、白鳍豚、扬子鳄等都是古老孑遗物种。

（4）栽培植物、家养动物及其野生亲缘的种植资源异常丰富。中国 7000 年以来的农业开垦历史，在栽培植物和家养动物方面的丰富程度是世界上独一无二的。中国是水稻和大豆的原产地，品种分别达 5 万和 2 万之多；在药用植物方面有 11000 多种，牧草 4215 种；原产于中国的重要观赏花卉超过 30 属 2238 种；中国是世界上家养动物品种和类群最丰富的国家，共有 1938 个品种和类群。

（5）生态系统丰富多彩。中国具有地球陆生生态系统的各种类型，如森林、灌丛、草原和稀疏草原、草甸、荒漠、高山冰原等，由于不同的气候和土壤条件，又分各种亚类型 599 种。海洋和淡水生态系统类型也很齐全，但目前尚无确切的统计数据。

（6）空间格局繁复多样。中国地域辽阔，地势起伏多山，气候复杂多变。从北到南，气候跨寒温带、温带、暖温带、亚热带和北热带，生物群域包括寒温带针叶林、温带针阔叶混交林、暖温带落叶阔叶林、亚热带常绿阔叶林、热带季风雨林。从东到西，在北方，针阔叶混交林和落叶阔叶林向西依次更替为草甸草原、典型草原、荒漠草原、典型荒漠和极旱荒漠；在南方，东部亚热带阔叶林和西部亚热带常绿阔叶林发生不同属不同种的物种替代。此外，纵横交错、高低各异的山地形成了极其繁杂多样的生境。这些决定了我国生物多样性空间格局的繁复多样性。

尽管我国幅员辽阔，横跨寒带至热带的多个气候带，具有丰富的生物多样性。但是，土壤流失、大面积森林的采伐、林火和垦殖农作、草地过度放牧和垦殖、荒漠化、生物资源的不正确或过分利用、工业化和城市化发展的负面影响、外来物种大量的引进和侵入，以及无控制的旅游影响等成为威胁我国生物多样性的主要原因。

7.2.2　生物多样性保护与建设的内容

城市绿地系统规划应加强生物多样性保护，促进本地区生物多样性趋向丰富。住房和城乡建设部在《城市绿地系统规划编制纲要（试行）》中指出：在城市绿地系统规划要编制生物多样性（重点是植物）保护与建设规划。保护规划应包括以下内容：

（1）对城市规划区内的生物多样性物种资源保护和利用进行调查，组织和编制《生物多样性保护规划》，协调生物多样性规划与城市总体规划和其他相关规划之间的关系，并制订实施计划。

（2）合理规划布局城市绿地系统，建立城市生态绿色网络，疏通瓶颈、完善生境；加强城市自然植物群落和生态群落的保护，划定生态敏感区和景观保护区，划定绿线，严格保护以永续利用。

（3）构筑地域植被特征的城市生物多样性格局，加强地带性植物的保护与可持续利用，保护地带性生态系统。

（4）在城区和郊区合理划定保护区，保护城市的生物多样性和景观多样性。

（5）对引进物种负面影响的预防。一些外来引进物种侵害性极强，可能引起其他植物难有栖息之地，导致一些本地物种减少，甚至导致灭种。

（6）划定国家生物多样性保护区。从区域的角度出发，将生物多样、复合生态系统多样化的地区、稀有濒危物种自然分布的地区、物种多样性受到严重影响的地区、有独特的多样性生态系统的地区，以及跨地区生物多样性重点地区等列入生物多样性保护区。有学者提出长江流域以南的 100 万以上人口的大城市，在城市人工生态系统中应至少具有 1000 个以上的植物种，以植物多样性带来生物多样性；也有学者认为不同的地区其生物多样性是不一样的，数量也是不同的，不能以量化指标来衡量，而应该强调物种间的长期稳定性。2001 年通过的《上海市新建住宅环境绿化建设导则》中，对新建住宅环境绿化中的植物种类作出以下规定：绿地面积小于 3000m^2 的，种类不低于 40 种；绿地面积在 3000~10000m^2 的，种类不低于 60 种；绿地面积在 10000~20000m^2 的，种类不低于 80 种；绿地面积在 20000m^2 以上的，种类不低于 100 种。

7.2.3　生物多样性保护与建设的层次

生物多样性保护包括三个层次：生态系统多样性、物种多样性和基因多样性。此外，景观多样性也可纳入保护层面考虑。

（1）生态系统多样性保护

我国自然保护区由 5 种类型的生态系统组成，即森林生态系统、草原与草甸生态系统、荒漠生态系统、内陆湿地与水域生态系统和海洋与海岸生态系统。1993 年年底，全国已建各种自然生态系统为主要保护对象的自然保护区 433 个，占自然保护区总数和总面积的 56.7% 和 71.1%。风景名胜区和森林公园也是生态系统保护的重要措施。近年来，森林公园建设发展迅速，客观上保护了大批森林生态系统。而在城市中如何展开生态系统多样性保护，是正在探索之中的课题。

（2）物种多样性保护

物种多样性是指地球上动物、植物、微生物等生物种类的丰富程度，是衡量一定地区生物资源丰富程度的一个客观指标。它包括两个方面：一方面是指一定区域内物种的丰富程度，称为区域物种多样性；另一方面是指生态学方面的物种分布的均匀程度，称为群落多样性。物种多样性保护主要有就地保护和迁地保护两种途径。

（3）基因多样性保护

也称遗传多样性保护，主要是进行离体保存。基因多样性代表生物种群之内和种群之间的遗传结构的变异。每一个物种包括由若干个体组成的若干种群。各个种群由于突变、自然选择或其他原因，往往在遗传上不同。因此，某些种群具有在另一些种群中没有的基因突变（等位基因），或者在一个种群中很稀少的等位基因可能在另一个种群中出现很多。这些遗传差别使得有机体能在局部环境中的特定条件下更加成功地繁殖和适应。不仅同一个种的不同种群遗传特征有所不同，即存在种群之间的基因多样性；在同一个种群之内也有基因多样性——在一个种群中某些个体常常具有基因突变。这种种群之内的基因多样性就是进化材料。具有较高基因多样性的种群，可能有某些个体能忍受环境的不利改变，并把它们的基因传递给后代。环境的加速改变，使得基因多样性的保护在生物多样性保护中占据着十分重要的地位。基因多样性提供了栽培植物和家养动物的育种材料，使人们能够选育具有符合人们要求的性状的个体和种群。

（4）景观多样性保护

景观多样性也是生物多样性的一个方面，是景观单元在结构和功能方面的多样性，反映了景观的复杂程度，包括斑块多样性、格局多样性。两者都是自然干扰、人类活动和植物演替的结果。

7.2.4 生物多样性保护措施

（1）就地保护

按照《生物多样性公约》的定义，就地保护是指保护生态系统和自然生境以及在物种的自然环境中维护和恢复其可存活种群，对驯化和栽培的物种而言，是在发展它们独特性状的环境中维护和恢复其可存活的种群。目前就地保护的最主要方法是在受保护物种分布的地区建设保护区，将有价自然生态系统和野生生物及其生态环境保护起来，这样不仅保护受保护物种，也保护同域分布的其他物种，保证生态系统的完整，为物种间的协同进化提供空间。在保护区外对物种实施就地保护，通常都是针对濒危的原因采取具体的保护措施，改善物种的生存条件；在保护区周围地带对濒危动植物种类和生物资源的保护，也是属于保护区外的就地保护。此外，还有一种就地保护就是农田保存，它是对农家品种的重要保护方式。

（2）迁地保护

是指将生物多样性的组成部分移到它们的自然环境之外进行保护。迁地保护主要包括以下几种形式：植物园、动物园、种质圃及试管苗库、超低温库、植物种子库、动物细胞库等各种引种繁殖设施。我国截至 1996 年已建成 41 个动物园和 100 多个植物园和树木园，保存着 600 种脊椎动物和 1.3 万种植物。在植物的迁地保护中，植物园（或树木园）是主要机构，同时还有田间基因库、种子库、离体保存库等设施进行迁地保护。

在动物迁地保存中，动物园是传统的实施动物迁地保护的机构。动物的迁地保护应保证动物的正常生存和繁衍需要，并能够重新适应原来自然生存的环境。因此，开放式的饲养方式取代了传统的笼养方式。同时，尽管离体保存是迁地保护的一种重要手段，但是在动物保护中还没有得到广泛的应用。

微生物的迁地保护中，针对已发现并分离出来的特定微生物以迁地培养储藏方法进行保护是切实可行的。另外，提倡对自然生境的就地保护的同时也应保护其中生存的多种微生物。

生物多样性保护是一个系统工程，详细的保护措施可从以下几个方面入手：

1）根据国家生物多样性保护纲要（策略）制定本地区的保护纲要，确定具体、有效的行动计划。

2）正确认识生物多样性的价值，全面评价生物多样性。

3）开展生物资源生态系统的调查、生态环境及物种变化的监测；建立健全城市绿地系统中生物多样性的调查、分类和编目，建立信息管理系统，以及自然保护区与风景名胜区的自然生态环境和物种资源的保护和观察监测系统，加强生物多样性的科学研究。

4）可持续地利用生物资源。

尽量保护城市自然遗留地和自然植被，加强地带性植物生态型和变种的筛选和驯化，构筑具有区域特色和城市个性的绿色景观；同时，慎重引进国外特色物种，重点发展我国的优良品种。

5）加强就地保护和迁地保护的建设和管理。

恢复和重建遭到破坏或退化的生态系统，选定一批关系全局的项目，投资一些重大生态建设项目，推动全国建设系统的生物多样性保护工作。

6）健全管理法规，完善管理体系，加强管理部门之间的协调。

7）建立可靠的财政机制，开展生态旅游开发，开拓多资金保护的渠道来源。

8）加强专职干部培训和专业人才培养。

9）扩大科学普及与宣传教育，促进全面深入的生物多样性保护，鼓励公众参与保护。加强科普教育，发挥城市绿地的能动功能。加大宣传力度，提高公众环境意识，增强公众参与建设和保护的意识是城市绿地的一项重要功能，将公众与自然生态环境有机联系起来，为生物多样性的保护和持续利用创造条件。

10）加强国际交流与合作，进一步用好对外开放的政策，大力开展国际合作。

7.3 珍稀、濒危植物与古树名木保护

7.3.1 珍稀、濒危植物保护

珍稀、濒危植物（rare & endangered plant）是指与人类的关系更密切、具有重要途径、数量十分稀少或极容易引起直接利用和生态环境的变化而处于受严重威胁（threatenedness）状态的植物。

珍稀濒危植物包括三个类别，即濒危种类、稀有种类和渐危种类。

濒危种类是指那些在其整个分布区或分布区的重要地带，处于灭绝危险中的植物。这些植物居群不多，植株稀少，地理分布有很大的局限性，仅生存在特殊的生境或有限的地方。它们濒临灭绝的原因，可能是由于生殖能力很弱，或是它们所要求的特殊生境被破坏或退化到不再适宜它们生长，或是由于毁灭性开发和病虫害危害等多种原因所致。即使致危因素已排除，并采取了保护恢复措施，这类植物数量仍然继续下降或难以恢复。如水松、水杉、银杉、杜仲等植物。

渐危（即脆弱或受威胁）种类是指那些由于人为的或自然的原因，在可以预见的将来很可能成为濒危的植物。它们的分布范围和居群、植株数量正随森林被砍伐、生境的恶化或过度开发利用而日益缩减。如我国广东西南部石灰岩山地广泛分布的蚬木就是一个典型的例子。这里的蚬木原是群落的建群种或优势种，分布相当广泛，更新能力也很强。但是由于过分采伐，而且采取皆伐方式，使许多地方大树已经很少，环境越来越不适宜蚬木的更新，如果这些不利因素得不到改善，它们将很快衰退为濒危状态。

稀有种类是指那些并不是立即就有灭绝危险的、特有的单种属或少种属的代表植物。它们分布区有限，居群不多，植株也较稀少。或者虽有较大的分布范围，但是零星存在。只要其分布区域存在对其生长和繁殖不利的因素，就很容易造成渐危或濒危的状态，而且较难补救。高山、深谷、海岛、湖沼上的许多植物属于这一类。

近代由于人口猛增和对自然资源的滥用，造成了全球环境恶化，致使许多植物失去了赖以生存的自然环境，有些甚至已经灭绝。物种在地球上灭绝的速度比其历史上的自然过程加快了约1000倍。地球上现有高等植物近30万种，据世界自然保护联盟（IUCN）估计，全球已有50000~60000种植物受到不同程度威胁，换句话说，约每5种植物中就有1种面临生存威胁。目前，全世界现存物种以每天1种的速度在消失。物种一旦灭绝，就不可复得，人类将永远看不到它们，更谈不上利用。1个物种的消失，常导致另外10~30种生物的生存危机。植物资源的不断消失已直接危及到人类的生存环境和发展条件，人类必须对此有一个深刻的认识。为此，在20世纪80年代初期，国际社会制定对

受威胁植物保护的计划时提出了"抢救植物就是拯救人类本身"的行动纲领。

珍稀濒危植物的保护分为就地保护和迁地保护两个相补充的方法。

就地保护是在濒危物种的自然生栖地和自然环境中进行保护，一般通过建立保护区或国家森林公园来实现。世界上现已建自然保护区 2 万余个，占地球陆地面积的 6%左右，但建立类似于美国黄石国家公园的管理模式，从事有效的生物多样性保护工作的仅 1470 个。《生物多样性公约》目标是到 2010 年保护区的面积达到地球陆地面积的 10%。我国内地现已建各类自然保护区 1272 个，国家森林公园 380 余处，保护面积约占国土面积的 13.1%，提前达到了中国政府承诺到 2010 年中国自然保护区发展到 800~1000 个，达到国土面积的 10%的目标。自然保护区的建立对我国的珍稀濒危植物就地保护作出了较大的贡献。

迁地保护是全球生物多样性保护战略中的一个重要环节。植物园、树木园在迁地保护中扮演着主要角色。今天世界上已建立了约 15600 个植物园和树木园，收集栽培了约 75000 个植物种，即世界植物区系的 25%，其中濒危植物约有 1.2~1.5 万种。BGCI 年发表了植物保育战略，2010 年 60%的濒危或受威胁的植物物种应受到就地保护，并在其原产国家进行有效迁地保护，其中的 10%要进行恢复重建自然居群。

7.3.2　古树名木保护

古树名木，一般是指在人类历史过程中保存下来的年代久远或具有重要科研、历史、文化价值的树木。古树指树龄在 100 年以上的树木；名木指在历史上或社会上有重大影响的中外历代名人、领袖人物所植或者具有极其重要的历史、文化价值、纪念意义的树木。我国古树名木通常分为三种级别：国家一级古树，树龄在 500 年以上；国家二级古树，树龄在 300~499 年；国家三级古树，树龄在 100~299 年。国家级名木不受年龄限制，不分级（《关于开展古树名木普查建档工作的通知》，全绿字〔2001〕15 号）。古树名木是中华民族悠久历史与文化的象征，是绿色文物，活的化石，是自然界和前人留给我们的无价珍宝。

（1）保护古树名木的措施

1）保护生态环境。古树一般在某一环境生活了千百年，适应了当地的生态环境，因此，不要随便搬迁，也不应在古树周围修建房屋、挖土、倾倒垃圾、排放污水等。

2）抵御自然灾害。古树一般树身高大，雷雨时极易遭雷击，因此，在较高大的古树上要安装避雷针，以免雷电击伤树木。对树木空朽、树冠生长不均衡、有偏重现象的树木，应在树干一定部位撑三角架进行保护。此外，应定期检查树木的生长情况，及时截去枯枝，保持树冠的完整性。

3）广泛宣传保护古树名木的重要性。由于古树名木分布广泛、树种多，光靠业务部门的保护和管理是不够的，应大力宣传保护古树名木的重要性，大力宣传古树名木的生态、科研、旅游、观赏和文化价值，提高公众爱护、保护古树名木的意识，依靠全社会的力量对古树名木进行监管和保护。提高广大群众对古树名木的知情权、监督权和保护权，使保护古树、珍爱绿色成为人民群众的自觉行动。

4）加强法制建设，依法保护古树名木。根据《中华人民共和国森林法》、国务院《城市园林绿化条例》及全国绿化委员会《关于加强保护古树名木的决定》等法律、法规和文件规定，因地制宜制定本地的有关古树名木的规章制度。同时要加大执法力度，采取有效措施，严厉打击各种破坏古树名木的违法活动，使古树名木的保护和管理工作走上法制化、规范化轨道。

5）政府和有关部门要加大资金支持。保护古树名木是一项社会性公益事业，各级公共财政应当把古树名木资源保护管理等工作经费列入年度预算，或设立古树名木保护专项基金，吸纳民间和社会公众资金，作为保护古树名木的有关费用。同时，鼓励单位和个人认养古树名木和资助古树名木的养护以及开展冠名保护等活动。

6）普查建档。管理部门要查清当地的古树名木，实行编号挂牌，时时对号巡查古树名木的有关情况。

7）设立栅栏。为了防止人为撞伤和刻伤树皮，保持土壤的疏松透气性，在古树周围应设立栅栏隔离游人，避免践踏，同时在古树周围一定范围内不得铺水泥路面。

（2）古树名木的复壮措施

1）去枯弱枝、促发新壮枝。对萌芽力和成枝力强的树种，当树冠外围枝条衰弱枯梢时，用回缩修剪截去枯弱枝更新，修剪后应加强肥水管理，以促发新壮枝，形成茂盛的树冠。对于萌蘖能力强的树种，当树木地上部分死亡后，根颈处仍能萌发健壮的根蘖枝时，可对死亡或濒临死亡而无法抢救的古树干截除，由根蘖枝进行更新。

2）桥接。对树势衰弱的古树，可采用桥接法使之恢复生机。具体做法：在需桥接的古树周围均匀种植 2~3 株同种幼树，幼树生长旺盛后，将幼树枝条桥接在古树树干上，即将树干一定高度处皮部切开，将幼树枝削成楔形插入古树皮部，用绳子扎紧，愈合后，由于幼树根系的吸收作用强，在一定程度上改善了古树体内的水分和养分状况，对恢复古树的长势有较好的效果。

3）松土、培土。在生长季节进行多次中耕松土，冬季进行深翻，施有机肥料，以改善土壤的结构及透气性。即对树冠投影范围内进行 40cm 以上的中耕松土，不能深耕的，通过松土结合客土（可用沙土、腐叶土、大粪、锯末等和少量化肥均匀混合）覆盖保护根系。对树木根基水土流失地域用种植土填埋，厚度 40cm 以上，以树根全部埋入土中为准，填土范围一般不少于树冠投影面积，并在四周建挡土墙。同时用活力素或生根粉配水浇根部，加快新根系萌发和生长。

思考题：

1. 在树种规划中如何发挥乡土树种的作用？

2. 生物多样性保护与建设规划如何与绿地布局规划进行协调？

3. 如何加强古树名木的保护？

8

城市绿地系统规划的实施和管理

本章要点：

1. 城市绿地系统的成本效益分析；

2. 城市绿地系统的投资模式；

3. 城市绿线管理。

城市绿地系统规划作为城市总体规划的专项规划，既是城市规划体系中一个重要的组成部分，又具有相对的独立性和强制性，是指导城市绿地建设的依据。城市绿地系统规划的分期规划、投资与效益、建设质量控制与管理等方面直接影响城市绿地系统规划实施的成效。

8.1 分期建设规划

城市绿地系统规划分期建设可分为近、中、远三期。应根据城市绿地自身发展规律与特点来安排各期规划目标和重点项目。近期规划应提出规划目标与重点，具体建设项目、规模和投资估算；中、远期建设规划的主要内容应包括建设项目、规划和投资估算等。

编制城市绿地系统分期建设规划的原则为：

(1) 与城市总体规划和土地利用规划相协调，合理确定规划的实施期限。

(2) 与城市总体规划提出的各阶段建设目标相配套，使城市绿地建设在城市发展的各阶段都具有相对的合理性，满足市民游憩生活的需要。

(3) 结合城市现状、经济水平、开发顺序和发展目标，切合实际地确定近期绿地建设项目。

(4) 根据城市远景发展要求，合理安排园林绿地的建设时序，注重近、中、远期项目的有机结合，促进城市环境的可持续发展。

在实际工作中，城市绿地系统的分期建设规划一般应该优先考虑对城市近期面貌影响较大的项目，优先发展与城市居民生活、城市景观风貌关系密切的项目，优先安排对提高城市环境质量和绿地率影响较大的项目，项目选择时宜先易后难为后续发展打好基础。

城市绿地系统分期建设规划要及时适应国家政策的变化，把握时机引导发展，并为城市环境的可持续发展预留足量的绿色空间。

8.2 城市绿地系统的投资与效益

城市绿地系统一向被认为没有收益，在国内生产总值（GDP）中并不能够明确地反映出来。因而，城市决策者往往重视经济效益，着眼于提高国内生产总值而投资于具有明显收益的建设项目，这就产生了经济发展与城市绿地系统建设的矛盾，进而从根本上影响了城市绿地系统规划的实施和建设。例如，从国际比较来看，城市绿地建设投资在国民生产总值（GNP）中所占的比例，日本为 0.02%~0.08%，美国为 0.06%~0.12%，加拿大为 0.01%~0.05%；我国上海市的绿化建设费占市政基础设施投资的 5%左右。然而，城市经济发展与城市绿地系统的投资建设之间具有密不可分的关系，城市绿地系统并非没有"收益"，规划设计合理的城市绿地系统发展方案将有助于提高城市的综合经济效益，从而最终实现城市整体经济效益的最大化。

目前，许多发达国家普遍实行环境资源核算，并将其纳入国民经济体系之中，所以说，从绿色 GDP 角度看，园林绿化属于很重要的生产部门，绿地经济是国民经济的重要组成部分。改善生态环境是一个城市经济社会发展到一定水平的客观要求，而环境的改善和优化又会促进经济的进一步发展。绿地系统的价值可以通过效益的计量和换算以货币价值的形式表现出来。

8.2.1 城市绿地系统的成本效益分析

（1）成本分析

随着城市经济的发展，建设城市绿地系统的公共支出不断增长，如果一个城市以建设城市绿地系统的方式向居民提供一定数量和质量的产品和服务，那么建设城市绿地系统的公共支出就是建设城市绿地系统的成本。在此情况下，人们主要用"成本—效益"法来判断这一公共支出的效率。建设城市绿地系统的成本主要有直接成本和机会成本，城市绿地系统项目的直接成本是指直接用于绿地系统项目建设的资金总额；机会成本是指用于绿地系统建设的资源（包括人力、资金等）因用于绿地系统建设而未能用于其他项目而造成的损失。

城市绿地系统规划和建设的一个重要原则就是要把其机会成本降至最小，使城市绿地系统建设各项目与其经济利用相结合，在充分发挥其生态效益和社会效益的同时，使城市获得最大的经济效益。

城市绿地系统其初始投资成本主要包括：土地征用和动拆迁费用、城市绿地系统项目前期费用（可行性报告、规划设计费、招投标费等）、城市绿地系统建设费、城市绿地系统配套费、后期费用等。建成后的城市绿地系统养护和管理主要费用包括：年维护费、设施维修费、人工费、管理费、定期维修费等。

（2）效益分析

城市绿地系统的建设将会给城市带来效益，包括经济效益、生态效益和社会效益。

生态效益：主要体现在蓄水保土、制氧与固氮、增湿调温、净化空气、保持生物多样性等方面。

经济效益：主要包括直接经济效益和间接经济效益两部分。直接经济效益是指包括绿地系统中林木等有形资产的价值；间接经济效益指因环境质量改善而带动的相关产业（如房地产业、旅游业、文化体育业等）的繁荣和增长，此效益将在国内生产总值内体现。这在 4.4 节中也有讨论。

社会效益：主要包括生态景观社会效益，把自然景观和人文景观融为一体，增加居民愉快、舒适的感官享受，缓解都市压力，有益于人们的身心健康，同时提供娱乐、生态旅游、智慧启迪、文学美学创作的源泉，此种效益随社会和经济的发展将变得越来越重要；固定资产损失减少带来的社会效益：由于城市绿地系统的建设使环境质量改善，减少了因污染而对各类机器、厂房及其他基础设施等固定资产造成的损失，主要指固定资产折旧减慢、使用寿命延长以及维修费用的减少；人体健康的社会效益：城市绿地系统减少了损害人们身体健康的因素（如废气、污水等），提高居民健康水平，既可以减少医疗费用支出又能减少因疾病而引起的生产力的损失，同时居民健康状况的改善，可以为社会创造更多的效益。

目前，国内外还没有关于城市绿化效益比较成熟的定量测算方法。以生态效益测算为例，20 世纪 70 年代以来世界各国均有所研究，提出了一些计算方法。例如，1970 年前后，日本学者用替代法对全国的树木计算出其生态价值为 12 兆 8 亿日元，相当于 1992 年日本全国的国民经济预算额。印度的一位学者用类似方法计算了一棵生长 50 年的杉树，其生态价值为 20 万美元。1984 年吉林省参照日本的方法计算了长白山森林七项生态价值中的四项，结果为人民币 92 亿元，是当年所生产的 450 万 m^3 木材价 6.67 亿元的 13.7 倍。1994 年，美国专家曾对植树的经济效益进行分析，其结果显示：种植 95000 株白蜡树，再加上对这些树进行 30 年维护保养，总费用是 2100 万美元，而 95000 株白蜡树所提供的生态产品的经济效益，则是 5900 万美元，纯效益为 3800 万美元。换言之，种植每一株白蜡树的纯收益是 400 美元。

对城市绿地系统的社会效益的评估，由于涉及面广，数据难以准确统计，一般的方法是取环境污染有关的经济代价占国内生产总值（GDP）比例作为城市绿地系统的社会效益。如世界银行估计，中国每年因环境污染造成的损失大约为 GDP 的 8%。

中国风景园林学会经济与管理学术委员会曾组织有关专家，对城市园林绿化效益的评估和计量问题进行了专题研究，汇总提出了城市的"园林效益测算公式"。利用这项成果，1994 年上海宝山钢铁总厂对厂区绿化所产生的环境经济效益进行测算，折合人民币 6000 多万元。1995 年上海浦东新区的绿地系统规划，估算城区绿地系统可产生的生态效益为 121.84 亿元／年。1996 年重庆市城市绿地系统规划，估算出的生态环境价值是 28.86 亿元／年。

（3）成本效益分析

经过对城市绿地系统成本和效益的分析，可以把其成本和收益列表如下，见表8-1：

城市绿地系统成本效益一览表　　　　　　　表8-1

成　本		效　益	
直接成本	动拆迁费用	生态效益	蓄水保土
	土地补偿费用		制氧与固氮
	规划设计费用		增湿调温
	其他前期费用（如招投标）		净化空气
	绿化工程投资费用		保持生物多样性
	土建投资费用	经济效益	直接经济效益
	其他费用		间接经济效益
	维护管理费用	社会效益	固定资产损失减少
机会成本	该地块进行其他投资的收益		人体健康的社会效益

成本效益分析可以采用三种主要决策准则，即经济净现值（ENPV）、经济内部收益率（EIRR）和经济效益成本比（EBCR）。计算总成本时，要包括所发生的所有直接和间接成本，同时减去可能的节约成本；计算效益时，要包括所发生的所有直接和间接效益。

8.2.2　城市绿地系统的投资模式

（1）国外城市基础建设的投资模式

城市绿地系统的资金主要来自于城市基础建设资金。政府是提供基础设施资金的主体或中介人，大约90%的基础设施资金来自政府，政府几乎承担了所有项目的风险，政府是城市建设的主体。目前，发达国家和地区的城市基础设施建设，在"以政府为主体、市场为导向"的基础上，投资主体和经营模式日益多元化，出现了BOT（Build-Operate-Transfer）、TOT（Transfer-Operate-Transfer）、ABS（Asset-Backed-Securitization）、民间主动融资（Private Finance Initiative）以及使用者付费（User Reimbursement Model）等融资方式。

BOT（Build-Operate-Transfer），即"建设—运（经）营—转让"，先利用私人集资或外商投资来完成城市基础设施项目的建设，然后由投资者在一定时期内对该项目行使所有权和经营收益权，通过这一时期的收益回报其投资，待这一时期结束后，再将整个项目的所有权及经营的全部设施转让给公共部门或政府机构。

TOT（Transfer-Operate-Transfer），即"转让—经营—转让"，是指投资者用资金或资本购买某项资产的产权和经营权，在合同约定的时间内通过经营资产收回全部投资并得到相应的合理回报，然后再将产权和经营权无偿移交给原产权所有人。TOT模式是以现存的基础设施为基础，使民间投资者与项目建设分开，避免了建设期间的风险，降低了民间资本的进入壁垒。TOT模式的应用可以有效盘活基础设施存量资产，在我国具有广阔的应用前景。

ABS（Asset-Backed-Securitization），即"资产评估—收益保证—债券融资"，是指以项目资产为基础并以项目资产的未来收益为保证，通过在资本市场发行成本较低的债券进行筹融资。ABS是近年来新出现的一种基础设施融资方式，在西方国家被广泛应用于排污、环保、电力、电信等投资规模大、资金回收期长的城市基础设施项目，可以预见，随着我国证券市场的日益规范，ABS的融资模式具有很大的发展潜力。

除以上三种在西方国家广泛采用的投融资与经营模式外，还有债券融资（由政府发行市政债券，通过市场低成本、长期地筹集建设资金）、股权融资（对部分基础设施进行股份制改造，实行公开上市）、投资基金（建立基础设施投资基金，引导社会储蓄转化为投资）等投融资模式。

（2）城市绿地系统的投资模式

我国城市绿地系统由政府根据经济发展进行统一规划，建设周期较长，不确定因素较多，对投资成本估算要求极高，投资成本是城市绿地系统建设的最基本资金需求。城市绿地系统一般不具有补偿性和回收性，既不能承受融资成本又不能收费，其可行的投融资模式主要有以下几种。

①政府出资、融资模式

以政府作为主要投资主体，政府投资资金的来源主要是税收收入，还有部分来源于国家或省财政关于环境保护的专门拨款和以通过环境收费制度取得的资金。政府还可通过建立环境保护专项资金，以逐步形成稳定的资金来源。

此种投融资模式易受政府财政资金压力的影响，因为政府财政资金不能承受城市绿地系统巨大的一次性建设资金投入和持续性的后期养护投入。同时由于政府决策程序的不透明和低效率、官僚主义、腐败等因素，易造成城市绿地系统建设和管理资金的浪费。随着城市经济的发展，这种模式的弊端越来越显著。

②企业出资、政府补贴模式

此种模式可以减轻政府财政资金的压力，克服政府投资的各种弊端，但是企业投资以利润最大化为目标，要求的投资回报率比较高。在市场具有其他高回报率投资机会的情况下企业投资城市绿地系统可增加企业资金的机会成本，降低企业投资城市绿地系统的积极性，因此需要政府出台相应配套措施以吸引企业的参与。

③公众出资、企业化运作、政府补贴模式

居民一般对投资回报率要求不高，而强调投资回报的稳定，同时要求风险低。城市绿地系统作为城市基础设施，其风险较低，投资回报稳定，因此居民对投资城市基础设施有很大的积极性，而目前市场上适合居民投资的金融产品较少。此种投融资模式可设计适合居民投资城市绿地系统建设的金融产品，同时克服了上两种模式的缺点。目前越来越多的城市绿地系统等基础设施建设和养护采取此种模式。

8.3 城市绿地系统建设管理

8.3.1 城市绿化法规

从工作特点上看，城市绿地系统规划与一般园林绿地规划设计的不同点，在于它具有很强的综合性和严肃的法规性，必须做到"依法规划"、"依法管理"、"艺术性服从政策性"。经批准的城市绿地系统规划，就是一部法规性的政府文件，必须认真贯彻执行，不能因时因事而随心所欲地修改与发挥。所以，要搞好城市绿地系统规划的编制与实施工作，重要前提之一就是必须"学法、懂法、用法"，认真学习、掌握国家和地方政府颁布的城市绿化法规。

城市绿化法规，包括法律、条例、行政规章、技术规范等内容。依法治绿，要具体地表现在依法规划、建设和管理各类城市绿地，开展城市绿化活动上。在我国，城市绿化法规体系主要由全国人大常委会、国务院、住房和城乡建设部等颁发的全国性法律、规章、规范及省、市人大、政府颁布的地方性法律、规章、规范等组成。其中与城市绿地系统规划、建设和管理相关的全国性的法规、规范、标准见 5.1.1 节。

8.3.2 城市绿线管理

《城市绿线管理办法》是目前城市绿化管理的重要法律依据。

（1）绿线的概念

城市绿线，是指城市各类绿地范围的控制线。按前建设部出台的《城市绿线管理办法》规定，绿线内的土地只准用于绿化建设，除国家重点建设等特殊用地外，不得改为他用。

根据《城市绿线管理办法》，城市绿线应由城市人民政府规划、园林绿化等行政主管部门根据城市总体规划、城市绿地系统规划和土地利用规划在控制性详细规划阶段完成绿线划定工作，并在 1/2000 的地形图上标注绿地范围的坐标。城市绿线规划主要包括以下用地类型：

◇ 规划和建成的城市公园、小游园等各类公共绿地；

◇ 规划和建成的苗圃、花圃、草坪等生产绿地；

◇ 规划和建成的（或现存的）城市绿化隔离带、防护绿地、风景林地；

◇ 城市规划区内现有的林地、果园、茶园等生态景观绿地；

◇ 城市行政辖区范围内的古树名木及其依法规定的保护范围、风景名胜区等；

◇ 城市道路绿化、绿化广场、居住区绿地、单位附属绿地。

（2）绿线管理的基本要求

城市绿线管理应依照国家有关法规及住房和城乡建设部的要求，结合本地的实际情况进行。基本要求如下：

1）城市绿线内所有树木、绿地、林地、果园、茶园、绿化设施等，任何单位、任何个人不得移植、砍伐、侵占和损坏，不得改变其绿化用地性质。

2）城市绿线内现有的建筑、构筑物及其设施应逐步迁出。临时建筑及其构筑物应在 2~3 年内予以拆除。

3）城市绿线内不得新建与绿化维护管理无关的各类建筑。在绿地中建设绿化维护管理配套设施及用房的，要经城市绿化行政主管部门和城市规划行政主管部门批准。

4）各类改造、改建、扩建、新建建设项目，不得占用绿地，不得损坏绿化及其设施，不得改变绿化用地性质。否则，规划部门不得办理规划许可手续，建设部门不得办理施工手续，工程不得交付使用，国土部门不得办理土地手续。

5）城市绿线管理在实际工作中，除城市绿地系统规划要求控制的地块以外，还须根据局部地区城市规划建设指标的要求实施城市绿地建设。

6）城市人民政府应对每年城市绿线执行情况组织城市园林绿化行政主管部门、城市规划行政主管部门和国土行政主管部门进行一次检查，检查结果应向上一级城市行政机关和同级人大常务委员会作出报告。

7）在城市绿线管理范围内，禁止下列行为：

①违章侵占城市园林绿地或擅自改变绿地性质；

②乱扔乱倒废物；

③钉拴刻划树木，攀折花草；

④擅自盖房、建构筑物或搭建临时设施；

⑤倾倒、排放污水、污物、垃圾，堆放杂物；

⑥挖山钻井取水，拦河截溪，取土采石；

⑦进行有损园林绿化和生态景观的其他活动。

在城市绿线内尚未迁出的房屋，不得参加房改或出售，房产、房改部门不得办理房产、房改等有关手续。绿线管理范围内各类改造、改建、扩建、新建的建设项目，必须经城市园林绿化行政主管部门审查后方可开工。

因特殊需要，确需占用城市绿线内的绿地、损坏绿化及其设施、移植和砍伐树木花草，或改变其用地性质的，城市人民政府应会同省、自治区城市园林绿化行政主管部门审查，并充分征求当地居民、人民团体的意见，组织专家进行论证，并向同级人民代表大会常务委员会作出说明。

因规划调整等原因，需要在城市绿线范围内进行树木抚育更新、绿地改造扩建等项目的，应报经市园林绿化行政主管部门审查，报市人民政府批准。

（3）绿线管理的地块规划

城市绿线管理，是前建设部根据 2001 年 5 月《国务院关于加强城市绿化工作的通知》提出的一项新举措。近年来，全国各地城市都在积极探索其实现途径。在一些地区和城市已有相关的实践，多采用参照城市详细规划中常用的用地细分和属性管理方法，划定相应的城市绿线管理地块，作为规划绿线的控制对象，从而进行城市绿线的规划和建设控制。

在具体规划的编制过程中，应根据城市空间发展和生态环境建设等多方面的需求要素，对规划期内市区拟规划建设的城市绿地进行合理的空间布局；并参照以往城市规划管理部门所控制的绿地地块（含城市分区规划所确定的规划绿地），对各类规划绿地逐一进行编码，核对计算面积；从规划管理角度提出处理与该用地相关的有关问题的途径，并赋予其特定的绿地属性。通过这种方法，能够较好地解决规划绿地如何落到实处和实施绿线管理的依据等问题，大大提高绿地系统规划的可操作性。

在我国现代城市规划实践中，城市绿地系统规划是属于城市总体规划层次的专项规划；而绿线管理地块的规划已深入到城市规划编制体系中详细规划的层次，一般要做到 1：2000~1：1000 以上的地图精度。由于城市绿地系统规划实质上是一种城市土地利用和空间发展规划，牵扯到方方面面的实际利益，因此绿线管理要涉及的现实矛盾和问题较多，通常需要与分区规划和控制性详细规划一样单独立项编制，从而保证城市规划依法审批和实施动态管理中合理的层次性。如果确因实践需要，必须在城市绿地系统规划编制过程中同时考虑满足多层次的规划需求，则应当对规划成果文件作适当的编辑处理，使各层次的规划内容既相互联系，又相对独立，并注意突出重点，方便操作。例如，可在规划文本和说明书中主要阐述总体规划层次的有关原则和宏观要求，而将分区规划和详细规划的具体内容纳入规划附件。这样处理，即使规划成果文件突出了绿地总规部分的内容，从而与城市总体规划顺利衔接配套；也能使绿地详细规划部分的内容得到适当表达并留有余地。

8.3.3 城市绿地建设质量控制

城市绿地建设和绿化养护管理，是城市绿地系统规划工作的后续环节，需要制定得力有效的措施以保证规划目标的实现。因此，在城市绿地系统规划中，要提出有关规划目标实施措施和完善管理体制的决策建议。一般可包括法规性措施、政策性措施、行政性措施、技术性措施、经济性措施等方面。对大多数城市而言，绿地系统规划建设的措施内容主要有以下几个方面。

（1）加强规划编制，引导实施和管理

在绿地系统规划编制中要突破过去城市建成区的概念，从市域的范围内整体规划城乡一体的绿地系统，以土地利用规划、城市总体规划为指导，合理整合规划区内的建设用地、农田耕地、林地、水域等多用途的土地空间。首先，应做好总体规划层面的分层规划编制，合理确定市域、建成区两个层面的规划重点和内容，以架构合理、良好的生态网络结构，配合总体规划的管理；其次，应以绿地系统规划为指导，加强完善分区规划、控制性详细规划及修建性详细规划三个层面的规划编制，将绿地系统规划逐层落实到城市建设管理的各个层面，以保证规划的真正实施，特别是详细规划的编制和近期建设项目的编制，目的是引导建设完善的城市绿色生态系统网络框架；再次，就是结合实际制定或完善地方性法规，尤其是《绿线管理办法》和《绿色图章管理办法》，使规划有法可依，重在落实。

（2）明确划定各类绿地控制范围，保证城市绿化用地

绿地系统规划所确定的绿化用地，必须逐步建设成为城市绿地，不能改作他用，更不能进行经营性开发建设。从总体规划到详细规划的逐层实施过程中，绿地规划重点是绿化用地的空间布局，在编制绿地规划中，按照相关规定对各类绿地的相应指标，用绿线控制绿化用地的比例。绿线的法律效力等同建筑、道路"红线"和水体"蓝线"、文物古迹的"紫线"，《城市绿线管理办法》要求城市绿地系统规划阶段应确定防护绿地、大型公园绿地等绿线；控制性详细规划应当提出不同类型用地的界限、规定绿化率指标和绿化用地的具体坐标；修建性详细规划应当根据控制性详细规划，明确绿地布局，提出绿化配置的原则和方案，划定绿地界限。在新的绿地规划编制中，为配合城市规划强制性内容管理，建议对建成区绿地实行"绿线"规划，以单独图册编制，用以加强城市绿线的法律地位，严格管理；对市域范围内的森林公园、风景名胜、林带等实行"灰绿线"规划，作为规划审批管理的参考依据，主要是为城市大环境建设预留绿色空间。城市范围内的江、河、湖、海岸线和山体、坡地等地段，是营造城市景观最重要的区位，也是居民最适宜的游憩活动场所，应当作为城市绿化管理的重点地段严加整治。特别要严格保护城市古典园林、古树名木、风景名胜区和重点公园，在城市开发建设中决不能破坏。对于用地紧张的大城市和特大城市，要提倡发挥"一地多用"的城市用地叠加效应，想方设法增加城市绿地。

（3）规范规划审批程序，完善审批监督机制

在完成了绿地系统规划编制后，重点是园林部门如何参与到绿地系统规划的管理和落实的过程中。目前，我国一些城市园林主管部门通过发放批文、加盖绿化行政部门公章（如北京、重庆）、发放审批许可证（如上海）及采用绿化审批专用章（如无锡）等多种形式配合城市规划部门对"一书两证"的管理。为配合落实城市绿地修建性详细规划中的绿地布局、植物配置等设计概念的管理，发挥园林部门协作与监督的管理作用，建议城市政府明确绿色图章的法律地位来确定职能部门之间的协作与监督形式，切实将城市绿地详细规划落实到城市建设和管理中。

（4）建立稳定且多元化的绿化投资渠道

从国内外城市绿化发展的经验来看，城市绿化建设资金应当是城市政府公共财政支出的重要组成部分，因而必须坚持以政府投入为主的原则。要通过合理规划和计划的调控，使市各级政府在财政计划上安排必要的资金保证城市绿化工作的需要，尤其要加大城市绿化隔离林带和大型公园绿地建设的投入，增加城市绿地维护管理的资金。在保证政府财政投入为主的前提下，也要积极拓宽城市绿化建设的资金来源渠道，积极引导社会资金用于城市绿化。具体措施如：可将居住区内的绿地建设经费纳入住宅建设成本，居住区内日常绿化养护费用可从房屋租金或物业管理费中提取一定比例。道路绿化经费，应列入道路建设总投资，由市政建设部门按规划与道路同步实施。地区综合开发或批租时，应将绿地建设纳入开发范围，政府从批租收入中按比例提取投入绿化设施的建设。城市大型绿地的开发，还可以采取综合开发的方式筹集建设资金。城市干道两侧绿带、城市组团间大型绿地的开发建设应列为重点项目，享受一定的政策优惠。除政府拨款投入外，在征地、建设、经营中可反馈市属各项税费，作为国有资产的投入份额，保证绿地建成后运行的稳定性。

（5）加强城市绿化施工管理，确保绿化建设质量和效益

首先是绿化项目要严格按规划设计方案施工建设。城市所有绿化工程，都要严格按规划设计方案施工建设，绿化项目的操作要严格按照"先勘测、后设计、再施工"的规范程序进行，要坚决制止"三边"工程的建设行为。企事业单位和房地产开发小区附属用地的绿化，同样要纳入城市绿化规划管理之列，没有按要求进行规划设计的项目，一律不得施工建设。对于施工过程中确需变更规划设计方案的项目，同样需要按照规范的程序进行，任何建设单位、个人和施工方均不能擅自变更具有法定效力的规划设计方案。

其次是加强对绿化工程项目的招投标管理。凡纳入公共财政支出预算的绿化工程建设项目都必须实行公开招标，严禁城市绿化项目的转包现象，从源头上防止绿化领域腐败行为的发生，确保资金能真正用于绿化项目建设上，以确保绿化工程质量和效益。

再次是加强对城市绿化项目施工过程中施工质量、工期和文明安全施工的管理，防止施工过程中偷工减料、工期过长、安全事故频发、毁坏原有绿地

和城市环境等现象发生。

最后是要加强对绿化项目验收和工程结算的管理。要进一步完善绿化工程项目质量评估标准，细化量化评估指标体系，硬化质量评估约束，使其更具可操作性。要严格绿化项目竣工验收制度，凡工程质量达不到要求的，应限期进行整改。工程结算应严格按国家规定进行。

（6）依法治绿，加强城市绿化维护和监管

加强绿化宣传，提高全体市民的绿化意识，尤其要提高各级领导的生态意识。要通过多种形式开展全民绿化教育，了解绿化与保护自然环境的深远意义，促进形成人人爱护绿化、参与绿化的社会风气；并要将城市绿地的规划建设任务分解后，列入各地区领导任期目标，作为其业绩考核的内容之一。

随着城市的扩展与生产力进一步提高，人口增加及市民素质的提高，对城市环境质量的需求也会越来越高。因此，城市规划区内单位附属绿地的配套建设、城市绿化工程建设的监督管理、绿地养护管理制度的完善、园林绿化技术人才的培养、城市绿化建设队伍的优化、加强城市园林绿化科研设计工作、园林绿化行业市场的规范化运行等内容，也都要在城市绿地系统规划中有所考虑。特别是要通过制定和完善地方性城市绿化技术标准和规范，逐步完善城市绿化建设管理的法规体系。

城市绿化养护管理水平低是当前我国城市绿化工作中存在的普遍性薄弱环节，应改变以往城市绿化重建设、轻养护的短期化错误倾向，加大对城市绿化养护的必要经费投入，加强城市绿化养护队伍建设。要积极打造热爱城市绿化事业、技术水平高、相对稳定的城市绿化养护专业化队伍。积极推进园林绿化科技创新，提高绿化养护管理的科技含量。

思考题：

1. 城市绿地的各类投资模式分别适合于哪些绿地？
2. 如何将城市绿地建设质量落实在城市绿地系统规划及实施的各个环节中？
3. 了解城市绿线规划的意义、内容和方法。

9

3S技术在城市绿地系统规划中的应用

本章要点：
1. 3S 技术的概念及其应用技术路线；
2. 3S 技术在城市绿地系统规划中的应用；
3. 城市绿地遥感调查的技术流程。

9.1　3S技术及其应用技术路线

（1）遥感技术

遥感（Remote Sensing，RS）是 20 世纪 60 年代发展起来的对地观测综合性技术。"遥感"，顾名思义，就是遥远地感知。人类通过大量的实践，发现地球上每一个物体都在不停地吸收、发射和反射信息和能量，其中有一种人类已经认识到的形式——电磁波，并且发现不同物体的电磁波特性是不同的。遥感就是根据这个原理来探测并记录地表物体对电磁波的反射和其发射的电磁波，从而提取这些物体的信息，完成远距离识别物体的。

遥感的出现，扩展了人类对于其生存环境的认识能力，较之于传统的野外测量和野外观测得到的数据，遥感技术具有如下优点：1）数据源丰富多样，利于进行多尺度、多目标的综合调查研究；2）重复周期短，利于快速调查及动态监测；3）处理技术完善，能有效降低人为因素的干扰，客观反映实际情况；4）受地形、地貌、海拔高度及气候等自然因素的限制较小，从而最大限度地节省人力物力。

（2）全球定位系统

全球定位系统（Global Positioning System，GPS）是利用人造地球卫星进行点位测量导航技术的一种。该技术主要用于定位，并与地理信息系统技术相结合进行测量和监测导航。

（3）地理信息系统技术

地理信息系统（Geographical Information System，GIS）是一种决策支持系统，其定义是由两个部分组成的。一方面，地理信息系统是一门学科，是描述、存储、分析和输出空间信息的理论和方法的一门新兴的交叉学科；另一方面，地理信息系统是一个技术系统，是以地理空间数据库（Geospatial Database）为基础，采用地理模型分析方法，适时提供多种空间的和动态的地理信息，为地理研究和地理决策服务的计算机技术系统。

地理信息系统具有以下三个方面的特征：

1）具有采集、管理、分析和输出多种地理信息的能力，具有空间性和动态性；

2）由计算机系统支持进行空间地理数据管理，并由计算机程序模拟常规的或专门的地理分析方法，作用于空间数据，产生有用信息，完成人类难以完成的任务；

3）计算机系统的支持是 GIS 的重要特征，因而使得 GIS 能快速、精确、综合地对复杂的地理系统进行空间定位和过程动态分析。

GIS 的外观表现为计算机软硬件系统，其内涵却是由计算机程序和地理数据组织而成的地理空间信息模型。当具有一定地学知识的用户使用地理信息系统时，他所面对的数据不再是毫无意义的，而是把客观世界抽象为模型化的空间数据，用户可以按应用的目的观测这个现实世界模型的各个方面的内容，取得自然过程的分析和预测的信息，用于管理和决策，这就是地理信息系统的意义。一个逻辑缩小的、高度信息化的地理系统，从视觉、计量和逻辑上对地理系统在功能方面进行模拟，信息的流动以及信息流动的结果，完全由计算机程序的运行和数据的变换来仿真。地理学家可以在 GIS 支持下提取地理系统各不同侧面、不同层次的空间和时间特征，也可以快速地模拟自然过程的演变或思维过程的结果，取得地理预测或"实验"的结果，选择优化方案，用于管理与决策。

（4）3S 技术集成

GIS、RS 和 GPS 三者集成利用，构成为整体的、实时的和动态的对地观测、分析和应用的运行系统，是当今 3S 技术发展的趋势。

3S 技术为科学研究、政府管理、社会生产提供了新一代的观测手段、描述语言和思维工具。3S 的结合应用，取长补短，是一个自然的发展趋势，三者之间的相互作用形成了"一个大脑，两只眼睛"的框架，即 RS 和 GPS 向 GIS 提供或更新区域信息以及空间定位，GIS 进行相应的空间分析，以从 RS 和 GPS 提供的浩如烟海的数据中提取有用信息，并进行综合集成，使之成为决策的科学依据。

总之，3S 系统集成技术使测量、分析、设计、管理的一体化成为现实，图 9-1 概括了 3S 技术在城市绿地系统规划管理中的基本技术路线。相对于传统的现场勘测、拍照、手工记录等手段，3S 技术使规划相关数据资料信息更加全面，增强了规划人员处理大量相关数据的能力，不仅有助于提高规划的科学性，还大大提高了作业的效率，对绿地的监测、分析和设计的自动化作业有重要的促进作用。

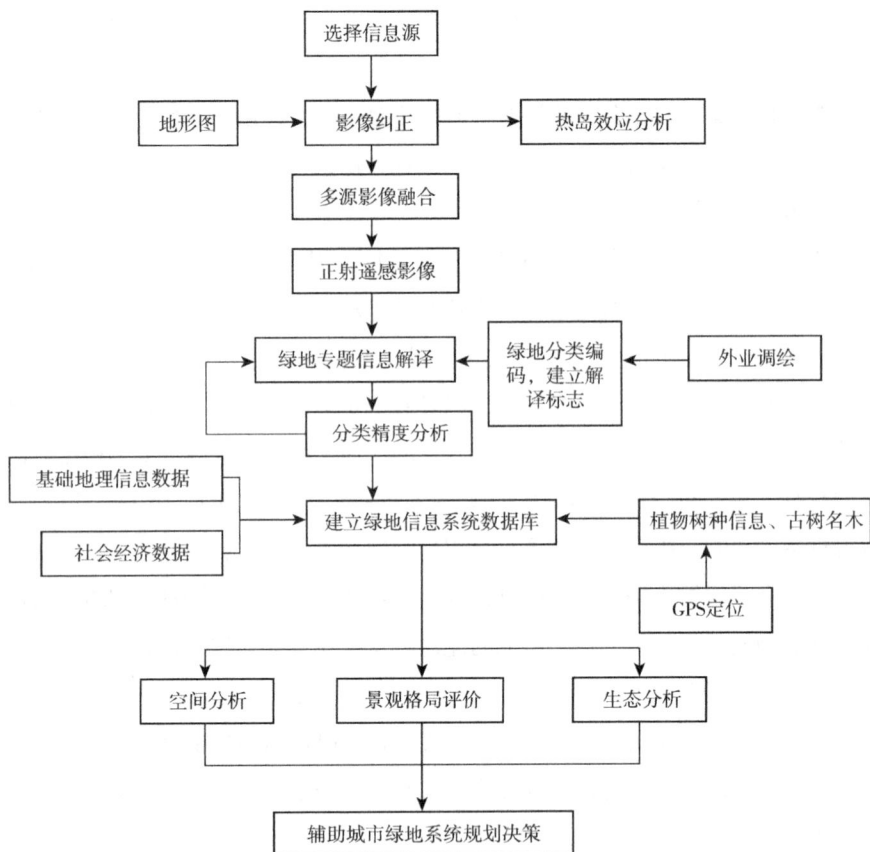

图 9-1 3S 技术应用于城市绿地系统规划的技术路线

9.2 3S技术在城市绿地系统规划中的应用

9.2.1 城市绿地调查

（1）城市绿地现状调查

进行城市绿地现状调查是进行科学绿地管理的基本前提，就是要尽可能准确地掌握现有绿地的空间分布与植被属性等基础资料。传统的绿地普查方法主要是利用地形图和历年累积的文字资料，由相关部门组织大量人力，逐街坊逐路区进行普查登记、人工判读、着色转绘，并通过近似量算来获得绿地覆盖面积、覆盖率等数据。它的工作效率低、周期长、成本高且精度不易保证，很难准确地描述整个城市的绿化状况。遥感技术作为一种综合性探测技术具有快速、高效、范围大、动态的特点，利用遥感方法提取城市绿地信息可以很好地弥补常规方法的缺陷，从而能够实现大范围城市绿化调查，并结合基础地理信息数据及调绘、转标、数字化的方式，对现有城市绿地进行各个尺度的量算统计。快速准确地摸清城市绿地现状及绿化水平，是正确评价城市绿地及其生态效益，客观分析城市环境承载力，合理制定城市绿地系统规划，科学建立和有效管理城市绿地的工作基础。

（2）城市园林植物生态质量监测

植物生态质量受到诸多因素的影响，如虫害、火灾、大气污染以及人为的破坏等。对城市园林植物生态质量进行监测，并及时采取有效的防护补救措施，是城市绿化部门生态管理过程中面临的一项重要任务。

在彩红外航片上，树木的色调与叶片叶绿素含量关系密切，叶绿素含量越多，在航片上所显示的色调就越红，饱和度越大。当植物受害时，植物叶绿素会受到破坏，致使光学活性下降，光合作用衰退，甚至造成细胞质壁分离，从而导致叶片出现缺绿、枯黄或坏死等症状。这种现象在彩红外相片上利用目视判读可以轻易识别，健康的树木色调红而明亮，而受害树木则色调灰暗，或者失去红色而显黄色等。利用彩红外相片还能预测尚未显现出来的灾害。在受害初期，植物绿色还没什么变化，人的肉眼尚无法分辨时，近红外光谱区就能敏感地反映这一变化，表现出反射率开始降低；当受害不断加深时，叶子就发黄，近红外反射率大大下降。例如二氧化硫对植物造成损害时，四天后才能被人们发觉，而彩红外相片可以在一天后就能显示出受害情况。高峻（2000 年）等运用反射密度计在彩红外航片上测出悬铃木的色密度值，结合各点的叶绿素实测值，求出了黄色和青色的密度比值与植物叶绿素的回归关系，从而较好地解决了城市植物生态质量定量分析的问题。

（3）城市绿地三维量的估算

城市绿化的生态效益不仅取决于绿化的覆盖面积，而且取决于绿化的空间结构和绿地类型，以及构成绿地的植物种类。由周坚华（2001 年）等率先提出的绿化三维量概念，即绿色植物茎叶所占据的空间体积（单位一般用 m^3），是用植物空间占据的体积来反映绿化结构形态的生态作用。绿量意义在于：①促使城市绿化定量指标体系进一步完善，特别在分析城市绿化结构和类型方面有重要意义；②有利于分析城市绿化的生态效益；③有利于估算绿化的经济产出等；④有利于促进城市绿化结构的进一步完善。

相对于平面量（如绿化覆盖率）而言，三维量指标能更好地反映城市绿化在空间结构及生态效益方面的差异。在植物的三维生物量模拟估算上，曾有应用遥感技术与实测回归调查估测森林蓄积量的报导。然而，由于城市绿地具有结构类型复杂、树种多样、种植不规则以及零散分布等特点，无法使用该方法。周坚华等提出了在彩红外航片上分树种逐株测算绿量的方法，该法是在航空相片上判读和测定树种、覆盖面积、株数、结构类型等特征数据和平面量，实测植物冠径、冠高、冠下高等样本数据，再由计算机模拟计算冠径、冠高，进而求取绿量，这样就将复杂的立体测量问题简化到平面上来解决。应用此方法他们对上海、合肥绿地的不同功能区、不同绿地结构在不同季节的绿化三维量变化作了分析，并借助于绿色植物的环境效益典型实验值，对城市绿化环境效益作了估算；同时，又从绿化三维量分布模型与 SO_2 浓度分布模型相关性分析入手，以季节变化作为对比因子，探讨了城市绿化植物群的数量及分布对城市上空 SO_2 浓度分布的宏观影响。目前运用遥感和 GIS 技术进行绿量测算的方法有三种。

1）以平面量模拟立体量

"以平面量模拟立体量"方法首先选择城市主要绿化植物种类作为建模树种，实地采集植物的冠径、冠高、冠下高、树冠形态等样本数据，通过回归分析建立树种的树冠和冠下"径—高"方程；然后为树种选配适当的立体几何图形，建立绿量计算方程；再通过航空图像判读和测定树种、覆盖面积、株数、结构类型等特征数据和平面量，最后由计算机模拟计算冠径、冠高，进而求出绿量。

2）以立体量推算立体量

刘常富等采用"立体量推算立体量"的方法，对沈阳市城市森林三维绿量进行测算：首先利用分层抽样原理，借助常规分辨率下航片和 ARC/GIS 及 GPS 定位确定样方；然后通过实测样方的立体三维绿量，最后确定不同类型不同郁闭度等级的城市森林立体三维绿量；结合航片解译结果，推算沈阳城市森林三维绿量。

3）绿量快速测算模式

绿量快速测算模式是在"以平面量模拟立体量"的方法上发展而来的。为了免除"以平面量模拟立体量"方法中树种判读的步骤，在分树种"径—高"（分为冠高和冠下层）方程的基础上，按树种比例加权归纳、微调，得到模糊"径—高"方程；通过对遥感图像的处理和信息提取，得到乔灌草分类、树冠边界周长与面积比等信息；再通过相关分析得到边界—面积比与冠径相关方程，进而求取绿量。如上海以远红外线航片为基础，判读树种群落；建立"冠径—冠高"，即斯蒂克（Logistic Curve）修正曲线，计算公式为：

$$y = 1 / (a + be^{-cx})$$

式中　　x——冠径；

　　　　b——修正系数；

　　　　y——冠高（下）；

　　a、c——系数。

9.2.2　城市绿地管理信息系统

目前，我国许多城市都在开展以地理信息系统技术为核心的城市园林绿地系统数字化管理研究。例如，上海市通过卫星遥感图像的数字化，研究了该市绿地景观的特点。深圳市设计了以空间数据库为核心的城市绿化管理信息系统。国外对城市绿地系统的数字化管理与应用也非常重视，主要体现在通过空间信息技术监测城市绿地动态或进行城市生态系统研究上。例如，日本东京利用高精度卫星影像构建空间数据库，对中心区绿地进行了分析。Makoto Yokohari（2000年）等人通过应用GIS与遥感技术对亚洲超大型城市的城乡交错带的绿地功能进行了评价。U.Moertberg和H.G.Wallentinus（2000年）通过构建详细的空间数据库，对瑞典的斯德哥尔摩市的绿色廊道进行了评价。

尽管国内外此类系统针对的问题、应用的目的、所采用的技术方案以及最终构建的系统都不尽相同，但是其构建流程基本包含：系统目标确定、GIS平台选择、数据获取（空间的和非空间的）、数据库构建、利用GIS自身功能对数据进行分析处理、程序编写以处理专业模型、结论的确定。

城市园林绿地地理信息系统空间数据库的使用层次按用户的对象可分为公众参与式的空间数据浏览应用、园林规划设计师的数据挖掘应用和城市生态环境研究人员的数据分析应用三个层面。陈春来（2006年）所设计的上海城市绿地效益评价信息系统的总目标是建立一个面向单用户的桌面评价系统和一个Internet支持下的开放式地理空间信息发表系统，应用WebGIS技术，实现绿地空间数据和属性数据的网上发布和共享，使GIS真正地为非专业人员服务，为广大市民提供全面、及时、准确和客观的信息服务。马林兵（2006年）等利用GIS技术对广州城市公共绿地景观可达性进行了评价。

城市绿地专题GIS系统从实现方法上可归为三种方式：1）利用商业化GIS软件完成对空间数据的处理分析，并把结果输出到中间文件，然后调用中间文件数据实现专业模块。此模式不要求在开发的系统中进行空间分析，大大降低了开发的难度。但是，空间信息和非空间信息之间将变得松散，而且系统的整体性差、操作繁琐。2）借助GIS软件平台自身实现空间数据处理，然后再利用其提供的开发接口二次开发出专业模块以处理绿地信息。这种开发方式的优势在于既可充分发挥出GIS软件平台在空间分析上的功能，又可通过开发的专业模块处理专业信息。但是，专业模块是内嵌在GIS软件平台内的，随平台的存在而存在，这就给程序的移植造成了很大的不便；同时GIS软件平台的界面并不十分友好，操作也略显复杂。3）利用高级编程语言调用商品化的GIS组件以处理空间数据，同时直接开发出专业的绿地系统模块。此种模式直接面向用户：根据用户的偏好开发系统界面、针对实际业务设计功能模块，这就使得系统易于接受和使用；而且此类系统是完全独立于其他软件系统的，便于移植。但是此类系统开发的周期最长、难度最大，专门从事园林绿地相关专业的研究人员很难掌握。

数据源在逻辑上被分为空间数据源和属性数据源，其格式多样。例如，空间数据源通常有：纸质地形图、数字地形图、遥感图像以及绿地规划专题图等多种需要的图形资料。而属性数据的来源更是多方面的：历史上由人工调查得到的属性表格档案、近时期调查人员直接外业调查的数据，以及录入计算机的各种文本和电子表格信息、人口普查数据和历年的社会经济数据等。其中，遥感图像被看做是绿地调查的一个必要的数据源，再经人机交互解译判断，最后得到城市绿地的现状信息。此种方法效率较高、现实性较强，但是其解译过程的工作量过大，况且城市中破碎的绿地在遥感图像上也不易被解译出来。如刘晓丹（2001 年）利用那时的哈尔滨市 1∶10000 比例尺天然彩色航空摄影正射地图提取了包含地类、绿地比、树种、株数和冠幅在内的绿地信息；并利用 TM 遥感图像的哈尔滨景区七个波段数据，获得了哈尔滨市区的热力场空间分布图像。

为了使这些标准不一、形式多样的数据进一步规范化、标准化，大部分情况下，应用研究人员都对这些数据进行了数据预处理，即，数据检验修正、数据匹配、统一坐标、格式转化等操作。此部分工作的成功与否被认为是决定整个系统成败的关键。因此，研究人员对此高度重视，投入了大量的时间和精力。GIS 中，数据被逻辑地划分为几何数据和逻辑数据。相应地，在物理存储时几何数据和属性数据也被分别存储，尽管两种类型的数据之间的关联关系必须被保存。以往园林绿地系统的数据库绝大部分采用混合存储方式，即，几何数据和属性数据分别存储在相对独立的两个数据库中。

数据库的组成根据研究人员所研究的内容和目的的不同而有差异，但基本上都包含了基础地理库、绿地信息库、专业模型库和社会统计信息库。如赵金梅（2006 年）在 GIS 平台下建立起银川市城市园林系统影像库、基础要素数据库和园林专题要素数据库，实现了城市园林的空间和属性信息的统一管理。刘宇（2003 年）则建立了基础信息数据库、社会统计信息库和绿地规划信息库。

在数据库的建库方面，以往的研究人员在思路上趋于一致。在空间数据入库时考虑到海量数据的访问效率问题，常常把空间数据按照性质上的相似性分成不同的层，如城市道路层、绿地层等。董仁才（2006 年）等就根据航空相片和高分辨率卫星影像数据特点及数据采集中应注意的问题，提出了城市绿地系统影像库、矢量图形库和属性库建库的方法与对策。

GIS 在城市绿地系统方面的功能主要有两方面：基本模块和专业模型（图 9-2）。基本模块主要包括：数据输入、数据输出、数据查询、数据统计、数据分析和地图操作等模块。尽管以前各个绿地系统所研究的内容不同，但这

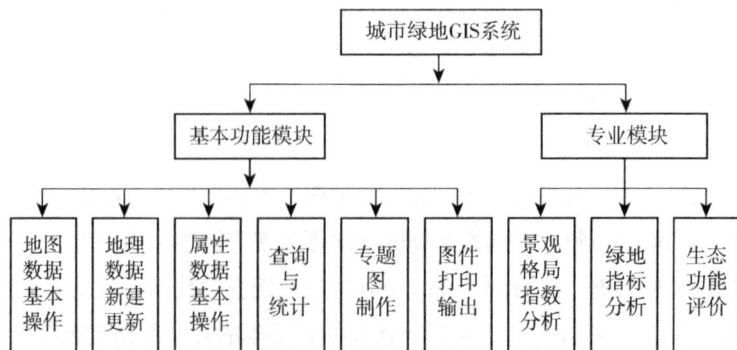

图 9-2 城市绿地管理信息系统框架

些基本模块总体上都被涵盖，且功能相似。专业模型中的效益评价可分为生态环境效益、经济效益和社会效益。其中，生态环境效益下的温度调节、保护生物多样性这些方面得到的研究较多；而经济、社会效益研究较少，尤其是定量化研究更少，主要因为这两个方面难以计算和量算。范艳芳（2005 年）从局域储碳能力的评价和局域绿地降温调温的评价两个方面建立并实现了城市绿地生态功能评价模型。肖胜（2002 年）等利用卫星遥感资料为数据源，以地理信息系统为分析平台，对厦门市热岛效应与植被覆盖的关系进行了研究。李海防（2002 年）借助于 GIS 的功能，分别从环境适应性、环境协调性、生态功能、美学功能及景观适宜度上对武钢厂区园林绿地适宜度进行评价。吴浩(2003 年)等基于 GIS 平台利用新的城市绿地生态环境效益评价指标，实现绿地生态环境效益分析。陈春来（2006 年）对城市绿地的环境、社会、经济三大效益及其综合效益进行了初步探讨，并利用 GIS 技术设计开发了上海城市绿地效益分析评价信息系统。

9.2.3 城市绿地景观格局分析与评价

（1）城市绿地景观格局分析

城市绿地景观生态是当今景观生态学研究的热点之一，主要集中在城市生态绿地的尺度、城市绿地破碎化分析、城市绿色廊道研究、城市绿色网络、绿地景观异质性研究及城市绿地景观格局的分析等。国内外的研究表明：当城市绿地覆盖率小于 40% 时，绿地的内部结构和空间布局的程度是城市绿地环境效益的重要影响因子。因而一些学者开始利用景观生态学原理探讨城市绿地的空间结构、功能与异质性的关系，分析城市绿地的景观格局，并进行科学、合理的规划布局。研究城市绿地空间格局的通常方法是先选用一定的评价指标体系，如多样性指数（Diversity）、优势度指数（Dominance）、均匀度指数（Evenness）、最小距离指数（Nearest Neighbor Index）、联结度指数（Proximity Index）、绿地廊道密度（Line Corridor Density）等，再以研究地点的遥感影像、地形图等为基本资料，提取各种绿地信息，在 GIS 软件环境中可以方便地计算出评价指标，从而进行相应的空间格局分析。如周文佐等应用遥感和 GIS 技术对南京城市生态绿地格局进行了分析研究；Lucy 等研究了城市绿地树种分布与城市绿地斑块格局及性质的相关性；祝宁等人提出了以绿色斑块—廊道体系为主的绿地系统分类方法，利用 GIS 工具生成不同绿地率的绿地斑块专题图层，计算出相应景观格局指数，从一个新的角度对城市绿地景观格局体系作了分析；Louis 等人则对城市绿地空间分布与家庭收入和居民密度的相关性进行了研究。

（2）城市绿地景观格局变化研究

景观的生态稳定性取决于其空间结构的多样性、总生物量或潜在的生物量、恢复与再生能力以及抗干扰水平，而干扰对于景观演变具有决定的意义。研究城市绿地景观格局的变化，有利于了解人类活动对城市绿地的影响以及绿地对此的反应，寻找其中的规律，为绿地建设和管理提供科学依据。借助于其他领域的研究成果，城市绿地景观格局变化通常采用的研究方法是：利用不同时段的遥感图像及地形图，在地理信息软件的支持下通过几何纠正和影像拼接等处理，结合外业调查进行计算机监督分类，提取绿地信息。然后选用几种景观格局指标，对不同时段的绿地景观加以比较，将不同时段的绿地斑块进行叠加获取转换矩阵，分析出各个阶段绿地结构特征、空间分布的差异、动态演变过程以及相关的影响因素等。如近年来，Armando 等对澳大利亚昆士兰州 Lockyer 峡谷植被景观结构的动态变化作了分析研究；Jeffrey 等利用俄勒冈州和华盛顿西部地区 30 年来农田森林转化为城市用地的数据，建立了城市化实验模型，并对未来变化作了模拟预测。

（3）城市绿地适宜度分析

适宜度理论是基于生物与环境相互关系提出来的，适宜度分析（Suitability Analysis）是指土地资源对某种特殊利用适合程度的确定过程。适宜度分析研究主要集中在城市用地、农业用地、经济林种植、草地环境等方面的评价上，针对城市绿地适宜度分析较少。当今利用 GIS 技术进行土地利用适宜性评价研究，多集中于适宜度评价指标体系的确定与评价方法的选用上。况平率先利用 GIS 工具研究了北海市区城市园林绿地系统用地适宜度。其基本思路是：采用植被、景观、坡度、生态敏感区和土壤价值为绿地用地适宜性分析因素并确定各自的权重，按园林绿地用地生态决定因素适宜性评价及其权重，在 GIS 环境中形成单因素图层，每个因素分成三个适宜性等级以表明适宜性高低，利用 GIS 空间叠加功能计算出加权多因素值，从而确定城市绿地用地适宜度。后来，钟林生等根据生态旅游的理念，提出生态旅游适宜度评价的概念和原则，并以乌苏里江国家森林公园为例，在确定公园生态旅游适宜度的评价因子的基础上，利用层次分析法对各因子的权重进行赋值，并运用 GIS 技术，对公园的生态旅游适宜度进行了计算。

9.2.4 辅助城市绿地规划

随着生态学的发展，人们对自身环境要求的提高，运用生态学理论指导城市绿地规划已成为一种趋势。如景观生态学中格局与功能的关系、城市绿地开敞空间规划、城市廊道效益、生物多样性理论等都已经渗入到城市绿地景观规划的工作中。其中运用 3S 技术主要集中在以下几个方面：

（1）城市热岛效应评估

由于城市热岛效应对周围环境最明显的影响是温度的变化，所以可以通过温度变化来反映一个城市的热力场状况。常规的城市热岛监测方法是采用线路观测和定点观测相结合。由于线路观测不可能同步进行，观测点位的密度不可能太高，试图细致地研究城市热岛的平面展布、内部结构特征有一定困难。现代遥感为完成这方面的研究提供了强有力的工具。因此，在 20 世纪 90 年代，引入了遥感的方法来研究热岛，利用气象卫星资料（如 NOAA/AVHRR、LANDSAT 等），获取城市下垫面的辐射温度（亮温），通过回归分析建立一定的模型，将辐射温度转换为空气温度（气温）。这是目前研究城市热岛的主要方法。

运用 3S 技术进行城市热岛效益分析时，一般是将卫星影像中热红外数据（如 TM6）在遥感处理软件中进行几何纠正及灰度等级划分和归类，寻找出城市热岛效应强度不同等级的区域，或进行地面温度反演技术提取地表热场分布特征信息，然后有针对性地进行绿地布局。Dale 论述了热红外遥感数据在进行地面温度预测、能量流动以及在景观功能分析上的应用；肖胜等利用卫星遥感资料为数据源，以地理信息系统为平台，分析了厦门市热岛效应分布，并对其影响因子作了相关性研究，得出热岛效应与植被覆盖的关系，从而对应布置绿地的结构和分布；周红妹等以遥感、土地利用、气象以及绿地统计资料为主要信息源，利用 GIS 空间分析技术，对 2000 年以来上海中心城区热岛效应与绿地分布状况进行了动态监测和综合评估。

（2）景观可达性的确定

在对某一公园选址时，或进行城市绿地的具体布局时，就要考虑到绿地景观的可达性。可达性反映了某种水平运动过程中的景观阻力，主要用来表示物种穿越异质景观时的难易程度。景观可达性可以作为衡量城市绿地系统功能的一项指标。杨文悦等依据城市绿地服务半径理论，对上海市园林绿地布局作了分析论述，并提出了调整绿地布局结构的思路及措施。在具体分析时，利用 GIS 工具中的缓冲区分析和最短路径分析等功能来评价和规划城市绿地分布的合理性及有效性。

（3）城市物种多样性规划

3S 技术在物种多样性保护上应用较广，如可以用它进行物种分布数据库的建立、迁移的研究、栖息地的评估、保护区设立以及管理、通道的设计及进行 GAP 分析等。根据"群落生物多样性导致群落稳定性"的原理，要使城市绿地系统结构稳定、协调发展、维持城市的生态平衡，必须增加城市绿地系统的生物多样性。城市绿地系统的生物多样性是城市可持续发展的基础，主要体现在植物和动物两部分，已有的城市绿地系统规划中对生物多样性的问题考虑较少，特别是几乎没有考虑动物（动物园除外）的多样性，而景观规划设计在生物多样性保护中起着决定性的作用。从目前的研究看，多集中于绿地景观结构对鸟类的种类、分布的影响、绿地廊道与野生动物保护的关系、绿地物种组成与人类活动干扰的关系等。多种空间战略被认为有利于生物多样性的保护，包括保护核心栖息地、建立缓冲区、构筑廊道等。而 GIS 强大的空间数据查询、管理及分析能力，在生物多样性保护的景观规划中将发挥重要作用。

9.3 城市绿地遥感调查的技术流程

9.3.1 选择合适的信息源

城市绿地类型有公园绿地、生产绿地、防护绿地、附属绿地和其他绿地 5 大类、13 中类、11 小类。依据上述分类，多数城市绿地表现出：1）分布斑块数量多、斑块面积大小不等；2）城市绿地研究空间尺度较小；3）城市绿地本身具有植被动态演替特征，加之人工管理和改造，动态变化频繁；4）城市绿地植物组成丰富、多样性程度较高、群落结构类型多样等特点。要完成对面积大小悬殊的绿地斑块尤其是城市中心小型绿地斑块的监测，一般选择高分辨率的遥感影像。

根据遥感卫星携带的传感器放置平台（如汽车、飞机、卫星等）的不同，遥感可以分为地面遥感、航空遥感和航天遥感三类。一般地，由于航空遥感是相对低空摄影，其空间详细程度高，航空相片的空间分辨率[①]可以高达厘米级甚至毫米级。但由于单张图片成本高而且所覆盖的范围小，从经济角度上讲航空照片不适宜用来获取较大空间尺度的城市绿地信息。与航空遥感相比，航天遥感能够进行连续的、全天候的工作，提供更大范围的数据，其成本更低，而且随着米级分辨率卫星遥感技术的迅猛发展，世界上许多国家都研制发射了高分辨率的遥感卫星，能够满足不同精度的要求（图 9-3、图 9-4），因此航天遥感是目前获取遥感数据的主要方式，而航空遥感主要应用于临时性的、紧急的观测任务以获得高精度数据。用于城市绿地遥感调查的常见的遥感卫星及其参数见表 9-1。

几种常用的高分辨率遥感卫星及其适用范围　　　　　　　　表 9-1

卫星传感器	波段（μm）	空间分辨率	覆盖范围（km）	周期	适用范围	制图精度
LANDSAT TM	0.45~0.52 0.52~0.60 0.63~0.69 0.76~0.90 1.55~1.75 10.4~12.4 2.05~2.35	30m （1~5、7 波段）	185×185	16d	精度低，适用于城市周边大型绿地信息的提取	1：75000~1：100000

① 指遥感影像的像素所代表的地面范围的大小，或能分辨地面物体的最小单元。

续表

卫星传感器	波段 （μm）	空间分辨率	覆盖范围 （km）	周期	适用范围	制图精度
SPOT5	0.49~0.69 0.49~0.61 0.61~0.68 0.78~0.89 1.5~1.75	2.5m 或 5m 10m 10m 10m 20m	60×60	26d	城郊或城市 周边中型、 大型绿地	1：12500~1：50000
IKONOS	0.45~0.9 0.45~0.52 0.52~0.60 0.63~0.69 0.76~0.90	1m 4m 4m 4m 4m	11×11	14d	城区小型斑 块绿地	1：4000~1：5000
Quick Bird II	0.61~0.72 0.45~0.52 0.52~0.66 0.63~0.69 0.76~0.9	0.61m 2.44m 2.44m 2.44m 2.44m	16.5×16.5	1~6d	城区小型斑 块绿地	1：3000~1：5000
资源二号卫星	0.5~0.9	3m	30×30	2次/d	城区大型斑 块绿地	<1：10000

　　运用卫星影像提取绿地信息，除了考虑卫星的空间分辨率外，还应注意遥感影像的时相，云层遮蔽也使提取绿地信息的误差增大，因此，拍摄时间应选取夏季晴朗的日子。另外，遥感影像拍摄的倾角对于城区内，特别是繁华地区影响较大。市区内高楼林立、楼宇密集，遥感图的拍摄倾角较大，将造成宅间绿地遮挡严重，无法真实反映绿地现状。

9.3.2 遥感影像处理

　　遥感影像的处理一般包括以下步骤。

（1）图像精校正

　　由于卫星成像时受采样角度、成像高度及卫星姿态等客观因素的影响，造成原始图像非线性变形，必须经过几何精校正，才能满足工作精度要求。一

图9-3 LANDSAT TM 影像示例（左）

图9-4 快鸟（Quick Bird）影像示例（右）

般采用几何模型配合常规控制点法对其进行几何校正。

在校正时利用地面控制点（Ground Control Point，GCP），通过坐标转换函数，把各控制点从地理空间投影到图像空间上去。几何校正的精度直接取决于地面控制点选取的精度、分布和数量。因此，地面控制点的选择必须满足一定的条件，即，地面控制点应当均匀地分布在图像内；地面控制点应当在图像上有明显的、精确的定位识别标志，如公路、铁路交叉点、河流汊口、农田界线等，以保证空间配准的精度；地面控制点要有一定的数量保证。地面控制点选好后，再选择不同的校正算子和插值法进行计算，同时，还对地面控制点（GCP）进行误差分析，使得其精度满足要求为止。最后将校正好的图像与地形图进行对比，考察校正效果。

（2）波段组合及融合

对卫星数据的全色及多光谱波段进行融合。包括选取最佳波段，从多种分辨率融合方法中选取最佳方法进行全色波段和多光谱波段融合，使得图像既有高的空间分辨率和纹理特性，又有丰富的光谱信息，从而达到影像地图信息丰富、视觉效果好、质量高的目的。例如，陆地卫星 LANDSAT 的波段 543 组合的合成影像中植被为绿色，组合后的影像与 SPOT 或 IKONOS 全色波段融合，可以大大提高空间分辨率。

（3）图像镶嵌

如果工作区跨多景图像，还必须在计算机上进行图像镶嵌，才能获取整体图像。镶嵌时，除了对各景图像各自进行几何校正外，还需要在接边上进行局部的高精度几何配准处理，并且使用直方图匹配的方法对重叠区内的色调进行调整。当接边线选择好并完成了拼接后，还须对接边线两侧作进一步的局部平滑处理。

（4）匀色

相邻图像，由于成像日期、系统处理条件可能有差异，不仅存在几何畸变问题，而且还存在辐射水平差异导致同名地物在相邻图像上的亮度值不一致。如不进行色调调整就把这种图像镶嵌起来，即使几何配准的精度很高，重叠区复合得很好，但镶嵌后两边的影像色调差异明显，接缝线十分突出，既不美观，也影响对地物影像与专业信息的分析与识别，从而降低了应用效果。所以，要求镶嵌完的数据色调基本无差异，美观。

（5）反差调整

对合成好的图像根据人眼的观察特性进行图像增强处理，有效地突出有用信息、抑制其他干扰因素，改善图像的视觉效果，提高重现图像的逼真度，增强信息提取与识别能力。

（6）地理配准

对经过增强处理的图像进行地理投影，叠加公里网和经纬度坐标，然后按工作区范围进行裁剪。

上述处理过程可以借助遥感影像处理软件完成，常用的遥感影像处理软件主要有 ERDAS IMAGINE、IDRISI、ERMAPPER 等。

9.3.3 绿地信息解译

绿地信息的解译是从遥感影像上获取绿地的空间分布、大小、形状、与周边地物的关系等信息的过程。遥感影像解译分为两种：一种是目视解译，又称目视判读，或目视判译，它指专业人员通过直接观察或借助辅助判读仪器在遥感影像上获取特定目标地物信息的过程。另一种是遥感影像计算机解译，又称遥感影像理解（Remote Sensing Imagery Understanding），它以计算机系统为支撑环境，利用模式识别技术与人工智能技术相结合，根据遥感影像中目标地物的各种影像特征（颜色、形状、纹理与空间位置），结合专家知识库中目标地物的解译经验和成像规律等知识进行分析和推理，实现对遥感影像的理解，完成对遥感影像的解译。

目视解译是信息社会中地学研究和遥感应用的一项基本技能。遥感影像处理和计算机解译的结果，需要运用目视解译的方法进行抽样核实或检验。通过目视解译，可以核查遥感影像处理的效果或计算机解译的精度，查看它们是否符合地域分异规律，这是遥感影像计算机解译的一项基础工作。忽视目视解译在遥感影像处理和计算机解译中的重要作用，不了解计算机处理过程中的有关图像的地学意义或物理意义，单纯强调计算机解译或遥感影像理解，有可能成为一种高水平的计算机游戏。计算机技术的日益发展，会更加迫切要求运用目视解译的经验和知识指导遥感影像计算机解译，从这点来看，目视解译是遥感影像计算机解译发展的基础和起始点。

（1）目视解译方法

遥感影像目视解译方法（Visual Interpretation Method on Image）是指根据遥感影像目视解译标志和解译经验，识别目标地物的办法与技巧。常用的方法有以下几种。

1）直接判读法

是根据遥感影像目视判读直接标志，直接确定绿地属性与范围的一种方法。例如，在 SPOT5 假彩色合成影像上，植被颜色为绿色，根据地物颜色色调，可以直接从颜色特征上将植物与背景区别（图 9-5）。直接判读法使用的直接判读标志包括：色调、色彩、大小、形状、阴影、纹理、图案等。

2）对比分析法

此方法包括同类地物对比分析法、空间对比分析法和时相动态对比法。同类地物对比分析法是在同一遥感影像上，由已知地物推出未知目标地物的方法。例如，在大、中比例尺航空摄影相片上识别居民点，读者一般都比较熟悉

图 9-5 SPOT5 影像绿地解译
(a) SPOT 假彩色影像里的绿地；(b) 绿地斑块目视解译

城市的特点，我们可以根据城市具有街道纵横交错、大面积浅灰色调的特点与其他居民点进行对比分析，从众多的居民点中将城市从背景中识别出来，也可以通过比较浅灰色调居民点的大小，将城镇与村庄区别开来。

空间对比分析法是根据待判读区域的特点，判读者选择另一个熟悉的与遥感影像区域特征类似的影像，将两个影像相互对比分析，由已知影像为依据判读未知影像的一种方法。例如，两张地域相邻的彩红外相片，其中一张经过解译，并通过实地验证，解译者对它很熟悉，因此就可以利用这张彩红外相片与另一张彩红外相片相互比较，从"已知"到未知，加快对地物的解译速度。

使用空间对比分析法应注意对比的区域应该是自然地理特征基本相似的，即应在同一个温度带，并且干湿状况相差不大。

时相动态对比法是利用同一地区不同时间成像的遥感影像加以对比分析，了解同一目标地物动态变化的一种解译方法。例如，遥感影像中河流在洪水季节与枯水季节中的变化。利用时相动态对比法可进行洪水淹没损失评估，或其他一些自然灾害损失评估。

3）信息复合法

利用透明专题图或者透明地形图与遥感影像重合，根据专题图或者地形图提供的多种辅助信息，识别遥感影像上目标地物的方法。例如 TM 影像图，覆盖的区域大，影像上土壤特征表现不明显，为了提高土壤类型解译精度，可以使用信息复合法，利用植被类型图增加辅助信息。从地带性分异规律可知，太阳辐射能在地表沿纬度变化也会导致土壤与植被呈现地带性变化，当植被类型为热带雨林和亚热带雨林时，其地带性土壤是砖红壤性红壤，当植被类型是亚热带常绿阔叶林时，其地带性土壤是红壤或黄壤。在温带、暖温带地区，因海陆差异引起的从海岸向大陆中心发生变化的经度地带性，也会造成土壤与植被有规律的变化，如森林草原植被覆盖下的黑钙土，草原下的栗钙土，荒漠草原下的灰钙土、棕钙土。植被类型提供的信息有助于我们对土壤类型的识别。

等高线对识别地貌类型、土壤类型和植被类型也有一定的辅助作用。例如在卫星影像上，高山和中山多呈条块状、棱状、肋骨状或树枝状图形。等高线与卫星影像复合，可以提供高程信息，这有助于中高山地貌类型的划分。使用信息复合法的关键是遥感影像图必须与等高线图严格配准，这才能保证地物边界的精度。

4）综合推理法

综合考虑遥感影像的多种解译特征，结合生活常识，分析、推断某种目标地物的方法。例如，铁道延伸到大山脚下，突然中断，可以推断出有铁路隧道通过山中。在卫星影像中，公路在影像上的构像为狭长带状，在晴朗天气下成像时，公路因为平坦，反射率高，影像上呈现灰白或浅灰色调。铁路在形状上构像与公路相似，但色调为灰色或深灰色，从色调上比较易于识别。但在大雨过后成像的影像上，公路因路面积水，影像色调也呈现灰色至深灰色，很难依据色调将公路与铁路区分开，此时就需要采用综合推理法，因汽车转弯相对灵活，公路转弯处半径很小，而火车转弯不灵活，铁路在转弯处半径很大。此外，铁路在道口与公路或大路直角相交，而大路与公路既有直角相交，也有锐角相交。铁路每隔一定距离就有一个车站，根据这些特征综合分析，就可以将公路与铁路区别开来。

5）地理相关分析法

根据地理环境中各种地理要素之间的相互依存、相互制约的关系，借助专业知识，分析推断某种地理要素性质、类型、状况与分布的方法。例如，利用地理相关分析法分析洪冲积扇各种地理要素的关系。山地河流出山后，因比降变小，动能减小，水流速度变慢，常在山地到平原过渡带形成巨大的洪冲积扇，其物质分布带有明显的分选性。冲积扇上中部，主要由沙砾物质组成，呈灰白色和淡灰色，由于土层保肥与保水性差，一般无植物生长。冲积扇的中下段，因水流分选作用，扇面为粉沙或者黏土覆盖，土壤有一定保肥与保水能力，植物在夏季的标准假彩色图像上呈现红色或者粉红色。冲积扇前沿的洼地，地势低洼，遥感影像色调较深，表明有地下水溢出地面，影像上灰白色小斑块表明土壤存在盐渍化。

遥感影像目视解译是一项认真细致的工作，解译人员必须遵循一定行之有效的基本程序与步骤，才能够更好地完成解译任务。

（2）遥感影像目视解译步骤

1）目视解译准备工作阶段

为了提高目视解译质量，需要认真做好目视解译前的准备工作。一般说来，准备工作包括以下方面：

明确解译任务与要求；

收集与分析有关资料；

选择合适波段与恰当时相的遥感影像。

2）初步解译与判读区的野外考察

初步解译的主要任务是掌握解译区域的特点，确立典型的解译样区，建立目视解译标志，探索解译方法，为全面解译奠定基础。

在室内，初步解译的工作重点是建立影像解译标准，为了保证解译标志的正确性和可靠性，必须进行解译区的野外调查。野外调查之前，需要制订野外调查方案与调查路线。

在野外调查中，为了建立研究区的判读标志，必须做大量认真细致的工作，填写各种地物的判读标志登记表，以作为建立地区性的判读标志的依据。在此基础上，制订出影像判读的专题分类系统，根据目标地物与影像特征之间的关系，通过影像反复判读和野外对比检验，建立遥感影像判读标志。

3）室内详细判读

初步解译与判读区的野外考察，奠定了室内判读的基础。建立遥感影像判读标志后，就可以在室内进行详细判读了。

在专题内容判读中，除了遵循"全面观察、综合分析"的原则外，在解译中还应该做到：统筹规划、分区判读，由表及里，循序渐进，去伪存真，静心解译。室内详细判读过程中，对于复杂的地物现象，可以综合运用各种解译方法，如利用遥感影像编制地质构造图；可以利用直接解译法，根据色调特征识别断裂构造；采用对比分析法判明岩层构造类型；利用地学相关分析法，配合地面地质资料及物化探测资料，分析、确定隐伏构造的存在及其分布范围；利用直尺、量角器、求积仪等简单工具，测量岩层产状、构造线方位、岩体的出露面积、线性构造的长度与密度等。各种解译方法的综合运用，可以避免一种解译方法固有的局限性，提高影像解译质量。

无论应用何种解译方法，都应把握目标物体的综合特征，重视解译标志的综合运用，提高解译质量和解译精度。遥感影像直接解译标志是识别地物的重要依据，对于有经验的目视解译人员来说，还可以利用遥感影像成像时刻、季节、遥感影像种类和比例尺等间接解译标志来识别目标地物，由于某些判读标志存在一定的可变性和应用局限性，影像判读时不能只使用一两项判读标志，必须尽可能运用一切直接的和间接的判读标志进行综合分析，提高解译的准确性。

在详细判读过程中，要及时将解译中出现的疑难点、边界不清楚的地方和有待验证的问题详细记录下来，留待野外验证与补判阶段解决。

4）野外验证与补判

室内目视判读的初步结果，需要进行野外验证，以检验目视判读的质量和解译精度。对于详细判读中出现的疑难点、难以判读的地方则需要在野外验证过程中补充判读。

野外验证是指再次到遥感影像判读区去实地核实影像解译的结果。野外验证的主要内容包括两方面：

检验专题解译中图斑的内容是否正确。检验方法是将专题图图斑对应的地物类型与实际地物类型相对照，看解译得是否准确。由于图斑很多，一般采取抽样检验方法进行检验。

验证图斑界线是否定位准确，并根据野外实际考察情况修正目标地物的分布界线。

验证过程实际上也是对解译标志的一种检验，如果发现由于解译标志错误导致地物类型判读错误，就需要对解译标志进行修改，依据新的解译标志再次进行解译。

疑难问题的补判。补判是对室内目视判读中遗留的疑难问题的再次解译。其方法是根据解译过程中的详细记录，找到疑难问题的地点，通过实际观察或调查，确定其地物属性。若疑难问题具有代表性，应建立新的判读标志。根据野外验证情况，对遥感影像进行再次解译。

5) 目视解译成果的转绘与制图

遥感影像目视判读成果，一般以专题图或遥感影像图的形式表现出来。将遥感影像目视判读成果转绘成专题图，通常采用两种方法：

一种是目视解译过程直接在计算机辅助制图软件如 AutoCAD 上进行，判读完成后直接绘制图框、图例和比例尺等，对专题图进行整饰，最后形成可供出版的专题图。

另一种是利用 AutoCAD 强大的图形编辑功能，将不符合 GIS 空间数据库的图形进行适当的编辑修改，转换为 GIS 能够读取的文件格式。最后在 GIS 里叠加诸如道路、行政区等相关图层，通过 GIS 的地图输出模块完成绿地专题图的编制。

思考题：

1. 什么是 3S 技术？

2. 3S 技术在城市绿地系统规划各个环节都能发挥哪些作用？

3. 如何利用遥感影像快速获取绿地信息？

10

城市绿地系统规划实证

本章要点：
结合案例，进一步掌握城市绿地系统规划的程序及内容。

10.1　无锡市城市绿地系统规划

10.1.1　项目概况

无锡市别名梁溪，简称锡，位于长江三角洲腹地，江苏省东南部。东距上海市 128km，与苏州市接壤；南濒中国第三大淡水湖——太湖与浙江省相望；西离南京市 183km，与常州市交界；北临长江，与天然良港——张家港为邻。沪宁铁路横亘东西，京杭运河纵贯南北，水陆空交通便捷，是江苏省重要的交通枢纽，并为江南的一个经济中心城市。

无锡是全国著名的风景旅游城市。从 20 世纪 80 年代初起，在全民义务植树运动的推动下，全市城乡绿化面貌有了巨大变化，荒山变成了森林，绿化建设和管理取得了可喜的成果。1996 年被全国绿委评为"全国造林绿化十佳城市"，1994 年、1999 年两次被建设部评为"全国园林绿化先进城市"，1997 年被江苏省人民政府命名为"省级园林城市"，2003 年被建设部命名为"国家园林城市"。

从总体上看，无锡城市绿化处于平稳可持续发展阶段，在新的发展阶段，尤其是"十一五"期间，无锡市绿化建设以夯实基础、扩充内涵、提升管理为主要特征，进入由数量增长型为主向以数量和质量增长并重阶段的转变；在区域推动上，逐步实现以主城区绿化建设为重心向城乡一体化的绿化建设重心转变。

根据《无锡市城市总体规划（2001–2020)》，确定本规划的规划期限为：规划基准年为 2003 年，规划期限为 2004~2020 年，近期到 2010 年，远期至 2020 年。

按照城乡一体化绿化建设的目标，本次规划的重点从主城区转向包含主城区和六个城镇组团的市区范围，将规划范围设定在市域、市区和主城区三个层次。

第一层次：市域，是无锡市的行政区范围，含无锡市区、江阴市、宜兴市的全部，面积 4787.6km^2，重点以构建生态网络和生物多样性保护建设为主。

第二层次：市区范围，包括由崇安区、南长区、北塘区、新区、滨湖区、锡山区和惠山区组成的一个主城区和市区范围内的六个相对集中的城镇组团，2020 年市区规划建设用地面积为 1060.85km^2，人口规模 231.3 万人。

第三层次：主城区范围，由崇安区、南长区、北塘区、新区、滨湖区、锡山区和惠山区组成的区域，面积 190km^2。该层次重点在绿线规划，保障城市绿地系统规划的实施。

在城市绿地现状信息的获取方面，由于近几年无锡市城市绿化速度很快，现有的资料、图件已不能准确反映无锡市绿化建设的现状水平，因此规划通过 LANDSAT TM 遥感影像（成像时间 2002 年 11 月，空间分辨率 15m）获取无锡市域和无锡市区的绿地分布和规模情况（图 10-1），通过 IKONOS 影像（成像时间 2002 年 9 月，空间分辨率 1m）获取主城区的绿地斑块信息。

10.1.2　城市概况及现状分析

（1）城市概况

无锡市位于中纬度，属北亚热带季风气候区，为江苏省省辖市（下辖江阴、宜兴两个县级市），地形以平原为主，星散分布着低山、丘陵。东部平原，水网发达，地面高程 1~5m，地形由中向西缓缓倾斜。全市总面积为 4787.6km²，其中山区和丘陵为 782km²，占总面积的 16.8%；水域面积为 1502km²，占 31.4%，共有大小河道 3100 多条，总长 2480km，耕地面积 1640km²。

无锡市区处于北亚热带常绿阔叶、落叶阔叶混交林地带的南部，植物种类较丰富，除栽培植物外，自然分布于本区以及外来归化的野生维管束植物共 141 科、514 属、998 种、87 变种。

无锡市经济发达，2003 年，全市国民经济运行质量明显提高，综合实力进一步增强。全年实现国内生产总值 1580.66 亿元，比上年增长 16.17%。环境质量基本稳定，部分区域有所改善，市区河道基本消除黑臭现象，太湖主要入湖河道水质明显改善，空气环境质量保持在二级，区域环境噪声、交通噪声达到国家规定的标准。

无锡市城市总体规划概况（根据《无锡市城市总体规划（2001-2020）》）：

1）规划分期

近期：2001~2005 年；

中期：2006~2010 年；

远期：2011~2020 年；

远景：展望到本世纪中叶。

2）城市发展总目标

国际制造业基地；长江三角洲湖滨特大城市；国内外旅游胜地；全国生态人居名城。

3）人口规模

2020 年，无锡市区人口增长到 277.7 万人，城市化水平上升到 83.3%。城镇人口为 231.3 万人，其中主城区人口为 200 万人，周边城镇组团人口为 31.3 万人，乡村人口为 46.4 万人。

4）建设用地规模

到 2020 年，市区规划建设用地为 1060.85km²。

5）空间布局

市区逐步形成以主城区为核心，城镇空间集聚、生态空间开敞的现代都市空间格局。

主城区是区域中心城市，是公共服务中心、现代制造业与技术创新基地，旅游、休闲度假胜地。主城区形成"七片一带"的总体布局结构，构筑"山水城林"一体的城市总体框架。"七片"是城中、蠡溪、东亭、太湖新城、新区、山北、锡北七个片区，"一带"是"Z"字形的环太湖、五里湖的自然山水风光带，是主城区功能的重要组成部分。

主城区外围以绿色空间为主，是主城区基础设施与区域基础设施的交接地区，为无锡大型基础设施布点提供用地，并为远景发展留有余地。

小城镇分布在主城区外围，着力体现城市空间布局的整体性和功能分工的合理性，有效促进主城区对外围地区的带动和协调发展。在主城区规划用地范围内的各镇，随着与主城区关系的加强、融合，其建制应适时撤销，改设街道办事处。在主城区外围整合原有各镇形成洛社组团、玉祁—前洲组团、胡埭—阳山组团、安镇—羊尖组团、东港—锡北（张泾）组团、鹅湖组团 6 个城镇组团。

在无锡与苏州、常州的边界地区控制 500m 左右的控制建设区，该范围内现有城镇应严加控制，避免向边界地区扩展，以防止城市连绵成带发展。

（2）绿地现状与分析

1）市域绿地空间分布现状与分析

全市丘陵山区集中，林业用地主要分布在宜兴铜官山以南的山地、丘陵和长江、太湖沿岸的丘陵地带。宜兴是重点林区，林业用地 78 万亩，约占全省林业用地面积的 9.6%。

全市现有用材林 160km²，竹林 130km²，桑、茶、果 124km²，经济林比重 2.3%（包括毛竹、笋用林），已建有三个国家级森林公园；宜兴龙池自然保护区为省级自然保护区；市区的锡惠公园、梅园公园、蠡园、鼋头渚，宜兴的竹海、洞天世界均为自然风景旅游区。近年来又兴建了以唐城、欧洲城、三国城、水浒城为主的太湖影视城以及太湖旅游度假区等。全市林木覆盖率 16%，农田林网率 76%，河路绿化率 87%，村庄绿化覆盖率 26%。

市域绿地分布存在问题如下：

①全市丘陵山区集中，目前市域林地呈不均匀的面状分布，主要分布在宜兴铜官山以南的山地、丘陵和长江、太湖沿岸的丘陵地带。无锡市和江阴市的林地覆盖率较低。

②在水网密集的宜兴北部滆湖周边地区缺乏生态防护林带，铁路与主要公路及河道两侧防护林带宽度不足，且不连续，绿色斑块之间缺乏绿色廊道的联系，没有形成较完整的绿地系统结构。

③城市之间缺乏足够宽度的组团分隔绿带，江阴市与无锡市交界处缺乏大片组团隔离带。绿地对控制城市蔓延的作用不明显。

④ 对城市边缘生态绿地重要性缺乏认识，绿地功能退化严重（如因围湖养鱼引起的湿地退化）或综合功能未被开发（如缺乏产业化的较单一的农业种植）等都影响了生态绿地效应的发挥。

2）市区绿地分布现状与分析

①绿地分布现状

无锡市区范围 1622km²，西南太湖沿岸均为低山丘陵，马山等山体环绕太湖北侧，锡山、惠山深入城区，构成了无锡主城区西端生态系统较为丰富的山林绿地。市区地靠太湖之滨，五里湖、梅梁河、古运河、新运河、梁溪河以及密集的水网建构了无锡自然、丰富的生态廊道。

②市区绿地目前存在的主要问题

城市周边的绿环目前已初步形成，城市西南太湖沿岸绿环较厚，但东北部防护林建设薄弱，北部锡山、惠山两区小城镇较为密集。

沪宁铁路作为贯穿城市和城市发展的主轴，目前市区内铁路两侧用地多为道路及破旧建筑挤占，防护绿带极窄，目前仅有 5~15m，绿化薄弱，景观较差。

无锡市区水网纵横，但除了新运河沿岸建有带状公园外，其余河道绿化连贯性不够。

园林绿地的布局不够均匀，绿色廊道规模较小，形成的绿地大系统宽窄不够均匀。大型公园集中分布于城市西侧，城市的东侧、南侧、北侧的市郊公园规模较小。

3）主城区绿地分布现状与分析

①主城区绿地现状分析

公园绿地：全市现有市、区级公园共 46 个，其中市属市级公园 15 个，非市属市级公园 6 个，区级公园 10 个，镇级公园 18 个。

生产绿地：全市共有育苗（花）圃地 203.6hm²，没有达到国家规定的生产绿地占主城区面积 2% 的标准。

防护绿地：近年来通过农业结构调整和"绿色通道"工程，大力建设各类防护林带，进行山林林相改造。

附属绿地：总面积 1472.29hm²，占总绿地面积的 21.46%，但仍有许多单位未达到国家规定的绿地率的基本指标。尽管近年来无锡市附属绿地面积增长较快，但目前布局缺乏系统性。

其他绿地：总面积 3838.53hm²，占主城区面积的 12.8%，以风景林地为主，主要分布在太湖沿岸的城市西部区域。

②绿地指标分析

无锡市是国家园林城市，绿化已有一定的规模，建成区绿地指标与标准比较见表 10–1。

建成区绿地指标与标准比较　　　　　　表 10–1

指　　标		人均公园绿地面积（m²/人）	绿地率（%）	绿化覆盖率（%）
无锡（2002 年）		8.6	32.8	36.1
建设部《园林城市标准》（2005 年）		7.5	31	36
国务院关于加强城市绿化建设的通知（国发 [2001] 20 号）	2005 年	8	30	35
	2010 年	10	35	40
《城市绿化规划建设指标的规定》（1993 年）	近期	6 ~ 7	25	30
	远期	6 ~ 8	30	35
国家生态园林城市标准（2004 年）		≥ 12	≥ 38	≥ 45

注：无锡市 2002 年人口为 159.08 万，建成区面积 153.5km²。

③城市绿地发展优势与动力

气候温和湿润，自然地理条件优越；地理位置优越，信息交通迅捷，经济发展有保障；历史文化名城，人文资源丰富；尚余未建用地，绿地系统建设后备空间大。

④ 主要问题与制约因素

各区发展不平衡，经济水平高的地区绿化水平远远超过各项标准，经济水平较差的地区只能勉强达标；大型公园绿地分布不均；城市总体规划中对主城区绿化用地指标及人均公园绿地指标定位偏低；旧城建筑较密，改造与保护相矛盾；城市河道尚存在污染、淤塞问题，河道两侧用地有临时占用现象，在一定程度上制约了滨水绿化；市区内的工业企业等污染源、工业区外围、重要交通性道路两侧以及对城市居民生活有严重干扰的重要设施周围防护绿地较窄且缺乏连贯性，尚未形成完整的体系。

10.1.3　规划指导思想及原则

（1）规划指导思想

1）改善城市内部气候、环境卫生，起到降低城市热岛效应的效果，尽量发挥绿地系统在自然循环中的作用，同时满足防灾、减灾功能的需要。

2）满足居民户外活动游憩的需要，强调以人为本、为人所用的规划思想，合理布局，均衡发展，缩小城市各区之间人均绿地水平的差距，实现园林绿地的可持续发展战略，营造优美舒适的生活环境。

3）美化城市景观，充分利用其历史、人文资源优势，体现无锡市山水型生态园林城市的特色。

4）把保护历史街区、历史建筑、古树名木、大树等与绿地系统规划有机地集合起来，充分体现并延续无锡市作为历史文化名城的特点。

5）用景观生态学的理论作指导，用道路廊道、水系廊道、防护林带、高压走廊绿廊、带状公园等线性绿廊连接其他用地内的绿地（附属绿地），在适当的位置布置景观节点（公园绿地），构筑城乡一体化的绿化系统，并使绿地率达到50%左右，使绿地成为无锡市的本底，从而奠定无锡市作为生态城市的绿色环境基础。

6）充分合理地利用无锡市的水网，切实做好沿水绿化，杜绝填河造房的做法，使无锡市的水网全部绿起来，成为绿地系统的重要廊道。

（2）规划原则

1）因地制宜原则；

2）系统协调原则；

3）生态优先原则；

4）城乡结合原则；

5）远近结合原则。

10.1.4 规划目标与指标

（1）规划目标

以维护生态平衡、改进环境质量、美化城市景观、方便群众游憩为目的，以绿色植物栽植养护、管理为手段，因地制宜，建立起科学、完整的城市园林绿地系统。最终把无锡市建成在华东地区城市绿化水平领先、空间布局合理、设施齐全、维护良好、特色鲜明、文化内涵丰富的国家生态园林城市。

（2）规划指标

规划至2020年，市域林地覆盖率达到21.35%，市区人均公园绿地面积达到21.57m²，绿地率达到40.97%。

10.1.5 无锡市域绿地系统规划

（1）无锡市域绿地系统空间结构布局的指导思想

以"绿色无锡"为城市建设战略，把生态建设放到优先的位置，寻求一种既能应对发展挑战，又能解决环境问题的城市发展模式。

（2）无锡市域绿地系统空间布局结构

本次无锡市域绿地系统规划结构为："一个生态圈、三个生态环、十一条生态廊道"，"多廊道穿插、多点渗透"形成覆盖整个市域、城乡一体化的绿地系统（图10-2）。

（3）市域生态环境建设要求

①城市规划与建设，应当充分满足生态平衡和生态保护要求。

②要有效控制对传统农业耕作区、自然村落、水体、丘陵、林地、湿地

的开发，尽量保持原有的地形地貌、植被和自然生态状况，营造具有良好循环的生态系统，保护和改造"绿脉"。

③要坚持资源合理开发和永续利用；提倡对资源的节约和综合利用；加强重要生态功能地区的生态保护，防止生态破坏和功能退化；加强整治、合理利用各种资源；保护生物物种多样性和生物安全。

（4）市域各类绿地系统规划（图10-3）

1）防护绿地规划

①高速公路防护绿地规划：在沪宁、锡澄、锡宜、宁杭四条高速公路两侧各规划100m的防护绿地。

②主要公路防护绿地规划：在过境干道如312国道、锡常公路等两侧规划50m宽的防护绿带；在市域内无锡至江阴、无锡至宜兴等省道两侧规划30m宽的防护绿带；在次干道路如连接镇与镇之间的道路两侧规划15m宽的防护绿带。

③一级河道防护绿地规划：在京杭大运河、新运河、锡澄运河、锡宜运河、伯渎港、骂蠡港等河道两侧规划平均宽度50m的防护绿带。

④二级河道防护绿地规划：一般河道两侧规划平均宽度为30m的防护绿地。

⑤铁路防护绿地规划：在沪宁铁路、京沪高速铁路、新长铁路、宁杭铁路四条铁路两侧规划平均宽度为50m的防护绿地。

⑥块状防护绿地规划：规划在三条生态走廊上：沪宁铁路、京沪高速铁路及大运河之间，锡澄运河和新长铁路、锡宜运河和新长铁路之间，宁杭高速公路和宁杭铁路之间结合道路、河流防绿绿地，在部分节点扩大规模，形成块状绿地。

2）风景林地规划

规划的风景林地主要分布在宜兴南部铜官山国家级森林公园，江阴要塞国家级森林公园，宜兴龙池山自然保护区，阳山省级森林公园，斗山、吼山地区，太湖风景名胜区中的梅梁湖景区、蠡湖景区、锡惠景区、马山景区、阳羡景区，以及江阴沿江低山丘陵地区。

沿太湖规划200m宽的生态林带，局部拓宽建设森林公园，并与风景名胜区有机衔接，形成丰富的湖岸景观，改善沿湖生态环境。生态林带外围划定1000m的控制范围，减少对环湖生态林地造成的破坏性影响，同时应尽可能增加绿地，美化环境。

3）生产绿地规划

按照生产绿地的规模要求在无锡市域内规划了六块主要的生产绿地，分别位于宜兴、江阴、马山、新区、惠山区、锡山区，总面积为1889.70hm²。

4）水源涵养林地规划

主要分布在：长江沿岸的农田水网水源涵养林，无锡江阴交界处前洲镇、堰桥镇、马镇附近的农田水网的水土涵养林地，无锡常州交界处丁堰、杨市等镇附近的农田水网的水土涵养林地，无锡苏州交界处沿望虞河、漕湖、鹅真荡及附近农田水网的水源涵养林，五里湖周围水源涵养林地，环太湖水源涵养林地，漏湖水源涵养林地，以及宜兴地区一些水网较密集地区的水源涵养林地。

10.1.6　市区绿地系统规划

（1）市区绿地系统规划结构布局

1）规划构思

市区绿地系统规划包括四类绿地。这些类型的绿地与城市建设的关系最为密切，与市民生活的联系最为直接，对城市生态及景观的改善效果最为显著。因此，除了保留原有的城市绿地以外，还要在一些规划区域或是城市未来发展区域内预留绿地，并通过绿廊、绿楔的设置，与市区外围的绿地系统相衔接。

基于以上的规划思想，根据生态学的"斑块—廊道—基质"的格局，结合无锡市城市总体规划和城市用地现状，将无锡市市区的绿地系统规划结构定为"环、楔、廊、园"的结构模式。

2）规划布局

①布局原则：充分发挥城市园林绿地的综合功能效益；合理布置各类绿地，全面提高城市绿量；在城市绿地系统整体布局上突出"四个结合"和"四沿"。

②布局结构：规划布局模式可概括为"一心三环、两楔三轴六廊、多核匀布"（图10-5）。

（2）城市绿地分类规划

1）城市绿地分类

按照《城市绿地分类标准》CJJ/T 85—2002将城市绿地分为五大类，依次为公园绿地、生产绿地、防护绿地、附属绿地和其他绿地。

2）公园绿地规划（G_1）

①公园绿地系统规划构想

以古运河绿化轴和梁溪河—伯渎港绿化轴形成历史文化景观构架，以新运河绿化轴和新城河—红力路绿化轴形成现代城市景观构架、现代与历史的两个构架交叉贯穿市区，二轴双环同其他滨水绿带、街旁绿地共同构成公园绿地网络。

在现有城市绿化现状基础上，以轴线连通原有的以及规划的大型公园绿地，轴线、网络交点处利用绿化广场、公园与小游园形成绿化节点，形成斑块—廊道的网络状景观生态格局和公园游憩系统，在美化城市、满足游憩需求的同时使城市拥有良好的生态环境，逐步把无锡建设成为居住、休闲、度假、旅游的理想场所。

②公园绿地分类规划

包括综合公园、社区公园、专类公园、带状公园和街旁绿地。其中市

级综合公园服务半径 2500m，区级综合公园服务半径 1500m，规划按照人均
1~1.5m² 的社区公园绿地面积设置社区公园，均匀分布于各区片的各个居住组
团，服务半径 500~800m，街旁游园按 300~500m 的服务半径布置，面积不少
于 0.2hm²。公园绿地规划指标见表 10-2。

无锡市区 2020 年公园绿地规划指标　　　　　　表 10-2

绿地类型	规划面积（hm²）	人均（m²）
G111 市级公园	1852.58	8.01
G112 区级公园	535.45	2.31
G12 社区公园	277.7	1.20
G13 专类园	154.59	0.67
G14 带状绿地	750.16	3.24
G15 街旁绿地	1419.1	6.14
G1 合计	4989.58	21.57

注：2020 年市区规划建设用地面积为 1060.85km²，人口规模 231.3 万人。

③公园绿地绿化指标控制

公园设计应突出植物景观，绿化面积应占陆地总面积的 70% 以上，能够
满足人们休息、观赏文化活动需要，社会评价良好，逐步推行按绿地生物量考
核绿地质量，不断提高绿化水平。

根据《公园设计规范》，结合无锡市自然条件和绿化现状，公园绿地的基
本指标控制如下：

各类公园绿地中绿化占用地比率：大于 70%，其中综合性文化休息公园、
综合性动物园、其他各种专类公园大于 75%，综合性植物园及风景名胜区大
于 85%。

3）生产绿地规划（G2）

包括苗圃、花圃、草圃、药圃以及园林部门所属的果园与各种林地。

①规划原则

● 为绿化无锡市提供必要的植株。

● 空间布局上遵循较为平均的分布原则，以点状形式分布于市区的周边地
　区，以方便城市与生产绿地之间的联系，从而使其能发挥更大的效益。

● 通过生产绿地的建设，使之成为一个绿量集中的区域，为维护其自身以
　及周边的生态环境起到良好的推动作用。

● 在市区内创造大面积的林地，构筑城市中的绿色斑块，为远期的无锡市
　提供森林公园和其他公园绿地。

● 通过开放式的运营以及多种植有经济价值的植株来提高生产绿地自身
　的经济效益。

②规划布局与指标

包括专业生产绿地和临时性生产绿地两部分内容，详细规划内容略。

4）防护绿地规划（G3）

①规划依据

依据城市绿地系统规划纲要，防护绿地包括防风林带、工业区卫生防护林带、铁路公路轻轨交通防护林带、湖滨防护林带、分区之间的隔离带等。

②规划原则

通过防护绿地的建设，一方面提高城市对外来自然灾害的干扰的抵抗能力；另一方面防阻城市内部污染源对于周边区域的侵扰，从而起到改善城市内部小气候的作用。

③防护绿地的规划布局

规划布局结合城市总体规划以及当地地形、地貌、气候特点进行安排。沿城市过境铁路、高速公路以及重要道路两侧布置防护林带，宽度30~100m不等。城市快速路旁两侧绿化带控制宽度为50m，特殊地段应不小于25m；其他入城段道路两侧绿化带宽度不小于15m。经过市区的地段的高压走廊下方设置35~50m宽的防护林带。有空气污染的工厂，设立不小于50m宽的卫生防护林带；污水处理厂周围设置20~30m宽的卫生防护林带；天然气管道应结合道路和公路两侧绿化带布置，线路两侧绿化用地宽度按100m控制。

5）附属绿地规划（G4）

①居住绿地

依据《江苏省城市规划管理技术规定》，居住区内的公园绿地面积指标：组团不小于0.5m²/人；小区（含组团）不小于1.0m²/人；居住区（含小区与组团）不小于1.5m²/人，旧区不小于1.0m²/人。居住小区内每块公园绿地面积应不小于400m²，且至少有1/3的绿地面积在规定的建筑日照间距范围之外。居住用地绿地最低控制指标见表10-3。

居住用地绿地最低控制指标　　　　　　　　　　表10-3

居住区类别		绿地率（%）	绿化覆盖率（%）	人均公园绿地（m²）
新建居住区		30	35	1.5
园林式居住区		40	50	2.5
小区		30	35	1.0
组团		30	35	0.5
建筑层次	4~6层	30	35	1.5
	8层以上	40	50	1.5
	低层别墅	50	60	2.0
旧城改造居住区		25	30~35	1.0

②工业绿地

● 大型工业园区绿地率达到 15%～20%；

● 通过市区主要道路、水体两侧的绿廊与城市其他绿地形成一个大系统；

● 工业园区的绿地主要由防护林、道路绿地、单位内部绿地和公园绿地组成；

● 加大防护林建设的力度，尤其是工业与居住之间的防护林；

● 提高道路绿地的绿地率，使之高于城市其他用地内道路绿地的比例；

● 根据面积大小每一个工业园区设置 1～3 个公园绿地，形式以广场为主，广场的绿地率大于 65%，广场的内涵与园区的总体特点以及主要产品的类型尽量取得协调，以创造园区的形象，并且可以为员工提供短时休息的场所；

● 工业企业内部绿地要求达到最低绿地率标准 10%。

③道路交通绿地

规划目标：通过道路绿化使道路绿地覆盖率普遍达到 30%～50%，形成主次分明、结构完整的道路绿地系统。

道路绿化的控制指标：道路绿地建设要加强道路的普遍绿化，力争新建道路覆盖率达到 30%～50%。《城市道路绿化规划与设计规范》规定：园林景观道路的绿地率不得小于 40%；红线宽度大于 50m 的道路绿地率不得小于 30%；红线宽度在 40～50m 的道路绿地率不得小于 25%；红线宽度小于 40m 的道路绿地率不得小于 20%。

道路绿地分类规划：规划将道路分为三类，分别为景观林荫道、交通性景观干道、一般绿化道路，道路与道路的交叉点设置道路景观节点。

④ 其他附属绿地

其他附属绿地控制指标见表 10-4。

无锡市市区附属绿地指标及面积　　　　　　　　　表 10-4

序号	用地代号	用地名称	规划面积（hm²）	最低绿地率（%）		附属绿地面积（hm²）
				新建用地	旧城改造	
1	R	居住用地	5200.1	30～35	25	1924.31
2	C	公共设施用地	2651.4	35	30	861.71
3	M	工业用地	4186.2	10～15	15～20	627.93
4	W	仓储用地	523.4	20	15	91.60
5	T	对外交通用地	380.3	20	15	66.55
6	S	道路广场用地	2554.7	20	15	447.07
7	U	市政公用设施用地	465.8	20	15	81.52
8	D	特殊用地	235.2	35	30	76.44

注：附属绿地总面积 4180.13hm²，扣除居住区及小区公园 200hm²，合计为 3980.13hm²

6）其他绿地规划（G5）

无锡市区绿地系统规划中生态控制绿地包括风景林地、风景名胜区用地、滨水绿地、城市绿化隔离带、农业用地。其基本功能是保护好自然水体、山林和农田等绿色空间资源，建立为保持生态平衡而保留原有用地功能的城市生态景观绿地。

7）避灾绿地规划

无锡地处扬－铜地震带的东南侧，根据历史资料记载，无锡属于地震活动强度小、频度低的地区，但无锡地区存在可能发生5级左右的地震构造背景。此外，无锡还受到外地中强地震的波及和影响。1985年7月建设部正式批准无锡为基本烈度Ⅵ度的开展抗震工作重点城市。避灾绿地规划主要是针对震灾及震灾引发的二次灾害（如：火灾、水灾等），通过对避灾据点与避灾通道的规划，利用广场、绿地、文教设施、体育场馆、道路等建立起城市避灾体系。

①一级避灾据点规划

一级避灾据点是震灾发生时居民紧急避难的场所，应均匀合理地分布于市区范围内。规划将社区公园和小游园作为一级避灾据点，以300~500m的服务半径覆盖市区，规划设计时留有一定的开敞空间，保证发生地震、火灾等灾害时有紧急疏散空间，植物的选择要采用防火种类，如珊瑚树、银杏等。

②二级避灾据点规划

二级避灾据点是震灾发生后的避难、求援、恢复建设等活动的基地，往往是灾后相当时期内居民的生活场所，也是城市恢复建设的重要基地，可利用规模较大的城市公园、体育场馆和文化教育设施。规划将梁溪公园、新城和公园等市区级公园作为二级避灾据点，规划设计时考虑到平常时期与非常时期不同的使用特点，形成多功能设施，以提高城市的减灾、救灾、防灾、避灾能力。

③避灾通道的规划

利用城市道路将一级、二级避灾据点连成网络，形成避灾体系。为保证城市居民的避灾行为与城市自身的救灾和对外联系等不发生冲突，避灾通道尽量不占用城市主干道。沿人民路、中山路、解放环路、清扬路、运河东路、运河西路等生活性道路两侧规划10~15m的绿化带，保证通道的安全性和避灾据点的可达性。

④救灾通道的设置

城市救灾通道是灾害发生时城市与外界的交通联系，也是城市自身救灾的主要线路，城市救灾通道的规划布置是城市防灾规划与城市道路交通规划的内容之一。

在金城路、长江路、太湖大道、江海路、通惠路、金桥路、红星路、高浪路、青祁路等交通性道路两侧规划 10~20m 宽的绿化带，保证灾害发生时道路的通畅。

（3）主城区分区规划导则

主城区分区是指城市总体规划中主城区的七个片区，分别是城中片区、蠡溪片区、东亭片区、湖滨新城分区、新区片区、锡北片区、山北片区。为提高无锡市绿地的整体质量水平，改善城市环境，推进生态及景观战略的实施，通过指标细化、分区实施，使城市绿地系统能够有序健康发展，整体形成一个大系统，因此为每个区的绿地制定了规划导则。导则内容包括绿地率控制、组团分隔绿带、人均公园绿地面积、公园绿地服务半径等面向各种绿地类型的规划指引（图 10-7）。

10.1.7　树种规划

（1）规划原则

- 充分尊重自然规律，以地带性植物种类为主；
- 乔木为主，乔灌草有机结合，构建稳定的植物群落；
- 生物多样性原则；
- 速生树种与慢生树种相结合；
- "适地适树"，选择抗性强的植物物种；
- 各种效益兼顾，生态功能与景观效果并重，兼顾经济效益。

（2）技术经济指标

- 裸子植物与被子植物的比例为 1 : 15；
- 常绿树种与落叶树种的比例为 1 : 1.8~1 : 2 之间；
- 乔木与灌木的比例为 1 : 1~1 : 2 之间；
- 木本植物与草本植物的比例为 1 : （2~2.5）之间；
- 乡土树种与外来树种的比例为 7 : 3；
- 速生与慢生树种的比例为 3 : 7，加大中生树和慢生树种的比例。

（3）基调树种、骨干树种和一般树种的选定

规划选用 7 种乔木作为基调树种加以推广应用。具体为：香樟、银杏、榉树、枫香、垂柳、枫杨、桂花。分别行道树、庭荫树、庭园花木、抗污树种、防护林、绿篱、藤本、护堤树共选择了 57 种骨干树种。另外选择了 59 种常绿乔木、115 种落叶乔木、37 种常绿灌木、69 种落叶灌木、10 种半常绿灌木、9 种常绿藤本、12 种落叶藤本、2 种半常绿藤本、27 种竹类、30 种草本花卉、6 种水生植物、19 种草坪及地被植物作为一般绿化树种。

规划推荐了八种绿化模式：公路绿化模式；铁路绿化模式；湿地保护绿化模式；林相改造模式；村庄绿化模式；高标准农田林网模式；城镇分隔空间绿化模式；河渠绿化模式。

对公园绿地和防护绿地单独进行了树种规划（略）。

10.1.8 生物多样性保护与建设规划

（1）规划指导思想

积极保护原有的自然地貌、河流水系、湿地等生物生境，提高无锡市生物多样性保护、管理和利用水平，因地制宜地增加城市园林绿化植物种类，丰富景观内容，建设具有地方特色的国家生态园林城市，寻求以生物多样性为最高目标的与自然共生共荣、和谐相处的良性循环，实现城市可持续发展的战略目标。

（2）生物多样性保护的层次与规划（图10-4、图10-8）

1）物种多样性保护规划

建立四个栖息地绝对保护核；在宜兴低山丘陵地带和太湖沿岸低山丘陵周围建立雇主性的保护和管理范围；在各栖息核心区之间建立联系；增加景观的异质性；恢复栖息地；在城市市域周围建立完整的生物景观绿化带。

2）遗传多样性保护规划

通过植物园、专类园和有计划地建立园林植物重点物种的资源圃或基因库，加强对种质资源的收集和贮存；保护栖息地是减缓物种灭绝和保护遗传多样性的根本途径，既方便又经济。

3）生态系统多样性保护规划

建立保护区体系；调查保护区的生物多样性；持续利用生物多样性。

4）景观多样性保护规划

景观多样性的实现途径：利用立地条件即环境资源景观要素空间异质性可创造出城市园林中异质而多样的景观；景观的多样性还包括垂直空间环境差异而形成的景观镶嵌的复杂程度。这种多样性往往通过不同生物学特性的植物配置来实现；城市园林绿化中景观多样性的实现还可通过多种类多风格的小游园的设置、专类园的营造来实现，既丰富景观，又完善功能。

景观多样性的保护措施：开展景观多样性基础研究；编制濒危景观目录，确定优先保护对象；建立景观保护网络；纳入区域可持续发展战略规划。

（3）生物多样性保护的措施

见表10-5。

无锡市各类型绿地植物多样性保护规划措施一览表　　　　　表10-5

类型	保护规划措施
天然植被保护区	就地保护为主，促进种子侵迁和定居，加强天然生态林建设，最大限度增加植物多样性
森林公园、风景名胜区	就地保护、迁地保护相结合营造风景园林

续表

类型	保护规划措施
公园绿地保护区	保护好现有植物的同时，扩大乡土树种栽植，增加植物景观，扩大引种驯化
道路绿地	采用乔、灌、草立体绿化模式，增加混交类型，加宽道路两侧绿化带
植物园、各类苗圃地	保存植物种质资源为主，建成多物种多品种植物基因库和繁殖基地
珍稀、古树、名木保护地	国家重点保护野生植物和树龄 100 年以上的古树名木均挂牌保护
防护林绿地带	根据不同防护功能选用不同植物种类和景观类型，增加植物种类，提高防护效果

（4）珍稀濒危植物的保护与对策

对珍稀濒危植物进行就地保护和迁地保护。迁地保护主要适用于受到高度威胁的珍稀濒危物种及其繁殖体的紧急挽救，为其长期生存、研究、分析提供就地保护所不能提供的条件。要充分发挥植物园作为植物资源迁地保护基地和珍稀濒危园在珍稀动、植物保护与繁衍方面的重要作用。条件允许的情况下还可以建立地区性珍稀濒危植物引种保存中心，加强对于濒危植物的保护与管理。

10.1.9　古树名木保护

无锡市是一座有着悠久历史的文化名城，市政府于 1999 年 4 月颁布了《无锡市古树名木保护管理办法》。至 2003 年 2 月，无锡市已颁布第四批古树名木，现共有古树名木 800 棵。

（1）市区古树名木保护工作存在的问题

有少量的已在册的古树名木的保护职责不够明确；调查工作不够彻底；古树名木保护工作宣传力度尚不够深入人心；城市规划、设计、建设过程中对古树名木、大树的保护意识不够。

（2）古树名木保护规划

1）指导思想和总体目标

指导思想：充分体现市区现存古树名木的历史价值、文化价值、科学价值和生态价值。要通过宣传教育，切实提高全社会对于古树名木的保护意识，不断完善相关的法规条例。

总体目标：建立科学、系统的古树名木保护管理体系，与无锡历史文化名城与生态旅游城市的建设目标相适应。

2）古树名木保护规划措施

立法、宣传、科学研究、养护管理、未入册的古树名木保护。

10.1.10　分期建设规划

（1）近期规划（2004～2010年）

1）规划目标及指标：城市公园绿地、生产绿地、防护绿地、附属绿地、其他绿地布局合理、功能健全，形成有机的、完整的系统。通过各项绿地的建设使市区绿地率达33%以上，绿化覆盖率38%以上，人均公园绿地18m²/人，其中崇安、北塘、南长三区人均公园绿地达到6m²以上（图10-9）。

2）各类绿地近期规划的目标和指标（略）。

3）重点建设项目（略）。

（2）远期规划（2011～2020年）（略）

（3）绿化建设投资估算（略）

10.1.11　实施措施

包括法规性措施、行政性措施、技术性措施、经济性措施、政策性措施，具体内容略。

10.1.12　规划图则

1）市区绿地现状分布图

2）主城区绿地现状分布图

3）市域绿地规划结构图

4）市域绿地规划总图

5）市域生物多样性保护规划图

6）市绿地系统规划结构图

7）市绿地系统规划总图

8）公园绿地规划图

9）公园服务半径图

10）市区生产防护绿地规划图

11）市区绿地率分布图

12）市区其他绿地规划图

13）市区生物多样性保护规划图

14）主城区绿地系统规划图

15）市区近期绿地建设规划图

16）公园绿地近期建设规划图

17）市区生产防护绿地近期建设规划图

部分图件如图10-1～图10-9所示。

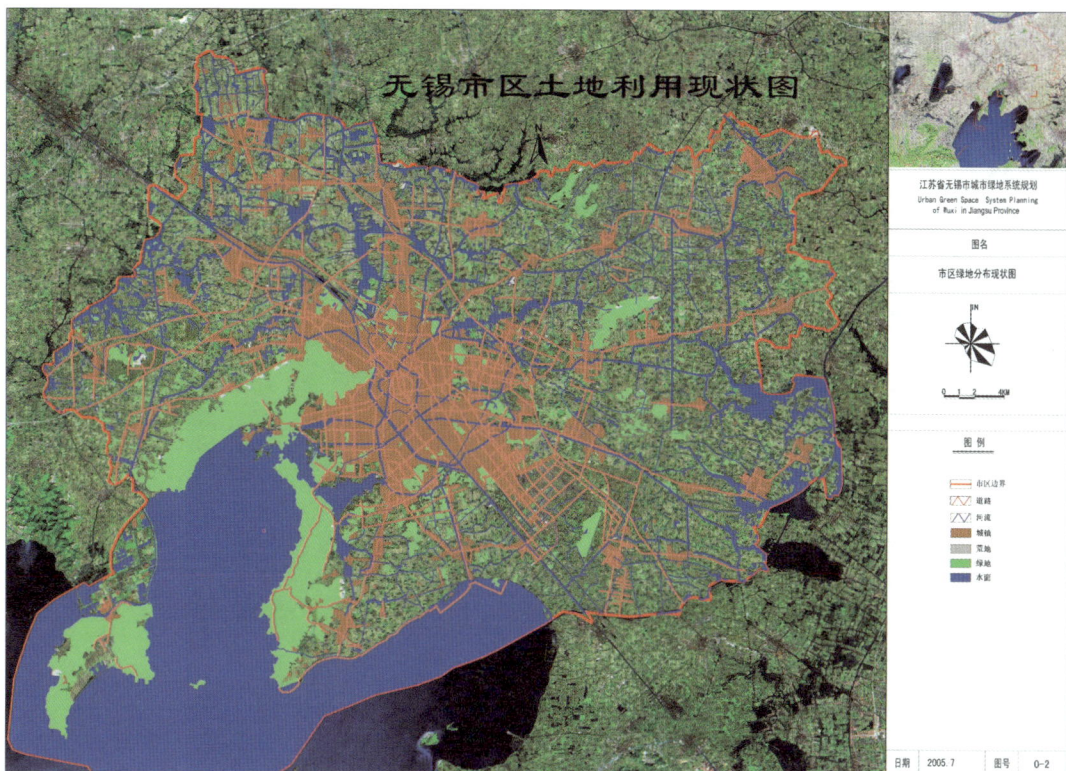

图 10-1　市区绿地现状分布图

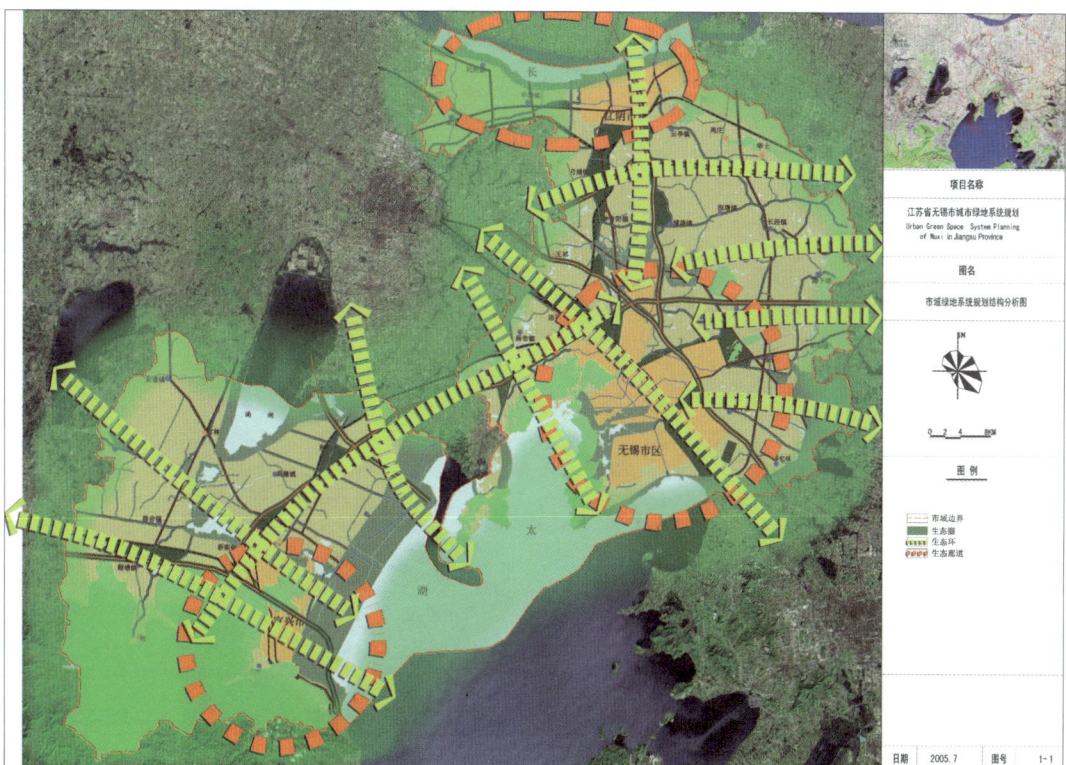

图 10-2　市域绿地规划结构图

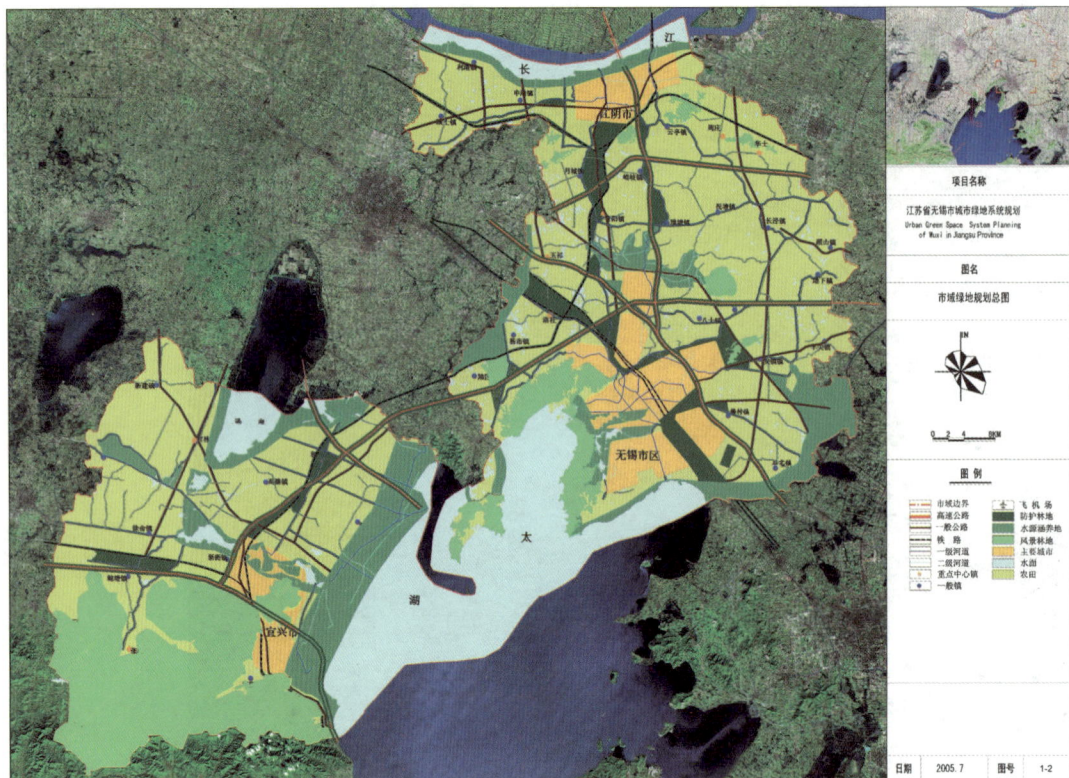

图 10—3　市域绿地规划总图

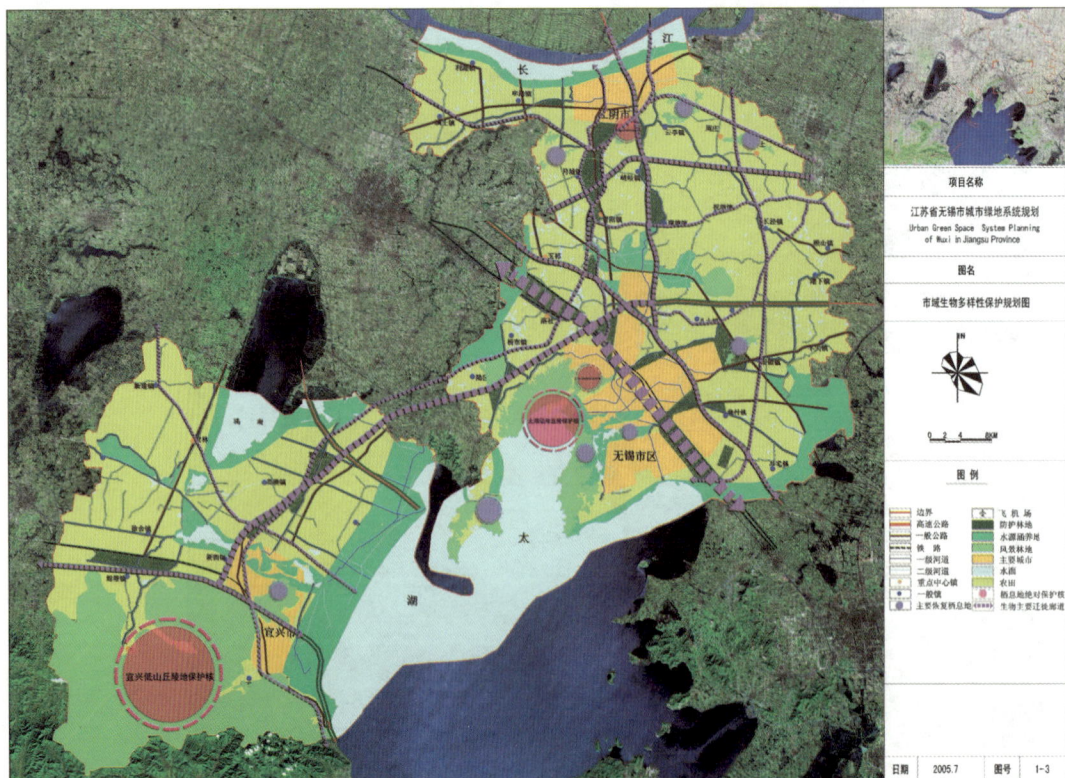

图 10—4　市域生物多样性保护规划图

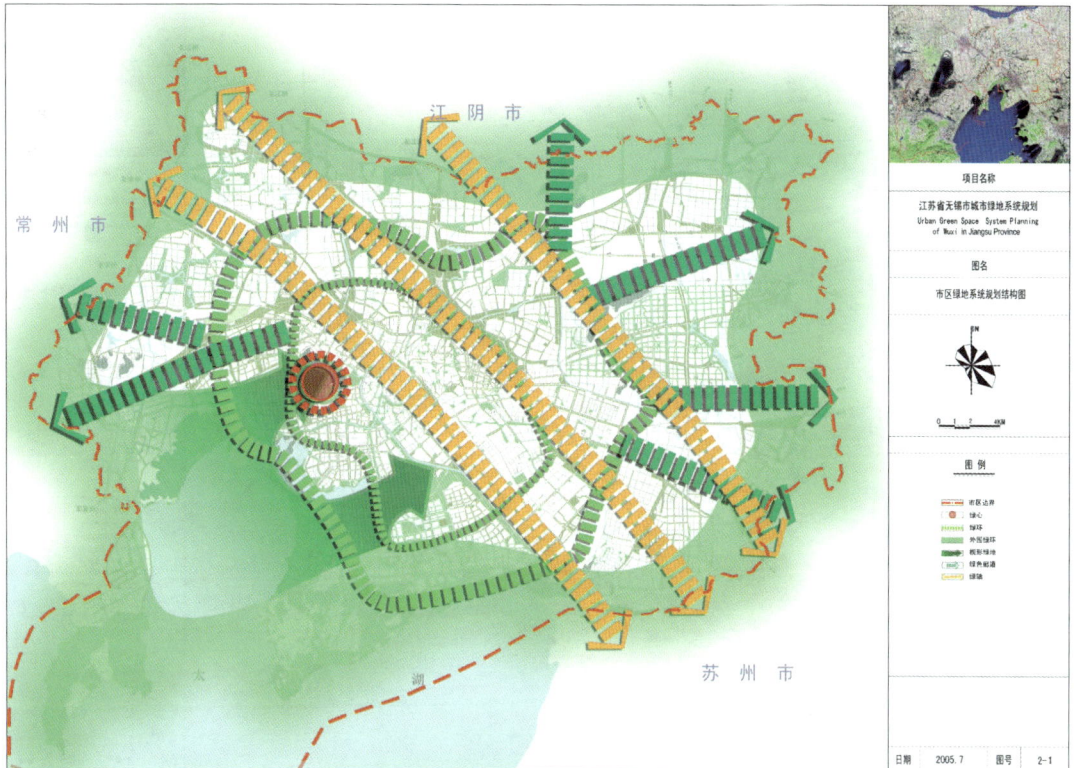

图 10-5 市区绿地系统规划结构图

图 10-6 市区绿地系统规划总图

图 10-7　主城区绿地系统规划图

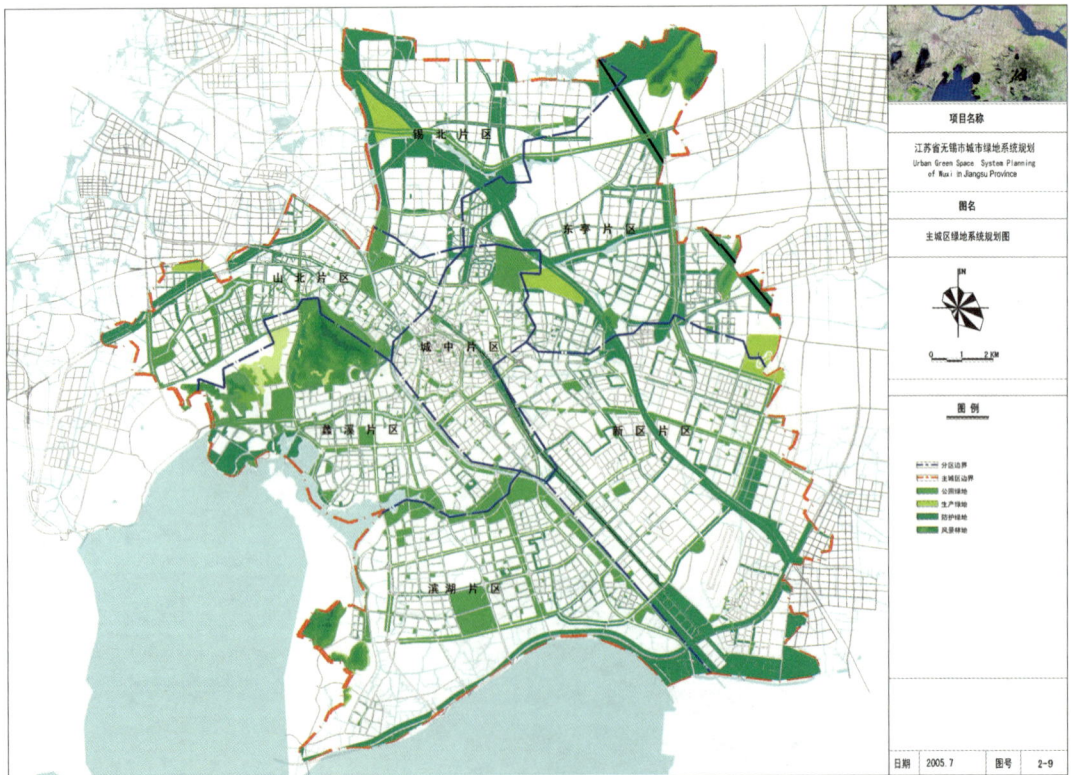

图 10-8　市区生物多样性保护规划图

图 10-9　市区近期绿地建设规划图

10.2　六安市城市绿地系统规划

10.2.1　项目概况

　　六安市位于安徽省西部，大别山北麓，江淮之间，是安徽省省会经济圈副中心城市、区域交通枢纽，安徽省加工制造业的重要基地之一，具有滨水园林特色的现代化城市。

　　六安市的绿地系统规划于 2005 年编制完成。规划充分发挥自然山水景观、河流水韵特色和丰富而悠久的历史人文优势，突出自然底蕴，挖掘文化内涵，注重做好山水文章，树立"大园林"、"大绿化"的观念，继承城市传统文化，城市绿化充分与历史遗迹保护、历史风貌保护相结合，使城市人文景观和自然景观和谐融通，突出六安的历史文化特色，进一步展现六安市"水—城—绿—田"为一体的园林城市特色。

　　规划期限：与城市总体规划一致，为 15 年（2006~2020 年），分近期和远期两个阶段进行。

　　近期：2006~2010 年（对应于城市总体规划的中期）。

远期：2011~2020 年（对应于城市总体规划的远期）。

本规划分成两个层次：

第一层次：六安市域全部国土范围，总面积 17976km²，作为城市生态建设的大背景。

第二层次：六安市建成区范围，东至杭淠干渠，西至老淠河、永安河，南至 312 国道，北至宁西高速公路。根据六安市城市总体规划，2020 年建成区城市总建设用地 60.5km²，人口 60 万。

10.2.2 城市概况及现状分析

（1）城市概况

六安市属于北亚热带向暖温带转换的过渡地带，季风气候显著。市内有山地、丘陵、岗地、平原，自西南向东北呈梯形分布，河流、盆地、湖泊相间其中。全区可分为大别北坡山地、江淮丘陵、江淮岗地和平原四大地貌单元。全市土地总面积 17976km²。山地面积大，耕地面积仅占 52.9%。

六安市河流分属淮河、长江两大水系，较大的河流有七条。水资源主要靠降水，地下水资源贫乏。

六安市地处经向和纬向过渡地带，形成复杂的生态条件和地理环境，为多种动植物提供了适宜的繁殖生息场所，动、植物种类繁多。

2004 年，六安市域总人口为 6648817 人，人口密度为 370 人 /km²。2004 年全年实现国内生产总值 253.1 亿元。

六安市目前对外交通方式主要是公路、水运，目前正在修建的有铁路，规划形成以公路为主骨架，铁路为主通道的交通运输网络。

总体上来讲，全市生态环境良好，自然资源十分丰富，环境总体质量好。

城市总体规划概况：

1）规划期限

近期至 2005 年，远期至 2020 年；对部分内容作中期安排（至 2010 年）。

2）规划目标

注重经济、社会和生态的综合发展，以可持续发展为目标，把六安市建设成为一个经济商贸繁荣、功能布局合理、交通便捷、绿色环绕、富有人文气息、适宜居住和创业的区域性中心城市。

3）城市性质

六安市的城市性质为：六安市域的政治、经济、文教中心；皖西地区的商贸流通和旅游服务中心；远期成为安徽省的加工工业基地之一。

4）城市规模

规划城市人口规模：近期（2005 年）城市人口 32 万人，中期（2010 年）城市人口 40 万人，远期（2020 年）城市人口 60 万人。

规划城市建设用地规模：近期（2005 年）城市建设用地 3000.59 万 m^2，人均城市建设用地 93.77m^2；中期（2010 年）城市建设用地控制在 4050 万 m^2，人均城市建设用地 101.25m^2；远期（2020 年）城市建设用地 6050.34 万 m^2，人均城市建设用地 100.83m^2。

5）规划布局

根据自然地形条件和城市发展的历史条件，规划用地布局采用组团结构，将规划建成区相对划分为城中区、城东区和城西南区，辅以周边独立功能组团。

（2）绿地现状分析

1）绿地现状概况

全市现有市、区级公园共 9 个，其中市属市级公园 6 个，区级公园 3 个。共有育苗（花）圃地 74.7hm^2，苗木存量 314 万株，建成区内外均有生产绿地分布。主要的防护绿地共有四处（图 10-10）。

历年绿地建设情况见表 10-6。

六安市绿地建设情况　　　　表 10-6

		2000 年	2001 年	2002 年	2003 年	2004 年
城市绿地	总面积（hm^2）	523	528	528	554	584
	当年新增（hm^2）	3	5	0	26	30
	绿地率（%）	23	23	21	19	21
公园绿地	总面积（hm^2）	109	110	110.1	122.3	130.3
	当年新增（hm^2）	1	1	0	12.3	8
人均公园绿地	达到（m^2/人）	4.75	4.85	4.91	4.1	4.19
	当年新增（m^2/人）	0.1	0.1	0.06	—0.81	0.09
城区绿化覆盖率	达到（%）	30	31	30	27	28
	当年新增（%）	1	1	—1	—3	1
公园面积（hm^2）		109	110	110	122.3	130.3
全年园林游人量（万人/次）		21	38	35	34	35

2）城市绿地发展优势与动力分析

①气候温和湿润，自然条件优越。

②六安市历史悠久，文化积淀深厚，人文景观异彩纷呈。

③绿地系统建设后备空间大。

④城市建设力度加大，进一步促进城市绿化的发展。

⑤红色旅游专列的开通，将带来大批游客驻足市区，旅游业的开发必将进一步提高对环境的需求，进一步提高本地居民保护环境、绿化环境的认识。

⑥六安市委、市政府积极贯彻省委、省政府建设"生态安徽"的号召，立足市情，作出了建设"生态六安"的重要战略决策。

3）主要问题与制约因素分析

①建成区尚未形成完整的城市绿地系统。

②城市道路绿化薄弱，树种单一，园林景观道路少且缺乏系统性。

③老城区及居住区绿化严重不足，改造难度较大。

④ 历年来政府对绿地建设的投入不足。

⑤ 目前管理部门为隶属于城市建设委员会的园林处，专业人员少，管理力度小，管理范围也仅限于道路绿化及个别公园，难以从整体上协调整个城市的绿化发展。

⑥ 园林科研及设备缺乏，缺乏对六安市的绿化树种的普查和古树名木的普查登记。

10.2.3　规划指导思想及原则

（1）规划指导思想

1）改善城市微气候、环境卫生，起到降低城市热岛效应的效果，尽量发挥绿地系统在自然循环中的作用，同时满足防灾、减灾功能的需要。

2）满足居民户外活动游憩的需要，强调以人为本、为人所用的规划思想，合理布局，均衡发展，营造优美舒适的生活环境。

3）把保护历史街区、历史建筑、古树名木、大树等与绿地系统规划有机结合，美化城市景观。

4）以景观生态学和系统学原理为指导，注重绿地斑块的匀布性，充分合理地利用六安市的地表水资源和成网成环的道路系统，使绿地成为一个点、线、面、带、环、网、楔结合的开放的城市绿地系统。

（2）规划原则

1）生态优先原则；

2）突出重点，体现区域特色原则；

3）城乡一体化原则；

4）可操作性原则。

10.2.4　规划目标与指标

（1）规划目标

1）总目标

城市发展与布局结构合理，自然地貌、植被、水系、湿地等生态敏感区域得到有效保护，绿地布局合理，生物多样性趋于丰富，绿地功能多样化，特色鲜明，环境优美，可持续发展的国家生态园林城市。

2）近期目标（2006~2010 年，主题词：国家园林城市）

初步形成城市园林绿化体系框架，利用两年的时间创建安徽省园林城市，

2010 年达到国家园林城市标准；实现城市绿化覆盖率 37%、绿地率 30.4%、建成区人均公园绿地不低于 $10m^2$/人的目标。重点进行水系绿化保护，结合水系整治，突出水韵特色，加强旧区改造，完善绿化结构，提升人均公园绿地占有量；城市街道绿化普及率、达标率分别在 95% 和 80% 以上，完成城市主要出入口、重要景观带、景观节点、主干路两侧和城市特有的河流水体沿岸风光带的绿地建设等一系列形象工程建设。

3）远期目标（2011~2020 年，主题词：国家生态园林城市）

实现城市绿化覆盖率 46%、绿地率不低于 41%、建成区人均公园绿地 $16.9m^2$/人的目标；同时实现科学的绿地系统架构和清晰的绿地网络，使生态环境进入良性发展；在城市总绿地率达标的基础上，实现片区绿地率合理，保护自然湿地，保护野生动植物群落，维护生物多样性，实现综合物种指数大于 0.5、本地植物指数大于 0.7。

（2）规划指标

见表 10-7。

六安市城市绿地系统分阶段规划指标表　　　　　　　　表 10-7

项目	现状（2004 年）	近期（2010 年）	远期（2020 年）
建成区面积（hm²）	2121	4050	6050
建成区人口（万人）	22.5	40	60
绿地面积（hm²）	584	1229.7	2525.5
绿地率（%）	21	30.4	41.7
绿化覆盖面积（hm²）	594	1498.5	2783
绿化覆盖率（%）	28	37	46
公园绿地面积（hm²）	130.3	424.1	1014.0
人均公园绿地（m²/人）	5.8	10.6	16.9

注：规划 2020 年建设用地 $60.5km^2$，人口 60 万。

10.2.5　市域区绿地系统规划

（1）指导思想

依托南部现状良好的植被条件和遍布全市的河流水系，整合沿水系、道路布置的绿网和农田林网，构筑生态廊道网络，保护现有生态系统，营造生态城市。寻求一种既能应对发展挑战，又能解决环境问题的城市发展模式，最大限度地降低开发与资源保护的冲突，降低对自然生态系统的冲击。

（2）空间布局结构

六安市城市规划区绿地系统规划结构可以概括为："三区一环，三横三纵，绿网遍布"（图 10-11）。

"三区"分别指南部山林区、农田保护区和城市绿化区。

"一环"指城市生态绿环。它是沿城市外围的防护林带、风景林地、生态农业园等形成的重要生态背景环，构筑了六安市规划建成区的环状绿色屏障。

"三横三纵"是指加强沿河、沿路的绿化建设和保护，从而在城市规划区及其周边范围形成放射状的六条重要的生态廊道。

"绿网遍布"规划以生态保护为目的，充分利用河道、港湾、湿地、湖泊、溪流、稻田、水塘等水资源，在其两侧或周围建立一定宽度的水源涵养林地，这些不同等级的道路绿化一起，形成了覆盖规划区的生态绿网，将城市公园、风景名胜区、自然保护区、水源涵养林地、湿地等块状绿地有机联系起来，发挥综合生态功能。

（3）生态环境建设要求

1）城市规划与建设，应当充分满足生态平衡和生态保护要求。

2）有效控制对原始地域的开发。

3）要坚持资源合理开发和永续利用，保护生物物种多样性和生物安全。

（4）市域各类绿地系统规划（图10-12）

1）防护绿地规划

高速公路防护绿地：宁（南京）西（安）、商（丘）景（德镇）高速公路两侧各规划250m的防护林带、500m的建设控制区。

主要公路防护绿地：312国道、105国道，主要省道有203省道、315省道；国道两侧建设100m宽的防护绿带，省道两侧建设50m宽的防护绿带。

主要河道防护绿地：淠河、淠河干渠、淠东支渠河道两侧各规划100m平均宽度的防护绿带。

铁路防护绿地：宁西铁路和沪汉蓉铁路两侧规划平均宽度为200m的防护绿地，500m宽的建设控制区。

2）风景林地规划

规划区的风景林地主要是横排头省级风景名胜区以及市区南部的低山、丘陵和岗地林区。

3）水源涵养林地规划

在规划区境内的丰源湖、淠河分流处周围各规划500m半径的水源涵养林地，1000m宽的建设控制区。

10.2.6 建成区绿地系统规划布局

（1）布局原则

充分发挥城市园林绿地的综合功能效益；合理布置各类绿地，全面提高城市绿量；在城市绿地系统整体布局上突出"四个结合"。

（2）规划结构

建成区绿地的总体布局为"双环、双心、三轴、四楔"的结构模式，构成"碧水一名城一绿地一农田"大格局。"双环、双心、三轴、四楔"的结构模式可以具体描述为"双环双心、三轴相交、四楔深入、公园匀布、绿网相连"的结构特征（图10–13）。

双环：指生态背景环和城市绿环；

双心：生态绿心：规划中的中央公园，面积达65hm²；人文绿心：位于六安老城区的中心位置，由多块绿地结合古城保护街区，形成城市的人文景观中心。

三轴：指滨河绿轴（淠河总干渠自然景观轴）、道路绿轴（皋城路干道绿色景观轴）、人文绿轴（老淠河与磨子潭路结合的人文景观轴）。

四楔：指东向生态楔形绿带、西北向楔形绿地、西南向楔形绿带、东南向绿色通风走廊。

公园匀布、绿网相连：沿城市"环"、"楔"、"轴"的交叉点和沿线、城市河道与干道、干道与干道的交叉点和沿线，以及自然资源和条件较为有利的用地布置由综合公园、社区公园、街旁绿地和带状公园组成的城市公园绿地体系，形成以点线结合、均匀分布为特色的公共开敞绿色网络，满足全市居民休闲游憩的需要，居民不仅出门不到500m就可以到达一块面积在0.3hm²以上的绿地，而且在通行途中也能随时进入网络状分布的沿路带状公园。均匀分布、网络串联的"园"使整个六安市的绿地系统规划更具连续性和体系化（图10–15）。

10.2.7　生物多样性保护与建设规划

（1）生物多样性保护与建设的优势分析

1）自然环境优越；

2）植物资源丰富；

3）动物生存环境良好。

（2）生物多样性保护与建设的不足

1）市区绿化树种品种较少。

2）生产绿地偏少，苗木自给率偏低，乡土树种的保护和利用以及外来树种的引种驯化工作有待于进一步提高。

3）无植物园与动物园。

4）人工造林所采用品种偏少使大部分森林群落林相不够丰富。

5）经济和社会发展活动中的开发建设还存在部分不合理、乱捕滥杀、乱采乱挖等现象，会造成天然植被减少、生物的栖息地受到不同程度的破坏，威胁生物生存空间。

6）生物多样性保护意识、宣传、教育需要加强，在保护的基础上合理利用自然物种资源，加快大树古树的调查，开展生物多样性保护科研。

（3）生物多样性保护与建设的目标与指标

1）目标

保护与建设好市域内稳定而适应的人工林生态系统；保护与建设好六安市区内的各类生态系统，增加人工生态系统的自然成分，以使动植物能够拥有良好的生态栖息地和繁衍地；保护好当地的特色物种；以城市各类绿地为基础，发挥其在生物多样性保护中的不同作用，建立六安市生物多样性保护系统。

2）指标

市区现有园林栽培木本植物 255 种，到 2020 年增加到 650 种；到 2020 年，综合物种指数不小于 0.5；到 2020 年，本地植物指数不小于 0.7。

（4）生物多样性保护的层次与规划

生物多样性保护共分为物种多样性保护、遗传多样性保护、生态系统多样性保护与景观多样性保护四个层次，具体规划内容略。

（5）生物多样性规划保护区域及功能划分

结合六安市绿地系统现状及规划情况，根据生物多样性特点和各类绿地的性质功能，划分为自然生态系统保护、半自然生态系统保护和人工生态系统保护 3 大保护类型、7 类保护区（表 10-8）。

六安市生物多样性规划保护分区、功能及目标　　　　　　表 10-8

类型	保护分区	内容	功能	保护目标
自然生态系统	天然植被保护区	天然林、灌草丛、次生裸地、企事业单位保存良好的次生植被	天然植被是自然界经过长时间的自然演替而形成的，留存了大量的野生物种，是生物多样性最丰富的地方，也是生物多样性保护、研究的最佳场所	生态保育、恢复，消灭裸地、荒地，逐步恢复具有地带性常绿阔叶林结构的植被，使森林生态系统进入良性循环，生物繁殖和栖息环境有明显改善，生物种类不断增加
	自然保护区、风景名胜区	天堂寨—马鬃岭国家级自然保护区、八公山省级风景名胜区、南岳山—佛子岭省级风景名胜区、大华山省级风景名胜区、铜锣寨省级风景名胜区、万佛山—万佛湖省级风景名胜区、东石笋风景区、横排头风景区、郊野公园	物种多样性丰富、生态系统健康发展，留存了本区珍贵的种质资源，是生物多样性保护的重点地区	加强区内自然景观、生物物种、种群的研究，加强管理，保护动植物栖息地，使生态系统和动植物种群尽可能小地受到外界的干扰，同时也使一些珍稀濒危野生动植物物种得到保护
	古树名木保护	100 年以上古树及具有人文历史的名木及其生境	古树名木是活的文物、历史的见证、物竞天择的珍贵自然遗产，保留了珍贵的遗传基因，是经过时间检验的乡土树种，可以大面积推广使用	进一步查清资源，采用科学的复壮技术，确保古树名木安全，保护古树名木的生存环境，减少外界的不利干扰，将园林栽培的国家重点保护植物纳入保护管理体系，扩大保护范围

续表

类型	保护分区	内容	功能	保护目标
半自然生态系统	水库、湖泊、湿地公园、老淠河两岸、淠史杭干渠两岸防护林保护区、其他河流沿岸植被	大别山区五大水库、城东湖、城西湖、瓦埠湖、湿地公园、河滨公园、老淠河滨河绿地、桃花坞带状绿地、总干渠南段绿带、老淠河两岸、淠史杭干渠两岸人工林、天然植被、水生植被、其他河流沿岸植被	水体、湿地是城市的"绿肾",水陆之间物种极为丰富,同样该区也留存了大量的野生物种,是生物多样性保护的重点地区	加强管理,规划设计建设要注重自然性、生态性,保护利用自然植被,防护林尽量采用多树种、复层林结构,乔灌草相结合,保护好现状良性循环的生态系统
	农田保护网保护区	农田、道路、水塘、水坝及其他水体	农田防护林既可保护农田又可改善农村生态环境,减小灾害性天气的影响,在城乡一体化中,能够形成建成区外围的生态绿环,构成城区外围的绿化廊道,加强城乡之间生态上的联系	把乡镇公路干线纳入国家公路绿化系统,进行道路绿化,并鼓励农民在村庄、住宅、农田、水塘等地植树造林,种植经济树种、花草,树种选择上,大力提倡使用乡土树种
人工生态系统	城市绿地保护区	城市公园绿地、附属绿地内的人工植被	集中了观赏价值较高的植物种类和遗传物质,体现了生物多样性保护的整体水平和利用效果,反映了绿化的科技水平,是城市生物多样性迁地保护的主体	增加园林绿化树种,创造多样化的植物景观,提高复层林绿化指数,体现地方园林特色。利用景观要素空间异质性创造出具有异质而多样景观的城市公园系统,利于生物栖息繁衍
	城郊人工林保护区	用材林、经济林、果木林等以经济用途为目的的林种	提供农林产品,实现经济价值,改善和美化城乡环境,调节气候,保持水土,丰富景观多样性	保持人工林持续稳定发展,林相齐整、林产品正常增长,杜绝乱砍滥伐,达到山清水秀、永续作业的经营目的
	科研教学、生产基地保护区	西海农业生态园、大别山珍稀树木园、植物园、动物园、苗圃、花圃、草圃、药圃、茶园、果园、引种实验基地	本区保存有大量的物种和品种,是种质基因库,集研究、生产、教育、开发于一体,起试验、示范和推广的作用,为城市园林绿化提供苗木、技术方面的支持	新建一批高科技研究和生产基地,重点开发本地生物资源,选育新品种,做好育苗计划,提高苗木产量和质量,以适应园林建设发展的需要

（6）生物多样性保护的措施与生态管理对策

1）生物多样性保护的措施

建立由自然保护区、风景名胜区、郊野公园等组成的生物多样性保护网络,这是生物多样性保护的最重要的途径;加强自然保护区的建设与管理;完善法规,健全机构,加强管理;加强科学研究和宣传教育;制定完善的保护生物多样性的法令法规;在城市绿地建设中要加强树种规划的实施,以科学的态度对待城市绿地系统的建设,反对崇洋媚外和长官意识;就地保护;迁地保护。

2）生物多样性保护的生态管理对策

①开展城市绿地系统生物多样性保护和可持续利用的基础研究。

②保护城市自然遗留地和自然植被，维护自然演进过程。

③合理规划布局城市绿地系统，通过点、线、面、环、楔相结合，建立城市生态绿色网络。

④大力开发利用地带性的物种资源，尤其是乡土植物，积极慎重地引进外域特色物种，构筑具有地域植被特征的城市生物多样性格局。

⑤正确认识绿化植物的特点和功能，扩大多样化物种的种群规模。

⑥构建生物多样性高的复层群落结构，提高单位绿地面积的生物多样性指数。

⑦改善以土壤为核心的立地条件，提高栽培养护水平。

10.2.8 规划图则

1）区位图

2）市域现状图

3）建成区现状图——用地现状图

4）建成区现状图——绿地分布现状

5）建成区现状图——公园服务半径现状

6）建成区现状图——土地利用规划

7）建成区现状图——道路规划

8）建成区现状图——文物古迹分布

9）市域绿地规划总图

10）市域绿地系统结构分析图

11）城市绿地规划总图

12）城市绿地系统规划结构图

13）公园绿地规划图

14）公园绿地服务半径图

15）道路绿地规划图

16）绿地率控制图

17）防护生产绿地规划图

18）其他绿地规划图

19）公园绿线规划图

20）近期绿地建设规划图

部分图件如图 10-10~ 图 10-17 所示。

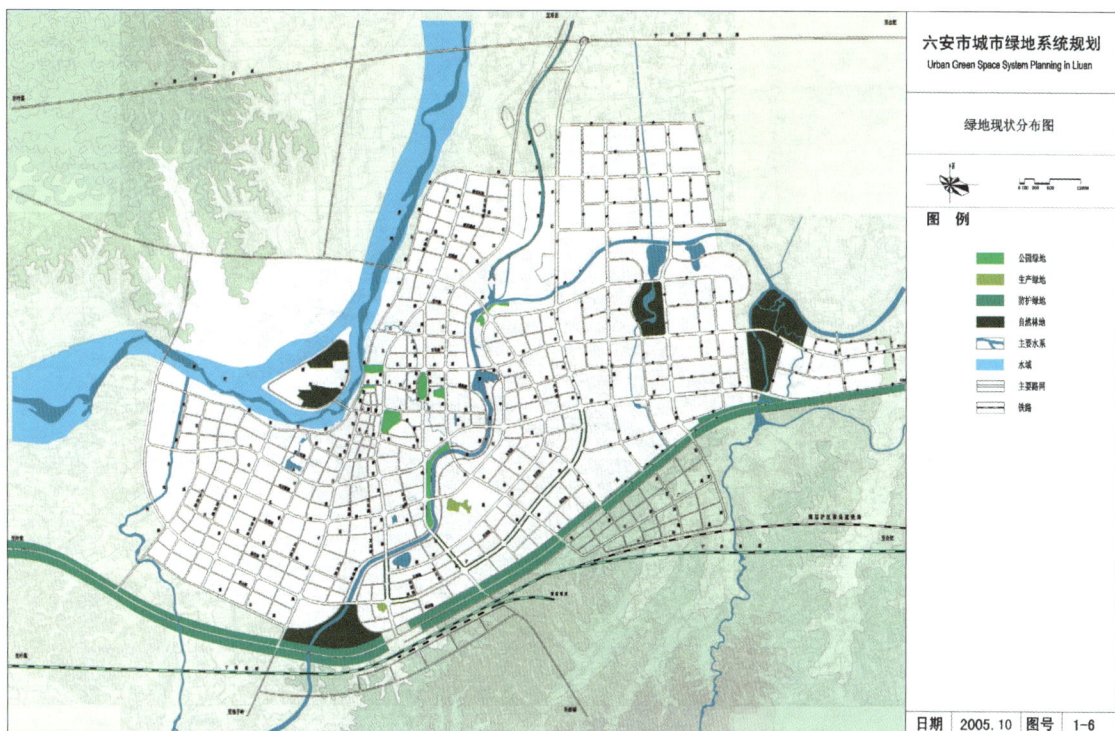

图 10-10　建成区绿地分布现状图

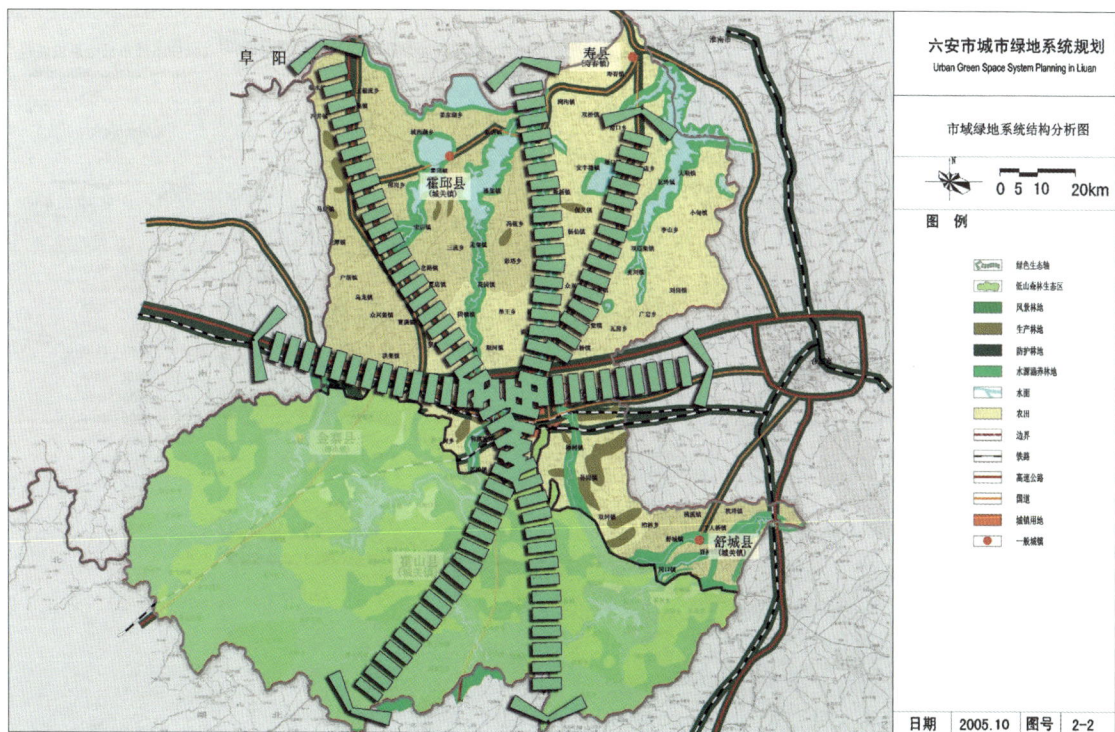

图 10-11　市域绿地系统结构分析图

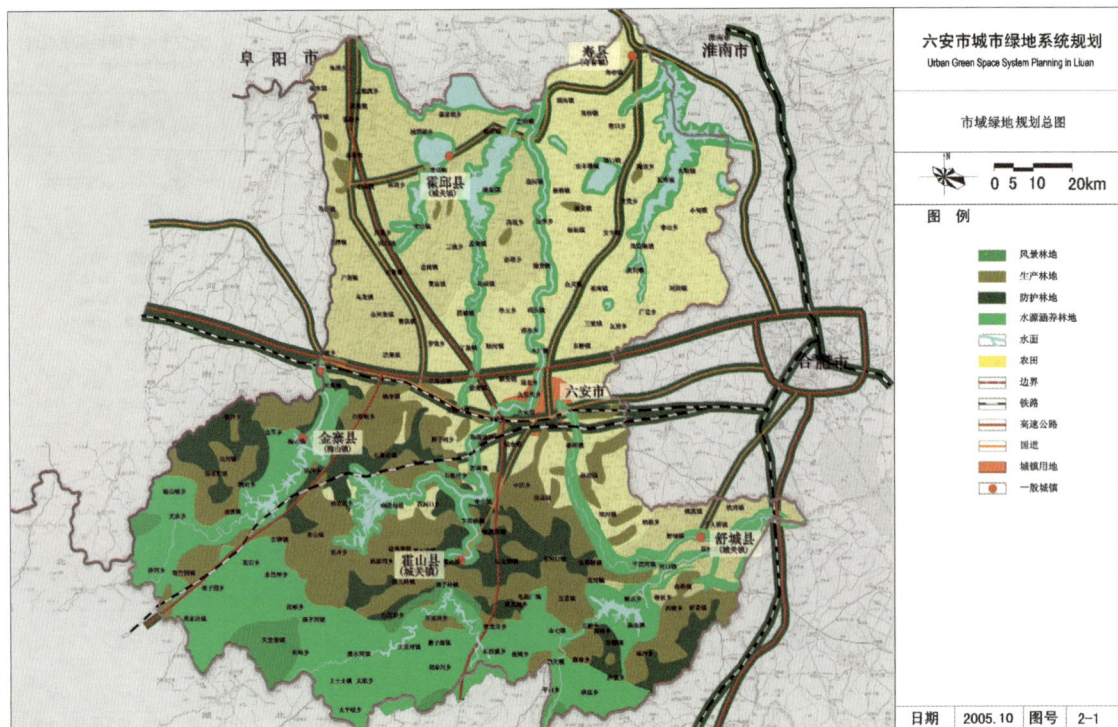

图 10—12　市域绿地规划总图

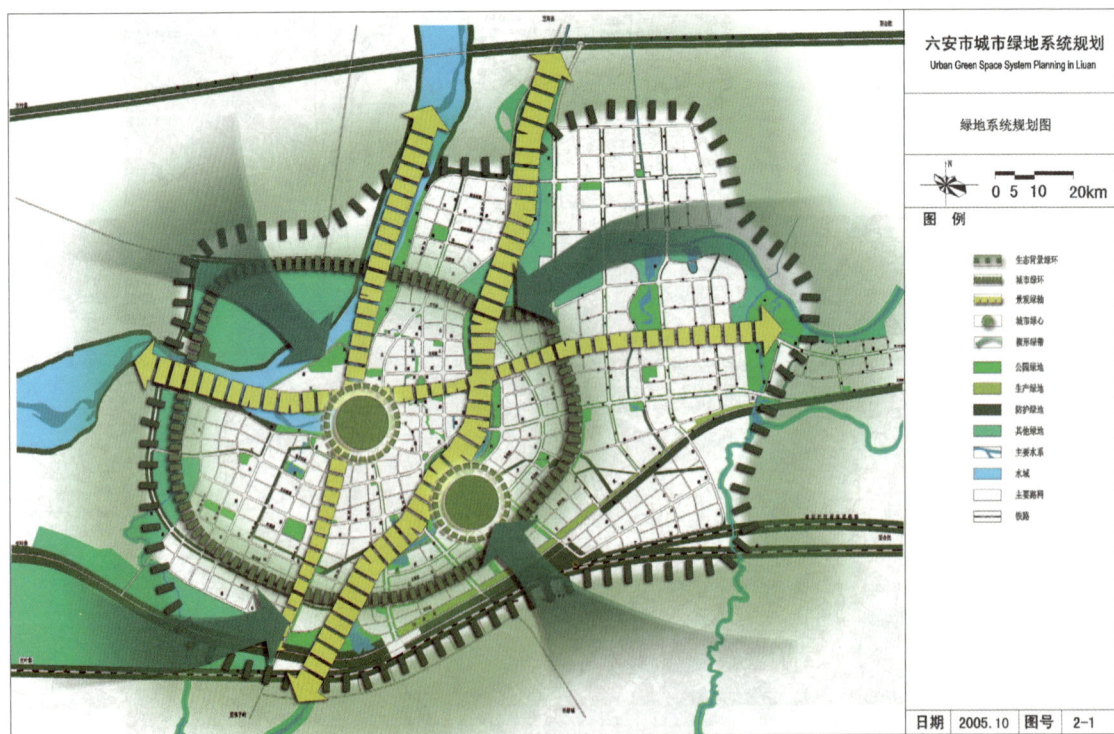

图 10—13　城市绿地系统规划结构图

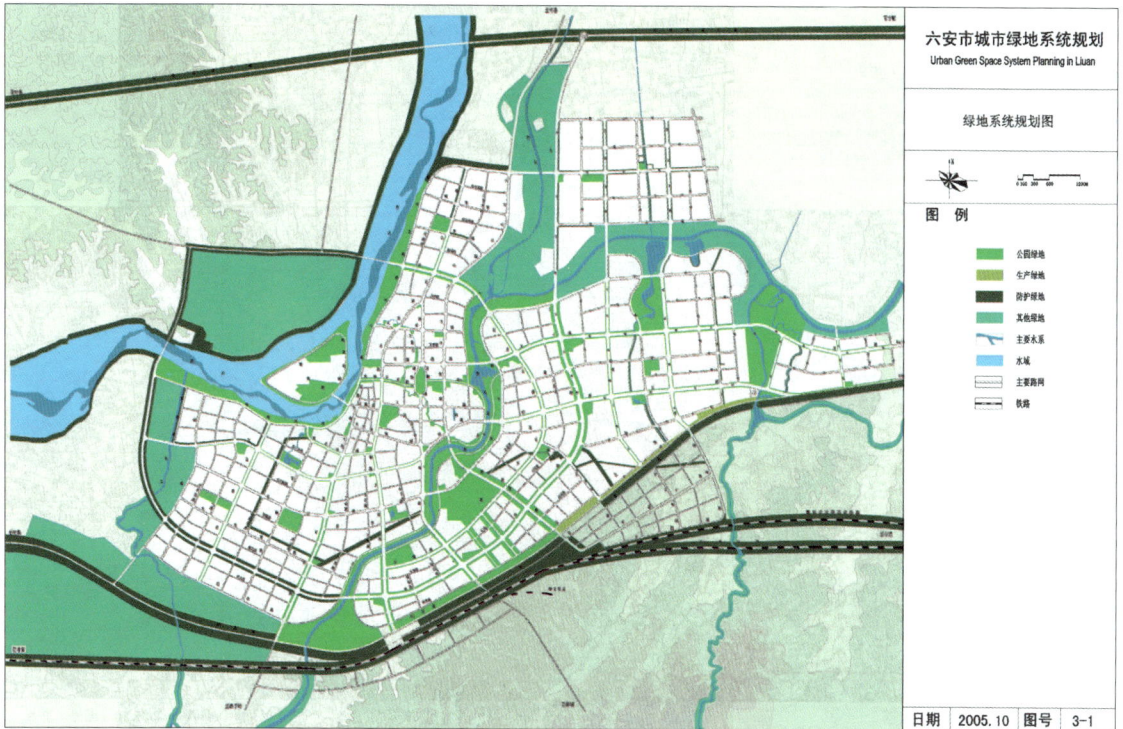

图 10—14 城市绿地系统规划总图

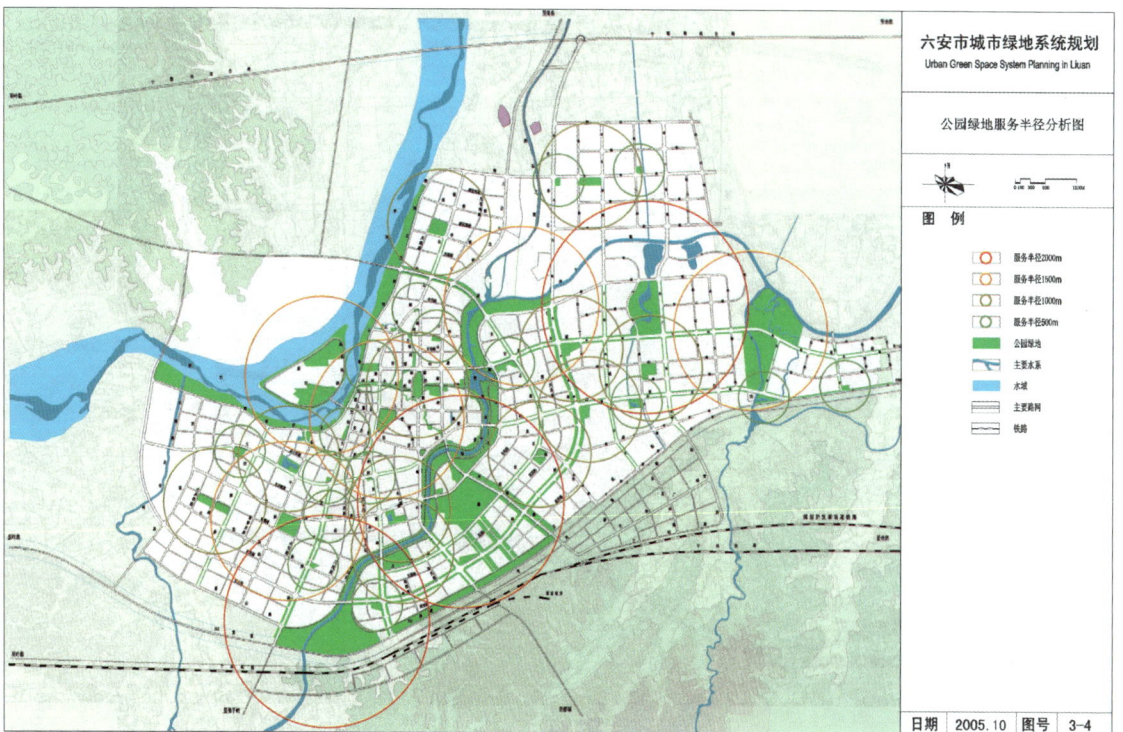

图 10—15 规划公园绿地服务半径分析图

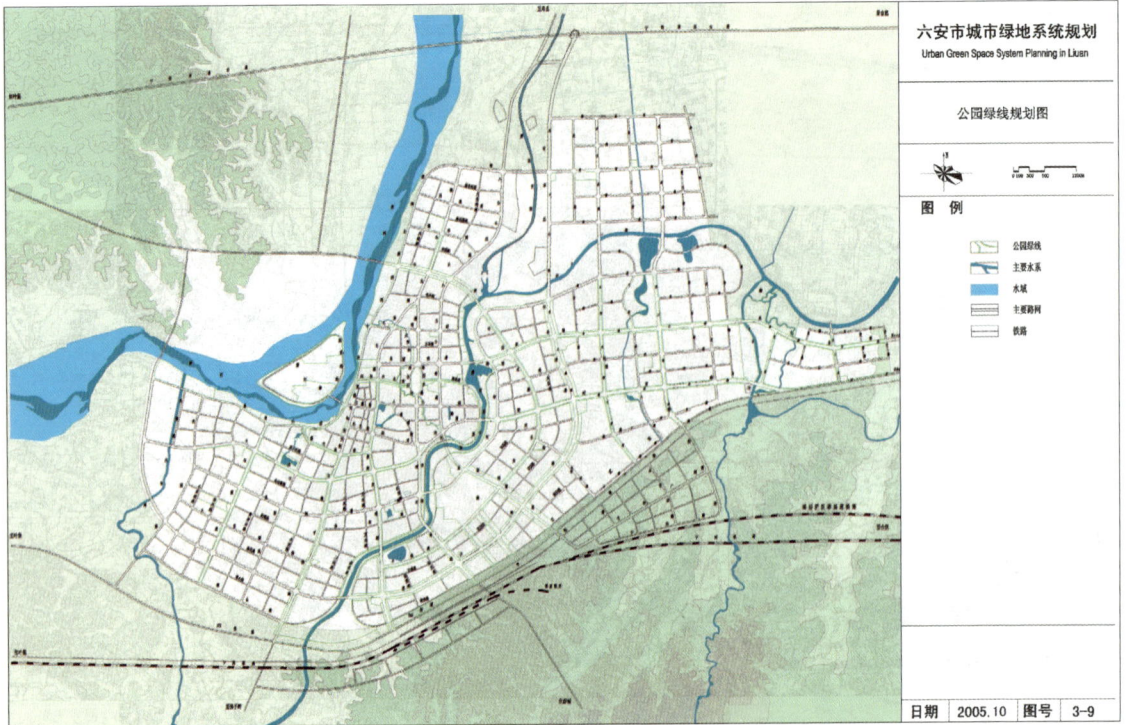

图 10—16　公园绿线规划图

图 10—17　近期绿地建设规划图

10.3 西峡县县城绿地系统规划

10.3.1 项目概况

西峡县位于河南省南阳市西北部，伏牛山南麓。土地总面积 3453km²，地域之广在河南省百余县中居第二位。西峡县境内河流众多，鹳河纵贯全县南北，并与 526 条大小河流呈羽状分布于崇山峻岭之中。流经县城的河流就有鹳河、丁河、八迭河、古庄河、莲花渠等 13 条河渠。全县森林覆盖率 76.8%，全省第一，素有"绿色王国"之称。菌、果、药成为支柱产业。县城则森林环抱，碧山镶嵌。

近年来，西峡县按照"科学规划、产业支撑、基础先行、特色兴城"的原则，提出了建设"生态宜居城、新兴工业城、优秀旅游城"的城市发展定位。为了彰显县城的特色，建设宜居的国家园林县城，2007 年委托上海同济城市规划设计研究院编制景观水系规划和县城绿地系统规划两项规划。

水和绿是城市中两大自然元素。城市景观水系规划、城市绿地系统规划正日益受到重视，编制也日趋规范。但是，如何避免就绿谈绿，就水谈水，统筹编制这两项规划，使水绿交融，却才刚刚起步。西峡县城景观水系绿地规划正是一次尝试，整体委托，统筹编制。因此本规划的重点是在相关规范的指导下突出水与绿的统筹规划。具体做法：

一是在景观水系规划中，首先通过"显水"、"汇水"和"调水"进行总体布局，充分利用和保护现有水资源，合理调节水流和水量，达到突出水韵特色的目的。除了对水体本身的规划，还进行了滨水带的利用规划、水体驳岸规划设计、水系保护规划、滨水植被规划以及水工程设施规划等。

二是重点突出鹳河、古庄河、莲花渠及其沿岸的绿带建设，将县城及游客的主要休闲游憩活动集中于河岸及两侧，在构筑三条生态廊道的同时，也建成了三条景观长廊和休闲长廊。尤其在北部新城发展方向上，利用现有生态绿地和河流，建设湿地公园、综合公园，从而形成楔形绿带插入城中。莲花渠在老城区分成两路注入鹳河，形成水环。但由于建筑密集，水环的部分河段属于暗渠。规划中结合旧城改造，首先使暗渠明渠化，两侧加强绿化，局部放大成街头绿地，形成一串"翡翠项链"。同时在新城区引莲花渠水沿路形成环状水渠，汇合后补给头道河。沿渠绿化，串联街头绿地，由此在新老城区形成双环串珠的景观格局。

三是将城市绿地、景观水系规划建设与城市形象塑造、居民休闲与旅游发展相结合。西峡县城将是西峡县旅游的集散中心、接待中心。如何让游客感受强烈的西峡特色？如何丰富居民的文化生活？规划将水系与绿地建设相结合，水系绿地景观规划与游憩项目相结合，策划了水上乐园、田园风光、湿地景观、小桥流水、水岸人家、清渠绿影、滨河运动 7 类与水和绿相关的游憩项目。

规划期限：依据西峡县城总体规划（2001~2010 年），结合县城近期建设规划（2006~2010 年）及远景发展战略规划，本规划期限为 2008~2020 年，分近期、远期两个阶段进行。近期：2008~2010 年，远期：2011~2020 年。

规划范围：西至燃灯路—312 国道一线，南至宁西铁路线北侧，东至 312 国道，北至宛坪高速公路—北小河一线。县城远期规划建设用地总面积约 25km²。

两项规划于 2008 年编制完成并获上海同济城市规划设计研究院 2008 年度规划设计三等奖。

10.3.2 概况及现状分析

（1）西峡县城水系现状

西峡属长江流域汉江区丹江水系，降水量充沛，河流众多。水资源蕴藏量十分丰富，县境内地表水径流总量多年平均为 9.7 亿 m³，加上入境客水，年地表水总量为 14.06 亿 m³。

流经县城的主要河流共有 13 条，主要功能有供水、排水、防洪排涝、排污、灌溉农田和发电，少部分河段具有一定的景观功能（表 10-9）。除古庄河、八迭河以及若干条细小的支渠为东西走向外，主要河流多为南北走向。水流量随当地降雨量的季节变化而变化，一般夏秋多，冬春少，水源多来自于县城附近山体，水流方向基本受地势影响，自北向南流。经过调查统计，西峡县城远期规划建成区范围内的现有水系水网密度和水面率分别为 0.9km/km²、5.5%。

西峡县城水系状况   表 10-9

河渠名称	长度(km)	宽度(m)	水深(m)	流量(m³/s)	水质类型	主要用途
鹳河	102.4	240~250	<1	多年平均年径流量 40	Ⅲ类	农业灌溉，发电，城市地下水补给，景观
古庄河	29	60~80	浅滩	多年平均年径流量 0.48，出口断面平均流量 1.49	上游可达Ⅱ、Ⅲ类，入鹳河前为Ⅳ类水质	城市排洪、排污
八迭河	县城境内 2.1	20~50	2.54		上游可达Ⅱ、Ⅲ类，入鹳河前为Ⅳ类水质	城市排洪
头道河	1.1	4	平均 0.5	最大 7	枯水期为劣Ⅴ类水质	城市排洪、排污
二道河	4.8	20	1.1	最大 7，平均 4.5	Ⅱ、Ⅲ类	灌溉发电，景观
莲花渠	8	6~10	1.3	8~12	Ⅱ、Ⅲ类	灌溉发电
退水渠	2.3	4	1	2~6	枯水期为劣Ⅴ类水质	城市排洪，城市生活用水

续表

河渠 名称	长度 (km)	宽度 (m)	水深 (m)	流量 (m³/s)	水质类型	主要用途
尾水渠	2.3	5	1.5	8	枯水期为劣 V类水质	城市排洪，城市生 活用水
泥河	1.6	7	浅滩	最大排洪 14	枯水期为劣 V类水质	城市排洪、排污
安子沟	2.5	5	0.5~0.7	最大排洪 12	枯水期为劣 V类水质	城市排洪、排污
丁河	56.2	210	浅滩	1~3	Ⅱ、Ⅲ类	农业灌溉
北小河	2.8	20~50	浅滩		Ⅱ、Ⅲ类	农业灌溉
干河	3.4	8~20	浅滩		Ⅱ、Ⅲ类	农业灌溉

（2）西峡县城绿地建设现状

西峡县城周围群山环绕，毗邻寺山国家森林公园，生态大背景很好，人均公园绿地面积 8m²/人、绿地率 33%、绿化覆盖率 38% 等指标已经超出河南省园林城市的标准，接近国家园林县城的标准。生产绿地分布较多，占建成区面积的 2.54%，基本能满足目前园林绿化植株自给自足的需要。但是公园绿地分布不均匀，尤其是老城区公园绿地面积极少，随着人口规模的急剧扩大，各类绿地均不能满足城市发展的需求，急需进行绿地系统规划，合理布局各类绿地，在城市建设中留足绿化用地，使环境建设与城市发展相协调（图 10-18）。

（3）水系绿地建设的优势和动力分析

1）自然地理条件优越

西峡县属于北亚热带季风大陆性气候。北有伏牛山主峰为屏障，地势西北高、东南低，倾斜度大。背风向阳，受内蒙古冷空气影响较小，气候温和，温暖湿润，四季分明。西峡县光照充足，年均日照 2019h，占可照时数的 46%。年降水量在 557.3~1251.1mm 之间，加之地形作用及风速不高等因素，空气湿度较适中，除冬春、夏秋间的干旱稍有影响外，一般副作用不大，年均相对湿度为 69%。县境处于东亚季风区，由于西北部天然屏障的阻挡，加上林木的防护作用，风速较小，平均风速为每秒 2.1m。县境森林覆盖率较高，植被较好，涵养水分，调节温度和湿度。

2）资源优势

西峡县森林覆盖率达 76.8%，是全省第一林业大县，素有"绿色王国"之称。

全县水资源丰富，总量为 16.3 亿 m³，占南阳市水资源总量的 21.54%，人均水资源 3800m³，是全省人均水平的 6 倍，居全省县级第二位。

3）为经济快速发展奠定基础

近年来，西峡县经济快速发展，综合经济实力显著增强。2005 年，全县完成国内生产总值 55.4 亿元，同比增长 25.5%，高于全国、全省、全市平均水平。

2005年，政府财政收入达到1.9亿元。

4）城市建设的目标——"生态城，旅游城，北方水城"

县委县政府始终重视县城水系的整治工作，希望能够利用丰富的水资源，将西峡县城建设成为北方水城，并提出了建设"生态城，旅游城，北方水城"的发展目标，为县城开展景观水系建设提供了机遇。

5）城市河流的景观价值日益被人们关注

随着我国城市建设水平的逐步提高，特别是近年来人们对城市环境、城市景观建设的日益重视，城市河流越来越受到普遍的关注，成为城市景观环境建设改造整治的重点地段。城市河道景观巨大的生态功能和娱乐价值正在逐渐被人们认识和利用，经过精心设计的河道景观，不仅给城市带来空气新鲜和湿润的环境，而且可以带来良好的社会、环境、经济效益。

近年来，我国许多城市已先后对其城市水系进行了景观环境的改造整治工作，这些实践在规划、设计、建设方面均取得了丰富的经验，值得借鉴。

6）西峡县旅游产业的发展有利于推进景观水系绿地的建设

西峡县旅游资源丰富，近年来，西峡县突出"山、水、龙、园"四大特色，以争创全国优秀旅游城市为目标，着力打造"旅游名县"，年接待游客38万多人次。海拔2212.5m的"中原第一峰"鸡角尖、"南阳仅有、中原一绝"的龙潭沟瀑布群、中国最早佛教圣地之一的寺山燃灯寺、堪称天下奇观的云华蝙蝠洞、恐龙蛋化石发掘地等，早已名扬省内外。封神榜传说中的哪吒故里、中国万里长城发祥地之一的汉王城等人文景观，更为这块土地增添了几多神秘。县城作为全县旅游接待的中心，在"生态城，旅游城，北方水城"的城市建设目标指引下，打造独具特色的旅游城，并且发展完善旅游接待中心的功能，这个过程一定能够推进景观水系的建设，进而带动西峡县整体旅游产业的发展。

（4）水系现状存在的问题

1）水体类型较为单一

县城现有水体基本上都是河流或水渠等线性水体，缺乏面状的湖泊或池沼，整体水系形态单一，景观价值与生态效益都不高。同时，单一的线性水体，使得水系由于缺乏蓄洪能力，不利于实现城市防洪排洪以及各河渠之间相互调蓄的需要。

2）现有城市水系工程设施不足

现有的城市河流、沟渠存在年久失修、堤防不全、河道堵塞等问题，需要进行相应治理。例如莲花渠两岸雨水冲刷导致河道淤积，最深淤积1.1m，最浅0.5m，且护岸年久失修，严重老化，存在极大的安全隐患。还有泥河由于雨水冲刷两岸泥土，造成河道严重淤积，并且污染严重，很多河段已经退化为臭水沟。此外，据城区河道两岸居民反映，现有护岸安全防护功能不足，沿岸常发生儿童溺水身亡的事故，因此在护岸改造中还要重视安全防护的需要。

3) 河道驳岸单一，亲水性差

城内河道两侧用地多被建筑占用，滨河绿地较少，生态环境较差。人工化的河道驳岸太多，特别是在老城区，水渠护岸均为石砌或混凝土浇筑，且岸与水面之间的高差较大。这虽然满足了城市防洪排涝的需要，但是却严重阻隔了水陆之间的生态联系以及人与水之间的联系，无法满足人的亲水性需要。硬质护岸的存在，从景观角度上讲，与周围的树林、草坪等自然风光极不协调，起不到美化城市自然环境的作用；从生态和治水的角度上看，人为地割断了水、陆生物的联系，水边生物多样性的环境没法形成，水中的生物链建立不起来，水体的自净能力大大削弱，容易形成一汪"死水"，逼迫人们走上代价高昂的物理、化学和生化的治水之路。

县城现有的河流和渠道中，尾水渠和退水渠由于完全分布在老城区，两侧生态环境最为恶劣，甚至很多河段已成为暗渠。而且，渠道驳岸均为人工驳岸或建筑夹岸。莲花渠两侧生态环境相对较好，有绿地分布，植被较多，以人工化驳岸为主，位于世纪大道和人民路之间的河段为半人工半自然驳岸。头道河和二道河的大部分河段也均采用人工化驳岸，仅有少部分自然生态环境良好的河段采用的是自然驳岸或半自然半人工驳岸。在位于县城外围的鹳河、古庄河和八迭河三支河流中，鹳河由于较高的防洪需要，采用的是人工驳岸，而古庄河与八迭河的大部分河段均为自然驳岸，且两岸生态环境较好。

4) 城市"水韵"不足

总体上，城区河网密度不足，东西向的明河几乎没有，暗渠较多。特别是在老城区，河流景观不明显，虽然有数条水渠穿过，但没有形成高质量的城市水景，水的韵味不足。

县城水韵氛围的缺乏是由多种原因造成的，首先，县城，特别在老城区，虽然有头道河、二道河、退水渠、尾水渠、莲花渠、泥河、安子沟多条水渠流经，然而河道狭窄，两岸建筑密集，建筑与水之间没有足够的缓冲空间，甚至直接压在水上，缺乏视线通廊，这些都严重阻碍了人们与水之间的视线联系。其次，这些水渠未能在景观上得到足够的利用，街道、广场、公园绿地等城市公共开放空间未能与之结合形成特色的水景空间，使得人们无法在日常活动中感受到水的存在。

5) 未能充分利用现有水资源为城市营造优美空间

西峡县水资源丰富，县城河流和水渠众多，具有丰富的资源，这是城市园林绿地建设的最大优势。但是长期以来，绿地建设没有很好地利用这一优势，已建成的公园绿地都没有与城市水系形成良好的结合，这主要表现在穿过老城区的渠道沿岸几乎没有块状绿地分布，且渠道绿化带宽度很窄，大多数河段只有 0.5m，缺乏连贯性。县城河渠水质恶化，缺乏美化的环境，已经严重影响了人民的生产生活，极大地制约了城市现代化的发展进程，因而采取必要措施提高水系环境和人民生活质量，已到了刻不容缓的地步。

6）河道功能不明确，缺乏景观功能

县城现有河渠功能不合理，缺乏景观功能。县城北部未建设用地内的大部分水渠和自然河流以灌溉功能为主，南部老城区的水渠在功能上则主要满足城市防洪排洪的需要，并且还承担了城市生活污水和工业废水排放的功能，水质被严重污染，特别是渠道的水体已经变黑、变臭，已经无法形成良好的景观。在城区扩大以后，以灌溉为主要功能的河道免去了原来的功能需要，因此需要对各主要河渠进行功能的重新定位和调整。

7）公园绿地总量基本达标，但分布不均匀

公园绿地面积偏低而且绿地分布不均匀，城区现有公园绿地 71hm²，人均公园绿地 8.13m²，接近国家园林县城的指标要求（人均 9m²），但是无法满足城市生态、景观和游憩的需要。大部分公园绿地主要分布于鹳河沿岸和南部城郊地区，绿地的服务人群很少，未得到有效利用。而老城区是西峡县城的商贸活动中心和居住密集区，建筑密度大，人口密集度高，但是公园绿地只有一处面积极小的礼堂路游园，不能够满足城市和居民的需要。

县城南部边缘地区人口少，以工业和农业用地为主，生态绿地面积较大，生态环境较好，分布有 5 处公园绿地和面积约 41hm² 的药草生产绿地，但离县城中心区较远，多数分布于城乡结合部，市民难以就近利用。

8）城区内外绿地在格局上缺乏连续性，系统性不强

城区与城外绿地尚未形成有机的整体，城区各绿地斑块相互之间缺乏联系，与城外山体没有结构和功能上的联系。所以应当大力加强城市绿色廊道建设，使城区内外绿地联成一体，尤其与是毗邻的寺山森林公园及东部山体之间的生态联系。

10.3.3 景观水系绿地规划（节选）

（1）规划目标

西峡县城水系绿地系统规划建设目标为：以维护生态平衡、改进环境质量、美化城市景观、方便群众游憩为目的，以创建"生态城，旅游城，北方水城"为目标，构建与城市总体建设构想相辅相成的水生态环境空间系统，充分利用现有水系，全面提高水系的防洪除涝能力，改善水系水质，营造独特的水系景观，促进水上旅游，提升休闲品位。最终把西峡县建成"城水相依、水清园绿、天人和谐"的山水型生态园林县城（图 10-19、图 10-20）。

（2）规划内容

景观水系与绿地系统两项规划同时编制，有利于统筹考虑，协调控制。在编制内容上，县城的绿地系统规划依据《城市绿地系统规划编制纲要(试行)》，

而景观水系规划目前还没有相应的规范，课题组根据实际情况，制定了编制内容（表 10–10）。

西峡县城景观水系、绿地规划编制内容　　　　　表 10–10

县城绿地系统规划	景观水系规划
总则	总则
规划目标与指标	规划目标与指标
县域绿地系统规划	水系总体布局
绿地系统规划布局与结构	水系综合利用规划
绿地分类规划	水系保护规划（蓝线、绿线规划）
树种规划	水工程设施规划
生物多样性保护与建设规划	水景观规划
古树名木保护规划	滨水植被规划
分期建设规划	近期建设规划

（3）蓝线控制规划

　　城市蓝线，是指城市规划确定的江、河、湖、库、渠和湿地等城市地表水体保护和控制的地域界线。蓝线范围包括了岸线区域，按照《防洪法》和《河道管理条例》的规定，水行政主管部门的管理范围为"两岸堤防之间的水域、沙洲、滩地行洪区和堤防及护堤地；无堤防的河道湖泊为历史最高洪水位或设计洪水位之间的水域、沙洲、滩地和行洪区"，因而蓝线范围宜与水行政主管部门的管理范围基本一致。

　　由于水位往往在一定的区间变化，有水的区域也相应变动，因此，地形图上的水边线不是蓝线，在规划中，常水位与最高水位之间的区域作为岸线区域，蓝线需要结合地形图中的等高线确定。

　　1）蓝线控制原则

　　本规划中蓝线的划定统筹考虑到了西峡县城水系的整体性、协调性、安全性和功能性，改善城市生态和人居环境，保障县城水系安全，并且符合法律、法规的规定和国家有关技术标准、规范的要求。从县城各水体周边用地情况以及规划目标和定位出发，蓝线的划定主要考虑以下几个方面的因素：

　　①尽量保护现有河道，保证现有河道不再退化或被侵占。

　　②尽量避免民房的拆迁，减少改造成本。

　　③尽可能凸显明水，使河道贯通，特别是由退水渠和尾水渠形成的老城水环，改造其中的所有暗渠，使之变为明渠，从而可与上游莲花渠连成一条完整的南北贯穿全城的水道。

　　④尽量保证河岸建筑与蓝线间留有一定的空间，作为绿化或步行交通空间。

　　⑤渠道与道路交叉处，尽量保证水体的凸显和扩大水面。

2）各主要水体蓝线控制规划

鹳河是西峡县城水系之源，河道宽阔，鹳河上游城郊河段的为自然型驳岸，河道蓝线的划分主要参考两岸河滩地的范围以及城市发展战略规划中沿河建设用地的界限，下游的河道岸线有人工大堤加固，河道蓝线主要沿堤顶线划分，满足城市防洪需要。

古庄河位于县城南部，原本为一条自然河流，两岸分布有大量的河滩地，县城水利部门为满足其防洪的要求，正在建造防洪堤，因而古庄河河道蓝线也是依据堤顶线的位置划分的，蓝线宽度主要在 60~80m 之间。

八迭河位于县城西南部，为一条山区季节性河流，上游为呈"V"形的峡谷，下游流经城市工业区，水质受到一定的污染，最后汇入古庄河，河道的宽度和水量都很小。规划将其与泥河一起作为城南古庄河水系的重要组成部分，河道蓝线的划分主要依据现有自然河道的范围，蓝线间宽度在 20~50m 之间，并且由于其上游在城市未来的用地规划中为生态保育绿地，因而在规划中仍然将其定位为县城的一条小型自然河流，下游河段仍须进行一定的保护，使水质得以恢复，在未来的城市中发挥生态、游憩和城市防洪排洪的功能。

泥河污染和退化较为严重，是城南需要重点保护的一条自然河道，在规划中，须通过划分蓝线，遏制河流的退化和污染，蓝线的划分主要依据其现存河道的范围，河道两侧蓝线间的宽度在 2~10m 之间，使其能继续发挥城市排洪通道的作用。

莲花渠，城市主干渠道，上游河段为自然岸线，河道蓝线主要依据自然河道的范围进行划分，两侧蓝线间的宽度在 8~10m 之间；下游河段岸线有混凝土护岸加固，因而其蓝线主要沿着渠道护岸的位置划定，河道两侧蓝线间的宽度在 5~8m 之间。远景规划中河道两侧蓝线间的宽度为 10m。

退水渠和尾水渠为莲花渠分流后形成的渠道，流经县城的老城区，部分渠段被建筑侵占，成为暗渠，针对现有渠道的明渠部分，蓝线主要沿着渠道护岸的位置划定，对于暗渠部分，蓝线范围内的建筑需要进行拆迁，使地下的渠水重现，保证规划中的旧城水环的完整，这两条渠道两侧蓝线间的宽度在 3~6m 之间。远景规划中河道两侧蓝线间的宽度为 10m。

二道河，城市主干渠道，河道较宽，水量充足，蓝线依据现有河道的范围划分，河道两侧蓝线间宽度在 7~20m 之间。

头道河，城市主干渠道，河道窄，水量少，穿越居民区，部分河段为暗渠，蓝线依据河道现状和暗渠的流向划定，通过暗渠的打通与规划中的紫金渠连通，以形成南北贯通的一条主干水渠，河道两侧蓝线间宽度在 3~5m 之间。

干河，位于宛坪高速以北城市远景建设用地内，是这块建设用地内唯一的河流水道，对于用地内远期城市居住区的景观环境建设有着极大的价值。规划中河道蓝线的划定主要依据河流廊道的现状和县城战略规划中的绿地布局划定，河道两侧蓝线间宽度在 7~24m 之间。

北小河，位于宛坪高速附近，上游河段位于宛坪高速以北，为自然河道，蓝线的划定依据山体走势和其他自然现状划定，蓝线间宽度在 5~40m 之间；下游河段位于宛坪高速以南，主要作为人工灌溉渠道，防洪设施已经开始修建，因而河道蓝线的划定主要依据防洪堤堤顶线的位置，两侧蓝线间的宽度在 30~50m 之间。

紫金渠、白羽渠、仲景渠三条水渠为规划水体，位于县城北部未建设用地内，主要沿几条规划道路建设，其中，紫金渠规划渠道宽度 10m，白羽渠与仲景渠规划渠道宽度为 5m，紫金渠支渠规划渠道宽度为 3m，渠道两侧各留出 10m 的距离作为绿化用地。这几条渠道蓝线的划定主要是刚性地依据规划水系的空间布局。

（4）绿线控制规划

城市绿线，是指城市各类绿地范围的控制线。在本规划中，划定绿线的目的在于控制水体周边绿化用地的面积。因而绿线是蓝线外所控制绿化区域的控制线，是保证水系公共性和共享性的措施，是水系利用过程中公众活动的主要场所。绿线区域的存在也为水体的保护和水生态系统的稳定提供了缓冲空间，因此，绿线的确定依赖于滨水功能区的定位。

由于城市道路对城市用地的分隔作用，以及道路红线管理比较成熟，有利于对绿化区域的保护，因此，规划中把城市道路作为绿线区域的主要界限之一。目前在水生态系统方面的研究成果认为：如果滨水绿化区域面积大于水体面积，又没有集中的城市污水的影响，水生态系统将能够自身稳定并呈现多样化趋势，因此，规划也把这一标准作为滨水生态保护区的绿线确定原则。

对于自然河流而言，河岸足够宽度的绿化空间可保障河流廊道的畅通，河流廊道是重要的生态廊道之一，它不仅发挥着重要的生态功能如栖息地、通道、过滤、屏障、源和汇的作用等，而且为城市提供水源保证和物资运输通道、生物保护与景观等多种生态服务功能，以其巨大的自然、社会、经济与环境价值推动了城市的发展，为城市的稳定性、舒适性、可持续性提供了一定的基础。有研究表明，当河岸植被宽度大于 30m 时，能够有效地降低温度、增加河流生物食物供应、有效过滤污染物。因而，在对县城鹳河、古庄河等自然河流划定绿线时，为保障其河流生态廊道的完整和连通，其两岸绿带宽度至少应达到 30m，部分河段应达到 100m 以上的宽度，用于建设滨河公园，发挥河流的景观与游憩价值，服务大众。

1）绿线控制原则

①生态优先，功能控制原则

河道两侧绿线间的宽度尽可能地满足河流发挥涵养水体、保护水质的功能的需要，并以保护生物多样性为目标。同时依据各条河道景观、生态、灌溉等不同的主体功能，其宽度也不同。

②连续性原则

城内各条河流渠道的绿线应保证连续不间断地存在，确无条件建设绿地的河段，河道绿线可与蓝线重合，这样可使城市河流廊道空间的景观和生态效应得到最大限度的发挥。

③弹性原则

在统一的宽度控制下，各水渠绿线的划定主要依据河道两侧的用地现状、建筑的功能和品质，以及在县城总体规划中的用地定位而弹性控制。

2）各主要水体绿线控制规划（图10-21）

鹳河作为县城境内最大的河流，生态和景观游憩的价值极高。沿鹳河的绿带将构成西峡县城重要的生态廊道，绿线划定重点在鹳河东岸。鹳河东岸设有堤防，堤防上是鹳河大道。鹳河东岸可以建设路为界，分为南北两段。建设路以北段，沿岸除了世纪公园外较少有人工构筑物。鹳河大道以外有着一定宽度的自然林地，因而以鹳河大道外60m为基本绿带宽度，部分段根据实际情况或规划河滨公园而有所加宽。世纪公园、稻香路以北的一个规划滨河公园都包含在绿线范围内。建设路以南的部分情况较为复杂，沿河既有密集的建筑，也有空地和山体。因而以鹳河大道外30m为基本绿带宽度。沿河有一较矮的山体，绿线将其包含进来，将来可以考虑做成观景台。南部还有铁路防护绿带，也包含在绿线范围内。在鹳河和古庄河交汇处有一处规划工业用地，绿线划定时将这块地留出。

鹳河西岸也可分为南北两段。北段地势平坦，沿河大部分为空地。在宛坪高速以北的部分，现状为河滩地，保持了较好的自然风貌，也没有沿河的规划道路，因而这部分绿线宽度定为60m。鹳河和丁河交汇处有一块三角状区域，现已被汉冶钢厂买走，因而绿线划到沿河规划道路。南段沿河为陡峭的自然山体，绿线也划到沿河道路。

古庄河位于县城南郊。绿带基本宽度定为50m，具体可结合河滩地、滨河绿地、周边山体、腾飞园和铁路防护绿带，以及民居、厂房等建筑，适当调整。

八迭河是古庄河的支流，目前仍保持着较好的自然风貌。因其流量较小，将其绿带基本宽度定为20m。河流北岸大部分为空地和林地，建筑较少，绿带宽度维持在20m。而其南岸有山体和厂房，绿带宽度根据实际情况适当减小。

泥河也是古庄河的支流，为自然河道。由于本身流量较小，又穿过工业区，因而造成河道严重淤积，并且污染严重，实质已成为臭水沟。其两岸的绿带，应以隔绝污染、净化水质功能为主。基本绿带宽度为5m，可结合两侧的空地，适当加大绿线范围。

莲花渠为人工水渠，有着渠道窄而流量大的特点。可以世纪大道为界，分为南北两部分。世纪大道以北是规划中的新城区，现状多为农田和自然村落。莲花渠除流经少数几个村落外，两侧大都为农田或自然林地。绿带宽度以20m为基准，若流经规划块状绿地则将绿线拓展为块状绿地的边界。世纪大道以南的部分为老城区，莲花渠两侧大多为密集的居民区，并有少量的空地和林地。因老城区改造难度较大，绿线划定以尊重现状为主，并充分利用渠道两侧的空地，将这些空地尽可能地划到绿线范围中，为营造滨水块状绿地或公园留出空间，增加老城区的块状绿地数量，提高老城区的绿地总面积。

莲花渠流至水电站后，一分为二，成为尾水渠和退水渠。因两渠流经区域建筑密集，且紧贴河道，改造难度较大，建筑品质也有较大的差异，两渠的绿线划定以尊重现状为主。同时，充分利用水系两侧的空地和边角地，将这些空地和边角地划入绿线范围，以见缝插绿、在有限的空间里尽可能多地增加绿地面积，为以后营造滨水公园绿地留出空间。同时，在渠道和一些主干道交叉的位置适当拓展绿带的边界，用来做街头绿地。总体上看，两渠的绿线呈锯齿状。两渠现状有部分段是暗渠，规划中都改为明渠，这部分水渠的绿带基本宽度定为10m，若临近道路则以道路为界。

紫金渠、白羽渠、仲景渠这三条水渠为规划水体，相互围合形成了新城水环。三条水渠都位于西峡县城新区，该区目前大多是农田和待开发的空地，零星分布着一些村落。规划中三渠和道路相隔10m，在渠的另一侧也留出10m的距离，以营造滨水绿带。同时，规划使水体流经了多个新区的规划绿地，划定绿线时将这些绿地包含在绿线范围内，这样能为未来留下营造滨水景观的空间，也能带动地块的升值。

（5）景观分区规划

水和绿地不仅改善了县城的生态环境，还为县城居民和外来游客提供了丰富的游憩空间（图10-22）。为进一步烘托西峡县旅游城市的特色和地域特色，根据水系绿地景观的位置、自身及周边环境特色、滨水用地现状及发展方向，规划四大景观风貌区，分别是：乡土农业风貌区、现代商业风貌区、传统滨水风貌区、生态工业风貌区，使西峡县城呈现出传统与现代相结合，农业、工业、商业协调发展，城市发展与水体生态环境和谐共生的健康状态。

1）乡土农业风貌区

乡土农业风貌区主要指位于县城北部，宛坪高速以北、工业大道以西，以农田为主的区域，主要包含了"河、渠、田、湿地"等水景观空间要素，其风貌特色是以农业、农田、农村为主的乡村景观。在现今城市化的进程中，乡土农业景观区不仅是保护基本农田，保护县城上游水系不被污染，保障基本农田灌溉用水，保护生态环境，同时保存西峡县的传统风貌，而且为将来农业旅游、生态农业打下基础。结合现状以及县城总体规划，可以发展农业灌溉、农业景观、农业生态旅游、农业观光休闲、农业艺术等特色产业，构筑出了"城市—郊区—乡间—田野"的空间休闲系统，使人们在休闲体验中领略到农耕文化及乡土民风的神奇魅力。

2）现代商业风貌区

位于宛坪高速和人民路之间、工业大道以西的新城区，水系沿岸的现代商业滨水区以商业和居住功能为主，主要包含了"河、渠、桥、居、园"等水景观空间要素，其风貌特色应当突出时尚和现代风格，建筑新颖、富于时代气息，让人们到感受现代西峡的魅力。其中沿鹳河的滨水区的建设应紧密结合新城建设，通过水系沿岸现代商业和居住建筑以及景观建设，展现现代滨水城市风貌。商业建筑中应包含各种酒吧、咖啡吧、西式快餐、星级酒店等现代餐饮和商业场所，打造出现代商业氛围。流经新城区的水渠有莲花渠、二道河，以及规划新增加的紫金渠、白羽渠、仲景渠，结合沿岸商业开发，形成反映西峡建设成果的特色水街。沿水而建的居住小区应该体现水景特色。该区域中现有和规划大型公园主要有：滨河公园、腾龙公园、迎宾公园、莲花公园等，这几大公园中都有一定面积的水面，是市民和旅游者休闲游览的主要场地，从一定程度上体现西峡"北方水城"的景观特色。

3）传统滨水风貌区

位于人民路之南、工业大道以西的老城区，水系沿岸的传统临水居住区以商业和居住功能为主，主要包含"河、渠、居、园"等水景观空间要素，其风貌特色应突出西峡当地传统建筑特色和居民日常生活场景。在设计上，结合莲花渠、退水渠、尾水渠等水渠，通过人性化尺度的传统商业街和民居建筑，凸显城市文化和历史氛围。对退水渠和尾水渠进行亮化设计，展现别具风情的水乡夜景。对有本地特色的民居建筑应进行保留或适当的立面改造，并整合成传统民居院落和街巷空间特色浓郁的步行商业街区，引入老字号特色店铺休闲餐饮以及文化娱乐设施。结合鹳河滨水景观带设计，规划建设有地方特色的公共开放空间，并可开展庙会、放河灯、文化节等活动，增强滨水区的旅游吸引力。

4）生态工业风貌区

位于工业大道以东、古庄河两岸的区域，规划成生态工业风貌区，主要包含"河、桥、园"等水景观空间要素，在工业发展的同时注重保护城市环境。通过古庄河的景观规划，沿河的游园，以及跨河桥梁，形成工厂掩映在绿树丛中的现代工业风貌。我国传统工业区管理粗放，水、土资源和环境承载力有限，对环境破坏性极大。大力发展生态工业园，通过循环经济理念的引入与清洁生产的实施，来改变目前工厂企业生产过程中对于土地、能源、水资源等的过度依赖，寻求物质闭环循环、能量多级利用和废物产生最小化，最大程度地实现资源和能源的节约和高效利用，促进社会经济的可持续发展，同时，减少城市环境污染、美化生态景观、创造优质的工作环境。同时根据现状条件，以生态林、经济林结合景观林带，设置滨河游步道和其他休憩娱乐设施，创造一个良好的优美的工作环境。

10.3.4 规划图则

见表 10-11，部分图件如图 10-18~图 10-22 所示。

西峡县景观水系、绿地系统规划图则　　　　　　　表10—11

县城绿地系统规划	景观水系规划
（1）西峡县区位图	（1）西峡县区位图
（2）县域林地分布图	（2）县域水系现状图
（3）县域绿地系统规划图	（3）县城土地利用现状图
（4）绿地现状图	（4）水系两侧土地利用现状图
（5）绿地现状分析图	（5）水系现状图
（6）远期土地使用规划图	（6）水系驳岸现状图
（7）绿地系统规划图	（7）水系现状分级图
（8）绿地系统布局结构图	（8）水系绿地规划总图
（9）老城区绿地布局规划图	（9）水系规划总图
（10）公园绿地规划图	（10）水系规划结构图
（11）公园服务半径分析图	（11）水系布局及流向图
（12）生产防护绿地规划图	（12）滨水区功能规划图
（13）绿地率控制图	（13）水系分级流量控制图
（14）道路绿化规划图	（14）水系保护控制规划图
（15）其他绿地规划图	（15）水质保护规划图
（16）近期土地使用规划图	（16）水工程设施规划图
（17）近期绿地建设规划图	（17）水系驳岸规划图
（18）近期公园绿地规划图	（18）水景观游憩项目策划图
（19）近期生产防护绿地规划图	（19）水景观风貌分区图
	（20）两环两渠景观意向图
	（21）滨水旅游游线组织图
	（22）水系近期规划图

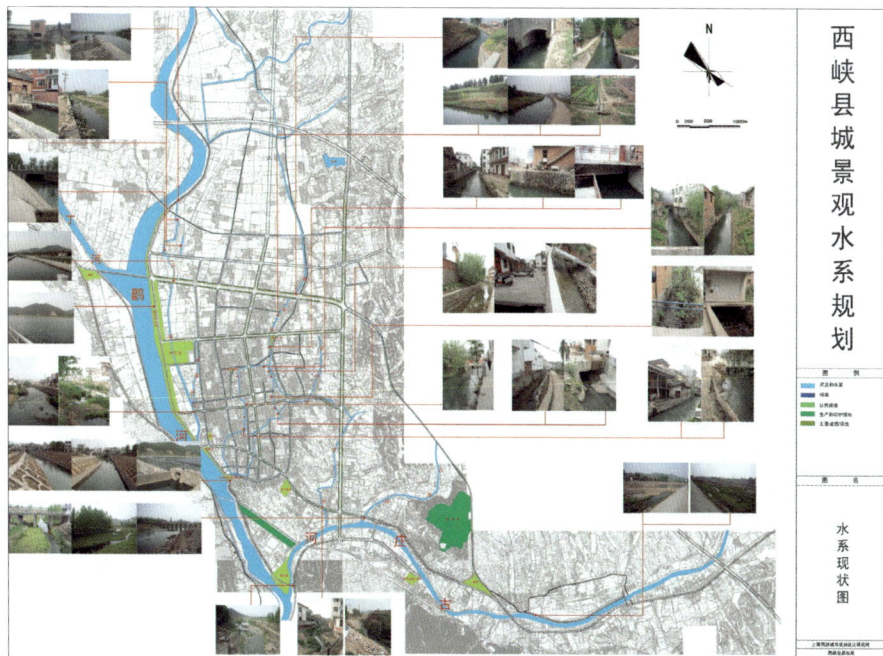

图10—18　水系绿地现状图

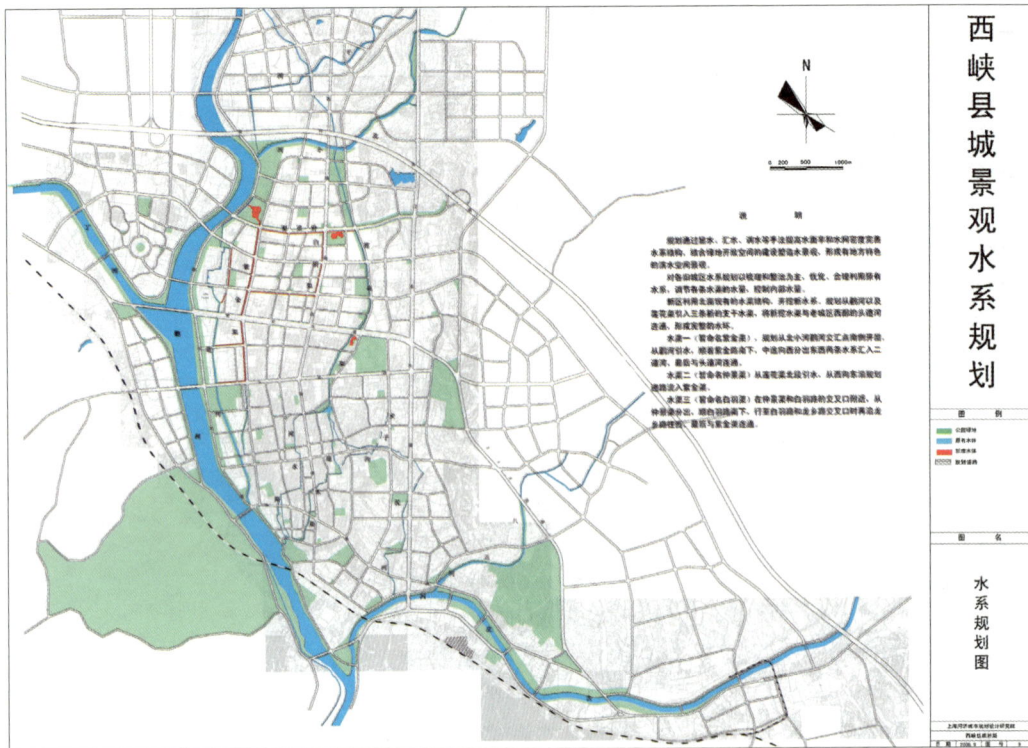

图10—19　景观水系规划总图

图10—20　水系绿地规划总图

图 10—21 蓝线、绿线规划图

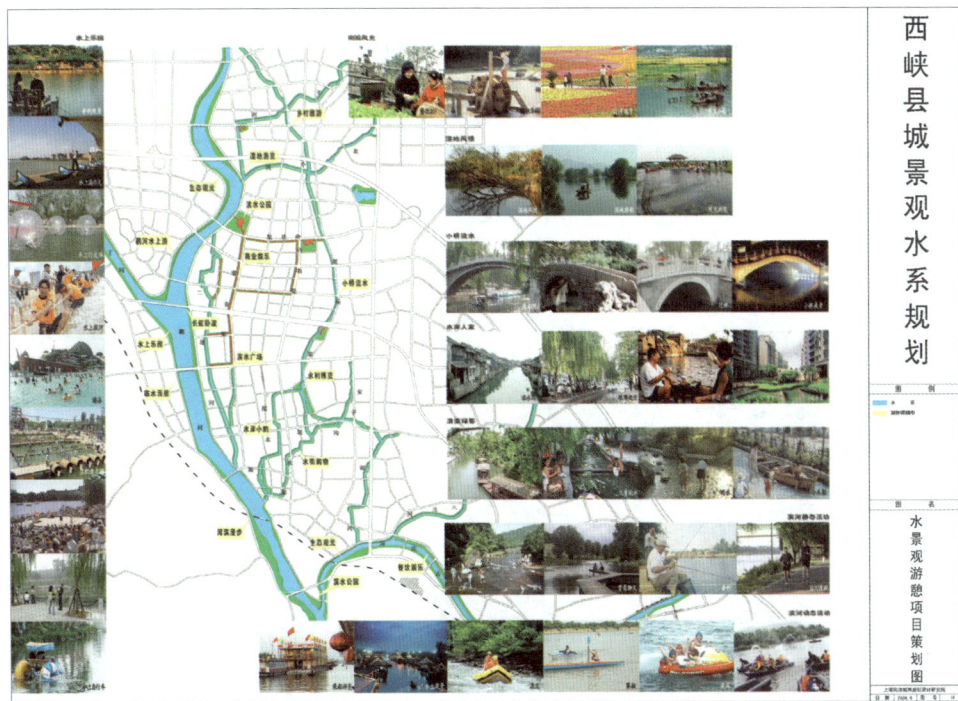

图 10—22 游憩项目策划图

思考题：

思考不同城市编制城市绿地系统规划的相同点和不同点。

11 附录

附录一 城市绿地分类标准

城市绿地分类标准
(CJJ/T 85—2002)

1 总 则

1.0.1 为统一全国城市绿地(以下简称为"绿地")分类,科学地编制、审批、实施城市绿地系统(以下简称为"绿地系统")规划,规范绿地的保护、建设和管理,改善城市生态环境,促进城市的可持续发展,制定本标准。

1.0.2 本标准适用于绿地的规划、设计、建设、管理和统计等工作。

1.0.3 绿地分类除执行本标准外,尚应符合国家现行有关强制性标准的规定。

2 城市绿地分类

2.0.1 绿地应按主要功能进行分类,并与城市用地分类相对应。

2.0.2 绿地分类应采用大类、中类、小类三个层次。

2.0.3 绿地类别应采用英文字母与阿拉伯数字混合型代码表示。

2.0.4 绿地具体分类应符合表 2.0.4 的规定。

绿地分类表　表 2.0.4

大类	中类	小类	类别名称	内容与范围	备 注
G1			公园绿地	向公众开放,以游憩为主要功能,兼具生态、美化、防灾等作用的绿地	
	G11		综合公园	内容丰富,有相应设施,适合于公众开展各类户外活动的规模较大的绿地	
		G111	全市性公园	为全市居民服务,活动内容丰富、设施完善的绿地	
		G112	区域性公园	为市区内一定区域的居民服务,具有较丰富的活动内容和设施完善的绿地	
	G12		社区公园	为一定居住用地范围内的居民服务,具有一定活动内容和设施的集中绿地	不包括居住组团绿地
		G121	居住区公园	服务于一个居住区的居民,具有一定活动内容和设施,为居住区配套建设的集中绿地	服务半径:0.5~1.0km
		G122	小区游园	为一个居住小区的居民服务、配套建设的集中绿地	服务半径:0.3~0.5km
	G13		专类公园	具有特定内容或形式,有一定游憩设施的绿地	
		G131	儿童公园	单独设置,为少年儿童提供游戏及开展科普、文体活动,有安全、完善设施的绿地	

续表

类别代码			类别名称	内容与范围	备注
大类	中类	小类			
G1	G13	G132	动物园	在人工饲养条件下,移地保护野生动物,供观赏、普及科学知识,进行科学研究和动物繁育,并具有良好设施的绿地	
		G133	植物园	进行植物科学研究和引种驯化,并供观赏、游憩及开展科普活动的绿地	
		G134	历史名园	历史悠久,知名度高,体现传统造园艺术并被审定为文物保护单位的园林	
		G135	风景名胜公园	位于城市建设用地范围内,以文物古迹、风景名胜点(区)为主形成的具有城市公园功能的绿地	
		G136	游乐公园	具有大型游乐设施,单独设置,生态环境较好的绿地	绿化占地比例应大于等于65%
		G137	其他专类公园	除以上各种专类公园外具有特定主题内容的绿地。包括雕塑园、盆景园、体育公园、纪念性公园等	绿化占地比例应大于等于65%
	G14		带状公园	沿城市道路、城墙、水滨等,有一定游憩设施的狭长形绿地	
	G15		街旁绿地	位于城市道路用地之外,相对独立成片的绿地,包括街道广场绿地、小型沿街绿化用地等	绿化占地比例应大于等于65%
G2			生产绿地	为城市绿化提供苗木、花草、种子的苗圃、花圃、草圃等圃地	
G3			防护绿地	城市中具有卫生、隔离和安全防护功能的绿地。包括卫生隔离带、道路防护绿地、城市高压走廊绿带、防风林、城市组团隔离带等	
G4			附属绿地	城市建设用地中绿地之外各类用地中的附属绿化用地。包括居住用地、公共设施用地、工业用地、仓储用地、对外交通用地、道路广场用地、市政设施用地和特殊用地中的绿地	
	G41		居住绿地	城市居住用地内社区公园以外的绿地,包括组团绿地、宅旁绿地、配套公建绿地、小区道路绿地等	
	G42		公共设施绿地	公共设施用地内的绿地	
	G43		工业绿地	工业用地内的绿地	
	G44		仓储绿地	仓储用地内的绿地	
	G45		对外交通绿地	对外交通用地内的绿地	
	G46		道路绿地	道路广场用地内的绿地,包括行道树绿带、分车绿带、交通岛绿地、交通广场和停车场绿地等	
	G47		市政设施绿地	市政公用设施用地内的绿地	
	G48		特殊绿地	特殊用地内的绿地	

续表

类 别 代 码			类别名称	内容与范围	备 注
大类	中类	小类			
G5			其他绿地	对城市生态环境质量、居民休闲生活、城市景观和生物多样性保护有直接影响的绿地。包括风景名胜区、水源保护区、郊野公园、森林公园、自然保护区、风景林地、城市绿化隔离带、野生动植物园、湿地、垃圾填埋场恢复绿地等	

3 城市绿地计算原则与方法

3.0.1 计算城市现状绿地和规划绿地的指标时，应分别采用相应的城市人口数据和城市用地数据；规划年限、城市建设用地面积、规划人口应与城市总体规划一致，统一进行汇总计算。

3.0.2 绿地应以绿化用地的平面投影面积为准，每块绿地只应计算一次。

3.0.3 绿地计算的所用图纸比例、计算单位和统计数字精确度均应与城市规划相应阶段的要求一致。

3.0.4 绿地的主要统计指标应按下列公式计算。

$$A_{glm} = A_{gl}/N_p \qquad (3.0.4\text{-}1)$$

式中 A_{glm}——人均公园绿地面积（m^2/ 人）；

A_{gl}——公园绿地面积（m^2）；

N_p——城市人口数量（人）。

$$A_{gm} = (A_{g1} + A_{g2} + A_{g3} + A_{g4})/N_p \qquad (3.0.4\text{-}2)$$

式中 A_{gm}——人均绿地面积（m^2/ 人）；

A_{g1}——公园绿地面积（m^2）；

A_{g2}——生产绿地面积（m^2）；

A_{g3}——防护绿地面积（m^2）；

A_{g4}——附属绿地面积（m^2）；

N_p——城市人口数量（人）。

$$\lambda_g = [(A_{g1} + A_{g2} + A_{g3} + A_{g4})/A_c] \times 100\% \qquad (3.0.4\text{-}3)$$

式中 λ_g——绿地率（%）；

A_{g1}——公园绿地面积（m^2）；

A_{g2}——生产绿地面积（m^2）；

A_{g3}——防护绿地面积（m^2）；

A_{g4}——附属绿地面积（m^2）；

A_c——城市的用地面积（m^2）。

3.0.5 绿地的数据统计应按表 3.0.5 的格式汇总。

城市绿地统计表 表 3.0.5

序号	类别代码	类别名称	绿地面积 (hm²)		绿地率 (%) (绿地占城市建设用地比例)	人均绿地面积 (m²/人)		绿地占城市总体规划用地比例 (%)	
			现状	规划	规划	现状	规划	现状	规划
1	G1	公园绿地							
2	G2	生产绿地							
3	G3	防护绿地							
		小　计							
4	G4	附属绿地							
		中　计							
5	G5	其他绿地							
		合　计							

备注：_____ 年现状城市建设用地 _____hm²，现状人口 _____ 万人；
_____ 年规划城市建设用地 _____hm²，规划人口 _____ 万人；
_____ 年城市总体规划用地 _____hm²。

3.0.6 城市绿化覆盖率应作为绿地建设的考核指标。

附录二　城市绿地系统规划编制纲要（试行）

城市绿地系统规划编制纲要（试行）
（2002 年）

为贯彻落实《城市绿化条例》（国务院［1992］100 号令）和《国务院关于加强城市绿化建设的通知》（国发［2001］20 号），加强我国城市绿地系统规划编制的制度化和规范化，确保规划质量，充分发挥城市绿地系统的生态环境效益、社会经济效益和景观文化功能，特制定本《纲要》。

城市绿地系统规划是城市总体规划的专业规划，是对城市总体规划的深化和细化。城市绿地系统规划由城市规划行政主管部门和城市园林行政主管部门共同负责编制，并纳入城市总体规划。

城市绿地系统规划的主要任务，是在深入调查研究的基础上，根据城市总体规划中的城市性质、发展目标、用地布局等规定，科学制定各类城市绿地的发展指标，合理安排城市各类园林绿地建设和市域大环境绿化的空间布局，达到保护和改善城市生态环境、优化城市人居环境、促进城市可持续发展的目的。城市绿地系统规划成果应包括：规划文本、规划说明书、规划图则和规划基础资料四个部分。其中，依法批准的规划文本与规划图则具有同等法律效力。

本《纲要》由建设部负责解释，自发布之日起生效。全国各地城市在城市绿地系统规划的编制和评审工作中，均应遵循本《纲要》。在实践中，各地城市可本着"与时俱进"的原则积极探索，发现新问题及时上报，以便进一步充实完善本《纲要》的内容。

规划文本

一、总则：包括规划范围、规划依据、规划指导思想与原则、规划期限与规模等

二、规划目标与指标

三、市域绿地系统规划

四、城市绿地系统规划结构、布局与分区

五、城市绿地分类规划：简述各类绿地的规划原则、规划要点和规划指标

六、树种规划：规划绿化植物数量与技术经济指标

七、生物多样性保护与建设规划：包括规划目标与指标、保护措施与对策

八、古树名木保护：古树名木数量、树种和生长状况

九、分期建设规划：分近、中、远三期规划，重点阐明近期建设项目、投资与效益估算

十、规划实施措施：包括法规性、行政性、技术性、经济性和政策性等措施

十一、附录

规划说明书

第一章　概况及现状分析

一、概况

包括自然条件、社会条件、环境状况和城市基本概况等。

二、绿地现状与分析

包括各类绿地现状统计分析、城市绿地发展优势与动力、存在的主要问题与制约因素等。

第二章　规划总则

一、规划编制的意义

二、规划的依据、期限、范围与规模

三、规划的指导思想与原则

第三章　规划目标

一、规划目标

二、规划指标

第四章 市域绿地系统规划

阐明市域绿地系统规划结构与布局和分类发展规划，构筑以中心城区为核心，覆盖整个市域，城乡一体化的绿地系统。

第五章 城市绿地系统规划结构布局与分区

一、规划结构

二、规划布局

三、规划分区

第六章 城市绿地分类规划

一、城市绿地分类（按国标《城市绿地分类标准》CJJ/T 85—2002 执行）

二、公园绿地（G1）规划

三、生产绿地（G2）规划

四、防护绿地（G3）规划

五、附属绿地（G4）规划

六、其他绿地（G5）规划

分述各类绿地的规划原则、规划内容（要点）和规划指标并确定相应的基调树种、骨干树种和一般树种的种类

第七章 树种规划

一、树种规划的基本原则

二、确定城市所处的植物地理位置

包括植被气候区域与地带、地带性植被类型、建群种、地带性土壤与非地带性土壤类型。

三、技术经济指标

确定裸子植物与被子植物比例、常绿树种与落叶树种比例、乔木与灌木比例、木本植物与草本植物比例、乡土树种与外来树种比例（并进行生态安全性分析）、速生与中生和慢生树种比例，确定绿化植物名录（科、属、种及种以下单位）。

四、基调树种、骨干树种和一般树种的选定

五、市花、市树的选择与建议

第八章 生物（重点是植物）多样性保护与建设规划

一、总体现状分析

二、生物多样性的保护与建设的目标与指标

三、生物多样性保护的层次与规划（含物种、基因、生态系统、景观多样性规划）

四、生物多样性保护的措施与生态管理对策

五、珍稀濒危植物的保护与对策

第九章　古树名木保护（略）

第十章　分期建设规划

城市绿地系统规划分期建设可分为近、中、远三期。在安排各期规划目标和重点项目时，应依城市绿地自身发展规律与特点而定。近期规划应提出规划目标与重点，具体建设项目、规模和投资估算；中、远期建设规划的主要内容应包括建设项目、规划和投资估算等。

第十一章　实施措施

分别按法规性、行政性、技术性、经济性和政策性等措施进行论述。

第十二章　附录、附件

规划图则

一、城市区位关系图

二、现状图

包括城市综合现状图、建成区现状图和各类绿地现状图以及古树名木和文物古迹分布图等。

三、城市绿地现状分析图

四、规划总图

五、市域大环境绿化规划图

六、绿地分类规划图

包括公园绿地、生产绿地、防护绿地、附属绿地和其他绿地规划图等。

七、近期绿地建设规划图

注：图纸比例与城市总体规划图基本一致，一般采用 1∶5000~1∶25000；城市区位关系图宜缩小（1∶10000~1∶50000）；绿地分类规划图可放大（1∶2000~1∶10000）；并标明风玫瑰。

绿地分类现状和规划图如生产绿地、防护绿地和其他绿地等可适当合并表达。

基础资料汇编

第一章　城市概况

第一节　自然条件。地理位置、地质地貌、气候、土壤、水文、植被与主要动、植物状况

第二节　经济及社会条件。经济、社会发展水平、城市发展目标、人口状况、各类用地状况

第三节　环境保护资料。城市主要污染源、重污染分布区、污染治理情况与其他环保资料

第四节　城市历史与文化资料

第二章　城市绿化现状

第一节　绿地及相关用地资料

一、现有各类绿地的位置、面积及其景观结构

二、各类人文景观的位置、面积及可利用程度

三、主要水系的位置、面积、流量、深度、水质及利用程度

第二节　技术经济指标

一、绿化指标

1. 人均公园绿地面积

2. 建成区绿化覆盖率

3. 建成区绿地率

4. 人均绿地面积

5. 公园绿地的服务半径

6. 公园绿地、风景林地的日常和节假日的客流量

二、生产绿地的面积、苗木总量、种类、规格、苗木自给率

三、古树名木的数量、位置、名称、树龄、生长情况等

第三节　园林植物、动物资料

一、现有园林植物名录、动物名录

二、主要植物常见病虫害情况

第三章　管理资料

第一节　管理机构

一、机构名称、性质、归口

二、编制设置

三、规章制度建设

第二节　人员状况

一、职工总人数（万人职工比）

二、专业人员配备、工人技术等级情况

第三节　园林科研

第四节　资金与设备

第五节　城市绿地养护与管理情况

附录三　国家园林城市标准

国家园林城市标准
（2005 年新修订）

一、组织领导

(一)认真执行国务院《城市绿化条例》和国家有关方针、政策,认真落实《国

务院关于加强城市绿化建设的通知》的要求；

（二）城市政府领导重视城市园林绿化工作，创建工作指导思想明确，组织保障、政策措施实施有力；

（三）结合城市园林绿化工作实际，创造出丰富经验，对全国有示范、推动作用；

（四）按照国务院职能分工的要求，建立健全城市园林绿化行政管理机构，职能明确，行业管理到位；

（五）近三年城市园林绿化建设资金逐年增加，园林绿化养护经费有保障，并随绿地增加逐年增长；

（六）管理法规和制度配套、齐全，执法严格有效，无非法侵占绿地、破坏绿化成果的严重事件；

（七）园林绿化科研队伍和资金落实，科研成效显著。

二、管理制度

（一）城市绿地系统规划编制（修编）完成，并获批准纳入城市总体规划，严格实施，取得良好的生态、环境效益；

（二）严格实施城市绿线管制制度，并向社会公布；

（三）城市各类绿地布局合理、功能健全、形成科学合理的绿地系统；

（四）各类工程建设项目符合建设部《城市绿化规划建设指标的规定》；

（五）编制和实施城市规划区生物（植物）多样性保护规划，城市常用的园林植物以乡土物种为主，物种数量不低于 150 种（西北、东北地区 80 种）。

三、景观保护

（一）注重城市原有自然风貌的保护；

（二）突出城市文化和民族特色，保护历史文化措施有力，效果明显，文物古迹及其所处环境得到保护；

（三）城市布局合理，建筑和谐，容貌美观；

（四）城市古树名木保护管理法规健全，古树名木保护建档立卡，责任落实，措施有力；

（五）户外广告管理规范，制度健全完善，效果明显。

四、绿化建设

（一）指标管理

1. 城市园林绿化工作成果达到全国先进水平，各项园林绿化指标近三年逐年增长；

2. 经遥感技术鉴定核实，城市绿化覆盖率、建成区绿地率、人均公共绿地面积指标达到基本指标要求（见附页）；

3. 各城区间的绿化指标差距逐年缩小，城市绿化覆盖率、绿地率相差在 5 个百分点以内，人均绿地面积差距在 2m² 以内；

4. 城市中心区人均公共绿地达到 5m² 以上。

（二）道路绿化

1. 城市道路绿化符合《城市道路绿化规划与设计规范》，道路绿化普及率、达标率分别在 95% 和 80% 以上，市区干道绿化带面积不少于道路总用地面积的 25%；

2. 全市形成林荫路系统，道路绿化具有本地区特点。

（三）居住区绿化

1. 新建居住小区绿化面积占总用地面积的 30% 以上，辟有休息活动园地，旧居住区改造，绿化面积不少于总用地面积的 25%；

2. 全市"园林小区"占 60% 以上；

3. 居住区园林绿化养护管理资金落实，措施得当，绿化种植维护落实，设施保持完好。

（四）单位绿化

1. 市内各单位重视庭院绿化美化，全市"园林单位"占 60% 以上；

2. 城市主干道沿街单位 90% 以上实施拆墙透绿。

（五）苗圃建设

1. 全市生产绿地总面积占城市建成区面积的 2% 以上；

2. 城市各项绿化美化工程所用苗木自给率达 80% 以上，出圃苗木规格、质量符合城市绿化工程需要；

3. 园林植物引种、育种工作成绩显著，培育和应用一批适应当地条件的具有特性、抗性优良的品种。

（六）城市全民义务植树

1. 认真组织全民义务植树活动，实施义务植树登记卡制度，植树成活率和保存率均不低于 85%，尽责率在 80% 以上；

2. 组织开展城市绿地认建、认养、认管等群众性绿化活动，成效显著。

（七）立体绿化

1. 积极推广建筑物、屋顶、墙面、立交桥等立体绿化，取得良好的效果；

2. 立体绿化具有一定规模和较高水平的城市，其立体绿化可按一定比例折算成城市绿化面积。

五、园林建设

（一）城市公共绿地布局合理，分布均匀，服务半径达到 500m（1000m² 以上公共绿地）的要求；

（二）公园设计符合《公园设计规范》的要求，突出植物景观，绿化面积应占陆地总面积的 70% 以上，植物配置合理，富有特色，规划建设管理具有较高水平；

（三）制定保护规划和实施计划，古典园林、历史名园得到有效保护；

（四）城市广场建设要突出以植物造景为主，绿地率达到 60% 以上，植物配置要乔灌草相结合，建筑小品、城市雕塑要突出城市特色，与周围环境协调美观，充分展示城市历史文化风貌；

（五）近三年，大城市新建综合性公园或植物园不少于3处，中小城市不少于1处。

六、生态环境

（一）城市大环境绿化扎实开展，效果明显，形成城郊一体的优良环境。

（二）按照城市卫生、安全、防灾、环保等要求建设防护绿地，城市周边、城市功能分区交界处建有绿化隔离带，维护管理措施落实，城市热岛效应缓解，环境效益良好。

（三）城市环境综合治理工作扎实开展，效果明显。生活垃圾无害化处理率达60%以上，污水处理率达55%以上。

（四）城市大气污染指数小于100的天数达到240天以上，地表水环境质量标准达到三类以上。

（五）江、河、湖、海等水体沿岸绿化效果较好，注重自然生态保护，按照生态学原则进行驳岸和水底处理，生态效益和景观效果明显，形成城市特有的风光带。

（六）城市湿地资源得到有效保护，有条件的城市建有湿地公园。

（七）城市新建建筑按照国家标准普遍采用节能措施和节能材料，节能建筑和绿色建筑所占比例达到50%以上。

七、市政设施

（一）燃气普及率80%以上。

（二）万人拥有公共交运车辆达10辆（标台）以上。

（三）公交出行比率大城市不低于20%，中等城市不低于15%。

（四）实施城市照明工程，景观照明科学合理。城市道路照明装置率98%以上，城市道路亮灯率98%以上。

（五）人均拥有道路面积9m² 以上。

（六）用水普及率90%以上；水质综合合格率100%。

（七）道路机械清扫率20%；每万人拥有公厕4座。

园林城市基本指标表

指标	地域	100万以上人口城市	50万~100万人口城市	50万以下人口城市
人均公共绿地（m²）	秦岭淮河以南	7.5	8	9
	秦岭淮河以北	7	7.5	8.5
绿地率（%）	秦岭淮河以南	31	33	35
	秦岭淮河以北	29	31	34
绿化覆盖率（%）	秦岭淮河以南	36	38	40
	秦岭淮河以北	34	36	38

备注：国家国林城区评审

国家园林城区的评审参照国家园林城市标准。下列项目不列入评审范围：

1. 城市绿地系统规划编制；

2. 城市规划区范围内生物多样性（植物）规划；

3. 城市大环境绿化；

4. 按城市整体要求的市政建设。

附录四　国家园林县城标准

国家园林县城标准
（2006 年 1 月 6 日）

1. 按照国务院职能分工的要求，建立健全县园林绿化行政管理机构，职能明确，行业管理到位。

2. 法规和管理制度配套、齐全，执法严格有效，无非法侵占绿地、破坏绿化成果的严重事件。

3. 完成了县城绿地系统规划编制（修编），并严格实施，各类绿地布局合理、功能健全，形成科学合理的绿地系统；建立实施城市绿线管制制度。

4. 公共绿地布局合理，服务半径达到 500m（1000m² 以上公共绿地）的要求；城市绿化覆盖率 40%、建成区绿地率 35%、人均公共绿地面积 9m² 以上。

5. 注重县城风貌的保护，突出文化和民族特色，保护历史文化措施有力，文物古迹及其所处环境得到有效保护；户外广告管理规范，制度健全完善，效果明显。

6. 道路绿化符合《城市道路绿化规划与设计规范》，道路绿化普及率、达标率分别在 100% 和 80% 以上，县城干道绿化带面积不少于道路总用地面积的 25%。

7. 至少有两座公园符合《公园设计规范》要求，面积在 3hm² 以上，公园绿地率 70% 以上，植物配置合理，富有特色，规划建设管理具有较高水平。

8. 县城各单位重视庭院绿化美化，园林式单位、园林式小区各占 60% 以上；主干道沿街单位 90% 以上实施拆墙透绿。

9. 认真组织全民义务植树活动，实施义务植树登记卡制度，植树成活率和保存率均不低于 85%，尽责率在 80% 以上；组织开展了绿地认建、认养、认管等群众性绿化活动。

10. 广场建设要以植物造景为主，绿地率达到 60% 以上，建筑小品、雕塑特色突出，与周围环境协调美观，充分展示历史文化风貌，立体绿化效果明显。

11. 县城生态环境良好，山体、水系及周边自然环境得到有效保护，形成城郊一体的优良环境；按照城市卫生、安全、防灾、环保等要求建设防护绿地。

12. 县城环境综合治理效果明显。生活垃圾无害化处理率达 80% 以上，污水处理率达 65% 以上，大气污染指数小于 100 的天数达到 240 天以上，地表水环境质量标准达到三类以上。

13. 人均拥有道路面积 9m² 以上，用水普及率 90% 以上，水质综合合格率 100%，县城照明科学合理，道路亮灯率 98% 以上，每万人拥有公厕 4 座以上。

14. 已开展省级园林县城创建活动，获得省级园林县城称号 2 年以上。

附录五 国家生态园林城市标准

国家生态园林城市标准（暂行）
（2004 年 6 月 15 日）

一、一般性要求

1. 应用生态学与系统学原理来规划建设城市，城市性质、功能、发展目标定位准确，编制了科学的城市绿地系统规划并纳入了城市总体规划，制定了完整的城市生态发展战略、措施和行动计划。城市功能协调，符合生态平衡要求；城市发展与布局结构合理，形成了与区域生态系统相协调的城市发展形态和城乡一体化的城镇发展体系。

2. 城市与区域协调发展，有良好的市域生态环境，形成了完整的城市绿地系统。自然地貌、植被、水系、湿地等生态敏感区域得到了有效保护，绿地分布合理，生物多样性趋于丰富。大气环境、水系环境良好，并具有良好的气流循环，热岛效应较低。

3. 城市人文景观和自然景观和谐融通，继承城市传统文化，保持城市原有的历文风貌，保护历史文化和自然遗产，保持地形地貌、河流水系的自然形态，具有独特的城市人文、自然景观。

4. 城市各项基础设施完善。城市供水、燃气、供热、供电、通讯、交通等设施完备、高效、稳定，市民生活工作环境清洁安全，生产、生活污染物得到有效处理。城市交通系统运行高效，开展创建绿色交通示范城市活动，落实优先发展公交政策。城市建筑（包括住宅建设）广泛采用了建筑节能、节水技术，普遍应用了低能耗环保建筑材料。

5. 具有良好的城市生活环境。城市公共卫生设施完善，达到了较高污染控制水平，建立了相应的危机处理机制。市民能够普遍享受健康服务。城市具有完备的公园、文化、体育等各种娱乐和休闲场所。住宅小区、社区的建设功能俱全、环境优良。居民对本市的生态环境有较高的满意度。

6. 社会各界和普通市民能够积极参与涉及公共利益政策和措施的制定和

实施。对城市生态建设、环保措施具有较高的参与度。

7. 模范执行国家和地方有关城市规划、生态环境保护法律法规，持续改善生态环境和生活环境。三年内无重大环境污染和生态破坏事件、无重大破坏绿化成果行为、无重大基础设施事故。

二、基本指标要求

（一）城市生态环境指标

序号	指　标	标准值
1	综合物种指数	≥0.5
2	本地植物指数	≥0.7
3	建成区道路广场用地中透水面积的比重	≥50%
4	城市热岛效应程度（℃）	≥2.5
5	建成区绿化覆盖率（%）	≥45
6	建成区人均公共绿地（m²）	≥12
7	建成区绿地率（%）	≥38

（二）城市生活环境指标

序号	指标	标准值
8	空气污染指数小于等于100的天数/年	≥300
9	城市水环境功能区水质达标率（%）	100
10	城市管网水水质年综合合格率（%）	100
11	环境噪声达标区覆盖率（%）	≥95
12	公众对城市生态环境的满意度（%）	≥85

（三）城市基础设施指标

序号	指标	标准值
13	城市基础设施系统完好率	≥85
14	自来水普及率（%）	100，实现24小时供水
15	城市污水处理率（%）	≥70
16	再生水利用率（%）	≥30
17	生活垃圾无害化处理率（%）	≥90
18	万人拥有病床数（张/万人）	≥90
19	主次干道平均车速	≥40km/h

（四）基本指标要求说明

1. 综合物种指数

物种多样性是生物多样性的重要组成部分，是衡量一个地区生态保护、生态建设与恢复水平的较好指标。本指标选择代表性的动植物（鸟类、鱼类、和植物）作为衡量城市物种多样性的标准。

物种指数的计算方法如下：

单项物种指数：$pi = \dfrac{Nbi}{Ni}$（i=1,2,3, 分别代表鸟类、鱼类和植物）

其中，Pi 为单项物种指数，Nbi 为城市建成区内该类物种数，Ni 为市域范围内该类物种总数。

综合物种指数为单项物种指数的平均值。

综合物种指数 $H = \dfrac{1}{n}\sum\limits_{i=1}^{n} pi$，$n$=3

注：鸟类、鱼类均以自然环境中生存的种类计算，人工饲养者不计。

2. 本地植物指数

城市建成区内全部植物物种中本地物种所占比例。

3. 建成区道路广场用地中透水面积的比重

城市建成区内道路广场用地中，透水性地面（径流系数小于 0.60 的地面）所占比重。

4. 城市热岛效应程度（℃）

城市热岛效应是城市出现市区气温比周围郊区高的现象。采用城市市区 6~8 月日最高气温的平均值和对应时期区域腹地（郊区、农村）日最高气温平均值的差值表示。

5. 建成区绿化覆盖率（%）

指在城市建成区的绿化覆盖面积占建成区面积的百分比。绿化覆盖面积是指城市中乔木、灌木、草坪等所有植被的垂直投影面积。

6. 建成区人均公共绿地（m^2）

指在城市建成区的公共绿地面积与相应范围城市人口之比

7. 建成区绿地率（%）

指在城市建成区的园林绿地面积占建成区面积的百分比。

8. 城市空气污染指数小于 100 的天数 / 年

空气污染指数（API）为城市市区每日空气污染指数（API），其计算方法按照《城市空气质量日报技术规定》执行。

9. 城市水环境功能区水质达标率

指城市市区地表水认证点位监测结果按相应水体功能标准衡量，不同功能水域水质达标率的平均值。沿海城市水域功能区水质达标率是地表水功能区水质达标效和近岸海域功能区水质达标率的加权平均；非沿海城市水域功能区水质达标率是指各地表水功能区水质达标率平均值。

10. 城市管网水水质年综合合格率

指管网水达到一类自来水公司国家生活饮用水卫生标准的合格程度。

11. 环境噪声达标区覆盖率（%）

指城市建成区内，已建成的环境噪声达标区面积占建成区总面积的百分比。

计算方法：

$$噪声达标区覆盖率 = \frac{噪声达标区面积之和}{建成区总面积} \times 100\%$$

12. 公众对城市生态环境的满意度（%）

指被抽查的公众（不少于城市人口的千分之一）对城市生态环境满意（含基本满意）的人数占被抽查的公众总人数的百分比。

13. 城市基础设施系统完好率（%）

是衡量一个城市社会发展、城市基础建设水平及预警应急反应能力的重要指标。城市基础设施系统包括：供排水系统、供电线路、供热系统、供气系统、通讯信息、交通道路系统、消防系统、医疗应急救援系统、地震等自然灾害应急救援系统。完好率最高为1，前5项以事故发生率计算，每条生命线每年发生10次以上扣0.1，100次以上扣0.3，1000次以上为0；交通线路每年发生交通事故死亡5人以上扣0.1，死亡10人扣0.3，死亡30人以上扣0.5，死亡50人以上则为0。后3项以是否建立了应急救援系统为准，若已建立则为1，未建立则为0。

计算公式：

$$基础设施完好率 = \sum p_i 9 \times 100$$

式中 p_i 为各基础设施完好率。

14. 用水普及率（%）

指城市用水人口与城市人口的比率。

15. 城市污水处理率（%）

指城市污水处理量与污水排放总量的比率。

16. 再生水利用率（%）

指城市污水再生利用量与污水处理量的比率。

17. 生活垃圾无害化处理率（%）

指经无害化处理的城市市区生活垃圾数量占市区生活垃圾产生总量的百分比。

18. 万人拥有病床数（张/万人）

指城市人口中每万人拥有的病床数。

19. 主次干道平均车速

考核主次干道上机动车的平均车速，平均行程车速是指车辆通过道路的长度与时间之比。

附录六 城市绿线管理办法

城市绿线管理办法
（中华人民共和国建设部令 第112号）

第一条 为建立并严格实行城市绿线管理制度，加强城市生态环境建设，创造良好的人居环境，促进城市可持续发展，根据《城市规划法》、《城市绿化条例》等法律法规，制定本办法。

第二条 本办法所称城市绿线，是指城市各类绿地范围的控制线。

本办法所称城市，是指国家按行政建制设立的直辖市、市、镇。

第三条 城市绿线的划定和监督管理，适用本办法。

第四条 国务院建设行政主管部门负责全国城市绿线管理工作。

省、自治区人民政府建设行政主管部门负责本行政区域内的城市绿线管理工作。

城市人民政府规划、园林绿化行政主管部门，按照职责分工负责城市绿线的监督和管理工作。

第五条 城市规划、园林绿化等行政主管部门应当密切合作，组织编制城市绿地系统规划。

城市绿地系统规划是城市总体规划的组成部分，应当确定城市绿化目标和布局，规定城市各类绿地的控制原则，按照规定标准确定绿化用地面积，分层次合理布局公共绿地，确定防护绿地、大型公共绿地等的绿线。

第六条 控制性详细规划应当提出不同类型用地的界线、规定绿化率控制指标和绿化用地界线的具体坐标。

第七条 修建性详细规划应当根据控制性详细规划，明确绿地布局，提出绿化配置的原则或者方案，划定绿地界线。

第八条 城市绿线的审批、调整，按照《城市规划法》、《城市绿化条例》的规定进行。

第九条 批准的城市绿线要向社会公布，接受公众监督。

任何单位和个人都有保护城市绿地、服从城市绿线管理的义务，有监督城市绿线管理、对违反城市绿线管理行为进行检举的权利。

第十条 城市绿线范围内的公共绿地、防护绿地、生产绿地、居住区绿地、单位附属绿地、道路绿地、风景林地等，必须按照《城市用地分类与规划建设用地标准》、《公园设计规范》等标准，进行绿地建设。

第十一条 城市绿线内的用地，不得改作他用，不得违反法律法规、强制性标准以及批准的规划进行开发建设。

有关部门不得违反规定，批准在城市绿线范围内进行建设。

因建设或者其他特殊情况，需要临时占用城市绿线内用地的，必须依法办理相关审批手续。

在城市绿线范围内，不符合规划要求的建筑物、构筑物及其他设施应当限期迁出。

第十二条 任何单位和个人不得在城市绿地范围内进行拦河截溪、取土采石、设置垃圾堆场、排放污水以及其他对生态环境构成破坏的活动。

近期不进行绿化建设的规划绿地范围内的建设活动，应当进行生态环境影响分析，并按照《城市规划法》的规定，予以严格控制。

第十三条 居住区绿化、单位绿化及各类建设项目的配套绿化都要达到《城市绿化规划建设指标的规定》的标准。

各类建设工程要与其配套的绿化工程同步设计，同步施工，同步验收。达不到规定标准的，不得投入使用。

第十四条 城市人民政府规划、园林绿化行政主管部门按照职责分工，对城市绿线的控制和实施情况进行检查，并向同级人民政府和上级行政主管部门报告。

第十五条 省、自治区人民政府建设行政主管部门应当定期对本行政区域内城市绿线的管理情况进行监督检查，对违法行为，及时纠正。

第十六条 违反本办法规定，擅自改变城市绿线内土地用途、占用或者破坏城市绿地的，由城市规划、园林绿化行政主管部门，按照《城市规划法》、《城市绿化条例》的有关规定处罚。

第十七条 违反本办法规定，在城市绿地范围内进行拦河截溪、取土采石、设置垃圾堆场、排放污水以及其他对城市生态环境造成破坏活动的，由城市园林绿化行政主管部门责令改正，并处一万元以上三万元以下的罚款。

第十八条 违反本办法规定，在已经划定的城市绿线范围内违反规定审批建设项目的，对有关责任人员由有关机关给予行政处分；构成犯罪的，依法追究刑事责任。

第十九条 城镇体系规划所确定的，城市规划区外防护绿地、绿化隔离带等的绿线划定、监督和管理，参照本办法执行。

第二十条 本办法自二〇〇二年十一月一日起施行。

附录七　关于调整国家园林城市遥感调查与测试要求的通知

关于调整国家园林城市遥感调查与测试要求的通知

（建城园函 [2009] 89 号）

各省、自治区住房和城乡建设厅，直辖市园林局，新疆生产建设兵团建设局：

根据《关于做好 2009 年国家园林城市申报有关工作的通知》（建办城函 [2009] 336 号），2009 年国家园林城市评审工作按照 2005 年颁布的《国家园林城市申报与评审办法》执行。为进一步做好 2009 年国家园林城市遥感调查和测试工作，经研究，决定对《国家园林城市遥感调查与测试要求（试行）》（建城园函 [2003] 95 号）进行调整，具体通知如下：

一、上报遥感测试基础材料的程序要求

各申报城市（区）上报的遥感测试基础材料应符合以下要求：

1. 所有上报材料必须经市人民政府和省级主管部门盖章确认，上报时由申报城市、住房和城乡建设部城市建设司和城乡规划管理中心三方签字确认，城市现状建成区范围、面积和建成区人口数等基础材料一经确认，不得随意更换。

2. 城市现状建成区界线的划定应符合城市总体规划要求，不能突破城市规划建设用地的范围。

3. 上报的"现状建成区面积"应大于或等于申报前一年的《中国城市建设统计年鉴》中"建成区面积"。

二、增加国家园林城市遥感测试指标

1. 公共绿地占绿地比重

增加"公共绿地占绿地比重"指标，作为国家园林城市绿地遥感测试指标体系中的辅助指标，以反映申报城市（区）绿地结构的均衡性。计算公式：公共绿地占绿地比重（%）实建成区内公共绿地面积/建成区各类绿地面积之和。

2. 公共绿地覆盖居住用地百分比

增加"公共绿地覆盖居住用地百分比"指标，对面积在 $1000m^2$ 以上的公共绿地，按照 500m 的服务半径计算覆盖居住用地的百分比（%）（重叠覆盖部分的面积只计算一次），以考量城市绿地系统布局的合理性。计算公式：公共绿地覆盖居住用地百分比（%）= $1000m^2$ 以上公共绿地 500m 服务半径覆盖的居住用地面积/居住用地总面积。

三、完善城市绿地指标测算

为更科学合理地测算城市绿地指标，2009 年城市（区）绿地指标测算方法调整如下：

1. 带状绿地最小测算面积为 $0.01hm^2$，块状绿地最小测算面积为 $0.02hm^2$。

2. 公园面积严格按照《公园设计规范》CJJ 48—92 关于绿化占地比例 ≥65% 的规定进行计算，符合规定的公园面积全部计入公共绿地面积，不符合规定的公园按照实际绿化面积计入公共绿地面积。未建成的公园不得计入公共绿地面积，可按实际绿化情况计入其他类型绿地的面积和绿化覆盖面积。

3. 为加强对城市河、湖、湿地等自然生态资源的保护，兼顾不同城市自然地貌的客观现状，城市建成区内的水面在特定条件下可纳入绿地范畴，具体按以下几种情况统计：

(1) 公园内符合《公园设计规范》CJJ 48—92 园内用地比例要求（绿化用地比例 ≥65%）的水面，水面全部计入公共绿地面积和绿化覆盖面积。

(2) 城市内部河流，沿岸（单岸）绿化带宽度 <30m，水面不计入绿地面积和绿化覆盖面积。

(3) 城市内部河流，沿岸（单岸）种植植物形成宽度 ≥30m 的滨水公共绿地，水面面积 ≤滨水绿地面积的 50%，水面全部计入公共绿地面积，不计入绿化覆盖面积；水面面积 >滨水绿地面积的 50%，水面按滨水绿地面积的 50% 计入公共绿地面积，不计入绿化覆盖面积。

(4) 城市内部湖泊，沿岸种植植物形成 $1000m^2$ 以上的滨水公共绿地，水面面积 ≤滨水绿地面积的 50%，水面全部计入公共绿地面积，不计入绿化覆盖面积；水面面积 >滨水绿地面积的 50%，水面按滨水绿地面积的 50% 计入公共绿地面积，不计入绿化覆盖面积。

4. 道路绿化指标的计算以道路红线范围内的现状绿地面积为准。

5. 公园以外的各类运动场地，不计入绿地率，按照实际绿化情况计入绿化覆盖率。高尔夫球场除外，既不计入绿地率，也不计入绿化覆盖率。

6. 立体绿化不计入绿地率，计入绿化覆盖率。

7. 对于遥感影像中被遮挡的绿地，经现场核实补测后计入相应类型绿地的面积，并注明实际情况。

主要参考文献

[1] 白淑军.关于我国城市绿地系统效益的几点思考 [J].湖北大学学报（自然科学版），2003，25（1）.

[2] 包志毅，陈波.城市绿地系统建设与城市减灾防灾 [J].自然灾害学报，2004（4）.

[3] 陈春来.GIS 技术支持下的城市绿地效益评价研究——以上海为例 [D].上海：华东师范大学论文，2006.

[4] 陈春来，石纯，俞小明.RS、GIS 技术在城市绿地综合效益研究中的应用现状及展望 [J].中国园林，2005.

[5] 陈自新.北京城市园林绿化生态效益的研究 [J].中国园林，1998，14（1-6）.

[6] 董鉴弘.中国城市建设史 [M].第三版.北京：中国建筑工业出版社，2004.

[7] 付晓.基于 GIS 的北京城市公园绿地景观格局分析 [J].北京联合大学学报，2006，20（2）.

[8] 高强，黄勇强.浅谈城市绿地系统规划中的生物多样性保护 [J].山西建筑，2007，33（35）.

[9] 谷康，江婷，苏同向.城市绿地系统的地方特色初探——以扬州市为例 [J].中国园林，2005（12）.

[10] 郭佳，李薇，卜燕华.基于 RS 和 GIS 的城市园林绿地调查与数据库研建 [J].科学技术工程，2007，7（15）.

[11] 郭恒亮，刘丽娜，王宝强.基于 GIS 和 RS 技术的郑州绿地系统分析和规划 [J].气象与环境科学，2008，31（2）.

[12] 贺业钜.中国古代城市规划史 [M].北京：中国建筑工业出版社，1996.

[13] 贺晓辉.基于 GIS 的呼和浩特市城市公园绿地可达性的研究 [D].呼和浩特：内蒙古农业大学论文，2008.

[14] 霍华德著.明日的田园城市 [M].金经元译.北京：商务印书馆，2000.

[15] 何瑞珍，张敬东，赵巧红等.RS 与 GIS 在洛阳市绿地系统规划中的应用 [J].农业信息科学，2003，22（6）.

[16] 黄海良，徐平，赖震刚.应用 RS、GIS 技术对张家港市绿地景观结构分析 [J].江苏林业科技，2008，35（3）

[17] 贾俊，高晶.英国绿带政策的起源、发展和挑战 [J].中国园林，2005（3）.

[18] 姜娜，王沛永，梁伊任.生态健康游憩体系初探 [J].中国园林，2006（1）.

[19] 姜允芳.城市绿地系统规划理论与方法 [M].北京：中国建筑工业出版社，2006.

[20] 姜允芳，刘滨谊，刘颂，王丽洁.国外市域绿地系统分类研究的评述 [J].城市规划学刊，2007（6）.

[21] 李德华.城市规划原理 [M].第三版.北京：中国建筑工业出版社，2001.

[22] 李景奇，秦小平.美国国家公园系统与中国风景名胜区比较研究 [J].中国园林，1999，15（3）.

[23] 李敏.城市绿地系统规划 [M].北京：中国建筑工业出版社，2008.

[24] 李敏.现代城市绿地系统规划 [M].北京：中国建筑工业出版社，2002.

[25] 李敏.城市绿地系统规划与城市人居环境规划 [M].北京：中国建筑工业出版社，2000.

[26] 李少华.加强和促进太原市环境保护与发展的对策 [J].山西法报，2004.

[27] 李铮生.城市园林绿地规划与设计 [M].第二版.北京：中国建筑工业出版社，2006.

[28] 李鹏波，赵兰勇，吴军.泰安城市街道园林树种评价及选择 [J].山东林业科技，2002，139（2）.

[29] 刘俊，蒲蔚然.城市绿地系统规划与设计 [M].北京：中国建筑工业出版社，2004.

[30] 刘滨谊.风景景观工程体系化 [M].北京：中国建筑工业出版社，1990.

[31] 刘滨谊，汪洁琼.基于生态分析的区域景观规划 [J].风景园林，2007（1）.

[32] 刘滨谊，温全平.论城市森林规划的实证性与规范性 [J].中国城市林业，2008，6（3）.

[33] 刘滨谊，温全平，刘颂.上海绿化系统规划分析及优化策略 [J].城市规划学刊，2007（4）.

[34] 刘颂.转型期城市绿地系统规划面临的问题及对策 [J].城市规划学刊，2008（6）.

[35] 刘颂，姜允芳.城乡统筹视角下再论城市绿地分类 [J].上海交通大学学报（农业科学版），2009（3）.

[36] 刘颂，Patrick Miller.风景管理：风景园林规划设计的可持续途径——以美国弗吉尼亚 CLAYTOR 湖为例 [A]// 中国风景园林学会 2009 年会论文集——融合与增长.北京：中国建筑工业出版社，2009.

[37] 刘易斯·芒福德著.城市发展史——起源、演变和前景 [M].宋俊岭，倪文彦译.北京：中国建筑工业出版社，2005.

[38] 刘玉峰.景观规划的综合生态分析方法与实践探索——以苏州市金城关景区规划为例 [D].苏州：苏州大学论文，2006.

[39] 刘志强，洪亘伟.园艺疗法在我国城市园林中的应用研究 [J].苏州科技学院学报，2008，21（1）.

[40] 刘志强.芳香疗法在园林中的应用研究 [J].林业调查规划，2005，30（6）.

[41] 刘萍，李园园.基于 RS 和 GIS 的乌鲁木齐市城市绿地景观评价研究 [J].华南农业大学学报，2007，28（4）.

[42] 鲁敏，李英杰.城市生态绿地系统建设 [M].北京：中国林业出版社，2004.

[43] 麦克哈格著.设计结合自然 [M].芮经纬译.北京：中国建筑工业出版社，1992.

[44] 梅安新，彭望琭，秦其明等.遥感导论 [M].北京：高等教育出版社，2006.

[45] 孟刚，李岚，李瑞冬，魏枢.城市公园设计 [M].上海：同济大学出版社，2003.

[46] 倪鹏飞.2008 年中国城市竞争力蓝皮书：中国城市竞争力报告 [M].北京：社会科学文献出版社，2008.

[47] 宁艳，胡汉林.城市居民行为模式与城市绿地结构 [J].中国园林，2006.

[48] 彭镇华，刘滨谊等.城市林业发展战略[A]//中国可持续发展林业战略研究战略卷.北京：中国林业出版社，2003.

[49] 齐藤庸平，沈悦.日本都市绿地防灾系统规划的思路 [J].中国园林，2007.

[50] 秦国.城市园林绿化与城市历史文化传承 [J].现代城市研究，2004（5）.

[51] 任树强，董晓，肖荣波.绿地系统GIS的应用研究[J].信息技术与信息化研究与探讨，2007（5）.

[52] 孙筱祥.风景园林（Landscape Architecture）：从造园术、造园艺术、风景造园到风景园林、地球表层规划 [J].中国园林，2002（4）.

[53] 孙天纵，周坚华等.城市遥感 [M].上海：上海科学技术文献出版社，1994.

[54] 苏雪痕，李雷，苏晓黎.城镇园林植物规划的方法及应用（1）——植物材料的调查与规划 [J].中国园林，2004（6）.

[55] 师永强，薛重生，徐磊等.基于RS和GIS的城市绿地与城市人居环境质量的研究[J].安徽农业大学学报，2008，36（1）.

[56] 石雪梅，姜中林.浅谈城市绿地的生态功能 [J].黑龙江环境通报，2007（6）.

[57] 沈玉麟.外国城市建设史 [M].北京：中国建筑工业出版社，1989.

[58] 潭纵波.城市规划 [M].北京：清华大学出版社，2005.

[59] 田逢军.城市游憩导向的公园绿地深度开发——以上海市为例 [J].旅游学刊，2006，21（80）.

[60] 王红亮.RS和GIS在城市绿地管理中的应用 [D].北京：北京林业大学论文，2008.

[61] 王建国.城市设计 [M].南京：东南大学出版社，1999.

[62] 王金平，李晓强.城市艺术形象中的设计亮点 [J].山西建筑，2004，30（8）.

[63] 王亚军,郁珊珊.河北省遵化市城市绿地系统规划特色塑造研究[J].河北林果研究，2007（12）.

[64] 王红亮.GIS在城市绿地系统规划和管理中的应用研究 [D].北京：北京林业大学论文，2008.

[65] 邬建国.景观生态学——格局、过程、尺度与等级 [M].第二版.北京：高等教育出版社，2007.

[66] 乌日汗.基于RS和GIS的城市绿地景观动态及规划研究——以深圳市为例 [D].南京：南京林业大学论文，2008.

[67] 汪德华.中国城市规划史纲 [M].南京：东南大学出版社，2005.

[68] 徐波.城市绿地系统规划中市域问题的探讨 [J].中国园林，2005（3）.

[69] 徐雁南. 城市绿地系统布局多元化与城市特色 [J]. 南京林业大学学报,2004,4（4）.

[70] 徐雁南,易军. 城市绿地景观人文化探讨 [J]. 南京林业大学学报,2003,3（4）.

[71] 徐文辉. 城市与园林绿地系统规划 [M]. 武汉：华中科技大学出版社,2007.

[72] 徐英,王浩. 现代城市绿地系统布局多元化研究 [D]. 南京：南京林业大学论文,2005.

[73] 许浩. 国外城市绿地系统规划 [M]. 北京：中国建筑工业出版社,2003.

[74] 刘宏茂,许再富,陈爱国. 西双版纳土地的不同管理方式对植物多样性的影响评价探讨 [J]. 植物生态学报,1998,22（6）.

[75] 俞孔坚,段铁武,李迪华. 景观可达性作为衡量城市绿地系统功能指标的评价方法与案例 [J]. 城市规划,1999,23（8）.

[76] 俞兵. 基于 RS 和 GIS 南京市里传递景观格局研究 [D]. 南京：河海大学论文,2006.

[77] 闫水玉,应文,黄光宇. "交互校正"的城市绿地系统规划模式研究——以陕西安康城市绿地系统规划为例 [J]. 中国园林,2008（10）.

[78] 叶嘉安,宋小冬,钮新毅等. 地理信息与规划支持系统 [M]. 北京：科学出版社,2006.

[79] 杨赉丽. 城市园林绿地规划 [M]. 北京：中国林业出版社,2009.

[80] 杨洪敏,樊国盛,唐岱,邓莉兰. 安宁市城市绿地系统树种规划 [J]. 林业调查规划,2006,131（4）.

[81] 袁士聪,安裕伦,刘海章. Quick Bird（快鸟）高分辨率卫星数据、GIS 与 RS 技术在城市绿地系统调查与测试中的应用——以六盘水市中心城为例 [J]. 贵州师范大学学报,2008,26（1）.

[82] 周维权. 中国古典园林史 [M]. 第 2 版. 北京：清华大学出版社,1999.

[83] 针之谷钟吉著. 西方造园变迁史——从伊甸园到天然公园 [M]. 邹洪灿译. 北京：中国建筑工业出版社,1991.

[84] 张超. 地理信息系统应用教程 [M]. 北京：科学出版社,2007.

[85] 张德顺,李秀芬,王钱. 城市绿地的生态功能提升和园林建设的几点思考 [J]. 山东林业科技,2007（6）.

[86] 张慧霞. 基于 GIS 的广州市边缘区绿地景观梯度变化研究 [D]. 广州：中国科学院广州地球化学研究所,2006.

[87] 张晓来. 基于 GIS 的城市公园绿地服务半径研究——以老河口市为例 [D]. 武汉：华中农业大学论文,2007.

[88] 张国成,胡召玲,禚昌芬. 基于 RS 和 GIS 的南京市区生态绿地现状分析 [J]. 苏州科技学院学报,2007,24（3）.

[89] 张素红,楚新正,陈彩苹. 绿洲城市自然景观空间格局与城市生态分析——以乌鲁木齐为例 [J]. 干旱区资源与环境,2006,20（5）.

[90] 张新献.北京城市居住区绿地的滞尘效益 [J].北京林业大学学报，1997，19（4）.

[91] 周菁，李迪华，张蕾.菏泽市游憩网络的构建——探索整合各类游憩资源的城市绿地系统规划途径 [J].中国园林，2006（8）.

[92] 左志高.城市绿地景观的人文化研究 [D].南京：南京林业大学论文，2005.

[93] 周成虎，骆剑承，杨晓梅等.遥感影像地学理解与分析 [M].北京：科学出版社，2001.

[94] 周坚华.城市生存环境绿色量值群的研究(5)——绿化三维量及其应用研究.中国园林，1998（5）：61-63.

[95] Charles Little. Greenways for America[M]. Baltimore：Johns Hopkins University Press，2006.

[96] J.G. Fábos. Greenway Planning in the United States: Its Origins and Recent Case Studies[J].Landscape and Urban Planning，2004（68）.

[97] Jason J. Taylor，Daniel G. Browna，Larissa Larsen .Preserving Natural Features: A GIS−based Evaluation of a Local Open−space Ordinance[J]. Landscape and Urban Planning，2007.

[98] Mark A. Benedict，Edward T. McMahon. Green Infrastructure: Smart Conservation for the 21st Century[J].The Conservation Fund，Sprawl Watch Clearinghouse Monograph Series，2002.

[99] McDonald L.，W. Allen，M. Benedict，K. O'Connor. Green Infrastructure Plan Evaluation Frameworks[J]. Journal of Conservation Planning，2002，1（1）.

[100] Peter Clark，et al. The European City and Green Space: London，Stockholm，Helsinki and St Petersburg，1850−2000[M]. England: Ashgate Publishing Ltd.，2006.

[101] Rogers R.，et al. Urban Task Force，Towards an Urban Renaissance: Final Report of the Urban Task Force Chaired by Lord Rogers of Riverside[R].London：Department of the Environment，Transport and the Regions，1999.

[102] Rob H.G. Jongman，Mart Külvik，Ib Kristiansen，2004. European Ecological Networks and Greenways[J]. Landscape and Urban Planning，1990（68）.

[103] Rob H.G. Jongman. Nature Conservation Planning in Europe: Developing Ecological Networks[J].Landscape and Urban Planning，1995（32）.

[104] Tom Turner. Greenways，Blueways，Skyways and other Ways to a Better London[J]. Landscape and Urban Planning，1995（33）.

[105] Ted Weber，Anne Sloan，John Wolf. Maryland's Green Infrastructure Assessment: Development of a Comprehensive Approach to Land Conservation[J].Landscape and Urban Planning，2006（77）.

[106] Zube E H．Greenways and the US National Park System[J].Landscape and Urban Planning，1995（33）.